肽营养与健康

PEPTIDE NUTRITION AND HEALTH

主编

郝丽萍

副主编

杨明亮　杨雪锋　陈　曦

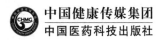

中国健康传媒集团

中国医药科技出版社

内容简介

肽作为重要的功能成分，在人类营养与健康包括疾病防治方面展现了重要的生理活性。同时，关于具有多种生物活性的食物源性肽和蛋白质水解物的研究不断涌现，它们的研究重新定义了食物蛋白质的营养价值。本书从专业视角，科学阐述了肽的概念、分类、理化结构以及消化吸收、生物利用问题，并围绕食源性肽的来源、制备方法及其健康效应，对研究与实际运用等做了综合介绍。另外，还对肽在全球范围内的安全、标准及管理规定做了详细介绍。

本书可供从事肽研究与开发的研究人员、肽生产和运用的专业人员及相关专业高校师生阅读和参考，也是大众了解肽与人类营养与健康关系的参考读物。

图书在版编目（CIP）数据

肽营养与健康 / 郝丽萍主编 .—北京：中国医药科技出版社 ,2022.10（2024.10 重印）
ISBN 978–7–5214–3346–3

Ⅰ . ①肽… Ⅱ . ①郝… Ⅲ . ①肽—营养学 Ⅳ . ① Q516 ② R151.2

中国版本图书馆 CIP 数据核字 (2022) 第 164393 号

美术编辑　陈君杞
版式设计　友全图文

出版　**中国健康传媒集团** | 中国医药科技出版社
地址　北京市海淀区文慧园北路甲 22 号
邮编　100082
电话　发行：010-62227427　邮购：010-62236938
网址　www.cmstp.com
规格　710×1000mm ¹⁄₁₆
印张　19 ½
字数　401 千字
版次　2022 年 10 月第 1 版
印次　2024 年 10 月第 2 次印刷
印刷　北京盛通印刷股份有限公司
经销　全国各地新华书店
书号　ISBN 978–7–5214–3346–3
定价　**69.00 元**

获取新书信息、投稿、为图书纠错，请扫码联系我们。

本书由
中国健康促进基金会抗衰老医学研究专项基金
资助出版

编委会

主　编　郝丽萍

副主编　杨明亮　杨雪锋　陈曦

编　者　（以姓氏笔画为序）

刘　嵬　中国健康促进基金会抗衰老医学研究专项基金专家委员会
杨　晓　中国健康促进基金会抗衰老医学研究专项基金专家委员会
杨明亮　中国卫生监督协会
杨雪锋　华中科技大学
吴元钰　华中科技大学同济医学院附属协和医院
陈　曦　中国健康促进基金会抗衰老医学研究专项基金专家委员会
周　娟　湖南省儿童医院
郝丽萍　华中科技大学
黄　晶　中国健康促进基金会抗衰老医学研究专项基金专家委员会
韩　浩　山西医科大学
熊　婷　广州医科大学

秘　书　杨　晓（兼）

序言

　　身处飞速发展的当今社会，人类的生产生活方式发生了巨大变化，充满压力的生活方式影响着我们的健康，人口老龄化问题也日益凸显，如何活得更好、活出健康，成为当今社会的新挑战，解决人们的健康问题成为重大发展战略问题。为此，中共中央、国务院印发并实施了《"健康中国2030"规划纲要》（以下简称《纲要》），《纲要》中指出，健康是促进人的全面发展的必然要求，是经济社会发展的基础条件，并提出把人民健康放在优先发展的战略地位，且在推进过程中要坚持预防为主，推行健康文明的生活方式，减少疾病的发生。

　　营养研究是预防和减少疾病发生的重要措施，也是延缓衰老、维护健康的重要内容，营养学的研究领域有越来越多的发现，并为疾病的防治提供了重要的膳食实践途径和解决手段。蛋白质是维持机体健康的重要营养素，组成蛋白质的单位是氨基酸，而生物活性肽是在对蛋白质进行深入研究的过程中发现的一类由氨基酸组成但又不同于蛋白质的中间物质。目前科学家发现存在于生物体内的肽多达数万种，且在生物体内发挥着各种生理活性功能，作为重要的功能成分，肽已经成为当今科学研究的一个热门课题。任何研究与公众关注的，都需要有关方面及时提供权威信息以及专业解读，"肽"也不例外。

　　《肽营养与健康》由长期从事功能食品与人体营养与健康关系研究的华中科技大学同济医学院的郝丽萍、杨雪锋教授，食品安全标准立法权威专家杨明亮博士，以及一直致力于肽应用的中国健康促进基金会抗衰老医学研究、专项基金专家委员会的陈曦秘书长，牵头组织国内相关高校的专家教授和在科学研究一线的肽研究应用科研工作者，在查阅大量国内外文献以及进行市场调研后共同编写。在本书中，系统介绍了肽消化吸收、生物利用的研究现状，且将研究与实际相结合，将肽在抗氧化、降血糖、免疫调节方面的作用机制与功能产品的开发进行了专业阐述，并对肽在全球范围内的安全、标准及管理规定做了详细介绍，内容实用，非常值得一读。本书是一部专业解读肽在营养与健康方面研究的书籍，为肽的研究与开发，以及功能食品运用、疾病预防方面提供了有价值的参考。

中国健康促进基金会抗衰老医学研究专项基金资助了本书的研究与编撰。让我们共同努力，为助力"健康中国 2030"，为构建人类健康命运共同体做出积极的贡献。

中国健康促进基金会原理事长
中华医学会原副会长

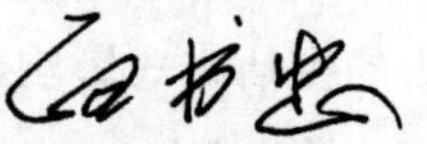

2022 年 6 月

编者的话 ▶▶▶

肽是在对蛋白质进行深入研究过程中发现的一类由氨基酸组成的但又不同于蛋白质的中间物质，最早可追溯至 20 世纪初期。诺贝尔化学奖获得者德国有机化学家赫尔曼·埃米尔·费雪在 1901 年发表了制备甘氨酸二肽的研究，被认为是肽化学的开端，从此人们步入了肽研究的时代。目前为止，科学家发现存在于生物体内的肽多达数万种，肽已成为当今科学研究的一个热门课题。

肽不仅在提供氨基酸营养中起到至关重要的作用，而且在调节机体生理功能方面也具有十分重要的意义。随着社会和经济的迅猛发展，健康已成为人类的第一需求，运用肽在营养与调节机体生理功能方面的作用来达到促进人类健康的目的将具有重要作用。因此，希望通过本书的编撰，能够系统介绍肽在营养与健康领域的相关基础理论和研究成果，为肽的研究与开发、功能食品的运用、疾病预防提供参考。本书的编写重视研究新进展，强调实用性和可读性，力求在系统和全面等方面有所突破，因此，书中参阅和引用了国内外许多学者的研究结果和文献资料，总结了肽在生物利用、食源性肽与健康方面的研究新成果，同样在进行市场调研后对肽的应用做了总结，并纵观全球法规政策，对肽在全球范围内的安全、标准及管理规定做了详细介绍。

在本书的编写过程中，马来西亚伍连德教育协会副主席廖宗明先生给予了大力的支持；新跃莱集团的姜传黎、赵彤、黄莹、胡武瑶、张苗、邱钰龙、李思琪等参与了本书的文献收集、书稿校订排版和绘图工作；同时，本书还得到了中国健康促进基金会抗衰老医学研究专项基金的资助。在此一并向他们表示衷心的感谢！

由于本书涉及面广且营养学、工业技术发展迅速，加之编写人员的水平、经验和时间有限，书中不足之处在所难免，敬请读者批评指正。同时，也衷心希望有更多的同行专家参与进来，共同推动肽在营养与健康方面的研究、产品开发及技术革新，并进一步更新、完善和提高本书的著作质量，使之成为从事肽研究与开发的研究人员、肽生产和运用的专业人员及相关专业高校师生阅读和参考的书籍，也成为大众了解肽与人类营养与健康关系的参考读物。

编者

2022 年 6 月

目　录

第一章　概述

第一节　生物活性肽的发现 ··· 001
第二节　肽的概念、命名及分类 ··· 002
　　一、肽的概念 ·· 002
　　二、肽的命名 ·· 003
　　三、肽的分类 ·· 005
第三节　肽的化学结构和理化性质 ··· 007
　　一、肽的化学结构 ·· 007
　　二、肽的理化性质 ·· 008

第二章　肽的生物利用

第一节　肽的消化和吸收 ··· 012
　　一、肽的消化和消化模型 ·· 012
　　二、肽的吸收 ·· 016
　　三、影响胃肠道对肽吸收的因素 ··· 022
第二节　肽的代谢及利用 ··· 024
　　一、肽的代谢 ·· 024
　　二、肽的利用及生物利用度 ·· 027
　　三、影响肽生物利用度的因素 ·· 030
　　四、提高肽生物利用度的方法 ·· 032

第三章　肽的来源及制备方法

第一节　肽的来源 ·· 039
　　一、谷类 ··· 039
　　二、豆类、坚果、种子类 ·· 044
　　三、蔬果类 ·· 047
　　四、菌藻类 ·· 048
　　五、水产类 ·· 053
　　六、畜禽肉类 ·· 055

七、乳类、蛋类及其制品 ⋯⋯⋯⋯⋯⋯⋯⋯⋯⋯⋯⋯⋯⋯⋯⋯ 058

八、其他 ⋯⋯⋯⋯⋯⋯⋯⋯⋯⋯⋯⋯⋯⋯⋯⋯⋯⋯⋯⋯⋯⋯⋯ 060

第二节　肽的提取制备 ⋯⋯⋯⋯⋯⋯⋯⋯⋯⋯⋯⋯⋯⋯⋯⋯⋯⋯⋯ 062

一、活性肽直接提取法 ⋯⋯⋯⋯⋯⋯⋯⋯⋯⋯⋯⋯⋯⋯⋯⋯⋯ 062

二、蛋白质水解法 ⋯⋯⋯⋯⋯⋯⋯⋯⋯⋯⋯⋯⋯⋯⋯⋯⋯⋯⋯ 063

三、微生物发酵法 ⋯⋯⋯⋯⋯⋯⋯⋯⋯⋯⋯⋯⋯⋯⋯⋯⋯⋯⋯ 066

四、化学合成法 ⋯⋯⋯⋯⋯⋯⋯⋯⋯⋯⋯⋯⋯⋯⋯⋯⋯⋯⋯⋯ 067

五、活性肽的基因工程表达 ⋯⋯⋯⋯⋯⋯⋯⋯⋯⋯⋯⋯⋯⋯⋯ 070

六、活性肽的无细胞系统表达 ⋯⋯⋯⋯⋯⋯⋯⋯⋯⋯⋯⋯⋯⋯ 072

七、自组装肽 ⋯⋯⋯⋯⋯⋯⋯⋯⋯⋯⋯⋯⋯⋯⋯⋯⋯⋯⋯⋯⋯ 072

第三节　肽的酶解法制备 ⋯⋯⋯⋯⋯⋯⋯⋯⋯⋯⋯⋯⋯⋯⋯⋯⋯ 074

一、蛋白粗提 ⋯⋯⋯⋯⋯⋯⋯⋯⋯⋯⋯⋯⋯⋯⋯⋯⋯⋯⋯⋯⋯ 074

二、酶解 ⋯⋯⋯⋯⋯⋯⋯⋯⋯⋯⋯⋯⋯⋯⋯⋯⋯⋯⋯⋯⋯⋯⋯ 076

三、辅助酶技术 ⋯⋯⋯⋯⋯⋯⋯⋯⋯⋯⋯⋯⋯⋯⋯⋯⋯⋯⋯⋯ 079

四、分离纯化技术 ⋯⋯⋯⋯⋯⋯⋯⋯⋯⋯⋯⋯⋯⋯⋯⋯⋯⋯⋯ 081

五、肽定性定量分析、结构序列鉴定及生物活性分析 ⋯⋯⋯085

第四章　食源性肽的健康效应

第一节　肽与心血管健康 ⋯⋯⋯⋯⋯⋯⋯⋯⋯⋯⋯⋯⋯⋯⋯⋯⋯ 092

一、肽与高血压 ⋯⋯⋯⋯⋯⋯⋯⋯⋯⋯⋯⋯⋯⋯⋯⋯⋯⋯⋯⋯ 093

二、肽与抗血栓作用 ⋯⋯⋯⋯⋯⋯⋯⋯⋯⋯⋯⋯⋯⋯⋯⋯⋯⋯ 098

三、肽与动脉粥样硬化性心血管疾病 ⋯⋯⋯⋯⋯⋯⋯⋯⋯⋯⋯ 099

第二节　肽与胃肠道健康 ⋯⋯⋯⋯⋯⋯⋯⋯⋯⋯⋯⋯⋯⋯⋯⋯⋯ 104

一、生物活性肽影响胃肠道健康的机制 ⋯⋯⋯⋯⋯⋯⋯⋯⋯⋯ 104

二、肽在胃肠道疾病中的应用 ⋯⋯⋯⋯⋯⋯⋯⋯⋯⋯⋯⋯⋯⋯ 109

第三节　肽与肝脏健康 ⋯⋯⋯⋯⋯⋯⋯⋯⋯⋯⋯⋯⋯⋯⋯⋯⋯⋯ 113

一、肽与酒精性肝病 ⋯⋯⋯⋯⋯⋯⋯⋯⋯⋯⋯⋯⋯⋯⋯⋯⋯⋯ 114

二、肽与非酒精性脂肪性肝病 ⋯⋯⋯⋯⋯⋯⋯⋯⋯⋯⋯⋯⋯⋯ 116

三、肽与其他肝损伤 ⋯⋯⋯⋯⋯⋯⋯⋯⋯⋯⋯⋯⋯⋯⋯⋯⋯⋯ 118

第四节　肽与大脑健康 ⋯⋯⋯⋯⋯⋯⋯⋯⋯⋯⋯⋯⋯⋯⋯⋯⋯⋯ 121

一、食源性神经保护肽与大脑健康 ⋯⋯⋯⋯⋯⋯⋯⋯⋯⋯⋯⋯ 121

二、常见的神经保护肽及其应用和展望 ⋯⋯⋯⋯⋯⋯⋯⋯⋯⋯ 127

第五节　肽与骨骼健康 ⋯⋯⋯⋯⋯⋯⋯⋯⋯⋯⋯⋯⋯⋯⋯⋯⋯⋯ 131

一、骨骼结构及骨重建 ⋯⋯⋯⋯⋯⋯⋯⋯⋯⋯⋯⋯⋯⋯⋯⋯⋯ 131

二、肽与骨质疏松 ⋯⋯⋯⋯⋯⋯⋯⋯⋯⋯⋯⋯⋯⋯⋯⋯⋯⋯⋯ 133

三、肽与骨关节炎 ⋯⋯⋯⋯⋯⋯⋯⋯⋯⋯⋯⋯⋯⋯⋯⋯⋯⋯⋯ 136

第六节　肽与皮肤健康 ································· 140
　　一、皮肤生理结构及功能 ····················· 140
　　二、肽与皮肤老化 ·························· 144
　　三、肽与皮肤伤口愈合 ····················· 149
第七节　肽与代谢性疾病 ··························· 153
　　一、肽与肥胖 ····························· 154
　　二、肽与糖尿病 ·························· 156
　　三、肽与高尿酸血症 ······················ 159
第八节　肽与免疫功能 ···························· 162
　　一、免疫活性肽与免疫功能 ·················· 163
　　二、免疫活性肽在保健食品中的应用及展望 ······ 172
第九节　肽与抗疲劳 ····························· 175
　　一、疲劳与抗疲劳 ························· 175
　　二、抗疲劳肽 ···························· 180
第十节　肽与抗衰老 ····························· 184
　　一、衰老的特点和机制 ····················· 184
　　二、食源性生物活性肽与抗衰老 ··············· 187

第五章　肽的应用

第一节　肽在食品中的应用 ························ 191
　　一、肽在普通食品中的应用 ·················· 191
　　二、肽在特殊食品中的应用 ·················· 196
第二节　肽在临床上的应用 ························ 212
　　一、药物 ······························ 212
　　二、药物载体 ···························· 214
　　三、靶向诊断 ···························· 217
第三节　肽在日化用品中的应用 ···················· 219
　　一、肽在护肤方面的应用 ··················· 219
　　二、肽在口腔健康用品中的应用 ··············· 223
　　三、肽在清洁洗涤剂中的应用 ················· 226
第四节　肽在动物饲养中的应用 ···················· 228
　　一、肽在家畜生产中的应用 ·················· 228
　　二、肽在宠物饲养中的应用 ·················· 230
第五节　肽在农业生产及其他领域的应用 ·············· 233
　　一、提高肥料的利用率 ····················· 233

二、 提高土壤的营养质量 ··· 233

三、 促进作物生长和提高作物产量 ························· 233

第六章 肽的安全、标准及监管

第一节 肽的安全及监管要求 ································ 236

一、 肽的安全 ·· 236

二、 肽的监管要求 ·· 253

第二节 肽的相关标准 ··· 268

一、 国际食品安全标准 ··· 269

二、 国家食品安全标准 ··· 275

三、 企业标准 ·· 279

第三节 肽的检验及评价 ·· 282

一、 肽的质量安全检验 ··· 283

二、 肽功能食品的评价 ··· 285

三、 肽食品产品的抽检 ··· 293

第一章　概述

肽是指分子结构介于氨基酸和蛋白质之间的一类化合物，由 2 个或 2 个以上的氨基酸以肽键相连，是蛋白质的结构和功能片段。传统理论认为，蛋白质在体内必须被分解为游离氨基酸才能被胃肠道黏膜吸收。然而，大量的事实证明，人体摄入的蛋白质经消化道的酶作用后，大多是以二肽和三肽的形式被消化吸收，且肽具有很强的生物活性。

第一节　生物活性肽的发现

生物活性肽是一类对生物机体的生命活动有益或具有生理作用的肽类化合物，是由蛋白质中 20 种天然氨基酸，以不同的排列方式，从简单二肽到复杂多肽构成的线性、环形结构的总称。

生物活性肽是在对蛋白质进行深入研究的过程中发现的一类由氨基酸组成但又不同于蛋白质的中间物质，最早可追溯于 20 世纪初期。1902 年，英国伦敦大学医学院的两位生理学家 William M. Bayliss 和 Ernest H. Starling 在动物胃肠中发现了一种能刺激胰液分泌的物质。有关生物活性肽的研究发展历程如表 1–1 所示。

表 1–1　生物活性肽的研究发展历程

时间	发展纪要
1902 年	英国生理学家 William M. Bayliss 和 Ernest H. Starling 首次在动物胃肠中发现了一种能刺激胰液分泌的肽类物质，后被命名为促胰液素
1921 年	加拿大科学家 Frederick Banting 提取出多肽物质——胰岛素，对糖尿病治疗做出重要贡献，荣获诺贝尔医学奖
1931 年	瑞典药理学家 Ulf Svante von Euler 和英国的 John H. Gaddum 在肠和脑中提取到一种名为 P 物质的多肽，开始关注多肽类物质对神经系统的影响，此类物质称为神经肽
1952 年	意大利生物学家 Rita Levi-Montalcini 和美国生物化学家 Stanley Cohen 发现并分离提纯出一种名为"神经生长因子"的多肽
1953 年	美国科学家 Vincent Du Vigneaud 首次成功合成多肽激素——催产素，后于 1955 年获得诺贝尔化学奖
1958 年	美国生物化学家 Herber Boyer 潜心研究的活性多肽利用细胞重组技术成功问世
1962 年	意大利生物学家 Rita Levi-Montalcini 和美国生物化学家 Stanley Cohen 发现表皮生长因子，揭开了皮肤衰老之谜

续表

时间	发展纪要
1963 年	美国生物化学家 Robert Bruce Merrifield 发明了多肽固相合成法 (SPPS)，于 1984 年荣获诺贝尔化学奖
1965 年	我国科学家完成了结晶牛胰岛素的合成，这是世界上第一次人工全合成多肽类生物活性物质
20 世纪 70 年代	神经肽的研究进入高峰期，脑啡肽和阿片样肽相继被发现，并开始了多肽影响生物胚胎发育的研究
1975 年	John Hughes 和 Hans Kosterlitz 从人和动物的神经组织中分离出内源性活性肽
1977 年	美国科学家 Roger Guillemin, Andrew V. Schally 发现大脑分泌的多肽类激素，Rosalyn Sussman Yalow 开发多肽类激素的放射免疫分析，获诺贝尔生理学或医学奖
1987 年	美国批准了第一个基因药物人源胰岛素优泌林
1999 年	美国洛克菲勒大学的 Gunter Blobel 教授发现信号肽可以控制蛋白质的运输，并研究出细胞如何以信号肽的方式控制运送，获得了当年的诺贝尔化学奖
2000 年	瑞典科学家 Arvid Carlsson 发现脑神经信号肽，并通过研究脑神经传导讯息蛋白质分子的机制获得了诺贝尔化学奖
2001 年	美国科学家 Leland H Hartwell 发现生命能量肽对细胞具有控制作用，并通过研究蛋白质基因与 CDK 素（生命能量肽）对细胞周期的控制而获得诺贝尔化学奖
2004 年	以色列科学家 Avram Hershko 和美国科学家 Irwin Rose 因发现泛素调节蛋白降解获诺贝尔化学奖

（周娟、郝丽萍）

第二节　肽的概念、命名及分类

一、肽的概念

肽是由 2 个或 2 个以上的氨基酸分子通过酰胺键连接而成的一类化合物。两分子氨基酸缩合，含有一个酰胺键，称之为二肽；三分子氨基酸缩合，含有两个酰胺键，称为三肽；以此类推。事实上，机体内很多活性物质，如激素和酶类等本质上都是肽，由于其具有生物活性，因此也称之为生物活性肽。多肽链中酰胺键又被称为肽键（见图 1-1），一般为—COOH 与—NH_2 脱水缩合而形成。虽然存在着环肽，但绝大多数多肽为链状分子，以两性离子的形式存在。

氨基酸是构成肽与蛋白质的基础。肽与蛋白质的基本区别在于氨基酸的数量。一般来说，肽链上氨基酸数目在 10 个以内者称为寡肽，10~50 个者称为多肽，50 个以上者称为蛋白质。但也有一些文献把 100 个氨基酸以下者归为多肽，如胰岛素。目前科学家发现存在于生物体内的肽多达数万种，肽已经成为当今科学研究的一个热门课题。

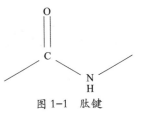

图 1-1　肽键

二、肽的命名

肽的命名根据参与组成的氨基酸残基来确定。习惯上肽链的命名遵循以下原则：以肽中含有 C 端的氨基酸作为母体，由 N 端开始，把肽链中除母体外的其他氨基酸名称中的酸字改成酰字，再按照它们在肽链中的排列顺序从左往右逐个写在母体的名称前面。例如，苏氨酰 - 酪氨酰 - 苯丙氨酸。由于结构式一般很麻烦，所以在大多数的情况下，常用缩写表示，所以苏氨酰 - 酪氨酰 - 苯丙氨酸可简写为 Thr-Tyr-Phe。注意反过来写的 Phe-Tyr-Thr 是一个不同的三肽。表 1-2 列出了肽链中的常见氨基酸。

表 1-2　生物活性肽的研究发展历程

常见氨基酸	英文缩写	分子质量	等电点	化学结构
丙氨酸	Ala	89.09	6.02	
精氨酸	Arg	174.20	10.76	
天冬酰胺	Asn	132.10	5.42	
天冬氨酸	Asp	133.10	2.97	
半胱氨酸	Cys	121.12	5.02	

续表

常见氨基酸	英文缩写	分子质量	等电点	化学结构
谷氨酰胺	Gln	146.15	5.65	
谷氨酸	Glu	147.13	3.22	
甘氨酸	Gly	75.07	5.97	
组氨酸	His	1155.16	7.59	
异亮氨酸	Ile	131.17	6.02	
亮氨酸	Leu	131.17	5.98	
赖氨酸	Lys	146.19	9.74	
甲硫氨酸	Met	149.21	5.75	
苯丙氨酸	Phe	165.10	5.48	
脯氨酸	Pro	115.13	6.30	

续表

常见氨基酸	英文缩写	分子质量	等电点	化学结构
丝氨酸	Ser	105.09	5.68	
苏氨酸	Thr	119.12	6.53	
色氨酸	Trp	204.22	5.89	
酪氨酸	Tyr	181.19	5.66	
缬氨酸	Val	117.15	5.97	

三、肽的分类

生物活性肽结构复杂，功能多样，种类较多，分布较广，目前学术界对于生物活性肽的分类并不统一。按照来源的不同，生物活性肽可分为天然生物活性肽与人工合成生物活性肽两类，其中天然生物活性肽又可分为内源性生物活性肽和外源性生物活性肽；按照功能的不同，生物活性肽可分为生理活性肽、食品感官肽等。此外，生物活性肽还可按照材料来源分为海洋生物活性肽和陆地生物活性肽。

（一）按来源不同可分为天然生物活性肽与人工合成肽

1. 天然生物活性肽

天然生物活性肽是指由生物体自身合成的肽，或利用酶解、发酵等方法从天然多肽蛋白质中获得的肽片段。天然生物活性肽包含内源性活性肽和外源性活性肽。

内源性活性肽是指源于人体本身的活性肽，其特点是在体内含量极少而效应极强，分布广泛。内源性活性肽涉及人体激素、神经、细胞生长和生殖各个领域。常见的包括体内的一些重要内分泌腺分泌的肽类激素，如促生长激素释放激素、促甲状腺素、胸腺分泌的胸腺肽、脾脏中的脾脏活性肽以及胰脏分泌的胰岛素等；由血液或组织中的蛋白质经专一的蛋白水解酶作用而产生的组织激肽，如缓激肽和胰激肽；作为神经递质或神经活动调节因子的神经多肽；其他如阿片肽、成纤维细胞生长因子、表皮细胞生长因子、转化生长因子-β、血小板衍化生长因子、角化细胞生长因子等。

外源性活性肽是指人体以外的肽类物质，即存在于天然动植物和微生物体内的天然肽类物质，以及蛋白质经过降解后产生的肽类物质。外源性活性肽一般直接或间接来源于动物及食物蛋白质。常见的包括初乳中的乳源性表皮生长因子和转化生长因子；动物饲料蛋白质原料，如筋肉、牛乳酪蛋白、小麦谷蛋白、小麦醇溶蛋白、玉米醇溶蛋白、大豆蛋白等在动物胃肠道消化后可间接提供多种生物活性肽；外源性肽进入机体后可经磷酸化作用、糖基化作用或酰基化作用变换为多种其他形式的肽。外源性活性肽与内源性活性肽的活性中心序列相同或相似，外源性活性肽在蛋白质消化过程中被释放出来，通过直接与肠道受体结合参与机体的生理调节作用或被吸收进入血液循环，从而发挥与内源性活性肽相同的功能。

2. 人工合成生物活性肽

人工合成生物活性肽指通过化学方法、酶法和基因重组法等合成的肽。不同的合成方法各有优缺点。合成方法的选择主要取决于所需肽的长短和数量。化学合成法是目前最广泛使用的肽合成法，分为液相合成法和固相合成法两类。化学合成法广泛用于生产具有高价值的短到中长的药理级肽，如酪啡肽和酪激肽等，但缺点是成本高，而且在反应过程中对健康和环境可能有害。基因重组法合成活性肽是指在已知氨基酸和核酸序列的前提下，人工设计合成表达活性肽的基因，并将其与适当的载体重组，将其导入受体菌中进行诱导表达，获得目的肽。基因重组法也被广泛应用，但目前这种方法仅限用于大分子肽的合成。由于许多具有营养特性的活性肽都是短肽，所以在这方面用基因重组法是很有限的。酶合成法是指利用酶催化氨基酸及其衍生物合成活性肽的方法。酶合成法具有反应条件温和、操作安全、酶催化位置有方向性、无立体异构和消旋作用等优势，但其产率低、反应副产物较多、产物浓缩纯化工作量大等问题限制了其应用发展。

（二）按取材不同可分为陆地生物活性肽和海洋生物活性肽

陆地生物活性肽可进一步分为动物源活性肽和植物源活性肽。动物源活性肽包含乳蛋白生物活性肽、胶原肽、蛋清肽和丝蛋白肽等。植物源活性肽包含大豆肽、玉米肽、豌豆肽、谷朊肽、小麦肽、花生肽、大米肽等。

海洋生物活性肽是由海洋生物所产生的。由于海洋生物生活在极其特殊的生态环境中，其产生的次生代谢产物的生物合成途径以及酶反应系统与陆地生物相比有着巨大的差异，导致海洋生物往往能够产生一些特殊的生物活性肽，包括鱼精蛋白肽、海葵肽、芋螺肽素和贝类肽等。

（三）按功能不同可分为生理活性肽和食品感官肽

生理活性肽是指能够调节生物体的生命活动或具有某些生理活性作用的一类肽的总称，主要包括来源于动物、植物和微生物的抗菌活性肽；存在于牛乳、鲔鱼、大豆及其他豆类等许多食品蛋白质水解物中的神经活性肽；通过自身作为激素或调节激素反应而产生多种生理作用的激素肽或激素调节肽；参与许多生化代谢途径的酶调节剂和抑制剂，如谷胱甘肽、肠促胰酶肽和降压肽；天然或合成的具有免疫调节作用的免疫活性肽；可以抑制体内自由铁离子、血红蛋白、脂氧合酶和体外单线态氧催化的脂肪酸败作用的抗氧化肽等。

食品感官肽是指添加在食品中能够调节食品的品质、感官和口味的一类肽的总称，包括呈味肽（甜味肽如阿斯巴甜二肽、酸味肽、咸味肽以及苦味肽等）和表面活性肽（从酪蛋白、乳清、大豆和麸皮水解物分离得到的具有表面活性剂作用的肽）。

（周娟、郝丽萍）

第三节　肽的化学结构和理化性质

一、肽的化学结构

肽是由氨基酸通过肽键连接而成的，肽键与所连接的 2 个碳原子组成的基团称为肽单元，构成多肽分子的基本骨架（见图 1-2）。其结构特点是：①组成肽单元的 6 个原子处于同一平面，又称肽平面。②肽键中的 C—N 键具有部分双键性质，不能自由旋转。③由于肽键不能自由旋转，肽平面的各原子可能出现异构现象，大多数情况下，肽键是以反式结构存在的。

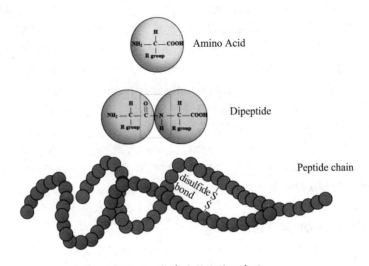

图 1-2　氨基酸和肽的示意图

（1）肽的一级结构：指肽链中氨基酸的排列顺序和二硫键的位置。二硫键是连接 2 条不同肽链或同一条肽链中连接 2 个半胱氨酸巯基的化学键，化学式—S—S—。二硫键具有稳定肽链空间结构的作用。

（2）肽的二级结构：指多肽主链骨架原子沿一定的轴盘旋或折叠而形成的特定的构象，即肽链主链骨架原子的空间位置排布，不涉及氨基酸残基侧链。二级结构是完整肽链构象的基础，故也称为构象单元。各类二级结构的形成主要是肽链骨架中碳基上的氧原子和亚氨基上的氢原子形成的氢键所维系。肽的二级结构主要包括 α- 螺旋、β- 折叠、β- 转角和无规卷曲。

（3）肽的三级结构：是整条肽链中全部氨基酸残基的相对空间位置，即整条肽链的三维空间结构。

（4）蛋白质的四级结构：是指在三级结构的基础上，2 条及 2 条以上的多肽链通过非共价键作用维系并在空间形成特定的结构，只有包含多条肽链的蛋白质才具有四级结构，每条肽链称为一个亚基。

二、肽的理化性质

肽是介于氨基酸和蛋白质之间的化合物，其理化性质与氨基酸和蛋白质有很大的相似性，但也存在一些差别。肽的理化性质主要包括以下 4 点。

（一）水溶性

肽分子的水溶性取决于所含有极性和非极性氨基酸的种类和数量。氨基酸的水溶性取决于侧链 R 基团的组成结构，如侧链含有 –OH、–NH$_2$、–COOH 等极性基团时，是溶于水的，极性基团数量越多，水溶性越强。而侧链若含有非极性基团，如芳香烃或脂肪烃，则氨基酸的水溶性变差。在构成人体蛋白质的 20 种氨基酸中，丙氨酸（Ala）、缬氨酸（Val）、亮氨酸（Leu）、异亮氨酸（Ile）、苯丙氨酸（Phe）、色氨酸（Trp）、甲硫氨酸（Met）和脯氨酸（Pro）为非极性（疏水性）氨基酸；甘氨酸为极性不带电氨基酸，介于极性和非极性之间；其他 11 种氨基酸为极性氨基酸。有研究表明，肽分子的水溶性与α- 螺旋结构的稳定性是相悖的，即当肽侧链的极性氨基酸残基较多时，水溶性增强，但是由于侧链电荷排斥力增加，其α- 螺旋结构的稳定性降低。然而，在人工合成肽时，可以通过拉长带电荷的氨基酸残基将其定位于远离肽主干骨架的位置来得到水溶性的、超稳定的α- 螺旋多肽。

（二）肽的双性离解和等电点

肽在水溶液中是以兼性离子存在的，肽键中的亚氨基不能解离，因此肽的酸碱性主要取决于肽链 N 端和 C 端的自由氨基、自由羧基以及 R 基上可解离的功能基团。

作为带电物质,肽可以在电场中移动,其移动的方向和速度取决于所带电荷的性质和数量。肽在溶液中所带的电荷取决于其分子组成中碱性和酸性氨基酸的含量,也受溶液的 pH 值影响。当肽溶液处于某一 pH 值时,肽游离成正、负离子的趋势相等,即成为兼性离子,净电荷为 0,此时溶液的 pH 值称为肽的等电点(isoelectric point, pI)。由于各种肽分子所含的碱性氨基酸和酸性氨基酸的数目不同,因而其各自的等电点也不相同。碱性氨基酸含量较多的肽,其等电点偏碱性;反之,酸性氨基酸含量较多的肽,其等电点偏酸性。

(三)酸碱性

肽链上的 R 基团以及游离的氨基和羧基在溶液中产生电离,从而使肽链表现为酸性和碱性。根据氨基酸残基的侧链结构,可将氨基酸残基分为 3 类,即不含极性侧链的中性氨基酸、含侧链羧基的酸性氨基酸及含氨基、胍基或咪唑环的碱性氨基酸。肽的酸碱性取决于所含氨基酸的种类和数量,当肽链中含有的酸性氨基酸较多时,则该肽为酸性肽,反之为碱性肽。常见的酸性氨基酸包括天冬氨酸(Asp)和谷氨酸(Glu),碱性氨基酸包括赖氨酸(Lys)、精氨酸(Arg)和组氨酸(His)。

(四)颜色反应

氨基酸中的 α- 氨基、α- 羧基及侧链取代基可与多种化合物发生化学反应,生成有颜色的化合物,可用于肽的定性或定量分析。

1. 茚三酮反应

氨基酸与水合茚三酮在水溶液中加热,可反应生成蓝紫色物质。首先氨基酸被氧化分解,产生氨和二氧化碳,氨基酸转变为醛,水合茚三酮则生成还原型茚三酮。在弱酸性溶液中(最佳 pH 为 5~7),还原型茚三酮、氨和另一分子茚三酮反应,生成蓝紫色物质(又称罗曼紫化合物,该化合物在 570 nm 处有最大吸收峰)。所有氨基酸及具有游离 α- 氨基的肽都产生蓝紫色化合物,但脯氨酸和羟脯氨酸与茚三酮反应产生黄色物质,因其 α- 氨基被取代,所以产生不同的衍生物(见图 1-3)。

2. 黄色反应

含苯环结构的氨基酸(如酪氨酸和色氨酸)遇硝酸时,其苯环可被氧化而产生硝基,生成黄色物质,在碱性溶液(如 NaOH 溶液)中进一步形成深橙色化合物。当肽分子含有带苯环的氨基酸时可产生黄色反应(见图 1-4)。

3. 双缩脲反应

双缩脲反应是肽(除二肽外)和蛋白质所特有的一种颜色反应。在碱性环境中，肽和蛋白质的肽键与硫酸铜反应生成紫色或者蓝紫色的络合物。双缩脲反应名称的由来是双缩脲与硫酸铜之间的反应，两分子的尿素加热180 ℃后失去一分子 NH_3 形成双缩脲，在碱性环境中，与硫酸铜作用产生蓝色的铜－双缩脲络合物（见图1-5）。而肽键具有与双缩脲相似的结构特点，也可发生该反应。需要注意的是除 -CO-NH- 有此反应外，酰胺基（-CO-NH$_2$-）、亚甲基（-CH$_2$-）、亚氨基（-NH-）、-CS-CS-NH$_2$- 等基团亦有此反应。当存在草酸、丙二酸和琥珀酸二胺时，也可观察到假阳性结果。

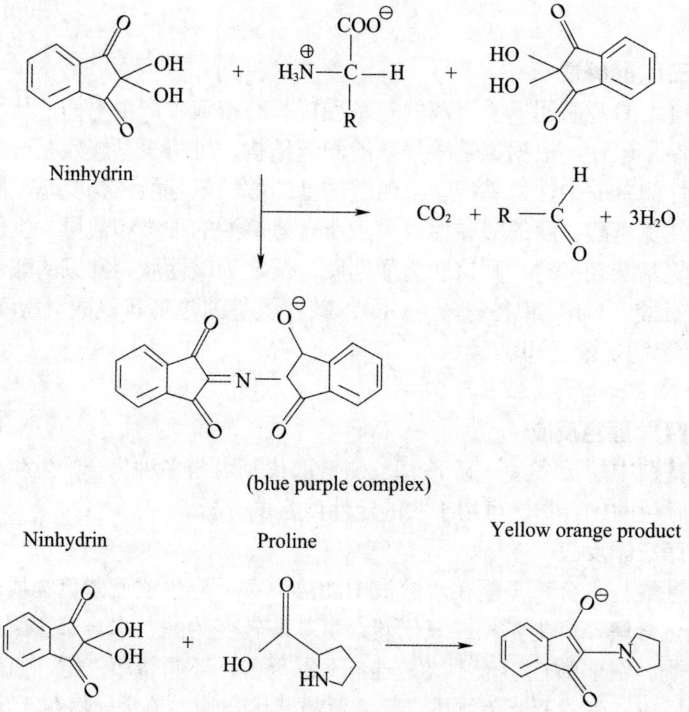

图 1-3　茚三酮反应

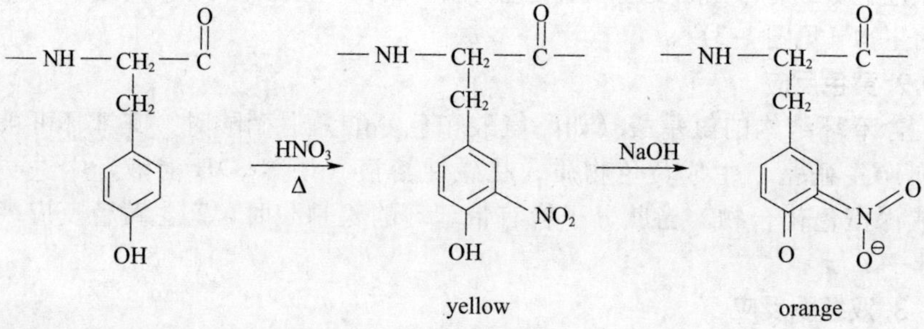

图 1-4　多肽的黄色反应

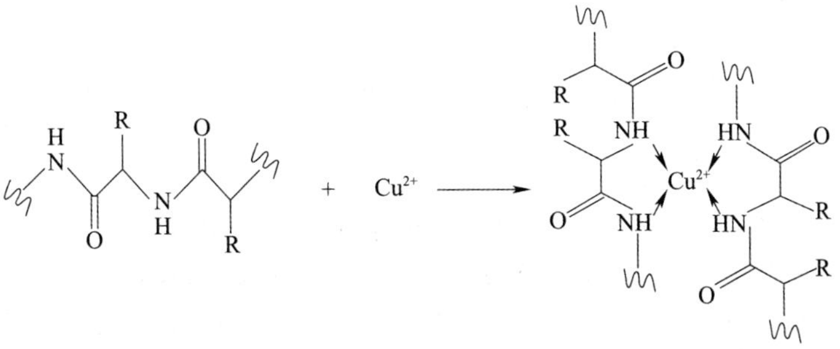

蓝紫增色营养液

图1-5 肽的双缩脲反应

（周娟、郝丽萍）

参考文献

1. 姬晓凯, 张凯歌, 张勇, 等. 折桂诺贝尔奖的神经科学家(1965年～1990年)[J]. 神经解剖学杂志. 2021,37(1):116-120.

2. 李勇. 生物活性肽研究现况和进展[J]. 食品与发酵工业. 2007.33(1):3-9.

3. 王竹清, 李八方. 生物活性肽及其研究进展[J]. 中国海洋药物. 2010,29(2):60-68.

4. 高小尧. 生物活性肽的化学合成与生物活性验证[D]. 福州: 福州大学. 2010.

5. 肽命名和分类指南. https://www.tocris.com/cn/resources/peptide-nomenclature-guide.

6. 刘海生, 孟海莲. 茚三酮溶液检验氨基酸实验的实证与优化[J]. 化学教学. 2017(4):67-70.

7. 朱文祥, 谢学辉, 冯帆, 等. 茚三酮定量蛋白质方法的改进[J]. 东华大学学报(自然科学版). 2015,41(1):60-64, 90.

8. Lu H, Wang J, Bai Y, et al. Ionic polypeptides with unusual helical stability. Nat Commun.2011 Feb 22;2:206.

9. Zhang Y, Lu H, Lin Y, et al. Water-Soluble Polypeptides with Elongated, Charged Side Chains Adopt Ultra-Stable Helical Conformations. Macromolecules.2011 Sep 13;44(17):6641-6644.

10. Biuret test: Principle, Reaction, Requirements, Procedure and Result Interpretation. biocheminfo.com/2020/04/01/biuret-test.

11. Ninhydrin Test - Definition, Reaction, Principle, Result, FAQs. https://school.careers360.com/chemistry/ninhydrin-test-topic-pge.

第二章　肽的生物利用

　　肽的消化吸收利用不仅在提供氨基酸营养中起到至关重要的作用，而且在调节机体生理功能方面也具有十分重要的意义。本章的目的在于阐明肽的消化吸收、肽的代谢利用及影响肽生物利用的因素，为肽在营养与健康中的广泛应用提供参考。

第一节　肽的消化和吸收

一、肽的消化和消化模型

（一）肽的消化

　　由于口腔唾液中不含可以水解肽键的酶，所以肽的消化是从胃中开始的。又由于食物在胃中停留较短，在胃中的消化很不完全，所以可以推测肽的消化可能主要在小肠中完成。事实上，有学者分别研究了 17 条肽链长度大于 8 的氨基酸残基肽（包括 5 条 14~51 个氨基酸残基长度的多肽、7 条 9~10 个氨基酸残基长度的寡肽和 5 条 8~11 个氨基酸残基的环肽）在人和猪的胃肠道消化酶，以及模拟胃肠道（GIT）消化酶中的消化情况，发现肽在胃肠道中的消化确实主要发生在小肠中。

　　肽经口摄入后，首先在胃蛋白酶等的作用下，被逐步降解成稍小的肽片段以及氨基酸。进入小肠后，肽在胰液及肠黏膜细胞分泌的多种蛋白酶及肽酶的共同作用下进一步水解为更小的肽片段和游离氨基酸。有些肽可以不需要消化而直接被小肠吸收。小肠中肽的消化主要靠胰肽酶来完成。胰肽酶基本上可以分为两类，即可以水解肽链内部一些肽键的内肽酶（endopeptidase）和从肽链氨基末端或者羧基末端逐个水解掉氨基酸残基的外肽酶（exopeptidase）。这些酶对不同氨基酸组成的肽键有一定的专一性。此外，小肠黏膜细胞的刷状缘及胞液中存在一系列刷状缘膜酶，它们是胃肠道中最后一道重要的酶降解屏障，在肽的小肠吸收前将肽降解成更小的片段。刷状缘膜酶的种类很多，已从 caco-2 细胞中鉴定出了至少 8 种刷状缘膜酶，如二肽基酶 IV（DPPIV）、肽基二肽酶 A[也称为血管紧张素转换酶（ACE）]、氨基肽酶 N、氨基肽酶 P、氨基肽酶 W、内肽酶 24.11、γ- 谷氨酰转肽酶和膜二肽酶等。不同刷状缘膜酶的活性各有不同，其中，DPPIV 的活性最高，占所有刷状缘膜酶总活性的 70% 以上。DPPIV（EC 3.4.14.5）是一种脯氨酰寡肽酶，属于丝氨酸蛋白酶家族，常表达于内皮细胞、小肠上皮细胞等高度分化的上皮细胞以及淋巴细胞等组织，具有多种生物功能，细胞膜表面丝氨酸蛋白酶作用是 DPPIV 最主要的一种生物功能，也是研究最多的一种生物功能。作为丝氨酸蛋白酶，DPPIV 特异性剪切 N 末端二肽，尤其当 N 末端第二位氨基酸为 Pro（Xaa-Pro-）或 Ala（Xaa-Ala-）时，如葡萄糖依赖的胰岛素样多肽 GIP 和 GLP-1 等，更易被 DPPIV 剪切，而当 N 末端第二位氨基酸为 Gly、Ser、Val 或 Leu 时，也易被 DPPIV 降解，被 DPPIV 降解的顺序是 Pro>Ala>Gly>Ser>Val>Leu。另外，DPPIV 的降解作用与 N 末端第一位氨基酸的理化性质也有关系，被 DPPIV 降解的顺序是疏水性氨基酸残基 > 碱性氨基酸残基 > 中性氨基酸残基 > 酸性氨基酸残基。

值得注意的是，肽的消化一方面使原本具有活性的肽不能以完整的形式进入体内，导致活性发生改变，甚至完全失活。相关研究结果非常多，如 Quirós 等研究发现 ACE 抑制肽 LVYPFPGPIPNSLPQNIPP 在模拟胃肠道消化酶系统中被彻底降解，失去 ACE 抑制活性；Miguel 等研究了蛋清源 ACE 抑制肽 YAEERYPIL 和 RADHPFL 在模拟胃肠道消化液中的降解情况，YAEERYPIL 和 RADHPFL 的 ACE 抑制活性（IC50）由水解前的（5.4±0.8）μg/mL 和（3.22±0.9）μg/mL 上升到水解后的（446±1.8）μg/mL 和（90.21±11.3）μg/mL，当然不排除一些活性肽经 GIT 酶的消化作用而活性增强；有报道称，小麦胚芽水解液经胃蛋白酶、胰蛋白酶和糜蛋白酶消化后，ACE 抑制活性增加 27%；国内也有学者研究发现，金华火腿蛋白水解物在胃蛋白酶作用后其抗氧化活性升高。另一方面，用胃肠道消化酶消化蛋白质和多肽是目前生产生物活性肽的最常用方法之一。目前，已利用体外模拟 GIT 消化水解模型（主要是胃蛋白酶和胰蛋白酶或胰液酶等）和微生物发酵从乳、蛋、肉、鱼及蔬菜蛋白水解物中分离鉴定了许多食源性生物活性肽。摄入牛奶蛋白后，许多酪蛋白衍生的 BAP 在 GIT 中被发现。例如，人类 GIT 中的抗高血压肽 DKIHPF、HLPLPLL、LHLPLP、LNVPGEIVE、NVPGEIVE、PPLTQTPV、SLVYPFPGPI、VAPFPEVF、VYPFPGPI 和 YKVPQL，小型猪 GIT 中的 AVPYPQR、FSDKIAK、HPHPHLSF、KKYKVPQL、MKPWIQPK 和 SQSKVLPVPQ、AYFYPEL，人 GIT 中的抗氧化肽 YFYPEL 和抗血栓肽 MAIPPKKNQDK，以及抗高血压肽 β-酪蛋白(80~90)和仔猪 GIT 中的免疫调节肽 β-酪蛋白（60~66）。此外，猪在摄入鳟鱼或牛肉后，可在其 GIT 中鉴定出许多源自鱼或肉的 BAP，如抗高血压肽 AGDDAPRAVF、AGFAGDDAPR、AVFPSIVGRPR、DLAGRDLTDYL、FDKPVSPL、KIKIIAPPERKY、LFDKPVSPL、LFDKPVSPLL、NSYEEALDHL、YALPHAIMRL、YFKIKPLL 和 YNLKERY 等。又如 Hernández-Ledesma 等利用体外模拟胃肠道消化的方法（胃蛋白酶 - 胰液酶）从人乳及婴儿配方奶粉中鉴定了一系列 ACE 抑制活性肽和抗氧化活性肽。

（二）肽的消化模型

体内评估和体外模拟是研究食物消化的常用方法。人和动物的体内评估模型为蛋白质或肽的消化提供了最具生理相关性的数据。通过使用成像技术和无线遥测系统可以检测胃中和／或小肠中的消化物。常用于体内评估的动物消化模型包括狗、鸡、大鼠和猪等，其中猪是预测人类蛋白质（肽）消化率最合适的动物模型，因为它的酶和消化道的生理学最接近人类。目前，肽的体内消化模型方法运用最多的是牛奶蛋白（肽）的消化评估。除此之外，很少有研究评估肽的体内消化行为。因为体内实验虽然可以更准确地反映真实情况，但往往存在研究周期长、费用高、结果重现性差、伦理受限且个体间有差异等问题。相比而言，体外模拟则有简单、便宜、快速、通用、可再生等优点，常用于食物蛋白（肽）消化等研究。近年来，随着研究的发展，体外模拟的条件也越来越趋近于体内的真实状态，已被广泛用于肽的消化研究。体外消化模型按照是否模拟了消化的动态过程，可分为体外静态模型和体外动态模型；按照消化腔室的多少，可分为单室消化模型和多室消化模型；按照使用酶的多少，可分为单酶体系消化模型和多酶体系消化模型。

1. 静态模型和动态模型

静态模型是一种只模拟了体内生理环境而没有模拟人类消化时动态过程的体外消化方式。动态模型则是人们为了更准确地模拟体内的生理环境和物理化学活动，考虑了一系列动态变量因素后设计的消化模型。在模拟人类胃肠道对食物基质消化时，静态模型一般不经过物理力量，缺乏胃排空、pH 改变、分泌物流速等条件的控制。此外，在静态多室模型中，消化产物在各隔室中不能自动呈递，需人为转移来模拟各阶段的连续性消化。因此，为了克服静态模型中的这些限制，建立了动态模型。与静态模型相比，动态模型不仅严格模拟了体内的生理环境，而且设计了部分动态消化程序，如摄取物质在胃肠道内的逐步运输，消化隔间的动态排空以及每个阶段的蠕动混合，而这些变量因素对肽的消化率有重要影响。在已有的实验报道中，静态模型是使用最广泛的消化模型。Hollebeeck 等通过运用响应面设计 pH、培养时间、酶浓度 3 个因素，评估它们对食品基质消化的影响，实验得出的最优消化程序包括口腔消化阶段，pH 值 6.9，消化时间为 5min，α- 淀粉酶酶活为 3.9U/mL；胃消化阶段，pH 值 2.0，消化时间为 90min，胃蛋白酶酶活为 71.2U/mL；十二指肠消化阶段，pH 值 7.0，消化时间为 150 min，胰液素 9.2 mg /mL，胆盐 55.2mg/mL。该研究最终确立了一个快捷、低成本的体外静态消化程序，可用于研究食物蛋白（肽）在体内的静态消化。近年来，基于人体内的实际消化情况，Minekus 等则提出了一种通用、实用的静态消化方法，这种消化方法能应用于各类食品的消化。该研究中提供了口腔、胃、小肠各阶段的消化参数，并讨论了体内可利用参数与酶的相关性。其消化条件为口腔消化，样品中加入模拟唾液与唾液淀粉酶（75U/mL）的等比混合液，在 pH 值为 7.0 的环境中消化 2 min；胃消化，在口腔消化物中加入模拟胃液与胃蛋白酶（2000U/mL）的等比混合物，调 pH 值为 3.0，消化 2h；小肠消化，在上述胃消化物中添加模拟肠液与酶（胰蛋白酶、糜蛋白酶、脂肪酶、辅脂酶、胆盐、胰液素）的等比混合物，调 pH 值为 7.0，消化 2h。各阶段消化时的温度均为 37 ℃。该方法为建立标准静态体外消化方法提出了详细的建议和指导。随着相关静态模型的发展,少数体外动态模型也逐步被建立。

动态模型的建立主要是基于体内数据,通过增加 HCl 模拟胃中食物的酸化,同时设置了蛋白酶的流速和胃的排空等条件。动态模型的发展已经提升到越来越细化的水平,如配备多少复杂消化液,或者使用自动化系统控制消化产品通过各隔室的路径等。如动态胃模型(dynamic gastric model,DGM)和人胃模拟器(human gastric simulator,HGS)模型仅模拟了胃消化阶段,忽略了食糜进入小肠后的情况,属于动态胃模型。Vatier 和 Mainville 等则通过增加 HCl 来调节胃中 pH 值变化,同时利用磁力搅拌器混合食糜,分别模拟了胃和十二指肠阶段的连续消化。两者不同的是,Vatier 在模拟十二指肠时,分别模拟了其近端和末端,而 Mainville 则对十二指肠阶段进行整体模拟,并在消化过程中增加了胆盐的应用。迄今为止,TIM 模型(TNO gastro-intestinaltract model)是模拟胃肠道消化最系统和最全面的动态模型,由胃、十二指肠、空肠和回肠 4 部分构成,该模型对温度、pH 值变化、胃和小肠的交接、转运时间、蠕动混合、逐步运输、蛋白酶的连续增加、水和小分子的吸收等参数进行了设定。TIM 模型也是最接近人类胃肠道体内消化的体外动态模型,现已应用于营养学等领域。但是,动态模型设备复杂,成本较高,一般应用于复杂食物基质中蛋白质动态消化的研究。静态模型简单方便,主要应用于单一蛋白的体外消化评价。与动态模型相比,静态模型在实际应用中较多,但随着研究工作的深入,动态模型的科学价值必将日益凸显。

2. 单室模型和多室模型

在体外模拟时,根据消化腔室选择的不同,体外消化模型又可分为单室模型和多室模型。单室模型是指根据实际研究的需求,单独模拟某个阶段的消化,主要是用于单一隔室消化情况的研究,如模拟胃对蛋白质(肽)的消化。根据是否模拟了体内消化的动态过程,单室消化模型也可分为单室静态模型和单室动态模型。多室模型则是指间接或连续模拟多个腔室消化的一种更接近人体生理过程的消化方式。为了能模拟消化过程的连续性,达到与正常生理活动的一致性,人们提出了静态多室和动态多室消化的方法。动态多室消化的方法更接近人体内的真实环境,如 TIM 模型。但是此种模型设计复杂、不利于操作,且成本较高,通常是在特殊研究中应用。而静态多室消化模型,则是借用机械外力代替胃肠道的物理活动,通过人为转移来模拟消化过程的连续性。

3. 单酶体系消化模型和多酶体系消化模型

根据食物基质的不同,需选用不同种类的消化酶模拟体内消化,且酶的添加顺序也不同,因而消化模型按酶的种类又可分为单酶体系消化模型和多酶体系消化模型。单酶体系消化模型是指仅使用一种酶模拟食物基质在体外的消化情况,这种模型简单且易操作。在某些情况下,使用单一酶比混合酶更有利,它促进了体外消化模型的标准化，也使各实验室的研究结果更具有可比性。在预测单一营养物质的消化率时，常利用单酶体系的消化方法，然而，不同营养物质之间的消化通常会互相影响，随着研究的需要，逐渐建立了多酶消化模型。多酶体系消化模型是指为了尽可能地模拟体内的生理环境，在模拟消化过程中添加了多种相关的消化酶及一些生物分子。其中最常用的酶和其他生物分子包括胃蛋白酶、胰酶、胰蛋白酶、糜蛋白酶、肽酶、α-淀粉酶、脂肪酶、辅脂酶、胆盐和黏蛋白等。多酶体系消化模型的消化液成分更精确，模拟更接近真实状态，是目前应用较多的一种消化模型。单酶体系消化模型一般在研究单一组分消化时应用较多，有时也可应用于某些特殊研究。然而，在模拟食物蛋白体外消化的相关研究中，使用多酶体系进行消化比单一酶更接近实际情况，相对于单酶体系而言，多酶体系消化模型的应用更多。Abdel-Aal 等对比了 3 种酶一步消化和 2 种酶两步消化的方法，一步法使用了胰蛋白酶、糜蛋白酶、肽酶 3 种酶，两步法使用的则是胃蛋白酶、胰酶 2 种酶。结果发现，前者水解产物的消化率比后者高，这可能是因为 3 种酶的协同作用，且该方法与体内的生理条件更相似。由此可见，使用多酶体系的体外消化方法比使用单一酶的方法更有优势。随着研究的深入，体外模型在模拟体内环境时考虑的因素也越来越多，增强了对酶系成分的研究。如 Picariello 等在研究牛奶蛋白消化性质时，利用多酶体系消化模型依次模拟了口腔和胃肠道消化，在模拟肠消化时特别增加了小肠刷状缘膜（BBM）酶的使用。该实验研究发现，经过 BBM 酶消化后，牛奶蛋白的水解度明显增加，其水解率高达 70% ~ 77% 。可见，为了更准确地测定膳食蛋白的消化性，在肠消化阶段应该增加 BBM 酶的使用。

单酶体系消化模型主要用于对某一种膳食蛋白的研究，消化过程中利用的酶种类单一，消化不彻底。而多酶体系消化模型模拟的人工消化液成分复杂，应用的酶种类较多，消化过程更接近体内真实状态。总体而言，在研究食物蛋白消化性时，多酶体系消化模型应用前景更广，值得进一步高度关注。在研究食物蛋白（肽）消化时，受体内实验的局限性，体外消化模型已被广泛使用。

以上消化模型只是按照不同方式进行的分类，相互间有一定的相关性，在应用过程中一般也会交叉使用。但总体而言，消化液成分越接近体内生理环境，模拟消化的过程越接近体内消化程序，食物蛋白的消化就越彻底。在研究膳食蛋白（肽）消化时，应用最广的将是多酶多室静态模型。但由于食物蛋白（肽）的种类和研究目的的不同，各模型在应用时的消化条件略有差异，还需要进行择优选择。总之，体外消化模型为研究食物蛋白质（肽）营养功能提供了强有力的工具。

二、肽的吸收

小肠上皮是物质吸收的主要场所。传统蛋白质消化吸收理论认为，膳食蛋白质必须彻底水解为游离氨基酸才能通过特定的氨基酸转运体被吸收。现代营养学研究却发现，膳食蛋白质也可以直接以肽的形式直接被肠道吸收。机体对肽的吸收与游离氨基酸吸收是完全独立的转运途径，这有助于减轻由于游离氨基酸相互竞争共同吸收位点而产生的吸收抑制。而且，以肽的形式吸收比以游离氨基酸形式吸收效率更高。因此，肽被认为是比游离氨基酸更有效的氨基酸来源。蛋白质以肽的形式吸收更有利于机体不同组织和器官的利用，进而对机体发挥重要的调节作用。上述现代蛋白质吸收理论也为肽营养奠定了坚实的理论基础。

目前，已发现4种不同的肽吸收机制，它们分别是载体介导的跨膜转运（以PepT1为例）、细胞旁扩散、跨细胞被动扩散和转胞吞作用（见图2-1）。

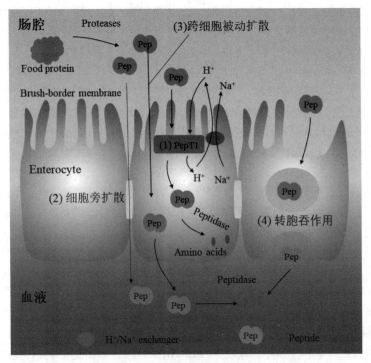

图 2-1 肠上皮细胞单层运输生物活性肽的可能途径

1. 载体介导的跨膜转运

载体介导的跨膜转运是一种逆浓度梯度的转运，在寡肽的吸收、转运过程中发挥着重要作用。下面以目前研究最充分的一种寡肽转运体肠肽转运蛋白1（PepT1）来介绍载体介导的肽转运机制。PepT1于1994年首次被发现，含707~710个氨基酸残基（人源PepT1含708个氨基酸残基），PepT1蛋白的N末端和C末端位于细胞内，一共有12个跨膜区域，形成6个膜外单环，5个膜内单环。主要表达于小肠上皮细胞，是一种 H^+ 浓度梯度依赖的寡肽转运载体。

PepT1 介导的寡肽转运过程与游离氨基酸跨膜转运过程有本质的区别。氨基酸和糖等小分子营养物质跨膜转运的主要驱动力是 Na^+ 浓度梯度，而寡肽转运体以 H^+ 浓度梯度为原动力。PepT1 依赖利用 Na^+/H^+ 交换蛋白（Na^+/H^+ exchanger，NHE）产生 H^+ 浓度差和负的膜电位进行转运二肽／三肽和拟肽类物质，其转运过程分为 3 个步骤：首先是小肠上皮细胞基底外侧膜的 Na^+/K^+-ATPase 通过 Na^+/K^+ 交换，向细胞外泵出 Na^+，产生细胞内外 Na^+ 浓度梯度；而后，Na^+ 浓度梯度驱动位于细胞顶膜侧的 Na^+/H^+ 交换转运器（NHE3）将 H^+ 转运至细胞外，随着细胞外侧的 H^+ 浓度上升，细胞内外产生 H^+ 浓度差和负的膜电位；最后，PepT1 在 H^+ 和 Na^+ 两种梯度的协同作用下，将寡肽转运至小肠上皮细胞内。其对小肽的吸收起着至关重要的作用。PepT1 的结合底物包括绝大部分的二肽、少部分的三肽以及肽类似物。据推测 PepT1 不仅可以吸收包括从膳食蛋白质消化等途径摄入的大约 400 种二肽和 8000 种三肽，而且还包括一系列结构相关的肽类化合物和药物，但不转运氨基酸和四肽。

PepT1 转运功能会受到内源性和外源性信号的共同调节，这些信号的改变可以通过影响细胞膜面积、细胞膜内外质子浓度差、转运体的转录水平、mRNA 的稳定性、蛋白质的翻译及翻译后修饰来调控 PepT1 转运体的表达和功能。Vig 等通过对大量 PepT1 底物肽的研究发现，二肽的电荷、疏水性、分子大小、分子柔性等理化性质均影响二肽的 PepT1 转运，如 N 末端较大体积、疏水性氨基酸残基有助于二肽与 PepT1 的结合，以及 C 末端 Pro 残基有利于二肽的吸收。有研究表明，PepT1 优先结合具有中性电荷和高疏水性的短链肽，特别是二肽和三肽，也有发现 PepT1 能够识别具有极大体积或 2 个正电荷的二肽。但是，PepT1 不太可能结合亲水性肽。Brandsch 等人认为，PepT1 的底物应具有如下的结构特征：①必须有 N 末端 α 位 NH_3^+，且不能用其他碱性基团替代，而 C 末端 COO^- 并不是必须条件，可以被磷酸基团或酰胺基替代；②肽键的羰基可以是含硫羰基，且肽键必须是反式构象；③肽骨架无环化作用；④N 末端无 Pro 残基，C 末端无阳离子侧链；⑤有较大体积、疏水性的侧链，整个分子有较强疏水性；⑥所含氨基酸一般均为 L 型氨基酸。实际上，根据底物与 PepT1 的结合能力，可以将 PepT1 底物分成强亲和性、中等亲和性和弱亲和性 3 个等级，Ki 值范围分别为 Ki<0.5 mM、0.5 mM<Ki<5 mM、5 mM<Ki<15 mM。通过定点突变发现位于第 2、4、5 个跨膜区域的 His57、His121、Tyr56、Tyr64 和 Tyr167 对 PepT1 与底物的结合及 PepT1 的转运能力有重要影响。另有研究表明将位于第 7、10 个跨膜区域的 Trp294、Glu595 突变后，PepT1 对 Gly-Sar 的转运能力分别降低 80% 和 95%。另外，小肠上皮细胞 PepT1 的表达也会受到某些膳食因子的调节作用，如 Shiraga 等报道了膳食补充氨基酸和二肽可以促进大鼠小肠 PepT1 基因的转录，Dalmasso 等则研究发现丁酸可以促进小肠上皮细胞 PepT1 的表达。

PepT1 作为质子耦联的寡肽转运体（proton-coupled oligopeptide transporters,

POTs）家族的一员，在肽类营养物质吸收和药物转运中都发挥着重要作用。除了POTs家族外，基底外侧膜上的其他多肽载体也被认为参与了抗水解肽进入血液的转运。有研究发现，阿片样活性肽寡肽DADLE（Tyr–Ala–Gly–Phe–Leu）和deltorphin II（Tyr–Ala–Phe–Glu–Val–Val–Gly–NH$_2$）在小肠细胞上的完整吸收特征符合载体介导的主动转运模式。进一步实验结果表明，小肠和结肠等细胞膜中可能存在Na$^+$依赖的寡肽转运载体。美国德州理工大学教授Vadivel Ganapathy先后在人视网膜色素上皮细胞系ARPE-19、兔结膜细胞系CJVE和人类神经细胞系SK-N-SH首次发现了2种新的寡肽转运体，分别为Na$^+$耦合的寡肽转运体1（SOPT1）和Na$^+$耦合的寡肽转运体2（SOPT2）。与PepT1不同，它们跟钠螯合，转运5~10个氨基酸残基长度的寡肽。SOPT1和SOPT2可转运多种内源性阿片肽，外源肽如Tat47 57[人类免疫缺陷病毒（HIV）–1编码的tat蛋白片段]和合成阿片肽。目前，SOPT1和SOPT2的唯一区别就是二肽和三肽的差异效应。一些二肽和三肽能够促进SOPT1对寡肽的转运吸收能力，而抑制SOPT2对寡肽的转运吸收能力，但是，这些二肽和三肽自身并不通过SOPT1或SOPT2被吸收。另外，有研究发现，食源性生物活性肽如β–casomorphin–7（YPFPGPI）、VLPVPQK等也可能是通过SOPT2载体被转运吸收的。目前关于SOPT1和SOPT2的编码基因和蛋白结构均尚未被鉴定，未来也许会有更多发现。

2. 细胞旁扩散

肽的细胞旁路途径是指一些亲水性小分子肽通过紧密连接（tight junctions，TJs）处的孔隙透过小肠上皮细胞层被机体吸收的过程。小肠内壁存在大量褶皱，加上上皮细胞的微绒毛结构，整个小肠上皮的表面积可高达 $2 \times 10^6 cm^2$，而紧密连接部分占小肠上皮总表面积的0.01%~0.1%，因此，小肠上皮紧密连接部分的总表面积为200~2000 cm^2，可以吸收少量肽（pM-nM范围），但是足以发挥其生物活性。多种BAP可以通过细胞旁TJs以能量非依赖性被动扩散的方式转运。细胞旁路渗透是目前报道最多的食源性活性寡肽吸收途径。此外，43个氨基酸的多肽露那辛（lunasin）及其片段RKQLQGVN（露那辛在胃肠道消化过程中释放）也利用该途径穿过肠上皮屏障。有研究利用caco-2细胞单层模型研究发现高分子量的酪蛋白肽也可以通过细胞旁扩散穿过肠道屏障。通过细胞旁途径转运使肽能够避免被细胞内肽酶降解。

肽的细胞旁路主要受细胞间紧密连接控制。TJs是由封闭小带等外周膜蛋白（ZO-1、ZO-2）、claudin等跨膜整合蛋白、连接黏附分子和调节蛋白等多蛋白连接复合物组成的复杂网络结构，广泛分布在所有上皮细胞和内皮细胞的顶侧膜区域。这种连接除有机械性的连接作用外，还封闭了细胞顶端的细胞间隙，可阻止大分子物质由外部进入细胞间隙，具有屏障作用，可阻止细菌、大分子物质等通过细胞间隙进入上皮下的结缔组织内，并可防止组织液外流。另一方面，由于紧密连接部位存在着大量半径小于15Å的孔隙，可选择性地输送小分子营养物质，如金属离子和寡肽，经过细胞间隙后再进入血液以及限制细胞膜脂质和蛋白的自由流动，发挥着重要的屏障和栅栏功能。

肽的细胞旁路转运会受到许多因素的影响，包括肽底物本身的结构性质。首先，肽段的疏水性会对细胞旁路转运产生影响。由于细胞旁路通常是转运水溶性物质，因此，肽段具有足够的亲水性是通过这一路径吸收的前提条件。除了疏水性，底物分子大小是影响其通过细胞旁路进行吸收最主要的因素。当肽分子的直径大于11~15Å时就无法穿过上皮细胞的紧密连接进行吸收。另有研究发现，在caco-2细胞模型上，环状的六肽cyclo（Trp–Ala–Gly–Gly–Asp–Alap）比其线性结构具有更高的渗透率，这主要是因为肽段环化后降低了分子直径，从而更容易通过细胞间的紧密连接。但是，当紧密连接孔隙大小一定时，渗透压等因素也有可能会影响物质的渗透系数。Inokuchi等发现，紧密连接的渗透性与转运物质溶液的渗透压紧密相关，NaCl、甘露醇、棉籽糖等高渗溶液能显著降低跨膜电阻和增加荧光黄的渗透量。研究发现，通过干预紧密连接蛋白的表达可以实现对细胞旁路渗透的调控，目前，已经明确了很多物质都具有抑制紧密连接蛋白、促进旁路渗透的作用，成为细胞旁路促进剂。另外，有意思的是，有研究发现一种六肽FCIGRL能够显著降低TEER值，促进荧光黄的细胞旁路渗透，而另一种五肽NPWDQ能够通过促进occludin蛋白的表达，增强细胞紧密连接程度。Adson等还实验了不同电荷和分子大小的物质穿过紧密连接空隙的难易程度，发现阴离子性质的物质比中性和阳离子性质的物质更易透过紧密连接空隙，但是当分子量增大时，电荷的影响就会变小，Pauletti等也报道了类似的研究结果。此外，组成细胞间紧密连接处的蛋白质的氨基酸含有可电离的侧链，导致小肠上皮细胞紧密连接呈现带负电荷的静电域，因此，可以通过静电相互作用影响肽的吸收。

综上所述，细胞旁途径被认为是亲水负电荷低分子量肽首选的路线。这也弥补了PepT1不能转运亲水负电荷肽的不足。值得注意的是，通过细胞旁途径运输的肽生物利用度要低于PepT1运输的肽。

3. 跨细胞被动扩散

跨细胞被动扩散指分子以浓度为基础不需消耗能量通过顶端和基底外侧膜运输。许多分子经肠道上皮膜通过被动的跨细胞扩散被吸收，这是普遍发生的，包括被动摄取到细胞内、细胞内运输和基底外侧分泌。生物活性肽通过被动扩散的转运方式依赖于肽的大小、电荷和疏水性等特性。由于细胞膜由脂质双分子层组成，人们普遍认为亲脂性在这一转运机制中起着关键作用。通常，亲水性多肽倾向于细胞旁扩散通过肠道上皮，而亲脂性多肽则选择跨细胞转运途径。血管紧张素Ⅰ（九肽）通过被动跨细胞扩散跨caco-2细胞单层转运，而血管紧张素Ⅲ（七肽）和血管紧张素Ⅳ（六肽）则通过载体介导的过程转运。可见，其他因素如肽链长度可能也影响肽的被动扩散。由于缺乏被动跨细胞扩散的介质，很难量化肽通过这一途径的运输。有一些研究报道了某些四肽可以通过被动扩散而吸收。除此之外，通过被动扩散被吸收的还有环状多肽环孢素A。

4. 转胞吞作用

转胞吞作用指将物质从极化细胞的一侧运送到另一侧的能量依赖性运输。在小肠内，分子量较小的肽通过 PepT1 载体调节和（或）细胞旁路进行吸收进入血液循环，但是大部分的大分子蛋白质及一些肽段则需要通过转胞吞作用进行吸收。转胞吞分为吞噬、胞饮、受体介导的胞吞等几种形式。其中，吞噬主要吸收直径高达 $10\mu m$ 的微米级颗粒，常见于巨噬细胞、中性粒细胞、树突状细胞等，胞饮主要吸收次微米级物质，几乎发生于所有细胞类型中，而受体介导的胞吞是指被胞吞物质与细胞表面的受体相互作用，进而引发细胞膜内陷，形成囊泡将内吞物转移到细胞内，特异性强。转胞吞作用主要包括细胞膜表面的内吞作用、细胞内运输以及胞外分泌 3 个步骤。其中根据肽在细胞膜表面内吞作用方式的不同，受体介导的胞吞又可细分为网格蛋白调节的转胞吞（clathrin-mediated endocytosis）、小窝调节的转胞吞（caveolin-mediated endocytosis）、非网格蛋白 - 小窝调节的转胞吞（clathrin-and caveolin-independent endocytosis）3 大类。通过受体介导的胞吞作用进行吸收时，首先需要被吸收物质与细胞膜表面相互作用，因此，吸收底物的结构性质对 3 种转胞吞作用都有重要的影响。

一般来说，细胞胞吞吸收的多是分子量较大的肽段，如 Regazzo 等报道了一种 17 肽（β-casein 193~209）能够在 caco-2 细胞单层膜模型中被完整吸收，其吸收机制可能就包括了胞吞。Xu 等和 Shimizu 等分别发现十肽 YWDHNNPQIR 和九肽 RPPGFSPFR 也均是通过胞吞途径被 caco-2 细胞单层膜完整吸收。Sai 等研究发现一种碱性寡肽 [H-MeTyr-Arg-MeArg-D-Leu-NH（CH$_2$）8NH$_2$] 在 caco-2 细胞单层膜的吸收途径为胞吞作用。另外，Ding 和 Li 等的研究结果表明，六肽 GLLLPH、五肽 YFCLT 和四肽 AHLL 在 caco-2 细胞单层膜的完整吸收途径可能包括胞吞和细胞旁路两种。被转运物质的分子大小和理化性质决定了其具体的胞吞转运形式。有研究表明，抗氧化肽 YWDHNNPQIR 的高疏水性氨基酸可以决定其通过胞吞作用跨 caco-2 细胞单层的转运。除了疏水性的重要特征之外，其他因素也被认为是肽转胞吞转运的决定因素。有细胞模型报道，极性基团的数量和多肽的净电荷，尤其是正电荷，对其胞吞转运具有积极影响。研究发现，很多细胞穿膜肽（cell-penetrating peptide，CPP），尤其是含多聚精氨酸序列（polyarginine）的细胞穿膜肽，大多是通过胞吞的形式被吸收进入细胞内。

在上述 4 种肽的转运机制当中，PepT1 载体调节通路以及细胞旁路径由于涉及的结构和过程相对简单而有较多的研究。目前缺乏肽的被动扩散介质，很难量化肽通过这一途径的运输。对于转胞吞作用来说，因有许多的细胞结构和载体参与其中，使转胞吞过程很复杂，肽的结构特征对该种跨膜机制影响的研究相对较少。因此，对于肽的被动扩散和转胞吞作用需要更多研究。

三、影响胃肠道对肽吸收的因素

胃肠道是食物消化、吸收和营养素摄取的主要部位，也是抵御毒素和病原体等外源物质的第一道防线。我们虽然已知肽能够在小肠内进行吸收，但是肽类物质在经口进入人体消化道的过程会受到诸多因素影响，从而导致其吸收利用程度很低。其中，最关键的是会受到消化道 pH 和多种消化酶的影响。同时，消化道一方面作为肽吸收的主要界面，另一方面也作为物理屏障限制了肽的跨膜转运，还会作为生化屏障水解肽并外排已经吸收的肽，使肽的吸收利用程度大大降低。

1. 消化道 pH 值变化

胃肠道各区域的 pH 值不同，并受到包括食物存在与否、病理条件，甚至年龄和性别等各种因素的影响。一般来说，健康的成年人，胃液 pH 值是酸性的（1.5~3.5），在十二指肠的 pH 值上升到 5~6 之间，然后在远端空肠和回肠 pH 值增加到 7~8 之间，变成碱性。只有结肠的 pH 值个体差异比较大，有的人结肠 pH 值甚至超过 8，但也有人结肠 pH 值只有 6 左右。通常，肽在其等电点附近较窄的 pH 值范围内是稳定的。胃肠道复杂的 pH 环境可能导致肽的构象改变，如极端 pH 值可能导致肽链展开或引发酶促降解而引起变性或者失活。年龄、食物的摄入、疾病状态等都可以显著改变胃肠道的 pH 值。值得注意的是，胃的 pH 值在出生后达到最高后迅速降低至 1~3。除此之外，胃肠道的 pH 值几乎不受年龄影响，在全生命周期过程中维持相对稳定。大多数肽在健康成年人的胃中降解得非常快。

2. 胃肠道酶

肽对各种肽酶非常敏感，包括胃肠道和胰腺分泌的腔内酶、结肠中的细菌酶和黏膜酶。它们在穿过黏液之前主要被腔内酶降解。肽的进入可刺激胃黏膜分泌胃蛋白酶。胃蛋白酶作为一种内肽酶，可水解苯丙氨酸、色氨酸和酪氨酸等芳香族残基之间的肽键，从而使肽水解失活。当肽类物质到达小肠，由胰腺分泌的消化酶进一步发挥作用，包括丝氨酸蛋白酶（胰蛋白酶、糜蛋白酶和弹性蛋白酶）和羧肽酶。胰蛋白酶在碱性氨基酸残基位点水解肽；糜蛋白酶水解含有芳香族氨基酸残基的相关肽；弹性蛋白酶则在中性的小分子氨基酸（如丙氨酸、甘氨酸和丝氨酸）残基处发挥作用。羧肽酶 A 识别肽链 C 末端芳香族、中性或酸性氨基酸残基发挥作用，而羧肽酶 B 则在碱性氨基酸残基处发挥作用。对于肽类物质经口摄入在生理环境下的降解，通常可以针对性地使用酶抑制剂直接降低消化道酶活性，或借助 pH 调节剂如柠檬酸等改变局部 pH 来间接降低酶活性以抑制水解。目前，大多数肽的降解数据是通过体外模拟胃液或肠液中特定的酶获得的。大多数蛋白质在模拟胃液（SGF）中降解得非常快，如用 SGF 孵育胰岛素 30 分钟后检测不到胰岛素。对比发现，肽的稳定性在 SGF 中与在人类以及猪胃液中具有很好的相关性，而在模拟肠道液体（SIF）的肽降解的速度比人或猪肠道液体更迅速。

3. 不动水层

除了生化屏障外，在到达小肠上皮细胞之前，肽还要经历一道道物理屏障的阻碍。首先，胃肠道表面覆盖着一层厚度为 100~800nm 的不动水层，阻止了肽与肠上皮细胞接触，从而阻碍其吸收。不动水层是限制肽吸收速率的重要因素，尤其是对于疏水性肽来说，需要以胶束的形式才能通过。

4. 黏液屏障

即使穿透不动水层，胃肠道表面还分布着一层黏液层，可以捕获外来物质，保护上皮细胞免受外来物的侵袭。黏液深度因所处部位而异。以大鼠消化道为例，其厚度为从上消化道的 200μm 至下消化道的 800μm 左右。人类黏液层最厚的地方位于胃（180μm）和结肠（110~160μm）这两个位置。黏液层由 2 层组成，外黏液层松散黏附，内黏液层与上皮紧密黏附并且外黏液层比内黏液层清除得更快。黏液的成分非常复杂，黏蛋白、糖蛋白是其主要的功能成分，其他成分包括碳水化合物、蛋白质、脂类、盐、免疫球蛋白、细菌和细胞残体等。黏蛋白包括分泌型和细胞结合型，至少有 20 种由 MUC 基因编码的亚型。胃肠道中有 3 种分泌的黏蛋白类型，即 MUC2、MUC5AC 和 MUC6。黏蛋白之间的相互作用使黏液凝胶层具有黏弹性，但黏弹性也受水、脂质或离子含量的影响。整个黏液层，尤其是胃黏膜存在 pH 梯度。胃黏膜管腔表面的 pH 值为 1~2，与胃的 pH 值相似，但上皮表面的 pH 值为中性。黏液对肽进入黏膜下组织产生多重障碍。高黏度降低了肽通过黏液的扩散率，直接影响了肽在小肠内的停留时间。在肠内，黏液的平均清除时间为 50~70 min，黏液层中滞留的颗粒被清除，限制了颗粒或肽的黏附和保持时间。不断分泌和清除的黏液使肽很难渗透不动黏液层到达上皮细胞表面。黏蛋白与肽之间可能通过静电力产生更大的相互作用，这可能是由于丝氨酸的糖基化使黏蛋白具有高度的负电荷，以及苏氨酸和脯氨酸结构域存在的原因。此外，黏液层由于具有刷状支架结构，可以作为过滤器，以降低多肽等大型化合物的流动性。此外，肽可能通过范德华力、静电力、氢键、疏水相互作用发生结构修饰或被困，从而阻碍其吸收。因此，为提高肽的生物利用度，肽应快速穿过松散黏附层。另一方面，牢固黏附层黏液清除速度较慢，有助于提高肽的吸收效率。故而可通过增强牢固黏附层黏附（包括借助静电相互作用、疏水相互作用、范德华相互作用等）来延长肽在胃肠道中的停留时间从而增强吸收。

5. 上皮屏障

胃肠道上皮由单层上皮细胞组成，包括肠上皮细胞、上皮内淋巴细胞、杯状细胞、M 细胞（microfold cell）和树突细胞。作为将管腔与组织分隔的保护屏障，胃肠道上皮在抵御多种病原体以及维持胃肠道稳态中发挥着重要作用。黏液覆盖下的上皮细胞也是肽吸收的另一个主要限制因素。肠上皮组织包括各种具有特定功能的细胞，如用于吸收的肠上皮细胞、分泌黏液的杯状细胞、分泌酶的网格细胞和运输外来颗粒的 M 细胞。这些极化的上皮细胞形成一个连续的单层，将肠腔与下面的固有层隔开。紧密连接（TJs）存在于两个相邻的上皮细胞之间，作为大分子的"看门人"使大分子无法渗透到肠道上皮细胞。除正常肠上皮组织外，还有一些不连续的滤泡相关上皮（FAE 组织）也会影响肽的吸收。

6. 其他

除上述屏障外，沿胃肠道的渗透应力、胃肠道肌肉的蠕动以及腔内胃液流速引起的剪切应力，会对肽进行机械降解而降低生物利用度。流动的胃液也可能缩短肽与上皮细胞之间的接触时间，从而阻碍其入胞吸收。

值得注意的是，虽然小肠是营养与功能性物质在体内吸收的最重要的生理屏障，但并不是所有的食源性生物活性肽都必须克服小肠上皮渗透屏障才能发挥作用，如某些淀粉酶抑制肽、胆固醇和胆汁酸吸收抑制肽、钙离子吸收促进肽以及小肠上皮调节肽等，其自身不一定需要被小肠上皮完整吸收才能发挥作用，然而更多的食源性生物活性肽如 ACE 抑制肽、免疫调节肽、阿片样肽，以及某些针对如肾脏、肝脏等体内组织和细胞的抗炎活性肽、抗氧化活性肽等，必须以完整的形式被小肠上皮吸收，进而通过血液循环到达相应的作用位点，方能发挥其特异性生物活性。

（熊婷）

第二节　肽的代谢及利用

到目前为止，人们对肽的体外吸收转运研究较多，而肽吸收后的代谢与利用及相关的生理机制以及影响因素由于研究难度大则少有涉及。通常，体内有大量可以分解肽的酶，多数肽经过肽酶等的水解，最终只能以游离氨基酸和肽片段的形式进入血液循环或细胞内。这些酶的存在一方面说明能进入血液循环或者组织的肽非常有限；另一方面从进化论的角度出发也提示确实有肽可以进入血液循环和组织细胞，这就为研究肽在机体的代谢和利用提供了可能。

一、肽的代谢

（一）肽在血液循环中的代谢

血液循环中的肽类主要来自消化道吸收、体内蛋白质分解、机体合成（激素、脑啡肽等）和外源性静脉注射等。但是，血液中有大量可以分解肽的酶，多数肽经过肽酶等的水解，最终以游离氨基酸和肽片段的形式进入血液循环。但越来越多的证据表明，血液循环中存在的某些肽可以抵抗血液中酶的水解。过去 20 年里，食源性肽在血液中的存在已经被用不同的方法证明了。例如，蛋清来源的抗高血压肽（TNGIIR、RVPSL 和 QIGLF）很难被胃肠道酶水解，一些生物活性肽（γ-Glu-Val、RADHP、YAEER、YPI、IQW、LKP）也可以抵抗胃肠道的酶解。这也是食源性肽研究的理论基础之一。研究表明，只有摄入特定结构的肽才能转移到血液中。例如，γ-谷氨酰肽由于其独特的γ-谷氨酰基连接在血液中不被肽酶切割，在体内更稳定，与常规肽相比具有更长的半衰期，进而在体内发挥多种生物学效应。

需要注意的是，经口摄入的肽最终即使能够到达血液，其水平通常也非常低（一般都是 nM 水平）。有研究表明，给实验动物口服相对高剂量（30mg / kg · bw）的合成肽 Val-Tyr 后，血浆肽的浓度约为 5nmol/L，远低于体外实验测定的浓度（约 10μmol/L）。但是，人的血液中可以检测到含量较高的含有羟脯氨酸（Hyp）的二肽、三肽（1~30 μM）。例如，经口摄入水解胶原蛋白后，血液中发现大量 Pro-Hyp，其次是 Hyp-Gly，还可以检测到多种其他含羟脯氨酸的二肽和三肽等，相比之下，胶原蛋白中大量存在的 Gly-Pro 在血液中并没有观察到 Gly-Pro 的显著增加。说明与 Pro-Hyp、Hyp-Gly 相比，水解胶原蛋白中的 Gly-Pro 序列并没有等比例进入血液。通常情况下，那些在血浆中能达到 μM 水平的食源性肽一般对血浆中的肽酶都具有较强的抗性。

此外，一些非天然肽，如对肽酶具有抗性的甘氨酸-肌氨酸（Gly-Sar），也已在动物模型中证明口服给药后可被吸收到血液循环中。摄入一些由翻译后改性的氨基酸残基组成的二肽和三肽，例如羟脯氨酰基、焦谷氨酰基和 D-天门冬氨酰基残基的蛋白质水解产物，血液中的水平通常会高于 100nM 的水平。在氨基端有脯氨酸残基的肽在血液中增加，而在羧基端有脯氨酸残基的肽则不会增加，那些富含由未经修饰的氨基酸组成并通过 α 肽键连接伯胺的"正常肽"在消化和吸收过程中几乎消失，只有很少一部分可以转移到血液中。研究发现，大多数 BAPs 在人或动物血浆中的最大浓度（Cmax）在微摩尔范围内，消除半衰期（t1/2）在注射或口服后几分钟到几小时不等。

（二）肽在组织细胞中的代谢

由于肽酶在体内分布广泛，肝脏、肾脏、肺、鼻上皮细胞、胎盘和皮肤等组织都具有分解肽的能力。因此，逃过胃肠道或者血液阻碍的肽进入组织或细胞后也会进一步经历组织细胞的降解。对于组织细胞而言，存在于细胞液中的酶与在膜上结合的酶有所不同，存在于膜上的酶对应的水解作用发生在肽被转运通过细胞膜的过程中或之前，而细胞液中的酶对肽的水解则要在肽被转运至细胞内液之后才能发生。尽管如此，仍然有一部分肽可以抵抗住这些肽酶的水解作用，以肽的形式进入组织细胞。然而，由于肽酶在不同组织中的分布和摄入途径不同，肽在不同组织的代谢速率和程度也会有所不同。

肝脏是新陈代谢的中心器官。几乎所有从肠道吸收到血液中的营养物质，都首先要到达肝脏代谢。肽也不例外，肝脏对肽代谢至关重要。肽在肝脏代谢主要是通过以下 3 种机制介导的：对于小分子肽，如果肽分子本身有足够的疏水性，那么就可以通过被动扩散跨过肝细胞膜；分子较大的蛋白质则可以通过载体介导的转运进入细胞内；多数水溶性的多肽和不能通过特异机制摄入的多肽，可通过内吞作用进入肝细胞。鲑鱼降钙素是由肝脏代谢的一种肽，其在肝匀浆中温孵时，起始断裂位点在 His17–Lys18 和 Val8–Leu9，其余降解产物基本由外肽酶（氨肽酶或羧肽酶）对主要降解产物或鲑鱼降钙素原型的代谢作用而产生。另外在人和鼠的肝细胞中进行两种胰高血糖素样肽 –1（GLP-1）代谢物的研究中，发现两者均是 N 末端迅速代谢，不在 C 末端。目前，关于肽在肝脏的代谢有限且大部分是体外研究，对于其具体代谢规律和特点还需要更多研究来揭示。

肾脏也是最重要的肽代谢的器官之一，特别是分子量低于 60kDa 的肽。通常，血液循环中的肽能够自由地通过肾小球滤过，肽可在肾小管上皮细胞的刷状缘膜水解，其水解产物游离氨基酸及短链多肽通常不经溶酶体的分解而通过近曲小管进入血液，当这些多肽分子量接近 3~5kDa 或更大时，则往往在近曲小管的刷状缘膜被内吞（而不是水解）并随后被溶酶体分解，生成的游离氨基酸和短链多肽返回血液循环中。对于非口服及内源性肽，如果分子质量小于肾小球的滤过极限（60kDa），那么肾脏就是其主要消除器官。研究重组人胰高血糖素类肽 –1（7–36）[rhGLP-1（7–36）] 的药代动力学发现，给大鼠皮下注射 [125I] rhGLP-1（7–36）10 min 后，血浆药物浓度达峰，降解物迅速出现，此时肾脏中的总放射性浓度最高，提示肾脏对从循环中清除 [125I] rhGLP-1（7–36）或其代谢物有重要作用。最近的研究对肽类在肾脏内代谢的酶解位点有一些报道。例如，碘化的肥胖抑制素肽在体外血浆、肝和肾中的代谢稳定性与未修饰的原型肽相比，碘化的肽酶解位点与生物基质及碘原子相连的氨基酸残基有关，酶解发生在距离碘原子较远的肽键上，而与碘原子相连的附近肽键的酶解则受到限制。另有研究报道，给大鼠皮下注射特里帕肽醋酸酯后，肾脏是其分布和降解的主要器官，但在其消除中没有明显的功能。此外，在各种利钠肽（NPS）的代谢中，D 型 NPS（DNPS）与其他 NPS（如心房NP）相比，D 型 NPS（DNPS）在兔血浆中更稳定。进一步研究 DNP 在其他器官中的代谢，结果表明，肾脏是其降解的主要器官。

除了上述参与肽代谢的主要器官外，其他器官如肺、皮肤、胎盘、鼻黏膜等也可能参与肽降解。此外，受体介导的内吞作用在多肽代谢中具有重要作用。绝大多数多肽可以结合受体，导致受体介导的细胞内代谢和连续消除。这一过程不同于小分子作用，小分子肽只有一小部分能与受体结合。

（三）肽的排泄

肽以原型或代谢物的形式经肾脏、胆汁及肠道排出体外的过程称为肽的排泄。肽的排泄过程使机体能有效清除外源性免疫原性物质，防止外源性物质在体内蓄积，从而保证机体安全。肽分子在体内代谢降解后，产生的氨基酸及肽片段大多会进入内源氨基酸库，用于内源性物质的重新合成。除少数肽外，很少有肽以原型的形式排泄。

肾脏组织中具有较高水解肽的酶活性，肾脏细胞可能具有从循环系统除去二肽，将肽组分氨基酸释放至血液的功能。肽经代谢后极性增加，有利于经肾脏随尿液排出，肾小球可以滤过分子量低于 30kDa 的肽。如 Pappenheimer 等研究发现，大鼠经口服一定剂量的八肽 EASASYSA，在尿液中检测到了完整的 EASASYSA。对于分子量更大的多肽，尤其是酸性多肽，更倾向于在胆汁中排泄，胆汁进入肠道后同粪便一起排出。另外有研究表明，有些肽是经受体介导来清除的，如胰岛素药物，当降低药物与受体结合或增加胰岛素受体的抗体均能起到延长药物半衰期的作用。目前，肽经受体介导的清除要比酶解复杂得多，很多机制尚不明确，有待进行更细致深入的研究。

二、肽的利用及生物利用度

肽摄入后通常会被机体的酶降解成氨基酸，并用作机体氨基酸营养来源。但是，部分肽可以抵抗机体吸收屏障以完整的形式进入体循环，从而发挥生物活性作用，这是目前公认的肽在体内利用的两种形式。大量研究已经证实，特定的寡肽和 / 或多肽具有与游离氨基酸以及未经酶解的蛋白质明显不同的健康功能，其功能可能涉及几乎所有的生理功能。这些生理活性肽可以调节自主神经系统、活化细胞免疫功能、改善心血管功能和抗衰老等，还具有调节激素、抗菌、抗病毒、传递信息、促进矿物质吸收、排毒、滋肝、美容养颜等作用。

要发挥上述生理功能，能否克服吸收屏障以完整或其活性形式到达作用靶点并且达到有效的生理浓度是生物活性肽应用中的一个关键问题。这就涉及生物活性肽的生物利用度的问题。生物利用度（bioavailability）是功能食品和药学领域中非常重要的一个观念，是评价营养或药物有效性（nutritional effectiveness）的一个关键指标。从营养学的观点来看，生物利用度是指摄入的营养物质或生物活性物质中可用于生理功能或可储存的部分。它主要包括生物可达性（bioaccessibility）和生物活性（bioactivity）两个方面的内容。通常生物活性肽的生物利用度都比较低，一般在 1% 左右。

目前，有较多关于活性肽体外吸收率的研究，例如，有研究发现具有抗高血压功能的 3 肽 Val-Pro-Pro 在体外细胞模型上的吸收率为 2 %；而来源于 β-酪蛋白，具有免疫功能的 17 肽 f193-209 的吸收率则只有 1 %。尽管在人类、大鼠（包括自发高血压大鼠）和猪实验的研究都证明了很多活性肽在体内可以吸收，但仍缺乏体内实验来进一步确定其生物利用度的研究。由于胃肠道和血浆中肽酶的活性以及多种物理和生物屏障的作用，现有的体内实验发现许多活性肽无法到达其靶点以发挥其生物活性。例如，大鼠十二指肠内给药后，十四肽生长抑素（AGCKNFFWKTFTSC）甚至从小肠中消失，在其他组织中也未发现完整的生长抑素，这表明该肽被小肠肽酶完全降解。此外，来自牛奶 β- 酪

蛋白的阿片肽 β-酪啡肽（YPFPG、YPFPGPI 和 YPFPGPIPNSL）在兔的胃肠道和血浆中也被酶降解。即使有些活性肽可以克服吸收屏障，通常生物利用度也非常低。在一项猪实验中，口服给药后血浆中 IPP、LPP 和 VPP 的 Cmax 值约为 10 nM，远低于其报道的体外有效浓度（微摩尔范围）。人体实验发现，每天食用乳清 BAP 并没有降低轻度高血压患者的血压，尽管它们在体外表现出有效的 ACE 抑制活性。源自卵清蛋白的抗高血压肽 FRADHPFL、RADHPFL 和 YAEERYPIL 受胃肠道降解的影响，使它们 ACE 抑制活性分别只有原来的 1/100~1/30。同样由于肽酶的活性，许多 BAP 在血液中的半衰期很短。但是不同的肽，由于结构性质不同，半衰期长短差异比较大。据报道，RWQ 和 WQ 在人体血液中的半衰期分别为 1.9min 和 2.3 h。

与体外实验相比，在生物环境下进行生物利用度涉及在生理样本和复杂食物（如组织、消化混合物和血浆）中检测和识别少量的不同 BAP，这对检测技术有比较高的要求，而且体内各种生物学机制之间的串扰本身也可能改变 BAP 体内的生物活性。这一问题也被认为是膳食蛋白源活性肽在体内和体外生物活性和药理影响差异的原因。因此，必须在动物和人类中评估 BAP 的生物利用度以确认其效果。此外，目前研究中缺乏不同结构性质的肽生物利用度之间的比较，哪些性质的活性肽具有优异的生物利用度尚不清楚，有待更多的研究去探索。最后，BAP 的低生物利用度会严重影响其在营养补充剂和功能食品开发中的应用，这也是生物活性肽应用必须要解决的问题。下面介绍几种评估生物利用度的模型。

美国模式培养物集存库（american type culture collection，ATCC）提供了广泛的商业可用的人类肠道细胞系，其中最常用的是 caco-2 和 HT-29 细胞。caco-2 细胞来源于人结肠腺癌，它们可以分化为肠细胞样表型，具有典型的顶端刷状边界，包括微绒毛、TJs、消化蛋白酶、活性受体和运输系统。肽caco-2 细胞膜上的跨膜迁移率可用表观渗透系数（the apparent permeation coefficient，Papp）来表示。Papp 表示在一定浓度梯度下物质的迁移速率（cm/s），体现了物质跨膜渗透的难易程度。一般认为，若吸收良好，Papp > 1×10^{-6}cm/s；若吸收较差，Papp < 1×10^{-7}cm/s。综合目前报道的关于 caco-2 单层细胞寡肽的 Papp 和转运路线的研究发现，Gly-Sar 是寡肽转运体 PepT1 的高亲和力底物，同时它具有高度抗蛋白酶降解性。因此，Gly-Sar 在 caco-2 单层细胞上的 Papp 可以作为评价寡肽渗透能力的标准对照。对比发现，其他主要由 PepT1 介导的二肽、三肽的 Papp 值均低于 Gly-Sar 的 1/5。除了二肽、三肽可通过 caco-2 单层细胞外，前面提到的某些寡肽（＞四肽）也能通过 caco-2 单层细胞紧密连接的细胞旁路径被吸收。此外，Tyr-Trp-Asp-His-Asn-Asn-Pro-Gln-Ile-Arg 和 β-酪蛋白可以通过 caco-2 单层细胞内吞作用被吸收。

自 20 世纪 90 年代引入该细胞模型以来，该细胞模型用于药物发现和开发以及药物吸收、分布、代谢和排泄（ADME）科学的渗透性研究的应用呈指数级增长。过去的 10 年里，大量生物活性肽领域的研究评估了肽通过 caco-2 细胞单层膜的吸收转运机制。然而，尽管发表了许多文章，但研究时的条件如细胞密度或与样品的孵育时间各不相同，使不同研究的结果难于比较。此外，尽管分化后的 caco-2 细胞的蛋白质组表达与空肠肠细胞相似，但两种细胞之间依然存在重要差异。目前，研究已经证明刷状边界酶在 caco-2 细胞中的表达水平较低，其中一些蛋白酶和肽酶甚至低于检测限。这使与 caco-2 细胞一起培养的肽的代谢比在人肠道中更低。caco-2 细胞的另一个特点是缺乏保护性的黏液层，当它与不同分泌黏液的球状细胞共培养可弥补这一缺陷。由于 caco-2 细胞可以呈现屏障和吸收功能的肠细胞样特征，而 HT-29 细胞可以呈现产生黏液的杯细胞特征，因此，与 caco-2 单一培养相比，caco-2/HT-29 共培养已被认为是一种更接近真实生理状况的模型。该共培养模型已被用于评估乳清蛋白源肽的吸收。然而，这两种细胞系在共培养中不能很好地混合，HT-29 往往以菌落嵌入 caco-2 细胞的形式生长，导致黏液层不规则，这使 caco-2/HT-29 共培养显示出与 caco-2 单培养物相比较低的跨膜电阻值（Teer）和较高的渗透率。此外，HT-29 单培养由于在标准条件下培养时不能形成紧密的屏障，所以不适合吸收研究。然而，在改良的培养条件下，长时间培养会产生像 HT-29-MTX 这样的亚型，该亚型能够形成紧密的单层细胞并表达刷状边界酶，成为研究杯状细胞对肽吸收作用的常用模型。

限制利用 caco-2 细胞研究肽吸收的另一个方面是由于小窝蛋白（caveolins）表达水平的降低导致内吞作用和胞吞作用水平降低，而小窝蛋白是参与这些转运机制的蛋白质。通过将 caco-2 细胞与人造血 Raji B 细胞共培养，在 caco-2 细胞中诱导 M 细胞样表型，刺激小肠细胞的小窝蛋白表达和胞饮能力，解决了这一问题。近年来，将微生物群、剪切应力等生理参数与肠道蠕动运动相结合的三维培养系统正在研制中。在这些被称为"芯片上的肠道"的系统中，caco-2 细胞被培养在半透膜上，其顶端和基底外侧分别面对两个不同的充满液体的通道，分别模拟肠道和血液。此外，细胞表型的重要变化，如黏液蛋白的表达与绒毛状和隐窝状结构的形成是由压力脉冲诱导的，以模拟心脏跳动和蠕动运动。尽管这些系统因其易于使用和成本适中而被普遍接受，但它们在肽吸收研究中的应用仍然有限，需要进一步的研究来证实它们的用途。

三维肠道微肠，又称类器官，是一种很有前景的体外营养和药物吸收、肠内分泌和细胞内信号转导模型。从分离的肠组织中获得的类器官包含所有类型的肠上皮细胞，并表现出上皮细胞的大部分功能特性，包括吸收功能。该模型有望可以减少动物实验数量和补充现有肽吸收信息。目前，类器官已成功应用于研究二肽的吸收和转运。然而，还没有将该模型应用于食品生物活性肽的生物利用度研究。

药物的吸收、分配、代谢、排泄和毒性（ADMET）药物动力学方法是当代药物设计和药物筛选中十分重要的方法。计算机辅助预测可以根据理化性质以及软件建立的虚拟筛选模型对药物的 ADMET 性质进行初步筛选；药物早期 ADMET 性质评价方法可有效解决种属差异的问题，显著提高药物研发的成功率，降低药物的开发成本，减少药物毒性和副作用的发生。近年来，ADMET 特性虚拟预测对于发现具有修正代谢动力学特征的新生物活性肽至关重要。目前，已经有很多包括 ADMET-SAR、ADMETlab platform、iDrug、SwissADME 等在内的计算机模拟预测工具（in silico）可用于评估肽的 ADMET 特征。Fan 等人采用 ADMET-SAR 分析预测研究了大黄鱼肌质中 ACE 抑制肽的血脑屏障穿透、人肠吸收（HIA）、细胞色素 P450（cyp450）2D6 抑制等 ADMET 特性。结果表明，上述肽可作为口服的 ACE 抑制肽。此外，ADMET 实验室平台还使用模拟的类人 GID 测试了从鲑鱼和鲤鱼生产的肽的生物活性、安全性。赵等人使用 iDrug 研究了从澳洲坚果抗菌蛋白 2（MiAMP2）中提取的 DPP-IV 抑制肽虚拟 ADMET 特性。结果显示有 6 种肽（EVEE、EQVR、AESE、EEDNK、EEK 和 EQVK）具有较高的水溶性和优秀的 ADMET 性能。此外，还预测这 6 种肽都是无毒的。可见，ADMET 特性虚拟预测有望成为挖掘高生物利用度生物活性肽的有效工具。

然而，用于确定食源性活性肽动力学和系统活性的细胞实验与体内数据不一致，因为使用的剂量通常高于动物和人体模型中使用的剂量，为了设计合理一致的动物和人类研究，需要考虑不同的方面。首先，生物活性肽与食品基质中其他成分之间的潜在相互作用可能导致食品多肽的生物利用度和生物活性发生变化。此外，应考虑安全问题，以避免使用剂量的毒性作用。由于年龄、性别、种族和 / 或疾病间的差异，也可能引起生物活性肽的生物利用度不同。最后，为了提高人体研究的敏感性，需要开发优化的技术来识别和量化血浆和器官中低浓度的生物活性肽。

三、影响肽生物利用度的因素

当研究肽在机体的利用情况或者探索肽对机体可能产生的影响时，首先必须确保肽以完整的形式或者其活性形式能够达到目的器官和细胞。因此，所有影响肽的稳定性、吸收、代谢、分布、排泄因素都可能影响肽的生物利用度。除第一节提到的胃肠道对肽吸收的阻碍因素外，其他因素如肽链性质、肽氨基酸的组成、氨基酸残基的数量和类型、分子大小、结构特征、净电荷、pH 值、序列、空间构象、BAP 的浓度、分子和表面疏水性等以及所有影响肽转运通路的因素、营养状况、年龄、疾病状态都会影响肽的生物利用度。

1. 肽链的性质

短链肽（具有较高的 Papp 值）比长链肽更容易有效地被胃肠道吸收，而长链肽更容易被肠细胞肽酶水解。最近的一项研究发现，模型肽的 Papp 值随着链长度的增加而降低（Gly-Sar > Gly-Sar-Sar > Gly-Sar-Sar-Sar > Gly-Sar-Sar-Sar-Sar）。此外，小分子量 BAP 比高分子量 BAP 具有更高的肠通透性。一项检查酪蛋白衍生肽跨 caco-2 细胞单层转运的研究报告发现 F1（< 500 Da）、F2（500~1000 Da）和 F3（1300~1600 Da）的生物利用度分别为 16.23%、9.54%、10.66%。F1 的高生物利用度是由于通过 PepT1 运输，而 F2 和 F3 主要通过细胞旁途径运输。我们知道，细胞旁路径的转运效率要远低于 PepT1 介导的跨膜转运。但是 PepT1 的结合腔具有严格的尺寸和结构要求，四肽和较长的肽太大而游离 AA 太小，因而无法与其结合，二肽则是 PepT1 更好的底物。对于四肽或以上的肽，在刷状缘膜超过 90% 会被水解，三肽有 10% ~60% 被水解，而二肽则只有 10% 被水解。选择性降解三肽的肽酶位于刷状缘膜，二肽较容易通过这个膜，但容易被细胞质中的酶降解。肠上皮细胞内含有丰富的水解寡肽的肽酶，这些酶主要作用于二肽，对三肽也有一定影响。有研究认为，肠道吸收大于三肽的寡肽的速度要慢于对二肽、三肽的吸收速度。因为三肽以上的寡肽被摄入肠道后，要在肠道内进一步分解为二肽、三肽才能被机体利用，这就降低了这些大于三肽的寡肽的吸收速度。也有研究者认为，大于三肽的寡肽也能够直接被吸收利用，其吸收速度并不逊色于二肽和三肽，但尚没有足够的证据来证明。寡肽的氨基酸组成也能影响其吸收速度，如当谷氨酸以谷氨酰胺赖氨酸形式供给时，大鼠小肠对其吸收速度是以谷氨酰胺甲硫氨酸形式供给时的 2 倍。此外，氨基酸残基的构型也能影响寡肽的吸收。目前研究认为，肽链中氨基酸残基较少、L 型、中性寡肽比氨基酸残基较多、D 型酸碱性的寡肽更容易吸收。如当赖氨酸位于 N 末端与组氨酸构成二肽时，被吸收的速度要快于其位于 C 末端时；而当它位于 C 末端与谷氨酸构成二肽时，其吸收速度则更为迅速。

2. 氨基酸序列

小肽的 AA 序列也可能影响其生物利用度。二肽的 C 端和 N 端对于与 PepT1 囊袋结合是必不可少的。据报道，C 末端带电荷的 AA 比疏水 AA 对生物利用度的贡献更大。此外，对于寡肽跨 caco-2 细胞单层的转运，N 端 AA 比 C 端 AA 更重要。具体而言，N 末端具有半胱氨酸、亮氨酸、甲硫氨酸、脯氨酸、缬氨酸或异亮氨酸残基的四肽显示出高渗透性。据推测，这些四肽主要通过钠耦联寡肽转运蛋白转运，该转运蛋白还转运寡肽 deltorphin Ⅱ、脑啡肽（D-Ala2、D-Leu5）和 VLPVPQK。然而，关于钠耦联寡肽转运蛋白在人肠上皮细胞中的功能的详细信息仍然缺乏，并且该转运蛋白系统尚未完全表征。

3. 氨基酸残基

具有中性 AA 残基的肽段优先被 PepT1 识别，而具有阳离子末端区域的肽段则不被优先识别。PepT1 对中性二肽比带电二肽具有更高的亲和力。例如，GL 和 GG 是比 GE、GR 和 GK 更好的底物；QQ 则是比 QE 更好的底物。最近的一项研究报道，除了 PepT1 介导的转运外，带正电和疏水性的抗氧化酪蛋白肽通过胞吞作用转运，而带负电和亲水性肽通过细胞旁途径转运。

4. 机体的营养状况

有研究报道，长期对大鼠限制喂饲时，大鼠的肠组织吸收 Leu-Met 和 Leu-Met-Leu Met 的能力较正常时上升。对人体的研究则发现，限制饮食时，小肠内各种肽酶的活性下降，寡肽的吸收率上升；而当蛋白质供给充足时，肽酶的活性会升高，从而使寡肽的吸收率下降。

5. 调控肽转运的因素

凡是影响肽转运的因素都会影响肽的生物利用度。目前对于 PepT1 的调控研究较多，主要包括以下几个方面：①营养供给，蛋白消化产物和胞内氨基酸水平是调控 PepT1 转录水平和稳定性的代谢信号，禁食会引起 PepT1 表达的增加，禁食后恢复氨基酸供应或高脂饮食都会降低 PepT1 的水平；②转录调控和转录后修饰，研究发现一些转录因子 [sp1（188）、cdx2（189）、PPARα] 和 miRNAs（hsa-miR-92b、hsa-miR-193a-3p）都可以调控 PepT1 的表达，而 PepT1 不同位点的糖基化也会影响其底物的亲和性；③细胞内 pH，一些离子型转运蛋白会影响细胞内外的 H^+ 浓度差，进而影响 PepT1 转运功能，尤其是 NH_3 转运体，在秀丽隐杆线虫体内 NHX-1 基因沉默会导致胞内 pH 值降低、PepT1 的转运功能下降；④激素的影响，瘦素可以通过转录因子 CREB 和 CDX2 促进 PepT1 的表达，胰岛素也可以调节糖尿病大鼠中 PepT1 的表达；⑤昼夜节律也参与 PepT1 的转录，与光照时长 12h 的大鼠相比，处于黑暗条件中的大鼠对底物 Gly-Sar 的转运显著增多，且 PepT1 的表达也显著增加；⑥一些钙离子通道阻断剂（利尿药）、肽酶抑制剂等药物也能调控 PepT1 的表达；⑦疾病状态，如炎症性肠病（IBD）、短肠综合征、糖尿病和肥胖人群的 PepT1 表达会受到不同程度的影响。使用与小肽相同的 PepT1 运输途径的化合物可以与它们竞争，降低它们的吸收速率。抗氧化的红茶多酚已被证明可以下调 PepT1 的表达，从而降低 caco-2 细胞单分子膜对二肽的吸收，而膳食中的氨基酸和蛋白质水解物可以上调 PepT1 的表达。理论上来讲，凡是可以影响寡肽载体的因素都可以影响肽生物利用度，其他因素如膳食组成、食量、年龄、健康状态等。

另有研究报道，食物特性也会影响生物利用度。在含有无机盐和葡萄糖的基质中，caco-2 细胞单分子层顶端的肽酶能够更高程度地降解乳清蛋白中的二肽基肽酶 IV（DPP-IV）抑制肽。食品酚类化合物通过氧化反应形成的自由基与肽的亲核基团之间的相互作用可以产生新的肽衍生物，从而改变其生物利用度。改变管腔环境、肠道屏障功能和食物成分引起的肠道微生物群变化也可以影响肽的消化率和生物利用度。

四、提高肽生物利用度的方法

如前所述，蛋白质和多肽进入消化道后，被分解为游离氨基酸和寡肽，之后才能被吸收入血，继而发挥相应的生物学效应。为了克服大多数外源性肽口服后生物学效应低下的现象，发展了许多可以促进肽吸收的方法：生物活性肽在人体消化系统中的不稳定性是其研究开发的主要问题之一。在体外研究中具有某种生理活性的生物活性肽，为了能够被人体有效利用，必须考虑针对肽本身的结构、大小，所要产生效应的目标位置，使用不同的方法帮助肽安全转运。目前，在克服渗透障碍和酶障碍方面虽取得了一些成绩，但尚无突破性进展。另外，多肽的肝清除问题也应该受到重视，了解肝清除机制、肽分子结构与清除之间的关系将有助于实现多肽口服途径。

1. 肽的定点释放技术

肽的定点释放技术是指采用乳化、脂质体、微胶囊等技术，用可生物降解的聚合体材料将肽包埋，使之免于与蛋白酶接触，然后在吸收目标区域将肽释放出来。这些聚合物包括含氮交联的苯乙烯和羟基甲基丙烯酸盐，结肠微生物氮还原酶可降解聚合物骨架的氮键，以及对 pH 敏感的聚丙烯酸聚合体等。

2. 延长肽在吸收位点的滞留时间

使用生物黏性聚合物可延长肽在胃肠道吸收位点的滞留时间，从而增加肽的吸收。来自西红柿和豆类的植物血凝素就具有这种作用。这种方法是促使寡肽吸收的一种较好的方法，但是必须认识到，延长在肠道的滞留时间同时也意味着与蛋白酶接触时间的增加。

3. 蛋白抑制剂的使用

利用蛋白酶抑制剂，能防止肽的降解。研究显示，蛋白酶抑制剂对胰岛素、精氨酸血管收缩剂、肾素抑制剂的口服吸收有促进作用。几种化合物已被用作蛋白酶抑制剂，以改善各种多肽和蛋白质的稳定性。酶抑制剂通过抑制与肽失活密切相关的水解酶活性来提高肽的稳定性，下调生化屏障对肽的吸收阻碍。常用的酶抑制剂包括抑肽酶、胰蛋白酶抑制剂、杆菌肽、嘌呤霉素和胆汁盐如 NaGC 等。研究发现，艾比拉肽的降解被包括 NaGC、嘌呤霉素、氨肽酶抑制剂乌苯美司和杆菌酞在内的氨基肽酶抑制剂显著抑制。Del Curto 等将酶抑制剂甲磺酸卡莫司他应用于胰岛素的结肠给药系统，有效提高了胰岛素的口服生物利用度。除此之外，由于蛋白酶的最佳活性受所处环境 pH 值影响，故可通过改变生理环境的 pH 来抑制蛋白酶的活性。例如，胰岛素的主要蛋白水解酶为糜蛋白酶，其最适 pH 值为 6.5，Welling 等使用柠檬酸降低局部 pH 值来抑制糜蛋白酶活性，发现胰岛素的降解速率明显降低。但酶抑制剂在抑制药物降解的同时也抑制了其他蛋白质的正常降解，会改变胃肠道内的正常生理代谢情况，并伴随一定的不良反应。

4. 吸收增强剂的使用

吸收增强剂通常为低分子量的化合物，能够增强肽的穿透或吸收，主要有螯合剂如 EDTA 胆盐衍生物、离子或非离子表面活性剂以及各种脂肪酸或水杨酸盐等。其作用机制为：通过打开细胞间的紧密连接增加细胞旁转运、代谢抑制、降低肠液的黏性或增加溶解性等。这些吸收增强剂不仅可以应用于胃肠外途径，还可以应用于其他替代途径，如鼻腔、口腔、眼、肺动脉、阴道、直肠等。值得注意的是，肽的理化特性、吸收促进剂的给药部位以及增强剂的类型都可能会影响增强剂的有效性。渗透增强剂有助于减少上皮屏障对肽类药物吸收的阻碍，主要通过打开细胞间紧密连接，促进肽类药物的细胞旁转运，或借助膜扰动增强肽的跨细胞转运，通过增加肠上皮细胞的瞬时通透性而促进肽的吸收。Whitehead 等借助肠上皮 caco-2 细胞模型发现脂肪酸酯主要促进细胞间紧密连接打开，而两性离子和阳离子表面活性剂主要增强细胞通透性。Stuettgen 等发现在结肠黏膜中，苯基哌嗪类物质如 1- 苯基哌嗪等会激活 5- 羟色胺（5-hydroxytryptamine，5-HT）受体、肌球蛋白轻链激酶（myosin light-chain kinase，MLCK）和基底外侧 Na^+-K^+-$2Cl^-$ 协同转运蛋白，从而打开细胞间紧密连接。相较于使用任意单一渗透增强剂，包括表面活性剂、胆汁盐等渗透增强剂所构成的复合辅料具备协同优势。然而，渗透增强剂提高肽类药物吸收是非特异性的，可能会增加将毒素或变应原（过敏原）输入的风险，从而导致不良反应。因此，虽有许多渗透增强剂用于临床前研究，但只有少数渗透增强剂展现出足够的安全性和有效性，可进入临床试验。

5. 结构的修饰

将肽进行化学修饰后能降低肠道酶系的降解作用。在肽的 N 端或 C 端做一定的修饰或阻隔，如烯替换、羰基恢复、D- 氨基酸的替换、N 端或 C 端的环化、去氢氨基酸替换等。又如肽链环化不仅改善了肽链的结构特性，还改善了其动力学特性，包括吸收和生物膜的渗透性。目前不少环化肽类已被美国食品药品监督管理局（FDA）获批上市，如利那洛肽、醋酸兰瑞肽等。

6. 细胞穿透肽

细胞穿透肽（cell penetrating peptides，CPP）是一种少于 40 个氨基酸组成的短肽，可作为有效的细胞递送载体装载肽，通过多种机制进入细胞，并可进一步借助细胞胞吐作用将肽输送到体循环，故其主要针对上皮屏障，促进肽吸收入胞。CPP 通过静电相互作用附着到细胞膜上，在结合位点进入细胞。CPP 的入胞途径具体可被分为 3 种类型：①在 CPP 浓度较高的情况下，可直接渗透入胞；②在 CPP 浓度较低时，通过内吞途径包括胞饮、吞噬和受体介导的内吞作用进行运输；③在 CPP 浓度适宜时，CPP 与细胞膜的相互作用会导致膜的脂双层被破坏，形成倒置胶束，借助胶束的不稳定性形成过渡结构而易位入胞。CPP 的来源包括肝素结合蛋白、DNA 结合蛋白、信号肽、抗菌肽等各种天然蛋白质，可细分为带正电荷的 CPP、两亲性 CPP 和疏水性 CPP。首先发现的 CPP 是人类免疫缺陷病毒（human immunodeficiency virus，HIV）的转录激活因子（transcription activator，Tat），其可实现细胞渗透以及 HIV 病毒颗粒的细胞内递送。通过结构域定位发现 Tat 蛋白起作用的是由 11 个氨基酸构成的阳离子结构域（YGRKKRRQRRR），主要依靠正电荷与细胞表面的蛋白聚糖相互作用。Wender 等发现在碱性氨基酸中，精氨酸具有最大的细胞渗透潜力。富含精氨酸的 CPP 包括反式激活因子肽、寡精氨酸、穿透素、低分子质量鱼精蛋白 (low molecular weight protamine, LMWP)。He 等将 LMWP 作为 CPP，借助聚乙二醇 (polyethylene glycol, PEG) 与胰岛素耦联，通过 caco-2 细胞模型发现胰岛素 –PEG–LMWP 结合物的渗透率比胰岛素对照组高 4~5 倍。在家兔体内研究发现，相较于口服胰岛素溶液生物利用度为 3.15%，胰岛素 –PEG–LMWP 结合物的生物利用度为 21.34%，与注射胰岛素溶液相比，其相对生物利用度达到 26.86%。而两亲性 CPP 是将 CPP 的疏水结构域通过共价键连接到核定位信号上而生成的嵌合肽。Oehlke 等合成模型两亲性肽 (model amphipathic peptide, MAP)，发现 MAP 中高度两亲性的 α- 螺旋结构有助于细胞摄取。而疏水性 CPP 由于其疏水性强，更有利于促进膜扰动，增加渗透性。另一方面，对于 CPP 在肽类药物递送中的应用，需考虑其细胞毒性和稳定性，可对天然蛋白质来源的 CPP 进行适当编辑，如借助在疏水性氨基酸与磷脂双分子层相互作用或进行化学修饰借助二硫键等增加相互作用。

7. 黏膜黏附

通过反向利用黏膜屏障的特性，增强黏膜黏附可延长肽在黏膜停留的时间，促进吸收，提高其生物利用度。增强黏膜黏附的材料通常由天然聚合物和合成聚合物组成，由于其表面张力小、易润湿从而铺展于黏液层，并可通过化学键如共价键、离子键结合或通过聚合物链与黏蛋白缠绕增强吸附，有助于减缓黏膜对活性药物分子的清除速率。同时，黏膜黏附聚合物可抑制胃肠道中存在的蛋白水解酶，其通常与酶系统中必需的酶辅因子钙和锌结合，导致酶的构象变化和酶失活。目前常用的黏膜黏附聚合物包括壳聚糖及其硫醇化衍生物、果胶、聚丙烯酸、海藻酸盐、聚乙烯醇和纤维素衍生物（如羧甲基纤维素钠、羟丙基甲基纤维素）。M Ways 等借助离体猪膀胱进行黏膜黏附研究，用荧光强度来表征肽吸收，发现相比于使用聚乙二醇等传统材料，用壳聚糖包裹肽的荧光强度较大，表明其具有优异的黏膜黏附特性。

8. 自组装气泡载体

由于口服药物包衣的肠溶聚合物在小肠中不会立刻完全溶解，故包封的肽类药物可能部分滞留在胶囊内。同时，肽类分子大量释放后可能会聚集，限制其吸收入血，降低口服生物利用度。自组装气泡载体可改善上述问题，其可通过局部环境 pH 的改变突破生化屏障对肽的抑制水解作用，同时通过影响上皮屏障实现肽的快速输送。首先，该载体系统借助二乙基三胺五乙酸 (DTPA) 形成酸性环境，并通过发泡剂碳酸氢钠分解产生 CO_2 气体。同时该系统通过表面活性剂十二烷基硫酸钠 (SDS) 的亲水头部连接水相，疏水尾部与气体相连接，从而使包含活性肽的气泡载体在双层 SDS 之间实现自组装。随着 CO_2 气泡不断膨胀直至撞到肠壁破裂，气泡载体系统可实现瞬时改变上皮细胞膜形态并瞬时打开细胞膜顶端连接复合物，从而促进活性肽如胰岛素分子穿过上皮细胞并使其最终吸收进入体循环。

9. 纳米颗粒载体

纳米颗粒载体包括胶束、脂质体、纳米胶囊、纳米球等。与其他固体剂型相比，纳米颗粒载体可促进活性肽在肠上皮的分布。纳米颗粒载体通过载体包裹实现对活性肽的保护，降低了水解酶等生化屏障对活性肽的抑制。同时借助表面修饰等方式突破上皮屏障，促进活性肽吸收。脂质作为可生物降解的赋形剂，不易在组织中积聚，故基于脂质的纳米载体成为一项研究热点。脂质纳米载体可通过暂时破坏细胞磷脂双分子层，增加跨细胞转运效率，也可通过改变细胞间紧密连接，增加通过细胞旁途径入胞的活性肽浓度。Xu 等发现用二硬脂酰基磷脂酰乙醇胺-聚乙二醇（DSPE-PEG 2000）进行表面修饰的脂质纳米载体装载药物，可显著增强纳米载体的生物学效应。艾塞那肽通过直接靶向肠道 L 细胞增加胰高血糖素样肽-1（glucagon-like peptide-1，GLP-1）的分泌，实现降血糖。利用未修饰的纳米载体递送艾塞那肽可使正常小鼠的内源性 GLP-1 水平提高 4 倍，而采用 DSPE-PEG 2000 修饰的纳米粒递送可将相同的小鼠内源性 GLP-1 水平提升至 8 倍。同时，Xu 等利用口服葡萄糖耐量实验发现，仅 DSPEPEG2000 修饰的纳米载体可有效实现艾塞那肽的口服治疗。另一方面，亲水特性活性肽会致使其包封效率较差，故可通过添加硫醇官能团进行共价脂化或通过与离子表面活性剂络合进行非共价脂化来增加它们的亲脂性。Millotti 等使用硫醇化壳聚糖的纳米粒，与未修饰的壳聚糖纳米粒相比，胰岛素的药-时曲线下面积提高了 4 倍。近年来，将细胞内膜的小囊泡外泌体作为纳米粒药物递送系统来递送相关生物分子引起较多的关注。由于外泌体固有的小尺寸以及内源性，其作为载体可避免巨噬细胞的吞噬和溶酶体降解，实现体内长时间循环，还可将活性肽直接输送到细胞质中，具备口服递送肽的潜力。

10. 自乳化给药系统

自乳化给药系统（self-emulsifying drug delivery systems，SEDDS）由油、表面活性剂和助表面活性剂/助溶剂混合物组成，口服后会迅速分散在胃肠液中，生成包裹活性肽的微乳剂或纳米乳剂。SEDDS 系统主要针对难溶性或亲脂性肽，提高药物的溶出度，构建的微/纳米乳化活性肽凭借其小尺寸可通过淋巴途径被吸收，绕过肝脏首过效应从而提高生物利用度。同时，SEDDS 可保护活性肽免受酶促降解，降低生化屏障对其的影响。Hetényi 等以亮丙瑞林、胰岛素作为模式药物时发现，胰蛋白酶、胰凝乳蛋白酶和弹性蛋白酶由于亲水性强而无法进入 SEDDS 的油相中，故而这些蛋白酶在 SEDDS 中不显示任何酶活性。然而，对于亲水性较强的肽类药物，可通过离子络合与表面活性剂、磷脂、脂肪酸等结合，以使其有效掺入 SEDDS。借助非共价相互作用可使肽部分未折叠构象的暂时稳定，从而暴露其疏水侧链以改变稳定构象的脂溶性，并选择最合适的疏水性反离子，肽类药物的有效载荷比可由 1% 升到 10% 以上。然而，SEDDS 储存稳定性较差。为克服该缺点，研究者开发了固体 SEDDS，通过添加吸附剂或多孔载体如交联的多孔二氧化硅、微孔硅酸钙将液体 SEDDS

预浓缩物转移到固体中制备成固体自乳化粉末。此方法既具有固体剂型的优点，同时保留了液体 SEDDS 的大部分特性，并提高了药物的溶出度。

11. 离子液体

离子液体是在 100 ℃下呈液态的熔融盐，由离散的无机 / 有机阴离子和有机阳离子组成。通过改变其阳离子和阴离子的种类以及所连接的取代基，可以调整相应组合的性质，如黏度、疏水性、密度和生物降解性等。虽然离子液体可提高所装载活性物质的溶解性，但仍需考虑其细胞毒性。Gouveia 等通过 HeLa 细胞系、枯草芽孢杆菌和大肠埃希菌的生物检查比较各种离子液体毒性，发现咪唑鎓和吡啶鎓离子液体比胆碱 - 氨基酸的离子液体毒性高 10 倍。故目前生物离子液体主要是胆碱阳离子和氨基酸阴离子（天冬氨酸、谷氨酸和组氨酸）的组合，具有高生态安全性和生物相容性。离子液体可增加活性肽的溶解度，提高活性肽稳定性。面对上皮屏障，离子液体可分别借助亲水基团或亲脂基团促进肽的细胞旁转运及改善上皮细胞的通透性，从而促进活性肽的跨细胞转运。

目前关于肽吸收代谢及利用的研究还处于起步阶段，需要大量的研究来探索肽吸收的机制及影响因素，明确肽代谢动力学特征，充分发掘生物活性肽的生物功能，广泛探索影响肽生物利用度的因素，进而积极开发、提高生物活性肽生物利用度的方法，促进肽在肽营养与健康中的广泛应用。

（吴元钰）

参考文献

1. 李勇，蔡木易 . 肽营养学 [M]. 北京：北京大学医学出版社 ,2007.

2. Silk D B A, Grimble G K, Rees R G. Protein digestion and amino acid and peptide absorption[J]. Proceedings of the Nutrition Society,1985, 44(1):63-72.

3. Shen W, Matsui T. Intestinal absorption of small peptides: A review[J]. International Journal of Food Science & Technology,2019,54(6):1942-1948.

4. 游义娇，佟平，袁娟丽，等 . 食物蛋白质体外消化模型研究进展 [J]. 食品工业科技 ,2017,38(6):381-385.

5. Amigo L, Hernández-Ledesma B. Current evidence on the bioavailability of food bioactive peptides[J]. Molecules,2020,25(19):4479.

6. Tyagi P, Pechenov S, Subramony J A. Oral peptide delivery: Translational challenges due to physiological effects[J]. Journal of Controlled Release,2018,287:167-176.

7. Zhu Q, Chen Z, Paul P K, et al. Oral delivery of proteins and peptides: Challenges, status quo and future perspectives[J]. Acta Pharmaceutica Sinica B,2021,11(8):2416-2448.

8. Yamamoto A, Ukai H, Morishita M, et al. Approaches to improve intestinal

and transmucosal absorption of peptide and protein drugs[J]. Pharmacology & Therapeutics, 2020, 211: 107537

9. Xu Q, Hong H, Wu J, et al. Bioavailability of bioactive peptides derived from food proteins across the intestinal epithelial membrane: A review[J]. TRrends in Food Science & Technology, 2019, 86: 399-411.

10. Patil P J, Usman M, Zhang C, et al. An updated review on food-derived bioactive peptides: Focus on the regulatory requirements, safety, and bioavailability[J]. Comprehensive Reviews in Food Science and Food Safety, 2022, 21(2): 1732-1776.

11. Chakrabarti S, Guha S, Majumder K. Food-derived bioactive peptides in human health: Challenges and opportunities[J]. Nutrients, 2018, 10(11): 1738.

12. Higuchi K, Sato T, Bhutia Y D, et al. Involvement of a Na$^+$-coupled oligopeptide transport system for β-amyloid peptide (Aβ1-42) in brain cells[J]. Pharmaceutical research, 2020, 37(6): 1-13.

13. Sato K. Metabolic Fate and Bioavailability of Food-Derived Peptides: Are Normal Peptides Passed through the Intestinal Layer To Exert Biological Effects via Proposed Mechanisms? J Agric Food Chem[J]. 2022, 70(5): 1461-1466.

14. Sato K. Structure, content, and bioactivity of food-derived peptides in the body[J]. Journal of agricultural and food chemistry, 2018, 66(12): 3082-3085.

15. Otani T, Furuse M. Tight junction structure and function revisited[J]. Trends in cell biology, 2020, 30(10): 805-817.

16. Yao J F, Yang H, Zhao Y Z, et al. Metabolism of peptide drugs and strategies to improve their metabolic stability[J]. Current Drug Metabolism, 2018, 19(11): 892-901.

17. Drucker D J. Advances in oral peptide therapeutics[J]. Nature reviews Drug discovery, 2020, 19(4): 277-289.

第三章　肽的来源及制备方法

肽可直接或间接来源于蛋白质，一般存在于具有特定氨基酸序列的蛋白质中。食源性肽是一种非常安全且易于工业化生产的多肽，因此在营养学和食品科学领域受到特别关注。目前研究较多的包括谷类来源、豆类来源、水产来源、乳蛋类来源等。需要注意的是非食源性的肽也有很多，如蜂毒肽、蛇毒肽、青蛙皮肤分泌物中的抗菌肽等。

国内外生产肽的方法包括有酶解法、直接分离提取法、化学合成法、基因工程法及微生物发酵法。不同的方法适合不同的目的，各有其优缺点。酶解法以其技术成熟、投入较低、易规模化生产等优势，在肽的制备中得到广泛应用。

第一节　肽的来源

具有天然活性的小分子多肽在自然界分布很广，用于提取生物肽的蛋白质来源也比较多样化，植物来源的生物活性肽通常来自稻米、大豆、燕麦、玉米、菜籽等；最广泛使用的动物蛋白质来自鸡蛋（清蛋白）、牛奶（酪蛋白和乳清）和肉类蛋白质；此外，还有水产来源的蛋白质，如鱼（鱼皮胶原蛋白和鱼骨胶原蛋白）、海参、牡蛎等。肽的来源比较广泛，根据蛋白质原料来源的不同，可分为谷类、豆类、坚果、种子类、蔬果类、菌藻类、水产类、畜禽肉类、乳类、蛋类及其制品以及其他类。

一、谷类

谷类食物蛋白质含量为 8%~20%。大米中蛋白质含量为 8%，白青稞中蛋白质含量为 13.4%，燕麦中蛋白质含量为 15.6%。一般谷类蛋白质的必需氨基酸组成不平衡，如赖氨酸含量少，苏氨酸、色氨酸、苯丙氨酸、蛋氨酸含量偏低。但谷类来源广泛，同时也是肽类的常见来源之一。

（一）大米

稻、禾（小米）、稷（高粱）、麦、菽（豆）被称为"五谷"。稻米脱壳即为大米，被称誉为"五谷之首"。全世界有一半以上的人口食用大米，大米主要分布在亚洲、美洲、欧洲南部及非洲部分地区。世界稻米年总产量约为6亿吨，居世界粮食作物总产量的第三位，低于玉米和小麦。稻米是中国主要的粮食作物，年播种面积约占粮食作物栽培面积的 1/4，年产量达 2 亿吨左右，居世界首位。

　　大米主要由淀粉和蛋白质构成，含量分别约为 80% 和 8%，其蛋白构成主要由谷蛋白、醇溶蛋白、球蛋白组成。大米加工过程中整米约占 55%，碎米占 15%，米糠占 10%，谷壳占 20%，而大米深加工又会产生大量的副产物如碎米、米胚、稻壳、米糠、米渣等。碎米在生产利用时主要开发含量较多的淀粉，如制备淀粉糖产品，或直接制备成大米淀粉，或直接用碎米挤压制作米粉、豆腐等米制品以及直接用作饲料。在味精及葡萄糖生产过程中，每吨大米通过糖化后约有 0.5 吨湿米渣。米渣是大米蛋白的主要来源。米渣的蛋白含量高达 50% 以上，与大米蛋白质具有几乎相同的营养价值，氨基酸配比合理，但所得大米蛋白溶解性低，以前多用作饲料，现主要通过物理、化学、酶法、基因工程或复合改性来对蛋白质进行改性，目的是增加其水溶解性。

　　另外，米糠是大米加工的副产品，是糙米碾白过程中被碾下的皮层及少量米胚和碎米的混合物。通常米糠的主要成分为油（14%~24%）和蛋白质（12%~18%）。脱脂后的米糠经过复合酶提取，蛋白质的提取率可达到 91.6%。不同大米蛋白来源中各蛋白组分的含量见表 3-1。

表 3-1　不同大米蛋白来源中各种蛋白组分的含量

原料种类	清蛋白	球蛋白	醇溶蛋白	谷蛋白
大米胚乳	2%~5%	2%~10%	1%~5%	75%~90%
米糠	34%~40%	12%~34%	2%~21%	2%~57%
米渣（米糟）	1%~2%	1%~3%	8%~10%	80%~90%

　　大米肽是以大米蛋白为原料，利用生物酶酶解大米蛋白并利用生物酶修饰技术对蛋白肽进行修饰的双生物酶酶解技术精制而成的肽产品。经酶处理得到的大米肽溶解性比大米蛋白高，同时适度的水解和脱氨作用可改善大米肽的乳化性、增加乳化稳定性，从而扩大了其在食品中的应用范围。大米肽可用作饮料、涂抹酱、咖啡伴侣、花色蛋糕发泡装饰配料、调味汁、焙烤食品、夹心料、肉食品、风味料、果脯蜜饯以及果汁的营养强化剂。

　　因大米肽低抗原性，可将其添加到婴幼儿配方奶粉、米粉或者对一些食物易过敏的儿童膳食中，作为重要的植物蛋白来源，加快婴幼儿营养吸收，促进婴幼儿生长、发育；也可以将大米肽添加到各种功能食品和运动员食品中，作为蛋白营养强化剂食用。

　　大米肽还具有大米蛋白质所没有的生物活性。Takahashi 等利用胰蛋白酶酶解大米蛋白获得一种新型的功能活性肽，具有收缩回肠功能以及抗阿片生物活性。Corpuz 等通过实验发现发酵大米肽可以通过调节海马区神经营养信号通路减轻东莨菪碱诱导的小鼠记忆障碍，防止记忆损伤。李火云等研究了大米肽对 3 种自由基（DPPH 自由基、超氧阴离子自由基、羟自由基）的清除效果，此外还做了人体功效实验。结果发现，将大米肽添加到化妆品中，当添加量 4.0g/kg 且使用者连续使用 4 周以上时，能够达到很好的抗皮肤衰老的功效。Saito 等从酒糟酶解物中分离出具 ACE 抑制活性的肽，其中的 Arg-Tyr 与 Ile-Tyr-Pro-Arg-Tyr 以 100mg/mL 剂量饲喂原发性高血压大鼠 30h 后仍有降压效果。乔凤云等报道，大米肽有一定的药用保健价值，具有抑制 ACE 酶、降低高血压以及调节人体生理功能、预防疾病等功效。因其具备的不同生理活性，大米肽已被应用到保健食品、化妆品、医药等领域的生产中，具有广阔的发展前景。

（二）玉米

我国是玉米生产大国，总产量居世界第二，玉米生产区域分布广泛，北方的辽、吉、黑、蒙、晋、冀、鲁、豫 8 省区的种植面积占中国玉米总面积的 60%，生产了全国 70% 以上的玉米，尤其是东北地区（含内蒙古）。鲜玉米中含蛋白质约 4%、脂肪 1.2%、碳水化合物 22.8%，并且含有丰富的维生素 E、C、B_1、B_2 和 B_6 等。玉米蛋白的氨基酸组成中支链氨基酸含量很高，达 24% 左右，是常见粮、谷、豆类蛋白中含量较高的，相应的其 F 值也较高，可达 20 ~ 30。

F 值（Fischer ratio），是支链氨基酸（BCAA：Val、Ile、Leu）与芳香族氨基酸（AAA：Trp、Tyr、Phe）含量的摩尔数比值，是为纪念德国著名学者 Fischer. J. E. 在 20 世纪 70 年代提出的"伪神经递质假说"而命名的。正常人的血液中 F 值为 3.0~3.5，而肝病患者的 F 值只有 1.0 或者更低。对于肝病（肝性脑病）患者来说，其血浆 F 值可以反映出患者肝病的严重程度。此外，动物试验也表明高 F 值寡肽混合物能有效保护肝细胞，减轻由四氯化碳导致的肝损伤。高 F 值寡肽的 F 值应大于 20。

玉米低聚肽粉是以玉米蛋白粉为原料，经调浆、蛋白酶酶解、分离、过滤、喷雾干燥等工艺生产而成的一种小分子肽类物质，外观为黄色或棕黄色粉末。2010 年，国家正式批准玉米低聚肽粉为新资源食品，并对其生产工艺、原料来源、使用量以及产品质量等做出具体规定，具体见表 3-2。

表 3-2　卫生部公告 2010 年第 15 号

公告号	卫生部公告 2010 年第 15 号
公告标题	关于批准蔗糖聚酯、玉米低聚肽粉、磷脂酰丝氨酸等 3 种物品为新资源食品的公告
中文名称	玉米低聚肽粉
拉丁名称	(英文名称)Corn oligopeptides powder
基本信息	来源：玉米蛋白粉
生产工艺简述	以玉米蛋白粉为原料，经调浆、蛋白酶酶解、分离、过滤、喷雾干燥等工艺生产而成
食用量	≤ 4.5 克 / 天

续表

批准日期	2010/10/21	
质量要求	性状	黄色或棕黄色粉末
	蛋白质（以干基计）	≥ 80.0%
	低聚肽（以干基计）	≥ 75.0%
	AY（丙氨酸 - 酪氨酸）	≥ 0.6%
	相对分子量质量小于 1000 的比例	≥ 90.0%
	水分	≤ 7.0%
	灰分	≤ 8.0%

玉米低聚肽的氨基酸组成为亮氨酸 15%、异亮氨酸 2.3%、缬氨酸 3.8%、酪氨酸 2.7%、苯丙氨酸 4.1%、谷氨酸 22%，其中支链氨基酸如亮氨酸、异亮氨酸等含量较高，而芳香族氨基酸如苯丙氨酸、酪氨酸含量很低，是一种生产高 F 值低聚肽的优良天然资源。玉米低聚肽粉除具有肽类物质优良特性外，还具有良好的稳定性、溶解性、加工性、安全性以及可直接吸收等特点，其应用领域广泛。

徐力等酶解玉米蛋白粉发现含有 2~6 个氨基酸残基的玉米功能短肽对邻苯三酚自氧化具有较好的抑制作用以及类超氧化物歧化酶活性。徐力等用碱性蛋白酶酶解玉米醇溶性蛋白后，并对酶解产物纯化分离出一种抗氧化肽，其氨基酸组成序列为 Leu–Asp–Tyr–Glu。随后，他们又通过 H_2O_2/Fe^{2+} 诱导线粒体损伤实验，从亚细胞水平上探讨了上述小肽对线粒体的膨胀、膜的流动性、脂质过氧化及细胞色素 C 氧化酶（CCO）和 ATPase 活性的影响，表明这种小肽具有明显的清除自由基和抗心肌线粒体氧化损伤作用。

（三）燕麦

燕麦是禾本科燕麦属一年生草本植物，依据燕麦外部形态特征，将籽粒成熟时，颖壳极易脱落的称为裸燕麦，俗称莜麦、铃铛麦、油麦等，颖壳紧紧包着籽粒，不易脱落的称为皮燕麦。燕麦是人类和动物可直接利用的粮食及饲料作物之一，具有较高的营养价值。燕麦是世界性栽培作物，但主要集中产区是北半球的温带地区，主产国有俄罗斯、加拿大、美国、澳大利亚、英国、德国、芬兰及中国等。2013 年我国燕麦产量为 23.5 万吨，2020 年我国燕麦总产量增长至 62.5 万吨。

燕麦中蛋白质含量为 15.6%，是大米、小麦粉的 1.6~2.3 倍，在禾谷类粮食中居首位。燕麦蛋白营养价值很高，8 种必需氨基酸不仅含量丰富且配比合理，接近联合国粮食及农业组织（FAO）、世界卫生组织（WHO）推荐的营养模式，人体利用率高。其中燕麦中赖氨酸含量是小麦、稻米的 2 倍以上，色氨酸含量是小麦、稻米的 1.7 倍以上。

燕麦肽是燕麦蛋白经酶解加工而成的，易被人体吸收。研究人员从燕麦麸蛋白水解物中分离出 8 个燕麦肽馏分，发现它们均有阻止亚油酸氧化的能力，其中两个肽馏分有较好的螯合 Fe^{2+} 的活性；Comino 等首次发现新鉴定的燕麦肽对从腹腔患者获得的循环树突状细胞产生不同的刺激能力，从分子层次表征确定其具有免疫原性；珠娜等近几年对裸燕麦肽的功能进行了相关研究，其研究数据显示燕麦肽可在一定程度上缓解小鼠运动性疲劳，长期的燕麦低聚肽干预具有增强免疫力和降低血糖、血压、血脂的作用。

（四）小麦

小麦是在世界各地广泛种植的谷类作物，小麦的颖果是人类的主食之一，磨成面粉后可制作面包、馒头、饼干、面条等食物，发酵后可制成啤酒、酒精、白酒（如伏特加），或作为生物质燃料。小麦是全球 35%~40% 人口的主食。2021 年，我国小麦总产量达 1.369 亿吨，占世界总产量（7.76 亿吨）的 17.6%。小麦营养价值较高，富含淀粉、蛋白质、脂肪、矿物质、钙、铁、硫胺素、核黄素、烟酸等。因品种和环境条件不同，其营养成分的差别较大。生长在大陆性干旱气候区的麦粒质硬而透明，含蛋白质较高，达 14% ~ 20%，面筋强而有弹性，适宜烤面包；生于潮湿条件下的麦粒蛋白质含量为 8% ~ 10%，麦粒软，面筋差。

小麦低聚肽是从小麦蛋白中提取的蛋白质，再经过定向酶切及特定小肽分离技术获得的小分子肽物质。2012 年 9 月 5 日，国家发布《关于批准中长链脂肪酸食用油和小麦低聚肽作为新资源食品等的公告》（卫生部公告 2012 年第 16 号），批准小麦低聚肽作为新资源食品，具体见表 3-3。

表 3-3　卫生部公告 2012 年第 16 号

公告号	卫生部公告 2012 年第 16 号	
公告标题	关于批准中长链脂肪酸食用油和小麦低聚肽作为新资源食品等的公告	
中文名称	小麦低聚肽	
拉丁名称	（英文名称）Wheat oligopeptides	
基本信息	来源：小麦谷朊粉	
生产工艺简述	以小麦谷朊粉为原料，经调浆、蛋白酶酶解、分离、过滤、喷雾干燥等工艺制成	
食用量	≤ 6 克 / 天	
批准日期	2012/8/28	
质量要求	性状	白色或浅灰色粉末
	蛋白质（以干基计）/(g/100g)	≥ 90
	低聚肽（以干基计）/(g/100g)	≥ 75
	总谷氨酸 /(g/100g)	≥ 25

续表

质量要求	相对分子量质量小于 1000 的蛋白 质水解物所占比例 (%)	≥ 85
	水分 /(g/100g)	≤ 7
	灰分 /(g/100g)	≤ 7

　　小麦肽富含谷氨酸、天冬氨酸、组氨酸等必需氨基酸，营养价值丰富。辛志宏等用超临界 CO_2 对小麦胚芽脱脂，碱溶酸沉淀法提取麦胚蛋白，用 8 种蛋白酶分别进行单一酶和复合酶水解麦胚蛋白生产降血压肽，用高效毛细管电泳测定其活性，发现碱性蛋白酶生产水解物对 ACE 的抑制活性最大。

　　陈英等向衰老模型小鼠灌胃小麦肽溶液后，发现其可显著提高动物血清中总抗氧化能力及谷胱甘肽过氧化酶 (GSH-Px)、超氧化物歧化酶 (SOD) 的活性，并明显降低血清和各组织中的丙二醛 (MDA) 含量，具有较好的体内抗氧化活性。Zheng 等对 SD 大鼠灌胃不同剂量的小麦肽发现，高剂量组大鼠的耐运动疲劳的时长远超其他各组动物，且体内 SOD 与 GSH-Px 活性明显增强，有助于清除运动生成的自由基，提高机体的运动耐力。辛志宏等用碱性蛋白酶水解小麦胚芽蛋白得到的水解物对血管紧张素转化酶有强的抑制活性 (IC50=0.014mg/mL)，小麦胚芽蛋白水解物经纯化及 RP-HPLC 分离，得到对 ACE 有强烈抑制作用的组分 (IC50=5.46 mg/mL)，经氨基酸分析、电喷雾质谱确定了该组分的序列为 Ala-Met-Tyr。

二、豆类、坚果、种子类

　　豆类泛指所有能产生豆荚的豆科植物。其种类繁多，营养丰富，栽培遍布世界各地。近年来，豆类由于其较高的营养价值和良好的口感，越来越受到人们的欢迎。豆类蛋白中人体所需的 8 种必需氨基酸含量与 FAO 建议的理想值相比十分合理，豆类蛋白质有较好的氨基酸组成模式，富含谷氨酸、丙氨酸和天冬氨酸，且含有较高的赖氨酸，但甲硫氨酸和色氨酸（含硫氨基酸）含量较低，而一些谷物中含硫氨基酸含量高，而赖氨酸含量较低。

　　坚果是植物的精华部分，分为油脂类坚果和淀粉类坚果，一般都营养丰富，蛋白质、油脂、矿物质、维生素含量较高。油脂类坚果中蛋白质含量为 12%~36%、脂肪含量为 35%~80%、碳水化合物含量在 15% 以下。坚果油脂提取后的粕是肽的较好来源。

　　种子中主要含有糖类、脂肪和蛋白质，还含有矿物质和维生素等。我国植物资源丰富，其种子中也富含较多的活性物质，植物种子及其副产物也是肽的较好来源，如菜籽肽、南瓜籽肽、黄瓜肽、苦瓜籽肽等。

（一）大豆

大豆 [Glycine max （Linn.） Merr.] 是中国重要粮食作物之一，已有 5000 年栽培历史，古称菽，中国东北为主产区，是一种种子含有丰富植物蛋白质的作物。大豆是豆科大豆属的一年生草本，含有丰富的优质蛋白，蛋白质含量为 35%~40%。大豆蛋白质中含有多种氨基酸，尤其是人体不能合成的必需氨基酸成分比较平衡，其中赖氨酸和色氨酸含量较高，分别占 6.05% 和 1.22%。大豆的营养价值仅次于肉、奶和蛋，故有"植物肉"的美称。

大豆肽（Soybean Peptide）是指大豆蛋白质经大豆蛋白酶解制得的肽。以 2~10 个氨基酸组成的小分子片段寡肽为主，能快速补充人体氮源，恢复体力，解除疲劳。其氨基酸组成与大豆蛋白质相同，必需氨基酸成分平衡良好，含量丰富。大豆肽具有消化吸收率高、有效补充蛋白质、降低胆固醇、降血压和促进脂肪代谢的生理功能以及无豆腥味、无蛋白变性、酸性不沉淀、加热不凝固、易溶于水、流动性好等良好的加工性能，是优良的功能性食品原料。此外，因其小分子肽易被吸收以及氨基酸组成较为合理，适合蛋白质消化吸收不佳的人群食用，如中老年人、手术后恢复期患者、肿瘤及放化疗患者、胃肠功能不佳者等。此外，大豆肽还具有提高免疫力、增强体力、缓解疲劳等功效。

研究人员采用 5 种蛋白酶水解大豆蛋白，分离提纯得到 6 个抗氧化肽的氨基酸序列，发现高抗氧化性肽的相对分子质量集中在 600 ～ 1700Da。也有研究认为，大豆肽的抗氧化性与水解酶的种类和水解度有关。李雯晖等酶解大豆蛋白，通过体外 ACE 活性抑制实验确定碱性蛋白酶和中性蛋白酶复合酶解为最佳条件，用制备的大豆低聚肽饲喂大鼠，发现大豆低聚肽可以降低原发性高血压大鼠的血压和血管紧张素 II 质量浓度，且对正常血压大鼠无明显影响。意大利学者 Carmen Lammi 等定量检测了 3 种大豆活性肽 IAVPGEVA、IAVPTGVA 和 LPYP 的肠道代谢过程，模拟代谢产物与 HMGCoAR {3- 羟 [基]-3- 甲戊二酸单酰辅酶 A 还原酶} 催化位点的相互作用，发现其仍保留降胆固醇活性。

（二）豌豆

豌豆（Pisum sativum L.）是我国主要的食用豆类作物之一，营养价值高。豌豆含有丰富的碳水化合物、蛋白质、维生素、矿物质等营养成分，如每 100 克干豌豆中含有蛋白质 20% ～ 25%、脂肪 1%~2%、碳水化合物 57% ～ 60%、粗纤维 4.9% ～ 5.1%。豌豆蛋白的主要成分为球蛋白（65%~80%）和白蛋白（20%~35%），还有少量谷蛋白。豌豆蛋白含有人体必需的 8 种氨基酸及钙、铁、磷、维生素 B_1、维生素 B_2、烟酸等维生素和微量元素。

通过酶解法将豌豆蛋白降解成小分子肽，称为豌豆肽。经过对豌豆肽的功能试验，研究人员发现豌豆肽比豌豆蛋白质有更好的溶解性、保水性、吸油性、起泡性、乳化性、凝胶性等，并就几种因素对豌豆肽功能特性的影响进行了论证，为豌豆肽的应用提供了理论依据。通过功能试验，研究人员发现豌豆肽具有调节肠道菌群，促进益生菌生长的功效。潘芬等人发现，豌豆蛋白酶解产物可显著促进益生菌特别是干酪乳杆菌、保加利亚乳杆菌、双歧杆菌等的生长，提高益生菌的存活率，缩短益生菌的生产时间。Dominika 等人的实验表明，豌豆蛋白水解物能促进乳酸菌属的菌对肠上皮细胞的黏附，增加益生菌的定植作用，具有益生元的功效。

（三）绿豆

绿豆毕 [Vigna radiata （Linn.） Wilczek.] 是我国传统的药食同源性杂粮豆类，绿豆中含有蛋白质 22% ～ 26%，且其中人体所必需的 8 种氨基酸的含量是禾谷类的 2 ～ 5 倍，富含色氨酸、赖氨酸、亮氨酸、苏氨酸等。在提供基本营养需求的基础上，绿豆具有很多潜在的健康益处，大量研究证实肽是其主要功能成分之一。绿豆肽是绿豆蛋白的水解产物，其氨基酸组成与绿豆蛋白基本相同，主要有蛋氨酸、色氨酸、酪氨酸和精氨酸。绿豆肽与绿豆蛋白相比，虽营养价值相近，但更易被吸收，且具有更多原蛋白没有的生物活性。作为生物活性小分子，它的开发及应用价值要远高于蛋白质，且具有来源广、安全性高以及微量高效的特点。

目前绿豆肽功能活性的研究主要集中于抗氧化性、ACE 抑制性以及免疫活性，除此之外绿豆肽在解酒、提高细胞存活率、抗癌、保护急性肺损伤、提高缺氧耐受力等方面也表现出良好的效果。同时研究中发现，在一定范围内，分子量越小其功能作用越显著。

（四）花生

花生（Arachis hypogaea Linn.）是一种传统的油料作物，为一种蔷薇目豆科落花生属的油料型作物。它广泛分布在世界各个区域，在我国的大多数省份均有花生种植。花生在提取油脂、脂肪后的剩余物质，称为花生粕，是一种极具营养价值的资源，富含蛋白质、维生素及矿物质，尤其是蛋白质含量非常丰富，利用定向酶切分离技术和酶修饰技术对其进行酶解便可制得花生肽。研究表明，花生肽中含有人体所必需的 8 种氨基酸。

在功能研究方面，刘焕等分别以碱性蛋白酶 Alcalase 和中性蛋白酶 Neutrase 对花生分离蛋白进行水解，制备花生分离蛋白水解物，并测定不同水解时间所得产物对 ACE 的抑制活性。发现未水解的花生分离蛋白没有 ACE 抑制活性，用中性蛋白酶 Neutrase 水解所得的水解物显示弱 ACE 抑制活性，而碱性蛋白酶 Alcalase 水解物具有很强的 ACE 抑制活性。

（五）菜籽

菜籽饼粕作为油菜籽榨油后的副产物，其蛋白质含量丰富、氨基酸组成均衡，是一种优质的植物蛋白资源。目前对于菜籽蛋白的研究主要集中在饲料添加方面。王紫燕等对菜籽蛋白的水解产物菜籽肽进行体外抗氧化、皮肤保湿和皮肤抗炎等一系列研究。对菜籽肽进行体外抗氧化研究发现，当菜籽肽浓度为 1.25mg/mL 时，对 ABTS 自由基的清除率达 98.02%，当菜籽肽浓度达到 1mg/mL 时，对羟自由基的清除率达 77.21%，对 DPPH 自由基的清除率达 87.79%，抗氧化效果显著。

菜籽肽的体外抗炎作用亦有研究，通过检测脂多糖（LPS）诱导的小鼠单核 - 巨噬细胞（RAW246.7）炎症模型中白介素 -6（IL-6）和肿瘤杀伤因子 -α（TNF-α）两种促炎症因子的含量，探究菜籽肽在体外的细胞抗炎活性。对比模型组，菜籽肽使炎症细胞中 IL-6 和 TNF-α 的表达量分别下降了 25.42% 和 37.14%，表明菜籽肽能够显著抑制细胞炎症的发生。

三、蔬果类

蔬果，是指可食用蔬菜和水果的简称。蔬果通常并非蛋白质的主要来源，但其中一些蔬菜的蛋白质作为肽的来源，具备其相应的功能作用，如苦瓜是苦瓜肽的来源，且在辅助降血糖方向的研究已经比较深入。

（一）苦瓜

苦瓜（Momordica charantia L.）是葫芦科植物，其果实是我国的常用蔬菜。在民间，苦瓜的药食两用已具有几千年的历史，世界各国均有用苦瓜治病、食疗的文献记载。

1974 年首次发现苦瓜中存在类胰岛素肽，之后进行了药理研究，发现注射这种类胰岛素肽对正常沙鼠、猴及糖尿病患者有降低血糖作用，随后又证明了口服类胰岛素肽同样有效。印度学者发现苦瓜肽对印度沙田鼠和长尾猴存在长期的作用，有明显的降糖功效，并且连续使用 5 个月未出现毒副反应。苦瓜肽的这一作用可能是通过其特有的空间结构，类似真核细胞分泌某些蛋白质形成活性空间结构所需的伴侣分子一样，增强胰岛素链和 β 链间两个二硫键的稳定性，诱导低活性胰岛素恢复活性空间结构，从而激活胰岛素，增强对细胞膜上胰岛素受体 α 亚基和 β 亚基的亲和性。细胞结合活性胰岛素后，使细胞表面的葡萄糖载体 GLUT4 的数量增加，亲和力增强，血液中葡萄糖被摄入组织细胞内，从而使血糖降低。

癞葡萄（Momordica charantia 'Abbreviata'）是葫芦科苦瓜属苦瓜的栽培品种，又名金玲子、黄金瓜等，原产于中国江南一带，生长在热带及温带地区。袁晓晴等人用蛋白酶 Alcalase2.4L 水解癞葡萄蛋白，在温度 57℃、pH 值 9.2、酶添加量为 2.37（E/S）条件下获得具有降血糖癞葡萄肽 MCPHs；通过超滤、凝胶色谱和 RP-HPLC 从癞葡萄鲜果的水提物中分离、纯化出具有显著降血糖肽 MC2-1-5，其氨基酸排序为 GHPYYSIKKS。并对其降血糖机制进行进一步研究，研究表明 MCPHs 通过修复糖尿病小鼠的胰岛 β 细胞，增加肝糖原含量及提高小鼠抗氧化能力，MCPHs 对小鼠的血清胰岛素水平无显著影响；MC2-1-5 通过修复糖尿病小鼠胰岛 B 细胞，促进胰岛素分泌，增加肝糖原含量及提高小鼠抗氧化能力。

（二）猕猴桃

猕猴桃（Actinidia chinensis Planch.）是猕猴桃科、猕猴桃属大植物。猕猴桃中含有丰富的维生素 C，还含有糖类、蛋白质、酶等其他多种活性物质。

王雷等利用中性蛋白酶酶解猕猴桃蛋白制得猕猴桃肽，得到猕猴桃肽的分子量在 5000Da 以下的抗菌活性较强，分子量在 5000~10000Da 的抗菌活性较弱。许金光等人利用胰蛋白酶酶解软枣猕猴桃蛋白得到软枣猕猴桃多肽，并对其生物活性研究发现，软枣猕猴桃多肽对细菌具有广谱抑菌效果。另外，软枣猕猴桃多肽能延长小鼠负重游泳时间、增加小鼠肝糖原储备量，这说明软枣猕猴桃多肽具有增强动物运动耐力、缓解动物体力疲劳的作用。

（三）其他

国内外科研人员还对水果和蔬菜中存在的活性肽进行了研究，从中提取的多种活性肽已被证明具有抗氧化、抗炎、抗癌等生理活性。

Noh 等从柑橘果实中分离鉴定环肽 citrusinXI，并利用 RAW264.7 炎症模型证明其可通过抑制 NF-KB 通路而降低 iNOS 和 NO 的产生，得出环肽 citrusinXI 具有抗炎作用，可作为预防和治疗炎症性疾病的新药物设计中的先导化合物。Moronta 等研究发现从苋菜中分离得到的蛋白活性肽 SSEDIKE 可抑制人结肠癌细胞 caco-2 的趋化因子 CCL20 的基因表达，具有抑制炎症的免疫活性。

种类繁多的水果和蔬菜为各种功能肽的开发与研究提供了重要的来源，更多果蔬源活性肽的发现和新功能活性的研究，为实际生产及临床疾病改善提供了更多的契机。

四、菌藻类

菌藻类包括食用菌和藻类食物两大类。食用菌是指供人类食用的真菌，也称菌菇类，日常生活中常见的有蘑菇、香菇、平菇、金针菇、竹菌、茶树菇等。而实际自然界已经发现的真菌有 12 万多种。真菌独立于动物、植物和其他真核生物，自成一界。真菌的细胞含甲壳素，能通过无性繁殖和有性繁殖的方式产生孢子。菌菇也被称为"零脂肪素肉"，脂肪含量通常在 1% 以下，但蛋白质含量大多超 30%，且含氨基酸多达 18 种，比例恰当，在人体内的利用率很高，能为机体组织更新和修复提供必要的原料。因此，食用菌是较好的肽来源之一。

藻类是原生生物界一类真核生物（有些也为原核生物，如蓝藻门的藻类），主要水生，无维管束，能进行光合作用，体型大小各异。藻类可由一个或少数细胞组成，亦有许多细胞聚合成组织样的架构。有些藻类是单细胞的鞭毛藻，而另一些藻类则聚合成群体。对于藻类分门的看法，有很大的分歧，我国藻类学家多主张将藻类分为 11 个门，即蓝藻、红藻、隐藻、甲藻、金藻、黄藻、硅藻、褐藻、裸藻、绿藻、轮藻。干燥的藻类食物中蛋白质含量高，有的可高达 20% 以上，如紫菜、发菜等，且蛋白质氨基酸组成比较均衡，是我们膳食中植物蛋白质的良好补充，亦是肽的良好来源。

（一）双孢蘑菇

双孢蘑菇 [Agaricus bisporus （Large） Sing.] 可食用，味道鲜美，是一种栽培规模大、栽培范围广的食用菌。其蛋白质含量高达 42%（干重），氨基酸种类丰富，核苷酸和维生素也很丰富。双孢蘑菇多在春、夏、秋三季生于草地、牧场和堆肥处。双孢蘑菇野生资源主要分布于欧洲、北美洲、北非和澳大利亚等地，在中国主要分布于新疆、四川、西藏等地。

李桂峰等采用响应面法研究木瓜蛋白酶酶解双孢蘑菇蛋白制备抗氧化肽的最佳工艺，以对 $O^{2-}\cdot$ 和 $\cdot OH$ 的清除率为参考值，测定酶解双孢蘑菇蛋白制备抗氧化肽的最佳条件：酶与底物比 3.79%，时间 247min，温度 54.76℃。此条件下酶解液对 $\cdot OH$ 和 O^{2-} 的清除率分别为 89.61% 和 60.63%。说明木瓜蛋白酶水解双孢蘑菇制得的肽具有很好的抗氧化性。经 Sephadex G-50 凝胶层析法对酶解液进行分析，抗氧化肽相对分子质量主要分布在 600~2600Da。

（二）茶树菇

茶树菇（Agrocybe aegerita），又称柱状田头菇，是一种食、药用菌，菌盖细嫩、柄脆、味纯香、鲜美可口，因野生于油茶树的枯干上而得名。茶树菇营养丰富，蛋白质含量高，含有多种人体必需氨基酸，并且含有丰富的 B 族维生素和钾、钠、钙、镁、铁、锌等矿质元素。茶树菇具有清热、平肝、明目、利尿、健脾之功效，是当前可开发的 10 种珍稀菇之一。2008 年 9 月，柱状田头菇被神舟七号带入太空，为培育新品种奠定了基础。

孙红娜采用茶树菇为原料，研究茶树菇肽对 ACE 的抑制情况。试验以水作为提取溶剂，蛋白质提取率达 88.3%，对 ACE 的抑制率为 49.3%；选用 SephadexG-15 凝胶进行层析，活性肽回收率最高可达 91.1%，对 ACE 的抑制率最高可达 46.4%，说明茶树菇肽具有较好的降血压活性。

（三）松茸

松茸（Tricholoma matsutake），又称松口蘑，是一种名贵的野生食用菌，具有强身、易畅健胃、止痛、理气化痰、驱虫等作用。松茸生长于海拔

1600~2600m 的温带和寒温带的松树与栎树混交林带的林地上，与松属、栎属的须根发生共生关系，菌根所在地形成直径 2~10m 的蘑菇圈。松茸的蘑菇圈大小主要取决于土壤中的营养条件。

Geng 等研究松茸肽的降血压作用。试验将松茸子实体粗提物对自发性高血压大鼠进行注射，发现具有明显的降压作用。对粗提物进行分离纯化，得到 IC50 为 0.40μmol/L 的 ACE 抑制肽。该肽是一种 ACE 的非竞争性抑制剂，通过 LC-MS/MS 分析，将其氨基酸序列鉴定为 WALKGK（Trp-Ala-Leu-Lys-Gly-Lys）。对其进行短期抗高血压活性试验，该肽表现出显著的降低收缩压活性。试验表明松茸肽作为一种功能性食品，有助于预防高血压等相关疾病。

（四）杏鲍菇

杏鲍菇（Pleurotus eryngii）是典型的亚热带草原及干旱沙漠地区的野生食用菌，于春末至夏初腐生、兼性寄生于大型伞型花科植物如刺芹、阿魏、拉瑟草的根上和四周土中。杏鲍菇是集食用、药用、食疗于一体的珍稀食用菌新品种。

程菲儿等以杏鲍菇为原料，研究了杏鲍菇肽对食源性致病菌的抑制作用。结果表明，在一定时间段内，肽的抑菌率与其浓度成正比，抑制作用表现最明显的是大肠埃希菌，抑菌率可达 87.7%，其次是金黄色葡萄球菌和沙门氏菌，相应的抑菌率为 57.7% 和 55.5%。由此可见，杏鲍菇肽具有一定的抑菌作用。推测其抗菌的原因是肽中含有丰富的氨基酸，可与细菌细胞膜上的特殊物质结合，破坏细胞结构，也能抑制细菌孢子的萌发，从而起到抑菌作用。孙亚男等以杏鲍菇菌丝体为原料，研究杏鲍菇肽的抗肿瘤活性。试验表明，杏鲍菇肽对人体胃癌细胞、乳腺癌细胞、宫颈癌细胞的增殖具有明显的抑制作用，且活性与浓度呈量效关系。

Mariga 等对杏鲍菇肽进行研究，通过傅氏转换红外线光谱分析仪（FTIR）、高效凝胶渗透色谱法（HPGPC）、核磁共振（NMR）分析，分离纯化出分子量为 63kDa 的提取物，其由甘氨酸、精氨酸、丝氨酸组成，且具有 α- 螺旋二级结构。该蛋白可以增强吞噬细胞的活性，促进机体的免疫调节，并且对 4 种癌细胞有明显的抑制作用。

（五）灵芝

灵芝 [Ganoderma lucidum （Curtis） P. Karst.] 是中国传统的扶正固本、滋补强壮的名贵药材。灵芝在世界各大洲均有分布，其中绝大部分生长在热带、亚热带和温带地区，中国是灵芝真菌资源分布广泛的地方。据有关分析，代料栽培的灵芝中蛋白质的含量达 14.34%，且灵芝中的蛋白质有着明显的生理活性，随着生物技术在药物研究和开发中的应用，特别是对中草药中基因、蛋白质和药理作用之间关系的逐渐探索，灵芝蛋白质的研究逐渐得到了重视。

张胜研究灵芝肽对人体肝癌生长抑制及诱导凋亡作用。试验采用体外细胞培养技术，用灵芝肽对人体肝癌细胞进行处理，观察其变化。结果表明，人体肝癌细胞经灵芝肽处理后出现典型凋亡细胞形态学改变，如体积缩小、染色质浓缩、形成凋亡小体等。灵芝肽对肝癌细胞的生长繁殖具有较强的抑制作用，凋亡率显著增加，且存在明显的时效和量效关系。

（六）螺旋藻

螺旋藻（Spirulina）为原核生物，属于蓝藻门颤藻科螺旋藻属或节旋藻属。在热带与亚热带的淡水湖及其他湖泊中都有分布。生长迅速，生物量大，蛋白质含量高，其中含量一般可达 50%~70%。研究显示其含人类必需的 8 种氨基酸，且其氨基酸比例非常适合人体吸收，与 FAO 制定的比例标准相似。在当今社会，人们非常重视食品的安全与天然来源，因此螺旋藻可作为一种非常理想的蛋白质来源。

螺旋藻蛋白经碱性蛋白酶和木瓜蛋白酶酶解，分离纯化，得到具有抑制革兰阴性菌（大肠埃希菌）和革兰阳性菌（金黄色葡萄球菌）的纯化肽组分。该肽为 18 个氨基酸（KLVDASHRLATGDVAVRA）组成的阳离子小分子肽，分子量约为 1878.97 Da。对大肠埃希菌的最低抑菌浓度（MIC 值）为 8mg/mL，对金黄色葡萄球菌的最低抑菌浓度为 16mg/mL，且在较高浓度时（8 倍 MIC 值）仍无溶血活性。郭准利用超声辅助提取法得到螺旋藻小分子肽，采用葡聚糖凝胶渗透色谱法对螺旋藻小分子肽提取物进行分离，研究表明只有分子量在 3000Da 的小分子肽具有抗氧化能力；只有分子量在 550Da 的小分子肽对 α- 葡萄糖苷酶具有抑制作用。

（七）小球藻

小球藻（Chlorella）为绿藻门小球藻属普生性单细胞绿藻，是一种球形或椭圆形单细胞淡水藻类，直径 3 ~ 8μm，无性繁殖，是地球上最早的生命之一，出现在 20 多亿年前，是一种高效的光合植物，分布极广，极其容易获得，可作为一种高蛋白的海洋生物资源。

张高帆等选用复合风味蛋白酶作为小球藻活性肽制备的蛋白酶，于温度为 50℃ 、pH 值为 6 的环境中酶解 5h，在该条件下获得的活性肽 DPPH 清除率、超氧自由基清除率、羟自由基清除率、还原性、铁离子螯合率较高，活性肽对 DPPH、超氧自由基及羟自由基的半抑制浓度 IC50 分别为 0.325mg/mL、0.325mg/mL 和 0.139mg/mL。活性肽能使线虫平均寿命延长 39.20%，同时对处于高氧化性溶液中的线虫寿命有显著提升，对超氧化物歧化酶和过氧化氢酶活性分别提升 77.87% 和 1575.21%，降低活性氧簇 13.66%。对 α- 葡萄糖苷酶活性、α- 淀粉酶活性、蔗糖酶活性的半抑制浓度 IC50 分别为 1157.81mg/mL、1.70mg/mL 和 3.38mg/mL，延长处于高糖环境中的线虫平均寿命 43.83%。实验证明，小球藻活性肽具有较为理想的体外抗氧化能力，具有激发细胞内氧化物水解酶活性的效果，对过氧化氢酶活性提升尤为明显。

（八）浒苔

浒苔（Enteromorpha prolifera Muller J. Agardh）属于绿藻门石莼目石莼科，其干物质中粗蛋白含量为 10%~35%，其氨基酸种类齐全，必需氨基酸约占氨基酸总量的 40%，氨基酸评分约 80，显著高于紫菜和海带，是优质的海洋植物蛋白质来源之一。

经木瓜蛋白酶解的小于 2kD 和 6~12kD 条浒苔肽对 3 种肺癌细胞未有明显的抑制作用；其 2~6kD 条浒苔肽对血小管形成有一定抑制作用，说明其有抗血管生成能力，间接抑制肿瘤细胞的转移，但其对人脐静脉内皮细胞的增殖抑制作用不强，说明其对正常细胞的损害不大；2~6kD 条浒苔肽可抑制 H_2O_2 引起的氧化应激，说明其具有一定的抗氧化能力，该结果与氧化应激是肿瘤的一个重要诱发因素和病理特征的研究结论是一致的；2~6kD 条浒苔肽对 3 种肺癌抑制增殖、促进凋亡、细胞周期阻滞等具有一定的作用效果，表明其有一定的抗肺癌能力。

（九）紫菜

红藻（Rhodophyta）是最具商业价值的经济海藻之一，是一种良好的食用海藻。紫菜（Pyropia）属作为一种重要的海洋红藻，在日本、韩国和中国被广泛种植和消费。此外，作为一种药用海洋植物，紫菜在中医已有 1000 多年的应用历史，被认为具有化痰、软坚、退热、利尿等药用功效。紫菜中含有多种营养成分，如多糖、矿物质、维生素、多不饱和脂肪酸及大量的蛋白质等。紫菜中含丰富的蛋白质，为制备活性肽的重要蛋白源。

近几年，许多酶解活性肽从紫菜中分离出来。Qu 等使用碱性蛋白酶酶解条斑紫菜蛋白，并从中分离得到 2 个有 ACE 抑制活性的组分。Cian 等从 Pyropia columbina（一种传统产自新西兰南岛的紫菜）酶解之后分别得到了具有抗血小板聚集、抗氧化和 ACE 抑制活性的肽组分。除此之外，酶解紫菜肽还具有抗炎、抗氧化、抗肿瘤、免疫调节等活性。

（十）龙须菜

龙须菜（Asparagus schoberioides Kunth）是一种广泛分布于海洋环境中的红藻，属红藻门江蓠科，这个科下大多数种在工业上被用作提取琼脂的原材料。龙须菜中除富含琼脂外，还含有多糖、蛋白质、维生素和多种矿物质等营养成分，是一种健康食品。

研究者用酶解法筛选得到 2 种具有特定序列的龙须菜降压肽，并进一步对 2 个肽的理化性质、稳定性、抑制剂的酶动力学参数及自发性高血压大鼠

（SHR）体内降压活性进行了研究。2 种来自龙须菜的 ACE 的抑制肽的序列分别分析鉴定为 FQIN[M（O）]CILR 和 TGAPCR，其通过非竞争性作用抑制 ACE。分子对接分析表明，肽主要通过氢键与 ACE 连接并产生抑制活性。动物实验表明 FQIN[M（O）]CILR 和 TGAPCR 可以降低 SHR 的血压。Cao 等人从龙须菜的胰蛋白酶水解产物中分离得到的一个肽（QVEY）具有 ACE 抑制活性（IC50=474.36 μM）。FQIN[M（O）]CILR（IC50=9.64±0.36μM）和 TGAPCR（IC50=23.94±0.82μM）也分离自龙须菜的胰蛋白酶水解产物。

（十一）海藻

海藻，中药名，为马尾藻科植物海蒿子 [Sargassum pallidum （Turn.） C. Ag.] 或羊栖菜 [Sargassum fusiforme （Harv.） Setch.] 的干燥藻体。前者习称"大叶海藻"，后者习称"小叶海藻"。海蒿子分布于辽宁、山东的黄海和渤海沿岸；羊栖菜分布于辽宁、山东、福建、浙江、广东等地沿海。海藻具有消痰软坚散结、利水消肿之功效，常用于瘿瘤、瘰疬、睾丸肿痛、痰饮水肿等。

从海藻生物中分离得到的一些天然活性成分，在抗癌方面显示了独特的作用。Hart 从新几亚岛上收集的微青藻中分离得到了 4 种新型抗肿瘤脂肽。人们还从关岛和夏威夷的海藻中分离得到了 dolastatin10 的化学类似物 symplostatinl。二者均是有效的微管抑制剂（微管是细胞骨架的重要组成部分。微管不断聚合与解聚的动力学特性使其在细胞的多种生理过程中扮演着重要的角色。微管是抗肿瘤药物研究的有效靶点之一）。

（十二）其他

来源于腐生子囊菌的抗微生物肽 Plectasin Mygind 等在 2005 年首次从北欧松树林中的腐生子囊菌（P.nigrella）中分离出真菌防御素类抗菌肽，命名为 Plectasin，对革兰阳性菌有较好的抑菌活性，特别是对肺炎链球菌和金黄色葡萄球菌的抗菌效果显著，对一些常规抗生素耐药的菌株亦有作用。Plectasin 在体外显示出较快的杀菌速度，与临床使用的万古霉素和青霉素相当，且不易产生耐药性。因此其与临床使用的传统抗生素之间不具有交叉耐药性。更值得关注的是，该肽对哺乳动物细胞没有毒害作用，且容易透过血脑屏障，在脑脊液中的渗透能力可达到 30% 以上，显著高于其他常规抗生素。可见，Plectasin 具有进一步开发成为新型的抗菌药物的潜力，用于治疗包括中枢神经系统细菌感染在内的感染性疾病。

五、水产类

水产品种类繁多，所含氨基酸比例与人体氨基酸组成相近。水产类生物由于其极端的生长环境，相较于陆生动植物蛋白来源的蛋白质显示出了独特的优势。水产品生物活性肽主要来源于鱼类、软体类和甲壳类，它们普遍具有较高的抗菌、降血压、抗癌等活性。

（一）鱼类

我国是渔业大国，近年来，随着海洋养殖、远洋捕捞及鱼产品产业的迅猛发展，产生了大量的鱼皮、鱼鳞和鱼骨等废弃物，其中含有丰富的胶原蛋白资源。鱼皮蛋白质含量为 20%~30%（干基占比），与鱼骨相当；鱼鳞中蛋白质含量占总干基重量的 50%~80%。故鱼产业的加工副产物可以作为提取胶原蛋白的优质原材料。鱼胶原蛋白肽是鱼胶原蛋白经酶解等技术分解制备的小分子低聚肽，容易经消化道吸收，具有多种生物活性，且效果明确。

（1）鱼鳞中提取胶原蛋白：鱼鳞提取的胶原蛋白以罗非鱼居多。因为罗非鱼主要生长在高温淡水水域，并且生命力较为顽强，在人工饲养条件下生长速度比野生深海鱼快很多，这样就大大降低了鱼类提取胶原蛋白的原料成本，也是较为流行的鱼胶原蛋白。

（2）深海鱼皮中提取胶原蛋白：鱼皮提取的胶原蛋白以深海鳕鱼皮居多。鳕鱼主要产于靠近北冰洋的太平洋、北大西洋寒冷水域，鳕鱼食量大，是贪食的洄游鱼类，也是全世界年捕捞量最大的鱼类之一，具有重要的经济价值。因为深海鳕鱼在安全性方面没有动物疫病和人工养殖药物残留等风险，并且含有其特有的抗冻蛋白，是最为认可的鱼类胶原蛋白。

国内外对鱼类胶原蛋白的提取工艺、理化性质及改性等方面进行了大量深入研究。李露园等使用碱性蛋白酶水解鲟鱼鱼皮制备胶原蛋白肽，将酶解液经超滤分离后获得了 4 种不同分子质量范围的胶原蛋白肽组分，即 SSCP-Ⅰ（MW>10000）、SSCP-Ⅱ（5000<MW<10000）、SSCP-Ⅲ（1000<MW<5000）和 SSCP-Ⅳ（MW<1000）。其中 SSCP-Ⅲ对超氧阴离子自由基的清除能力最大。因来源广、工艺成熟、功能明确，鱼胶原蛋白肽被广泛应用于食品、保健食品、化妆品及生物医药等领域。

（二）海绵

海绵中存在丰富的、具有独特结构和生物学活性的化学成分，从海绵中分离得到的抗癌成分已经进入临床研究阶段。Petift 从海绵中分离到的新型环 7 肽具有抑制肿瘤细胞生长的活性，其对小鼠的淋巴癌细胞有抑制作用。易杨华等从产于我国海域的棕色扁海绵中获得 1 个新的类环状 7 肽化合物，其抗肿瘤活性的潜在应用前景正在评价之中，对这些活性成分的研究为我国今后药用资源的开发和新药研究奠定了基础。

（三）海鞘

近年的研究表明，海鞘中含有许多重要的生理活性物质，是除海绵外人类获取具有显著生理活性物质的重要生物资源。1980 年美国学者 Chrislreland 等从海鞘中分离得到第一个具抗肿瘤活性的环肽。Vera 等从海鞘中分离并测定了环肽 Didemnins A、B 和 C 的结构，证实了它们具有抗肿瘤、抗病毒的活性，其中 Didemnin B 的活性最强，既能抑制蛋白质的合成，也能抑制 DNA、RNA 的合成，对黑色素瘤 B16 细胞也具有一定的杀伤作用，尤其是对 Gl 至 S 期细胞作用较明显。

（四）扇贝

扇贝肽是近年来从栉孔扇贝中提取的一种具有生物活性的小分子水溶性 8 肽，其成分包括脯氨酸、天冬氨酸、苏氨酸、羟基赖氨酸、丝氨酸、半胱氨酸、精氨酸和甘氨酸。扇贝肽能有效清除皮肤中的超氧负离子和羟自由基，抑制脂质过氧化，抗皮肤衰老和保护淋巴细胞。试验表明，该肽不仅能在紫外线照射下有效保护免疫细胞，而且能在无紫外线条件下显著增强胸腺细胞和脾细胞的增殖和活性。

（五）牡蛎

牡蛎是沿海常见的珍贵贝类，其富含糖原、蛋白质、牛磺酸、氨基酸、维生素、微量元素等营养成分，特别是其中的牛磺酸、氨基酸、生物锌等生物活性成分赋予其很高的营养保健价值和药用价值。美国大通福克斯癌症中心、法国巴黎大学、日本庆应大学等一直致力于牡蛎肉提取物（JCOE）的深入研究。

李鹏等从牡蛎匀浆液中分离到的低分子活性肽，可以明显抑制胃腺癌和肺腺癌细胞的生长和分裂增殖，使癌细胞形态发生改变，失去原有的恶性表型，细胞周期检测出现凋亡峰。另据试验表明，与扇贝相同，牡蛎肉的酶解产物也表现较高的清除自由基活性。

利用酶解的方法对低值鱼及水产加工副产物进行水解、提取等深加工，制备具有各种生理活性的海洋生物活性肽，应用于药物及保健食品开发，使之商业化，不仅能产生一定的经济效益，而且可因其独特的效用而造福于人类。

六、畜禽肉类

常见的肉类包括畜肉、禽肉。畜肉有猪、牛、羊、兔肉等，禽肉有鸡、鸭、鹅肉等。肉类含丰富的蛋白质、脂肪、维生素、矿物质，是人类的重要食品。畜肉中蛋白质含量为 10%~20%，禽肉中蛋白质含量为 16%~20%，大部分存在于肌肉组织中，部分存在于内脏中。牲畜的品种、年龄、肥瘦程度及部位的不同，其蛋白质含量也有所不同。但通常作为肽来源的畜禽部位是肉类加工后的副产物，如血、皮、骨等。

（一）鸡

我国畜禽生产总量居世界前列，畜禽加工副产物资源丰富。鸡肉含丰富的蛋白质，张海松等以鸡肉、木瓜蛋白酶和胰蛋白酶为原料，酶解液中多肽浓度和最终多肽得率为指标，采用单因素和正交实验筛选鸡肉多肽酶解的最佳条件。结果表明，木瓜蛋白酶用量2.50%，底物浓度9%，pH值7.70，水解温度60℃，水解4h，多肽得率为58.22%。

鸡软骨富含胶原蛋白和硫酸软骨素，具有良好的骨健康保护功效。林晓玲以鸡肉加工副产物鸡软骨为原料，采用不同的酶解工艺制备鸡软骨酶解物，进行分离纯化和结构解析，获得有明确氨基酸序列的小肽，其DPPH清除IC50值为5.14mg/mL，ORAC值为0.57μmol TE/mg。Dong等检验了不同时间下风味酶水解鸡骨的效果，发现8h水解的产物中小分子肽（400～1000Da）的比例是1h水解产物中的74倍。

（二）猪

据国家统计局公布的数据，2021年全国生猪出栏量达67128万头，比2020年增长27.4%。猪肉的蛋白质含量平均在13.2%左右，部位不同，蛋白质含量也不同。1983年Tatemoto等在猪小肠上成功提取到一种含29个氨基酸的生物活性肽，其氨基酸序为G-W-T-L-N-S-A-G-Y-L-L-G-P-H-A-I-D-N-H-R-S-F-H-D-K-Y-G-L-A-NH$_2$。根据其N端和C端分别为甘氨酸和丙氨酸的结构特点，命名为甘丙肽（galanin, Ga1）。甘丙肽可加强吗啡脊髓镇痛和参与记忆过程，具有临床镇痛及治疗阿尔茨海默病的应用前景。

孙明江等以脱脂猪皮为材料，利用胃蛋白酶与胰蛋白酶水解提取与超滤分离等手段获得了分子量小于3000Da的猪皮寡肽。在对大鼠皮肤创伤模型的给药实验中，相当于常规人用剂量的给药组即呈现出了创面愈合率高、瘢痕面积小和表皮生长因子受体表达水平高的现象。在Asserin等的临床试验中，受试者连续8周每天口服鱼源和猪源胶原蛋白肽10g，检测到真皮中的胶原蛋白密度增加，而真皮胶原蛋白网络的断裂显著降低，皮肤水合作用显著增加。有研究表明，从细胞免疫的角度观察了猪血肽对环磷酰胺诱导的免疫抑制小鼠免疫功能的影响。结果表明，猪血肽能改善正常小鼠和环磷酰胺诱导的免疫抑制小鼠的免疫功能。

新鲜猪肝经酶解处理后再经脱色、除臭、超滤处理，然后精制干燥得到猪肝肽。猪肝肽具有高水溶性，主要由分子量3000Da以下的肽组成。其含有平衡营养的必需氨基酸，可用于经肠营养剂和流食以及婴儿食品中，也可用于饮料和食品营养强化。它可提高肠道内非血红蛋白铁的溶解度，促进铁的吸收。此外，对猪的血细胞进行酶处理也能制造球蛋白肽。

（三）牛

中国是世界上最大的肉牛生产消费国之一，20 多年来中国牛肉市场发展迅速，肉牛数量稳定在 1 亿头左右，消费量从 1996 年的 350 万吨增加到 2015 年的 730 万吨，增长了 111%。牛骨约占牛体积的 20%，是肉牛产业中的主要副产物之一。牛骨中蛋白含量为 16% ～ 25%，其中胶原蛋白是主要蛋白，占总蛋白的 80% ～ 90%。牛骨中的胶原蛋白经过酶解、分离纯化等手段得到的胶原蛋白肽，具有抗高血压、保护骨健康、抗菌、抗氧化和免疫调节等生理活性，对于改善人体健康具有重要意义。

白恩侠等用 2.5% 的鲜胰浆（胰酶）酶解高温蒸煮后的牛骨溶液，经分离除杂后制得含氮量 19%，分子量小于 7000Da 的骨小肽。蔡丽华等使用 4 种常用蛋白酶酶解牛骨，研究其酶解动力学，发现胃蛋白酶和胰蛋白酶与牛骨胶原蛋白底物结合能力更强，酶解效果更好。

蔡丽华等通过酶解、超滤等手段制备得到分子量小于 5000Da 的牛骨胶原蛋白肽，是一种 ACE 竞争性抑制剂，可以与 ACE 结合从而减少 ACE 酶催化 ACE-Ⅰ 转化为导致血压升高的 ACE-Ⅱ，由此可以起到降压作用。刘俊丽等研究发现 0.3mg /mL 的牛骨胶原蛋白能显著促进人成骨细胞的增殖，是一种良好的防治骨质疏松的营养补充剂。

（四）鹿

鹿茸是雄鹿未骨化密生茸毛的幼角，主要从梅花鹿和马鹿头上采收。雄鹿到了一定年纪头上就会长角，初发时嫩如春笋，其表面上有一层纤细茸毛的嫩角就是鹿茸。嫩角慢慢长大，逐渐老化成为鹿角，茸毛也就随之脱落。鹿茸是名贵药材。鹿茸中含有磷脂、糖脂、胶脂、激素、脂肪酸、氨基酸、蛋白质及钙、磷、镁、钠等成分，其中氨基酸成分占总成分的一半以上。鹿茸性温而不燥，具有振奋和提高机体功能，对全身虚弱、久病患者有较好的强身作用。

牛琼等使用鹿茸肽对大鼠皮肤创伤分别采用单纯注射、单纯外用、肌肉注射与外用协同的方式处理后发现，无论注射还是外用，鹿茸肽都有显著的促进创面愈合的能力，且当注射与外用协同时效果最为明显，验证了鹿茸肽具有促进创伤愈合的能力。

（五）驴

阿胶，中药名，为马科驴属动物驴的皮，经漂泡去毛后熬制而成的胶块。具有补血滋阴、润肺止血的功效，主治血虚诸证、出血证、肺阴虚燥咳、热病伤阴、心烦失眠、阴虚风动等。阿胶一直被誉为补血佳品，根据现代药理研究分析，阿胶中含有 18 种以上氨基酸，能促进血红蛋白合成。特别是还富含极易吸收的血红素铁，这是一种理想的铁补充剂，食入后可增加血红素的摄入量，达到升血作用。

随着现代生物工程技术的发展，我们采用生物仿生酶解法可获得阿胶酶解物，即阿胶蛋白肽。基于阿胶具有抗疲劳、提高免疫力、补血、美容等作用，通过研究选择多种生物学作用模型，进一步分离纯化相关生物学作用的活性低聚肽链并鉴定其结构，明确了阿胶肽所具有的多种生物学作用。

采取对小鼠进行注射用阿胶低聚肽的药效验证性实验，分别通过检测模型组、给药组、正常组小鼠的 Hb（血红蛋白）、RBC（红细胞）和 WBC（白细胞）数，结果可见阿胶肽对提升血红蛋白含量、红细胞及白细胞的数量有良好作用。

通过阿胶蛋白肽对免疫低下模型小鼠脾脏指数的影响实验，结果表明，与模型组比较，阿胶灌胃、低肽灌胃、低肽注射组脾脏指数显著升高，阿胶的各种给药方式均有一定的免疫增强作用。通过阿胶蛋白肽对小鼠负重游泳时间的影响实验，结果表明各组均具有一定的抗疲劳作用趋势。

七、乳类、蛋类及其制品

根据 FAO 的数据，2020 年全球乳产量达到 8.6 亿吨，其中牛乳占总产量的 85.37%，其次是水牛乳（11.06%）、山羊乳（2.07%）、绵羊乳（1.36%）和骆驼乳（0.20%）。牛乳被认为是重要的能量来源，并且含有必需的营养素，是蛋白质、碳水化合物（乳糖）、脂质、矿物质、维生素、低聚糖、内在免疫因子、免疫球蛋白、激素、酶和转化生长因子 β 等的来源。乳类作为人类饮食中重要的蛋白质来源，在人体内不同的功能机制中发挥着重要作用，如调节心血管疾病、免疫调节、代谢和神经元生长以及肠道微生物组的建立和稳定等。

2021 年我国蛋鸡的鸡蛋产量约 1846.36 万吨。据分析，每百克鸡蛋含蛋白质 12.58g，主要为卵白蛋白和卵球蛋白，其中含有人体必需的 8 种氨基酸，并与人体蛋白的组成极为近似，人体对鸡蛋蛋白质的吸收率可高达 98%。乳类、蛋类及其制品均是肽类的优质来源。

（一）乳类

乳蛋白被认为是天然生物活性肽的重要来源。乳源生物活性肽主要由酪蛋白和乳清蛋白经酶促水解或微生物发酵而来，有助于人类神经、胃肠、心血管和免疫系统发育，在预防癌症、骨质疏松症、高血压和其他健康问题中起着至关重要的作用。目前已从牛乳、羊乳、骆驼乳和马乳中鉴定出多种 ACE 抑制肽。

乳蛋白生物活性肽是人们研究最为深入的活性肽。从 1979 年德国的 Brantl 等人通过酶解牛乳酪蛋白得到一些具有阿片样物质活性的肽产物，人们便展开对乳蛋白中活性肽的研究，到目前为止已经发现了多种活性肽，并对其生理功能及肽链序列都有详细的报道。

Castro 等研究了不同浓度的乳清分离蛋白对黑色素瘤细胞增殖的影响，发现较低浓度的乳清分离蛋白有利于抑制癌细胞增殖；Pea-Ramos 等将乳清分离蛋白的水解物加到熟猪肉饼中，由 Protamex 酶解的乳清蛋白的抗氧化性显著提高，抑制了共轭二烯和硫代巴比妥酸反应物（TBARS）等脂类氧化中间产物的形成；Ferrei-ra 等用胰蛋白酶酶解乳清蛋白制备了 ACE 抑制肽，并利用 PR-HPLC 分离得到了肽段 ALPMHIR，具有较好的降血压活性。

在牛乳、绵羊乳、山羊乳和水牛乳中约 80% 的乳蛋白是酪蛋白。酪蛋白作为一种磷酸化蛋白质，以蛋白质和矿物质磷酸钙的复杂胶束形式存在于乳中，αs1-酪蛋白、αs2-酪蛋白、β-酪蛋白和 κ-酪蛋白是主要的酪蛋白组分。

酪蛋白磷酸肽（casein Phospho peptides，CPPs）系以牛乳酪蛋白为原料，经水解、分离、纯化而得到的一类富含磷酸丝氨酸的生物活性肽，它可作为无机离子载体，促进肠膜对钙、铁、锌、硒，尤其是钙的吸收和利用。不同 CPPs 结合 Ca 能力差异很大，这可能与距磷酸结合位点较远的氨基酸残基有关。这些磷酸肽能抵抗肠道中分解作用，与钙形成可溶性复合物，阻止钙磷酸盐沉淀，从而加强肠道对钙的吸收和钙在体内保持。

（二）鸡蛋

蛋清活性肽研究最早始于 1995 年，Fujita 等人证明了卵白蛋白的酶解产物具有抑制血管紧张素转化酶的活性，从此引起了人们对鸡蛋蛋白活性肽的关注。蛋清中含有高达 9.7% ～ 10.6% 的蛋白质以及丰富的脂质和维生素、矿物质等。其中蛋清中的卵转铁蛋白、溶菌酶、卵白蛋白、卵黏蛋白等结构中含有许多功能片段。蛋清蛋白酶解后产生的肽段具有优于原料蛋白质的性能和其无法比拟的生物活性，如抗氧化、调节血压、改善记忆、抑菌、缓解疲劳、调节胆固醇、调节血糖、抗凝血、抗炎症反应、抗肿瘤和提高免疫力等。

Chang 等利用生物蛋白酶酶解卵黏蛋白，酶解液呈现出较强的 ABST 自由基清除活性。牛慧慧等人使用胃蛋白酶酶解冻干的蛋清，结果表明在 1 ～ 20mg/mL 范围内蛋清肽清除羟基自由基、超氧阴离子自由基及 DPPH 自由基的能力均随着蛋清肽质量浓度的增加而增加，质量浓度为 10mg/mL 时，DPPH 自由基的清除率达 95.24%。Chen 等利用木瓜蛋白酶水解蛋清，分离纯化得到 2 种抗氧化肽，经 LC-MS/MS 鉴定其序列为 YLGAK 和 GGLEPINFQ，化学合成这 2 种肽段并测其 DPPH 自由基清除能力分别为粗蛋清水解液的 7.48 和 6.02 倍。Wu 等从蛋清粉中纯化并鉴定出 2 个高抗氧化活性肽段 AEERYP 和 DEDTQAMP，其抗氧化能力指数（ORAC）为（4.35±0.09）μmolTE/mg、（3.47±0.12）μmolTE/mg。现在，蛋清来源的功能性活性肽已被深入研究，并应用于功能性食品、医药等领域。

八、其他

(一) 蜂

昆虫类节肢动物工蜂的毒腺和副腺能够分泌出一种具有芳香气味的透明液体蜂毒，其主要成分为蜂毒肽。研究表明蜂毒肽是由 26 个氨基酸分子组成的溶血性较强的小分子碱性肽（Mr：2847 Da），是迄今为止从蜂毒中分离得到的抗肿瘤活性最强的肽类药物。此外，Issam 等发现蜂毒肽对革兰阳性菌和革兰阴性菌均表现出广泛的抗菌活性。

(二) 蚕蛹

蚕蛹是家蚕繁育后代的母体，其蛋白质含量极高。据报道，分子量分布在 5000Da 以下的蚕蛹肽具有一定的生理功能，如抗氧化、抗肿瘤等。采用胃肠肽链内切酶对蚕蛹蛋白进行处理，可以得到一种小分子肽，该肽可以作为血管紧张素转化酶的抑制剂成分，在高血压治疗方面有着很好的辅助作用。此外，另一种从白僵蚕酶解提取得到的小分子抑制肽，能够有效阻止血小板聚集。

(三) 蜈蚣

蜈蚣辛温有毒，具有镇静、息风解毒、通络止痛等功效，主要成分是蛋白质类等大分子物质，占 68.80%。廖兴华采用酶解法对蜈蚣大分子蛋白进行裂解，分离得到小分子肽，该小分子肽通过诱导细胞凋亡，使细胞停滞于 G2/M 期，减少有丝分裂，对肝癌 HepG2 细胞、Bel-7042 细胞和肺癌 A549 细胞起到很好的杀伤作用。

(四) 蛙

在两栖动物的皮肤分泌液中可以提取到多种肽类物质。从滇南臭蛙皮肤分泌物中分离纯化得到的具有 14 个氨基酸且羧基端酰胺化的新型两栖动物宿主防御肽，具有优异的抗氧化活性。此外，从青蛙的皮肤分泌物中提取的肽还有望开发成抗肿瘤、抗病毒、免疫调节和抗糖尿病等药物。

1989 年从南美洲树蛙的皮肤中分离到新皮啡肽，为具有很强镇痛活性的小分子肽，其氨基酸组成为 Tyr-D-Ala-Phe-Asp-Val-Val-Gly-MH2 或 Tyr-D-Ala-Phe-Asp-Val-Val-GIv-MH2。最早由 Daly 等从厄瓜多尔三色地棘蛙皮肤中分离提取的地棘蛙素（epibatidine），是一种具有高效镇痛活性的小分子肽，在小鼠中，其镇痛作用是吗啡的 200 倍，且镇痛作用不被阿片受体拮抗剂纳洛酮所对抗。

（五）蛇

爬行动物毒蛇分泌的毒液中的小分子肽在发挥良好生物活性的同时，又克服了蛇毒中大分子蛋白质的强免疫原性。从尖吻蝮蛇中分离提纯得到的小分子肽能够作用于细胞质，影响细胞的超微结构，引起细胞坏死，并通过氧化应激使 mRNA 表达降低，进一步抑制肿瘤细胞的生长。

（六）蝎

全蝎是一味止痛良药，在中医临床上用于偏头痛、风湿痹痛等症的治疗，已有 2000 多年的历史。蝎毒是全蝎尾部毒腺分泌的蛋白质毒素，韩雪飞等从东亚钳蝎（Buthusmartensii Karsh）粗毒中分离纯化出一种具有中枢镇痛作用的肽组分，其分子量为 8500 ~ 9000Da。从节肢动物蝎子中同样可以提取到蝎毒抗癌肽和蝎氯霉素，并证实了这 2 种小分子肽的抗肿瘤作用显著，抑瘤谱广泛。

（七）其他

在食用和药用方面均有着很好应用的铁皮石斛是一种珍贵的植物，将铁皮石斛中蛋白质经过提取、酶解和层析，可以得到 9 种成分，研究发现其中抗肿瘤活性最高的小分子肽成分对人体肝癌细胞、胃癌细胞和乳腺癌细胞的抑制率分别达到 73.38%、78.91% 和 86.8%，而对正常肝细胞的抑制率只有 5.52%，其在饮食和医药应用方面表现出巨大的潜在应用价值。

从巴豆属植物种子中提取得到一个新的糖蛋白分子量为 9000Da，其中单链蛋白质具有专属性的抗癌作用，对正常细胞无效，并且它还是一种抗菌剂。从枸杞根皮中分离纯化可得到 2 个环八肽，它们能够抑制血管紧张肽原酶和的活性。

从苏铁属凤尾松中分离出一种具有抗癌活性的九肽（Mr: 1050Da），该肽可以通过直接结合 DNA 进一步破坏核小体结构，诱导细胞凋亡，抑制肿瘤细胞增殖，对人类表皮癌细胞 Hep2 和结肠癌细胞 HCT15 具有高效的细胞毒性作用，而对正常红细胞无明显的溶解作用，此外，还发现该肽有着较为显著的抗菌活性。

由周俊院士和谭宁华研究员领导的研究团队，在天然产物植物肽的系统化学研究方面取得了重大创新成果，他们从石竹科和番荔枝科等 28 种植物中发现了 112 个植物环肽，包括 79 个新环肽，系统全面地总结了近 120 年特别是近 50 年植物环肽研究史和重要进展。

（黄晶、刘岿）

参考文献

1.AC Lemes, Sala L ,Ores J, et al. A Review of the latest advances in encrypted bioactive peptides from protein-rich waste[J].International Journal of Molecular Sciences,2016,17(6):950.

2. H Maria, T Brijesh. Bioactive carbohydrates and peptides in foods: an overview of sources, downstream processing steps and associated bioactivities[J]. International Journal of Molecular Sciences, 2015(16), 9: 22485 - 22508.

3. 唐晓宁, 吕应年, 吴斌华, 等. 海洋来源多肽生物活性及提纯方法研究进展 [J]. 中国海洋药物, 2021, 40(1): 49-58.

4. 张丰文, 董超, 周丽亚, 等. 抗氧化多肽来源、提取及检测的研究进展 [J], 生物技术, 2021, 31(1): 96-103.

5. 蔡灵. 抗菌肽来源及其应用进展 [J]. 安徽农业科学, 2013, 41(13): 5655-5657.

6. 顾龙建, 程学勋, 吴巨贤, 等. 抗氧化肽来源及其抗氧化活性测定研究进展 [J]. 广州化工, 2021, 49(14): 25-27.

第二节　肽的提取制备

生物活性肽是指能够调节生物机体的生命活动或具有某些生理活性作用的一类肽的总称。生物活性肽的结构可以从简单的二肽到较大分子的肽。生物活性肽的研究可以追溯到1902年，伦敦大学医学院的两位生理学家Bayliss和Starling在动物胃肠里发现了一种能刺激胰液分泌的神奇物质。他们把它称为胰泌素。由于这一发现开创了肽在内分泌学中的功能性研究，其影响极为深远，诺贝尔奖委员会授予他们诺贝尔生理学奖。此后，其他不同生理功能的活性肽被逐步发现并研究。同时，生物活性肽被逐步应用到功能型食品、食品添加剂、筛选药物、制备疫苗等领域。

活性肽的制备方法主要有活性肽直接提取法、食品蛋白质水解（包括酸水解、碱水解、酶水解）、化学合成法、基因重组法、微生物发酵法等。长期以来，人们利用蛋白含量相对高的食物如大豆、玉米、小麦等种子蛋白和动物营养蛋白及乳蛋白等水解制备生物活性肽。从20世纪开始，科学家逐渐注意到，在营养蛋白的肽链内部可能普遍存在着功能区，选择适当的蛋白酶水解这些肽，有可能将活性肽释放出来，从而人工制备出各种各样的生物活性肽。

一、活性肽直接提取法

直接提取法是指从自然界的生物组织中直接提取本身就存在于其体内的天然活性肽。先将组织细胞破碎，再通过超声、化学试剂等物理化学方法进行提取。20世纪50~60年代，世界许多国家包括我国主要是从动物脏器获取肽。如胸腺肽，其生产方法是将刚生下来的小牛宰杀之后，取其胸腺，然后用震荡分离的生物技术，将小牛胸腺中的肽震荡分离出来，制成胸腺肽针剂。这种胸腺肽被广泛应用于调节和增强人体免疫功能。但这种方法产量低、易残留，且可能引发某些资源的匮乏，是这种方法的最大缺陷。此外，成本高、步骤繁杂，需要经过多次抽提和精炼步骤，难以实现大规模生产也导致此方法极少被大规模生产采用。

现在一般在实验初期或研究阶段，可选用直接提取法进行，或利用不同物质化学性质的不同进行分离富集，可较好地改善抽提和精炼步骤。郭准使用泡沫分离法，依据各组分不同的表面活性差异，选用泡沫为介质进行分离，通过鼓泡进行分离富集，从而提取螺旋藻上清液的小分子肽，该方法试验设备简单，方法环保，可获得分子量在 5000Da 以下且具有较强抗氧化能力的肽。Wang 等先将中国林蛙干皮在固液比 1:15 的 6% 乙酸溶液，温度 15℃ 下浸泡 5min，超声提取 1h，然后经过旋蒸、离心获得林蛙肽提取物，测得样品蛋白质含量 6.313 g/L。Gasu 等利用此方法从海洋软体动物中提取重组肽。所得肽提取物具有广谱抗菌活性，对革兰阳性菌和革兰阴性菌均有抑制作用。然而，这一技术受限于天然原料，产量有限，纯化难度较高，在临床运用中可能导致患者产生过敏反应等问题。因此极少被应用于药物的工业化生产中，仅存在于实验研究中。

二、蛋白质水解法

根据水解程度，蛋白质水解可以分为完全水解和不完全水解。完全水解得到的水解产物为各种氨基酸的混合物；不完全水解得到的水解产物是各种大小不等的肽段和单个氨基酸。

根据水解方式可分为蛋白质化学水解和蛋白质酶水解。化学水解是利用强酸强碱水解蛋白，虽然简单价廉，但由于反应条件剧烈，生产过程中氨基酸受损严重，如 L- 氨基酸易转化成 D- 氨基酸，形成氯丙醇等有毒物质，且难以按规定的水解程度控制水解过程，故生产中较少采用。而生物酶水解是在较温和的条件下进行的，能在一定条件下定位水解蛋白质产生特定的肽，水解进程易控制，能够较好地满足肽生产的需要。

（一）化学水解法

化学水解法，也称酸碱水解法，主要是指用适宜浓度的强酸或强碱溶液与待降解蛋白质水浴，利用酸、碱使蛋白质中的肽链水解断裂而生成肽。由于不同的氨基酸其肽键结合力有差异，所以在水解过程中蛋白质结合力小的肽键先断开，从而形成长短不同的寡肽。根据水解程度终止反应，再对产物进行分离纯化。

在水解剂的选择上，硫酸、盐酸和磷酸等都是常用的酸水解剂。硫酸和盐酸较便宜，硫酸更廉价，同时硫酸难挥发，常用于需加热的酸水解，但是硫酸较高浓度时有强的氧化性，这也可能在一定程度上限制了它的使用。盐酸无法达到很高浓度，同时加热易挥发，在很大程度上限制了它的使用。磷酸有难挥发，氧化性弱的特点，但酸性比较弱。所以可根据各酸的特性进行选择。后面的分离处理，硫酸、盐酸和磷酸的水溶性都很相似，使用浓缩结晶、洗涤等方法可以纯化。水解剂的去除，是影响成品质量的一个关键。通常盐酸的去除采用多次浓缩稀释以去除大部分的游离酸后再以碱中和的办法。硫酸的去除，则采用氧化钙、氧化钡等沉淀剂，达到去酸的目的。

水解时间、酸浓度、料液比是影响游离态氮、总氮和氨基态氮、水解度的主要因素，其中酸浓度是影响试验指标的主要因素。张建胜试验以鸡肉粉为原料，在温度80℃、90℃和100℃条件下经6 mol/L盐酸分别水解2h、3h、4h、5h、6h、7h、8h、9h、10h和12 h，选出利用酸水解法制备短肽的适宜条件，并研究该条件下水解产物分子量的分布范围。结果表明，试验鸡肉的含氮量为14.36%。水解度50%时的适宜水解条件为温度90℃、反应时间4h，产物的分子量分布在5.5 kDa左右。谭敬仪等经过试验发现水解豆粕的最优水解工艺条件为水解时间5h、盐酸浓度3 mol/L、料液比1:5时，水解度30%~50%，达到试验目的，氮回收率达到79.59%。陈晓刚等采用响应面分析法对酸水解制备波纹巴非蛤小分子肽工艺进行优化，得到的最优酸水解条件为固液质量比1:3、盐酸浓度6.4mol/L、酸水解温度92℃、酸水解时间5.3 h，在此条件下肽得率为82.21%；如果盐酸浓度固定为6mol/L的条件下，随着酸水解温度的升高，肽得率呈先上升后下降的趋势。这主要是因为温度过高，小分子肽开始大量地进一步分解为游离氨基酸，导致肽得率下降。乔伟等酸水解制备饲料小肽的初步研究中提出：温度和时间对酸水解程度有较大影响，其中温度的影响更大。适合的水解条件为反应温度90℃、反应时间5h，终产物二肽、三肽含量为19.38%。乔伟等着重从酸解中的温度因素分析蛋白质水解程度。结果表明，最优豆粕蛋白水解条件为水解时间4h、盐酸浓度3mol/L、料液比1:4。

在使用酸水解时，可采用辅助方法增加水解度。如黄佳明试验采用微波酸水解的方法水解鸡肉制备短肽，并进行优化验证。随着微波水解时间的延长，鸡肉粉水解度会逐渐提高。但是经过一段时间，水解度的增加不再明显，原因可能是因为水解初始阶段，微波首先破坏了鸡肉细胞的细胞膜，导致了氨基酸的大量外流，产物迅速积累，所以初始时水解效率好，但随着时间的进行，产物累积至最大浓度，氨基酸的流出处于平衡，水解度便不再升高。在盐浓度2mol/L、微波功率500 W以及水解时间80s时成功制得分子量小于9kD的短肽。

此法在20世纪50~70年代使用较为广泛，当时由于蛋白质水解酶满足不了大量生产的需求。虽然酸水解时蛋白质中一些色氨酸、甲硫氨酸、半胱氨酸等必需氨基酸会被酸破坏，谷氨酰胺和天冬酰胺也会被转化为谷氨酸和天冬氨酸，但在当时有限的环境条件下，酸水解产品水解速度较快，同时还保存了旋光活性，因此不失为一个比较好的肽生产方法。水解产物供药用时少量被破坏的丝氨酸、苏氨酸可以忽略，而色氨酸可用人工合成品（消旋体）进行补充。相比之下，碱水解法的最大缺点在于：其一是碱法水解产物，无论是短肽还是氨基酸均失去了旋光活性，碱导致氨基酸严重的消旋作用，而产品的右旋体部分无法为人体所同化；其二是碱水解法导致精氨酸、半胱氨酸、丝氨酸、组氨酸遭到不同程度的破坏。因此碱水解法虽然水解速度高，但不值得推广运用。在供药用的水解产物生产上，碱水解法可使人体需要的色氨酸保存下来，因此仅可作为弥补酸解产物的缺点而存在。

总体来说，化学水解法工艺简单、成本低。但因为水解剂对氨基酸造成严重损害，降低蛋白营养价值。且无法对水解过程进行有效控制，副产物较多，必须除酸除碱并防止污染。这些因素限制了该方法的应用。

（二）酶水解法

酶水解法是指采用合适的蛋白酶，在适宜的酶反应条件下，以动、植物蛋白为底物进行酶解制备肽的方法。蛋白质在蛋白酶的作用下肽键断裂，但氨基酸的结构和构型保持不变，酶解过程中不会产生有毒有害物质，具有安全性高、水解条件温和、水解过程容易控制、设备简单、生产成本低等优点，并且可以最大限度地保存产物的营养价值，现已得到人们的普遍认可，广泛应用于工业生产。而且蛋白质经过适当的酶解，其功能性质能够得到一定的改善，如溶解度和乳化性提高、致敏性降低、容易被人体消化吸收、蛋白的生物活性提高等。酶水解法制备肽的工艺步骤会在本章第三节详细介绍。

目前常用的蛋白酶根据来源可分为3种类型，主要包括动物源的胰蛋白酶、胃蛋白酶、糜蛋白酶；植物源的木瓜蛋白酶和菠萝蛋白酶；微生物源由枯草杆菌等微生物产生的酶。蛋白酶按水解底物的部位可分为内肽酶和外肽酶，前者水解蛋白质中间部分的肽键，后者则将蛋白质的氨基或羧基末端逐步降解氨基酸残基。酶的水解具有高度专一性，不同的酶在进行酶解的过程中对应着不同的酶切位点。此外，酶的水解效率受酶解温度、酶解时间、酶解 pH、加酶量和底物浓度等多种因素共同影响。加酶量不足，容易导致酶解时间过长或反应不完全，加酶量过大，则容易导致酶解效率降低，故保证一个适宜的酶解条件，对于保证酶解过程高效进行至关重要。徐鸿雁为减少碱法提取效率低、方法烦琐且成本高的问题，选择直接用碱性蛋白酶进行单酶酶解制备蛹虫草肽。不同蛋白酶对应不同的酶切位点，为得到小分子量的蛋白肽，往往采用复合酶水解或分步水解。李茂辉利用粗胰酶和中性蛋白酶联合酶解大豆，制得分子量为 $300\sim700Da$ 的肽，并证实该小肽可以一定程度上提高老龄大鼠抗氧化酶活性，使小鼠抗疲劳能力增强并降低脂质的过氧化作用。贾韶千通过碱性蛋白酶和胃蛋白酶分步水解制得分子量为 $452.2Da$ 的具有抗氧化性的肽。

相对于物理或化学提取方法，酶法生产肽有很多优点，如生产条件温和、水解易于控制、可定位酶切等，生产出的肽类产品具有良好的溶解性、耐酸和耐热稳定性及较高的速溶性等优点，是肽生产领域应用较为普遍的方法。但也存在投入大产量低、酶解得到的一系列肽分离纯化难度大等不足。此外特定酶解位点的蛋白酶也需要进行筛选。由于肽药物对质量控制有严格要求，对起始物料亦有规定，而酶解法主要得到肽混合物，故现阶段酶解法生产肽类更适用于食品、化妆品、饲料等行业的肽需求。

三、微生物发酵法

微生物发酵法是指利用产蛋白酶的微生物在其生长代谢过程中产生的各种酶类将发酵底物中蛋白质酶解，然后通过一系列分离工艺对于发酵产物纯化获得目的肽的方法。微生物发酵使大分子蛋白质通过发酵菌种在其代谢反应中分解，省去了制备酶的过程，将酶的制备与酶解反应合二为一，既缩短了制备提取时间又降低了成本。并且菌株代谢产物往往不是某种单一的酶，所以微生物发酵法产生的寡肽种类丰富、成本低、污染小、操作简单。微生物发酵法常用的菌株有酵母菌、芽孢杆菌、米曲霉、黑曲霉等。郭宇星通过瑞士乳杆菌水解乳清粉，优化后产物具有良好的 ACE 抑制活性。刘如斯在乳酸菌酸菜发酵液中提取的蛋白肽具有抑菌作用，可作为潜在的防腐剂。尹乐斌等通过乳酸菌发酵豆清液制备大豆活性肽，并进行工艺优化调整，获得肽产率 57.33%±0.32%。Jemil 等通过枯草芽孢杆菌 A26 和解淀粉芽孢杆菌 An6 发酵沙丁鱼蛋白水解物生产抗氧化肽和 ACE 抑制肽。

微生物发酵法根据发酵物的物理状态分为固态发酵法和液态发酵法。

（一）固态发酵法

固态发酵法是指使用不溶性固体培养基来进行微生物培养的工艺过程。其优点是微生物易生长，水分活度低，酶系丰富，酶活力高，操作时不要求完全无菌。白酒的生产、腐乳的生产、豆豉的生产等都属于传统的固态发酵。刘波等使用固态发酵法制备玉米肽，对发酵条件进行优化，提高了玉米肽的得率，并且研究水解条件对肽活性的影响，为玉米功能性食品和保健食品的研制提供了理论依据。李军军等使用米曲霉发酵玉米胚芽粕制备玉米胚芽肽，优化发酵条件，使玉米胚芽肽的转化率达到 36%，最终分离出相对分子质量分别为 5128Da 和 1626Da 的两种组分。

（二）液态发酵法

液态发酵法是指以液态基质作为培养基的发酵方法，优点是水分活度高、发酵周期短、有工业化生产优势等。我国食醋发酵是典型的液态发酵。我国现阶段对玉米液态发酵的综合利用一般都是以玉米为原料的白酒进行生产的。有研究人员使用液态发酵制备燕麦 ACE 抗氧化肽，盖梦等采用枯草芽孢杆菌发酵裸燕麦，以肽的得率和 ACE 抑制率为指标，优化发酵条件，最终得出结论：ACE 的抑制率提高了 6%。也有资料显示，采用液态发酵豆粕生产大豆肽，最终得到的产物苦味难除。

发酵法能直接生产的特定肽药物产品仍然较少，目前在食品、化妆品、饲料等行业应用较多。发酵法原料易得，生产成本低，产业化优势明显，是基因重组法的基础，与之结合具有更为广泛的应用前景。

四、化学合成法

化学合成法是根据目标肽的氨基酸排列顺序，用人工方法进行化学合成。化学合成法发展较早，20 世纪初 Fischer 首次合成具有特定序列的肽。1954 年 Vigneaud 合成了催产素，此后化学合成活性肽领域进入蓬勃发展时期。随着越来越多的生物活性肽被发现，肽合成领域得到了空前的发展。缩合试剂、保护基、反应条件以及产物分离纯化等方面都得到了完善。化学合成法技术成熟，已广泛应用于生产高价值的药用肽。应用化学合成法的前提是要清楚目标肽的氨基酸排列顺序。化学合成法目前分为液相合成法（liquid-phase peptide synthesis，LPPS）及固相合成法（solid-phase peptide synthesis，SPPS)和酶催化合成法。

（一）液相合成法

液相合成法发展较早，一般可分为逐步合成和片段缩合。逐步合成通常是从肽链的 C 端逐步添加连接氨基酸直至整个肽链完成。片段缩合一般先合成各个所需片段，再将各片段缩合，合成目标肽。液相合成法的优势在于成本低、保护基选择多、合成规模易放大、中间产物可以纯化并获得理化常数，适合短肽的合成。有研究者通过液相合成水溶性三肽硒谷硫酮，收率高达98%。液相合成法在每步反应后需要进行分离和纯化，当合成长肽链时，产率低，过程烦琐、费时费力。部分研究者对液相合成法进行优化和创新，并取得了一定的成效。李士杰等采用微通道连续流动合成亮丙瑞林（Leuprorelin，序列为 H-Pyr-His-Trp-Ser-Tyr-D-Leu-Leu-Arg-Pro-NHEt)，通过水洗萃取除杂，方便快捷，减少了溶剂和原料的消耗。

（二）固相合成法

固相合成法在化学合成法中使用较多。该方法通过解析出待合成肽氨基酸排列，以没有溶解性的树脂为介质进行氨基和羧基的脱水缩合形成。美国生物化学家 Merrifield 于 1963 年提出了固相合成法，并于 1984 年获得诺贝尔化学奖。固相合成法中第一个氨基酸的 C 端预先固定在不溶性载体树脂上，通过缩合反应将该氨基酸脱保护的 N 端与羧基已活化的第二个氨基酸进行连接，重复操作（缩合→洗涤→脱保护→洗涤→下一轮缩合），达到所要合成的肽链长度，逐步连接氨基酸，延长肽链，直到肽链完成。接着进行切肽、修饰（若需要）、分离纯化，最终获得目标肽。实际上，固相肽合成并不是在真正的固体物质表面上进行的，而是在因渗入溶剂分子而溶胀的由堆积的高聚物分子形成的类似凝胶内反应的，或者说肽合成是在一种高度流动的几乎类似溶液的环境中进行的。

根据 α- 氨基保护基不同，固相合成法可分为叔丁氧羰基（Boc）合成法和9- 芴甲基氧羰基（Fmoc）合成法。相比液相合成法，固相合成法操作方便，重复进行的耦合操作易于实现自动化处理，产品收率和纯度较高，极大地促进了肽药物的研究发展。

1.Boc 合成法

采用三氟乙酸（TFA）可脱除的 Boc 为 α- 氨基保护基，侧链保护采用苄醇类。合成时将一个 Boc 保护的 α- 氨基酸共价交联到树脂上，用 TFA 脱除Boc，三乙胺中和游离的氨基末端，然后通过二环己基碳二亚胺 DCC 活化、耦联下一个氨基酸，最终采用强酸法或三氟甲磺酸（TFMSA）将合成的目标肽从树脂上解离。如依替巴肽（integrilin）便是利用 Boc 合成法人工合成。依替巴肽的 Boc 合成法即是在载体树脂上进行氨基酸缩合，所得树脂烘干后以三氟乙酸进行切割，得到依替巴肽粗品；然后以过氧化氢（双氧水）进行氧化，氧化时间为 30 ～ 60min；以醋酸中和并过滤后，对滤液进行 HPLC 纯化，收集特征峰，然后将收集物旋蒸并浓缩、冻干，即得醋酸依替巴肽精品。

依替巴肽是衍生自侏儒响尾蛇（*Sistrurus miliarius barbouri*）的毒液中发现的环状七肽，可逆地结合到血小板，是糖蛋白 Ⅱb / Ⅲa 抑制剂类的抗血小板药物，抑制血小板聚集和血栓形成。与单克隆抗体阿昔单抗相比，依替巴肽由于存在一个单个的保守氨基酸替换，即赖氨酸替换精氨酸，对 GP Ⅱb / Ⅲa 的结合更强，更具有定向性和特异性。因此，它在急性冠脉综合征的介入治疗中具有良好的效果。

在 Boc 合成法中，由于要反复用酸来脱保护以便进行下一步的耦联，这就引入了一些副反应，如目标肽容易从树脂上切除下来，氨基酸侧链在酸性条件不稳定并发生副反应。

2.Fmoc 合成法

1978 年，Meienlofer 和 Atherton 等人发展了以可被碱脱除的 Fmoc（9- 芴甲氧羰基）基团作为 α- 氨基保护基的肽合成方法，即 Fmoc 合成法，侧链采用酸脱除的 Boc 保护方法。Fmoc 作为氨基保护基的优点在于其对酸稳定，用三氟乙酸（TFA）等试剂处理不受影响，仅需用温和的碱处理，侧链用对碱稳定的Boc 进行保护等。肽段最后用 TFA/ 二氧甲烷（DCM）定量从树脂上切除，避免了采用强酸。Fmoc 合成法与 Boc 合成法相比，由于 Fmoc 合成法反应条件温和、副反应少、产率高，而被广泛应用于肽合成中。

用于改善 2 型糖尿病患者的血糖控制的肽药物——艾塞那肽便是通过 Fmoc合成法合成的。以 N-C 延伸策略，将艾塞那肽的 39 个氨基酸分成 13 个小片段，先用液相合成法分别合成 12 个 N 端 Fmoc 保护小片段肽，用固相合成法合成第 13 个肽树脂片段，然后用固相合成法将 12 个小片段依次连接到第 13 个肽树脂片段上，得到艾塞那肽树脂，切割后得到艾塞那肽粗品。最后经反相色谱纯化、冷冻干燥等过程，得到艾塞那肽。对比研究发现，本方法提高了合成效率，减少了杂质累积，降低了纯化难度，适合规模化生产。

聚合物载体将固相合成法与其他肽合成技术分开的最主要特征是固相载体，而能被用作肽固相载体的聚合物必须满足以下条件：①必须包含合适的连接分子（或反应基团），使肽链能连接在载体上面，并在以后除去；②必须在合成过程中保持稳定并且不与氨基酸分子反应；③必须提供足够的连接点，以满足肽链的不断增长的需要。目前用于固相合成的聚合物载体主要有聚苯乙烯 - 苯二乙烯交联树脂、聚丙烯酰胺、聚乙烯 - 乙二醇类树脂及衍生物。这些聚合物载体只有引入相应的连接分子，才能与氨基酸进行连接。根据连接分子的不同，树脂又被分为氯甲基树脂、羧基树脂、氨基树脂或酰肼型树脂等。表 3-4 中列出了常见树脂载体。

表 3-4　常见树脂载体

载体	载体类型	连接方式	切肽试剂	用途	化学结构
Wang 树脂	羟基树脂	酯键	TFA	Fmoc 合成法	
PAM 树脂	羟基树脂	酯键	HF	Boc 合成法	
2-CTC 树脂	氯甲基树脂	取代	TFA	Fmoc 合成法	
MBHA 树脂	氨基树脂	酰胺键	HF	Boc 合成法	
Rink Amide 树脂	氨基树脂	酰胺键	TFA	Fmoc 合成法	

一个理想的连接分子必须在整个合成过程中十分稳定，并在合成后可以定量切割下来而又不破坏合成的目标分子，同时连接分子还需要根据与树脂相连的肽 C 端的结构类型，裂解后生成的羧酸、酰胺或氨基醇等衍生物来选择。固相肽合成使用过的连接分子为含有氯甲基、巯甲基、酰氯基、对苯甲酰基、芳磺酰氯基、烯丙醇基、丁二酰基、邻硝基苄醇基及二苯氯硅烷等的双官能团化合物。

　　由于肽类药物在治疗某些疾病方面具有独特的疗效，所以近几十年来已经引起越来越多生物化学家和医学家的关注。随着肽固相合成的提出和发展，人们可以相对简单地用设计合成的肽分子来进行生物活性研究等工作。但是，目前人们还只能合成一些相对较短的肽链，而对于相对分子质量较大、肽链较长的蛋白质类物质，固相合成技术还有很大的局限性，同时在合成中要用到大量的有毒试剂，合成费用昂贵，并伴随副反应、消旋化等问题，这些都是不可忽视的问题。因此，寻找更加绿色、环保的肽合成技术，对科学家来说也是一个重大的挑战。

（三）酶催化合成法

　　在发明肽的固相合成法之后，为了提高合成效率，Kullman 提出了使用蛋白酶合成活性肽的新思路，并于 1979 年率先使用木瓜蛋白酶（Papain）和嗜热菌蛋白酶（Thermolysin）等提纯酶的催化合成技术，成功合成了亮脑啡肽（Tyr-Gly-Gly-Phe-Leu）和甲硫脑啡肽（Tyr-Gly-Gly-Phe-Met）。蒋晓晓研究了在非水相中从 L- 酪氨酸甲酯单体聚合得到寡聚 L- 酪氨酸的酶催化方法。在反应过程中，使用二甲基亚砜（DMSO）非水介质能促进 L- 酪氨酸甲酯在缓冲液中的溶解，有利于反应底物分子间接触。菠萝蛋白酶催化 L- 酪氨酸甲酯聚合反应的产率在添加体积分数为 7.5% 的共溶剂 DMSO 后达到 65%。对反应温度、时间及缓冲液 pH 值的考察研究表明，在温度 50℃、缓冲液 pH 值为 7.5 下反应 5h 是获得最高产率的最佳条件。

　　相比于完全使用化学合成法，酶催化合成法合成肽最突出的优点是用酶催化反应时对氨基酸选择的特异性，同时也因此降低了化学合成法对氨基酸残基侧链保护的要求。但是高纯度、高活性的特异性蛋白酶提纯过程较为烦琐，价格也较为昂贵，因此目前使用酶催化合成法还未成为肽合成的主流方法。

五、活性肽的基因工程表达

　　随着基因工程技术的发展，一些肽可以通过基因合成和基因工程的手段，通过基因工程菌进行生产。基因重组制备肽主要通过 DNA 重组技术，将基因片段转移到原核或真核细胞中，进而表达编码活性肽基因，通过目的基因表达提高产量，适合长肽的制备。基因工程主要分为表达菌株的构建及表达产物的获取两个步骤，具体过程：①将供体细胞中的基因组 DNA 分离，得到的基因组 DNA 与载体用同种限制性内切酶酶切；②利用 DNA 连接酶将含有外源基因的 DNA 片段与酶切后的载体进行连接，构成重组 DNA 分子；③将重组的 DNA 分子转入感受态细胞，培养后进行筛选鉴定；④将筛选后得到的阳性克隆菌株进行扩大培养；⑤利用分离纯化的手段获得目的产物。基因工程流程图如图 3-1 所示。

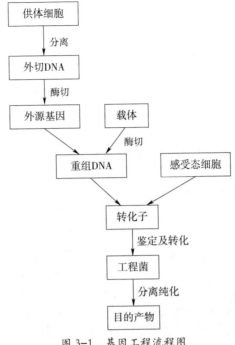

图 3-1　基因工程流程图

　　Herbel 等以番茄为原料，从中提取了抗菌肽 Snakin-2 (SN2)，将其与融合蛋白 (thioredoxin A) 连接，掩盖抗菌活性，在大肠埃希菌中重组表达并优化。经过亲和层析去除融合蛋白，获得重组 SN2，回收率约为 1mg/L，对细菌和真菌具有较强的杀菌活性。黄敏华以活性肽 Aglycin 为研究目标（Aglycin 是一种具有降血糖活性的新型生物活性肽，分子量只有 3.7kDa，由 37 个氨基酸残基组成，其含有 3 对分子内二硫键，目前仅可以从大豆或豌豆种子中进行提取分离制备，步骤烦琐，回收率低），主要探讨 Aglycin 在大肠埃希菌原核表达体系中的高效表达方式，并对其进行体外降糖活性的研究。一方面，选择 Trx 蛋白（硫氧化还原蛋白）作为 Aglycin 表达的促溶标签，将其与 Aglycin 进行融合表达，增加了 Aglycin 异源表达的可溶度和稳定度，最终实现了 Aglycin 的高效表达。另一方面，选取了 2 种具有自组装特性的两亲性肽（ELK16 和 18A），将 Aglycin 通过一个内含肽与自组装肽连接，成功构建出具有自剪切功能的高效表达载体，从而高效获得了高纯度、高浓度的 Aglycin。随后对重组表达得到的 Aglycin 融合蛋白及肽进行了 α- 葡萄糖苷酶抑制的体外降糖活性检测。基于 Trx 标签的促溶功能，通过无限制克隆法成功构建了重组表达载体 pET32α-Trx-Aglycin，通过可溶表达条件的优化，最终通过镍亲和层析成功获得纯度高达 95% 的 Trx-Aglycin 重组蛋白，并且蛋白浓度可达 300μg/mL，产量也达到了 25mg/L 菌液。

　　基因重组制备肽法表达定向强、生产成本低，避免了化学合成法的缺点，未来也可利用基因工程的手段将某些致病病毒的表面抗原基因导入植物体内并进行表达，提取抗原，实现工业化生产。但其在基因表达和回收上存在问题。目前由于其操作难度较大，回收率低，制备效率不高，具有一定局限性。该法的主要缺点是基因重组方法的技术环节要求比较高，开发周期长，提取纯化困难，并且生产寡肽的种类受到限制，不能生产酰胺肽，也不适合制备短链肽，现阶段仅用于大分子肽的合成。因此，该法操作过程中基因表达、翻译后肽链的修饰作用以及目的产物的回收等关键步骤需要较高的技术去克服。

六、活性肽的无细胞系统表达

无细胞系统（cell-free system）是指利用有完整蛋白合成能力的细胞抽取物，而非活体细胞来表达蛋白质的系统。这样的表达系统相比于活细胞而言，蛋白产物纯度更高，更易于分离，且能够合成对细胞有毒性的肽，还可以采用非天然氨基酸合成非天然活性肽。此外，因反应体系为溶液体系，更容易控制。

萤火虫抗菌肽（pyrrhocoricin）是从萤火虫体内提取的长度为 20 个氨基酸的抑菌肽，其功能是高效杀伤革兰阴性菌，大肠埃希菌作为革兰阴性菌无法表达该肽。而 Taniguchi 等利用大肠埃希菌的无细胞表达体系表达了该肽。该研究发现，生成的重组抗菌肽并不随反应时间增长而使无细胞表达体系的活性下降，同时还与自然界提取的天然萤火虫抗菌肽有相同构象，完全等效地抑制革兰阴性菌的生长。综上所述，无细胞系统表达对于具有细胞毒性或是本身易被分解的目标肽生产是一个极具潜力的肽表达系统。

七、自组装肽

肽自组装是肽自发形成有序聚集体的过程。氢键、疏水相互作用、静电相互作用和范德华力共同维持肽基自组装结构处于稳定的低能状态。自组装肽是一种生物医用材料，具有独特的结构。根据其理化特性，肽可以形成比传统非生物材料更具反应性的多种结构。自组装肽的结构差异允许不同的功能可能性；组装后，它们可以作为细胞和组织再生的载体、药物传递的载体，具有控制释放、稳定性和靶向性，避免药物的副作用。这些肽本身也可以用作药物。

基于自组装肽的特性，研究还关注了具有不同形状的自组装纳米结构，包括胶束、囊泡和纤维结构，如纳米管和纤维。自组装结构可用于细胞内或靶向组织递送用于治疗的各种核苷酸和抗体，以及由于物理化学特性或清除率高而不易动员的药物的输送。此外，由自组装肽组成的纳米结构可以作为肽药物应用于各种疾病的治疗。FDA 已经批准的 abraxane（一种治疗转移性乳腺癌的纳米药物），是用白蛋白纳米颗粒包裹抗癌药物紫杉醇。其他抗癌药物如阿霉素、5- 氟尿嘧啶、10- 羟基喜树碱和甲氨蝶呤也用于制备含白蛋白的纳米药物。尽管在蛋白质结合纳米结构药物的控制释放方面取得了成功，但药物的细胞靶向和细胞传递仍然具有挑战性。

　　生物活性肽由于其多种多样的生物功能而被广泛研究，研究者不断挖掘出生物活性肽的多种生理功能，不断创新出多种制备方法，对生物活性肽的理化性质也有了深入的了解。生物活性肽的组成、排列顺序和肽链长度不同，导致其不同的溶解度、脂质结合型、发泡性、乳化性。同时也在不断发掘新型制备活性肽的原料，从植物性原料到动物性原料。近几年，以海洋生物为原料制备活性肽的研究越来越多。现阶段综合考虑产品功效、环境压力及深化产业链，以及提高农副产品附加值等问题。有的研究机构以动物脏器这些低值边角料为原料研究制备生物活性肽，且生物活性显著。以食源性物质为原料制备活性肽时，首先保证人体食用的安全性，其次是营养保健功能的丰富。另外，增加原料的利用率及生产效率，包括深化产业链、原料价廉易得、可很好地控制生产成本等，便是制备食源性生物活性肽的最终目的。

　　随着肽药物的研究和发展，人们对肽的需求不断上升，肽行业规模在快速增长，同时也对肽制药工艺提出了更高的安全、环保要求。在现阶段，单批次千克级的合成开始变得普遍，合成和纯化过程中使用大量有机溶剂，对环保提出了更高要求。近年来，药物肽链长度和复杂程度逐渐增加，有些已超过 30 个氨基酸，合成难度高，对过程监控和自动化合成的需求不断增加。对此，相关科研人员开展了一系列的探索和开发，探索环境友好的绿色肽技术，应用不断发展的新技术，开发新型合成技术，推进自动化技术的普及与应用，使得在线监控的自动化肽合成工艺成为现实。

　　生物活性肽在食品、医药、保健等领域具有极大的开发潜力，肽的高效制备工艺是实现活性肽产业化的关键，然而因其产物成分复杂且含量较低，制约了其开发利用。大规模生物活性肽的商品化应用依然存在着许多问题和障碍，如成本高、操作烦琐、回收率底等。因此，研究者对于生物活性肽新型高效制备工艺和低成本、高纯度、大批量生产的工程化研究也会越来越深入。生物活性肽的研究与开发仍具有广阔的发展前景。

（黄晶、刘鬼）

参考文献

1. 吴佳南，孙娜，林松毅，等.鳕鱼皮明胶肽硒复合物的制备及结构表征 [J].食品科学，2021，42（4）：97-93.

2. 李云亮，王晓静，阮思煜，等.玉米多肽制备方法及其功能活性研究进展 [J].食品工业科技，2022，43（2）：434-441.

3. 王金玲，王雨淅，王梓同，等.大豆多肽的制备及功能性研究进展 [J].中国酿造，2022，41（1）：25-31.

4. 谢博，傅红，杨方.生物活性肽的制备、分离纯化、鉴定以及构效关系研究进展 [J].食

　品工业科技,2021,42(5):383-391.

5. 叶勇,周春卡,唐小月,等.植物抗氧化肽制备和活性研究方法[J].广州化工,2021,
　49(3): 4-7.

6. 成静,陈大伟,曲敏,等.核桃肽制备工艺的优化及其改善记忆功能研究[J].食品工业科
　技,2021,42(11):135-141.

7. Priscila Cardoso,Hugh Glossop,Thomas G Meikle, et al. Molecular
　engineering of antimicrobial peptides_ microbial targets,_peptide motifs
　and translation opportunities[J]. Biophysical Reviews, 2021,13(1):35-69.

8. 张廷新,李富强,张楠,等.降糖肽的制备、生物学效应及其构效关系研究进展[J].食
　品工业科技, 2022,43(8):1-16.

9. Cardoso P , Glossop H , Meikle T G , et al. Molecular engineering of
　antimicrobial peptides: microbial targets, peptide motifs and translation
　opportunities[J]. Biophysical Reviews,2021,13(1).

第三节　肽的酶解法制备

　　制备肽的技术一直在发展,包括活性肽直接提取法、蛋白质水解法、微生物发酵法、化学合成法、基因工程制备法等。而有些肽在自然界中发现的数量非常少,生产合成便是这些生物活性肽的主要获得途径。而通过基因工程、化学合成的方法生产生物活性肽又需要相当大的投入,且其安全性还需进一步研究,故通常仅应用在肽类药物的研制过程中。

　　酶解法是利用蛋白酶水解蛋白原料得到目标活性肽的方法。蛋白酶作为天然生物催化剂,能够特异降解蛋白底物,从而生成活性肽。蛋白质的酶水解是一种不完全、不彻底的水解,其产物主要是肽而不是氨基酸。其反应条件温和,反应时间短,效率高,不产生消旋作用,也不破坏氨基酸,产物易分离,成本低。因此酶解法水解蛋白质制备活性肽是目前生产活性肽的主要方法。但是寻找合适的酶以及研究适当的酶解条件对于肽高纯度、大批量的工业化生产仍至关重要。

　　酶解法制备活性肽的主要工艺步骤是:蛋白粗提(制成一定浓度的蛋白溶液)→蛋白酶酶解→浓缩→分离纯化→灭酶→冷却→干燥。下面主要介绍蛋白粗提、蛋白酶酶解和分离纯化的技术和方法,以及酶解法制备的肽结构序列鉴定和活性分析方法。

一、蛋白粗提

　　蛋白质从溶液中析出的现象称为蛋白质的沉淀,也是蛋白粗提中的主要步骤。蛋白质沉淀常用的方法有碱提酸沉法、低温有机溶剂沉淀法、等电点沉淀法、盐析法等。

（一）碱提酸沉法

碱提酸沉法是利用稀碱热处理破碎细胞使蛋白溶出，离心取上清，调 pH 值至等电点沉淀蛋白质，离心烘干沉淀即得蛋白，该法是常用的植物蛋白提取方法。黄伟等采用碱提酸沉法提取仿栗籽蛋白。提取率为 64.97%。李洋等用该法提取燕麦蛋白，提取率可达 68.28%。一些学者借鉴此法用于微藻细胞的破碎。杨倩等研究用碱性环境结合超声处理小球藻细胞提取小球藻蛋白，蛋白质提取率为 46.39%。江怀真等使用热蒸汽和碱法共同处理小球藻，小球藻蛋白质提取率高达 91.19%。此工艺设备及方法都简单易操作，且在后续蛋白质的粗提过程中可加入 HCl 来调节等电点使蛋白质沉淀，并且中和了提取过程中添加的碱，不会对环境造成污染，也不影响提取产物的品质，因此该法非常适合工业化应用，具有很好的应用前景。

（二）低温有机溶剂沉淀法

有机溶剂能降低溶液的电解常数，从而增加蛋白质分子上不同电荷的引力，导致溶解度的降低；另外，有机溶剂与水的作用，能破坏蛋白质的水化膜，故蛋白质在一定浓度的有机溶剂中的溶解度差异而分离的方法称有机溶剂分段沉淀法。此法常用于蛋白质或酶的提纯。使用的有机溶剂多为乙醇、丙酮、丁醇等有机溶剂。这些溶剂容易除去，不会残留在蛋白质产物中，但是容易引起蛋白质变性，所以提取过程多在低温下进行，同时在沉淀蛋白质以后应该尽快将溶剂分离出去。杨柳等用乙醇提取玉米醇溶蛋白，得率为 78.94%。张晓辉等利用浓度为 60% 的乙醇来沉淀茶叶中的蛋白质，效果理想。

（三）等电点沉淀法

等电点沉淀法是利用蛋白质在等电点时溶解度最低而各种蛋白质又具有不同等电点的特点进行分离的方法。一般情况下蛋白质的等电点在偏酸性范围内，调节溶液 pH 值所用无机酸价格低廉、操作简单。植物蛋白提取多是在碱性环境中将蛋白质溶出，然后调节提取液 pH 值至等电点使蛋白质析出。王洪新等从茶渣中提取蛋白质，结果表明盐析与等电点联用法的蛋白质析出率最高可达 96%。

（四）盐析法

盐析法是提取蛋白质的常用方法，即在蛋白质溶液中加入大量的硫酸铵、硫酸钠或氯化钠等中性盐，破坏蛋白质的水化膜和中和电荷，使蛋白质颗粒相互聚集，发生沉淀。此法因操作简便、价格低廉，在工业化大规模制取粗蛋白质方面应用很广。硫酸铵对蛋白质有稳定作用，硫酸铵浓度较高时还有抗菌作用。郑江等使用硫酸铵粗提红毛藻细胞破碎液中的藻蓝蛋白，结果表明 60% 饱和度的硫酸铵盐析效果较好。蔡春尔等使用硫酸铵粗提条斑紫菜中的藻胆蛋白，结果表明 55% 饱和度的硫酸铵可以将绝大部分藻胆蛋白盐析出来。郑江等用硫酸铵盐析红毛藻细胞破碎液中的藻蓝蛋白，发现 25% 饱和度以下的硫酸铵无明显效果，在饱和度 25%~100% 之间，盐析效果随着饱和度的增大而增强，在 100% 饱和度时效果最佳。

盐析法简单方便，可用于蛋白质的粗提、浓缩等，但提纯的浓度不高；有机溶剂沉淀法分辨能力比盐析法高，但是有机溶剂使用量大，回收及储存需要一定的生产条件；等电点沉淀法相对提取纯度较高，但其应用到无机酸有引起蛋白质不可逆变性的风险；碱提酸沉法最常用，操作简单，生产成本低。

二、酶解

（一）酶解方式

酶解的使用方式是影响酶解效果的重要方面。其可分为单酶酶解、复合酶酶解和分步酶解。

1. 单酶酶解

单酶酶解是最基础的酶解方式，即用一种蛋白酶对大分子蛋白进行水解得到肽和氨基酸。然而单酶水解存在产物种类单一、效率不高等缺点，逐渐被复合酶水解技术取代。

2. 复合酶酶解

复合酶酶解是指双酶或多酶联合水解，2 种或多种具有协同作用的蛋白酶共同发生反应能够大大提升酶解效率、回收率和水解度。Beal 等发现用 3 种蛋白酶组合成复合酶酶解生大豆和豆粕，大分子蛋白显著被降解。

一种酶往往很难达到预期效果，采用 2 种或 2 种以上复合蛋白酶同时作用于底物蛋白，可提高酶解效率。Zhao 等人对酶解海参蛋白的研究发现，使用菠萝蛋白酶、酯酶及碱性蛋白酶 3 种蛋白酶共同作用，水解效果明显优于单一蛋白酶。张春红等人以冷榨花生粕为原料，利用木瓜蛋白酶（papain）和复合蛋白酶（protamex）同步水解花生蛋白，酶解液的水解度为 34.46%，该花生肽具有较高的抗氧化活性和一定的降胆固醇活性。Yu 等人采用 Flavourzyme、Alcalase、Neutral proteinase、Protamex 和 Papain 联合水解花生粕，得到 5 种分子量在 300~5000Da 的花生抗氧化肽，它们都具有较强的清除 DPPH 自由基、螯合金属离子和抑制脂质过氧化的活性。

3. 分步酶解

虽然复合酶酶解进一步提高了酶解效率，但是仅利用具有协同作用的蛋白酶进行水解还无法得到更具营养价值的小分子短肽。鉴于此根据蛋白酶功能的区别产生了分步酶解法。分步酶解法即先用一种酶使蛋白质的折叠结构打开，然后采用另一种功能酶更针对性地作用于肽键，以此来提高原料的转化效率，可生成分子量更小的肽链。Per 等和 Mcneil 等做了碱性蛋白酶和 Nettrase 双酶分步水解制备大豆肽的研究，不仅得到了小分子肽，还能减弱短肽的特殊苦味。Arai 等和张根生等分别利用风味蛋白酶中的外切酶对复合蛋白酶水解产物进一步水解，继续断裂肽链，并通过协同作用增加水解液的风味。

（二）酶制剂的选择

酶具有高度专一性，不同蛋白酶的水解位点不同，通常人们将蛋白酶的专一性分为强、中和弱，专一性较强的酶则以它们水解的特定蛋白质或氨基酸命名，如角蛋白酶、亮氨酸氨基肽酶。常见蛋白酶酶解的具体实验条件、肽的分子量大小和酶切位点见表 3-5、表 3-6 所示。目前，工业用酶有微生物酶，如细菌胶原酶、枯草芽孢杆菌蛋白酶等；植物蛋白酶，如木瓜蛋白酶、菠萝蛋白酶等；动物蛋白酶，如胃蛋白酶、胰蛋白酶和胰凝乳蛋白酶等。在酶的筛选过程中，主要是根据原料蛋白的氨基酸组成和酶作用专一性进行筛选。胰蛋白酶为肽链内切酶，对碱性氨基酸精氨酸及赖氨酸羧基所组成的肽键具有专一作用，可选择性切断肽链中的赖氨酸和精氨酸残基中的羧基侧，得到以精氨酸、赖氨酸为 C 末端残基的肽段。胃蛋白酶在酸性溶液中会对氨基端或羧基端为亮氨酸或苯丙氨酸、色氨酸和酪氨酸等芳香族氨基酸的肽键有特异性酶切作用。而木瓜蛋白酶作为巯基蛋白酶，有较丰富的底物特异性，主要作用于精氨酸、赖氨酸、甘氨酸及瓜氨酸参与形成的肽键，能优先水解在肽键 N 端具有 2 个羧基的氨基酸或芳香 L- 氨基酸的肽键。研究发现，不同蛋白酶的酶解产物在肽段大小及功能方面存在差异，因而蛋白酶的选择是产生功能肽的重要步骤之一。此外，酶解过程的温度、时间、pH 值等均会对酶活性造成影响，从而影响酶解程度，最终导致酶解产物及其相关功能特性的差异。

表 3-5　蛋白酶酶解物的酶解条件

酶解条件	胃蛋白酶	风味蛋白酶	胰蛋白酶	酸性蛋白酶	中性蛋白酶	菠萝蛋白酶	木瓜蛋白酶	复合蛋白酶	碱性蛋白酶
pH 值范围	/	5.0~6.9	7.5~8.5	2.0~3.5	6.8~7.6	6.0~7.5	7.0~8.5	/	9.5~12
温度范围	/	41~52	35~55	55~65	43~52	55~62	65~70	/	50~57
酶类型	动物蛋白酶	微生物蛋白酶	动物蛋白酶	微生物蛋白酶	微生物蛋白酶	植物蛋白酶	植物蛋白酶	微生物蛋白酶	微生物蛋白酶
酶切位点	是 Phe 和 Leu 等疏水性氨基酸	外切酶，可催化水解肽链末端的疏水性氨基酸	赖氨酸(Lys)和精氨酸(Arg)等碱性氨基酸	水解两端是 Phe、Trp 等疏水性氨基酸和碱性氨基酸 Arg 的肽键	可水解羧基端 Tyr、Try 和 Phe 等芳香族氨基酸的肽链	为 Lys、Ala、Tyr、Gly，其中 Ala、Gly 是疏水性氨基酸而 Lys 为碱性氨基酸	Arg、Lys、Phe，其中 Arg 和 Lys 是碱性氨基酸，Phe 是疏水性氨基酸	具内切酶和外切酶活性，能较彻底地酶解蛋白质	Ala、Leu、Val 等疏水性氨基酸

表 3-6　蛋白酶酶解物的分子量分布

分子量范围	胃蛋白酶	风味蛋白酶	胰蛋白酶	酸性蛋白酶	中性蛋白酶	菠萝蛋白酶	木瓜蛋白酶	复合蛋白酶	碱性蛋白酶
>5000	1.7	7.68	0.45	0.37	1.43	2.8	4.2	0.4	0.36
5000~3000	2.21	9.93	1.1	1.77	1.28	4.54	8.87	0.79	0.68
3000~2000	4.32	10.59	2.19	3.54	1.89	6.02	9.12	1.43	1.17
2000~1000	18.02	21.9	9.76	13.41	8.81	17.53	17.42	7.05	6.39
1000~500	63.59	35.35	26.29	72.65	44.64	56.68	25.72	69.3	61.73
500~180	10.15	14.55	47.82	8.27	41.96	12.44	26.44	21.01	29.66
1000Da以下含量	73.74	49.9	74.11	80.92	86.6	69.12	52.16	90.31	91.39
酶解得率	~79%	~19%	~70%	~65%	~60%	/	/	60.70%	/

（三）酶解条件的优化

当水解酶的种类和添加方式确定后，还需对酶解条件的各项参数工艺进行进一步选择和优化。对酶解产生影响的工艺参数主要有料液比、水解温度、pH值和水解时间。酶解条件的参数选择会对酶解过程产生重要影响。

（1）料液比：当酶用量过少时，底物浓度远远大于酶浓度，反应系统中酶促反应速度与酶浓度成正比，随着酶用量的增大，酶解液中蛋白质、多肽与酶作用的机会大大增加，分解为游离氨基酸。

（2）pH值：酶分子是一种特殊的蛋白质分子，具有若干个活性部位，酶的活性部位由结合位点和催化位点组成。结合部位和催化部位对反应体系的pH值变化比较敏感，其解离状态随pH值的变化而变化，这些变化影响了酶分子的特殊构象。pH值的变化直接影响了酶与底物的结合和催化，是酶催化反应的主要因素之一。

（3）温度：温度对酶活力的影响较大。温度较低时，酶活力受到抑制；随着温度的升高，酶活性增强，在最适温度下，酶活性最强；超过最适温度，随着温度的升高，酶活性减弱，甚至失活。

（4）反应时间：随着酶解时间的延长，多肽被继续水解成氨基酸。达到最适时间后出现了下降趋势，由于水解过于充分，会导致水解产生了单个氨基酸。

因此，许多研究者都通过响应面法等手段对酶解法制备肽的工艺参数进行筛选，如表3-7所示蛋白酶水解制备抗氧化肽的性能。

表 3-7　蛋白酶水解制备抗氧化肽的性能

蛋白酶	水解条件	蛋白源	功效	多肽大小	鉴定方法
碱性蛋白酶	pH 值 8.0，50 ℃，3 h，底物：酶 =20，[底物]=5.0%	大豆	减脂	754~3897 Da	液质
芽孢杆菌粗酶	pH 值 10.0，50 ℃，[底物]=5.0%	乌贼肌肉	降血压	1000~2000 Da	液相 / 电喷射离子化质谱 / 串联质谱
地衣芽孢杆菌粗酶	pH 值 10.0，50 ℃，5.5 h，[底物]=10.0%	虾虎鱼肌肉	抗凝血	Leu-Cys-Arg/ His-Cys-Phe/ Cys-Leu-Cys-Arg/Leu-Cys-Arg-Arg	液相 / 电喷射离子化质谱
胃蛋白酶	pH 值 5.5，23 ℃，[底物]=1.0%	牛血红蛋白	抑菌 / 降血压	668~4430 Da	电喷射离子化质谱
碱性蛋白酶	pH 值 8.0，50 ℃，3 h，酶加量 0.2 mg/mL，[底物]=8.0%	豆类	抗氧化 / 抗炎	445~2148 Da	基质辅助激光解析电离质谱
风味蛋白酶	pH 值 7.0，50 ℃，2 h，底物：酶 =100，[底物]=2.5%	纯化大豆蛋白	减脂	<1300 Da	高效分子排阻色谱
碱性蛋白酶 / 风味蛋白酶 / 复合蛋白酶 / 中性蛋白酶 / 胃蛋白酶 / 胰蛋白酶	pH 值 7.0，50 ℃，8 h/pH 1.0，37 ℃，8 h/pH 值 8.0，37 ℃，8 h	鲑鱼	抗氧化 / 抗炎	1000~2000 Da	高效分子排阻色谱
中性蛋白酶	pH 值 6.0，45 ℃，4h，底物：酶 =100，[底物]=2.5%	纯化大豆蛋白	减脂	1300~2200 Da	高效分子排阻色谱

　　孙潇等探讨了酶解条件参数对豆粕酶解过程中呈味物质释放规律的影响，结论得出肽态氮的含量随着酶解温度、pH、酶解时间的增加均呈先增加后降低的趋势。有的研究者还在复合酶解的基础上借助微波等物理手段增强酶解效率，结果也较为显著，在保证酶解效率的前提下很大程度地缩短了酶解所需时间。

　　伴随着生命酶解技术的新突破，现代生物酶解技术将广泛应用于工业、农牧业、医药、环保等众多领域，产生了巨大的经济和社会效益。生物酶解技术是未来生物活性物质提取技术的重要发展道路，相关学者和研究人员在不断攻克运用各个领域的技术难题，生物酶解技术的发展将会拥有美好的未来。

三、辅助酶技术

　　常规酶解可能由于搅拌不均匀造成酶与底物接触频率低、酶解过程中酶的活性降低、酶解过程中蛋白质的聚集和沉积等，使常规酶解的底物转化率较低、酶利用率不高、耗时耗力等，限制了酶法水解的应用。因此，研究者在常规酶解的基础上采用辅助技术，以期达到快速、高效的目的，如对原料进行高压处理、超声处理、微波预处理以及通过施加压力和／或温度提高萃取率。

（一）高压加工

超高压处理（HPP）是一种新技术，其压力范围为 100~800MPa，有时甚至高达 1000MPa。超高压技术是一种非热加工技术，作为传统热处理的替代或补充手段，用于大分子淀粉或蛋白的改性和天然生物活性物质的提取，并且超高压辅助技术效率高、时间短、更环保。压力对酶催化反应速率的影响可归因于：①酶结构的改变；②反应机制的改变，如限速步骤（rate-limiting step）的变化；③底物或溶剂物理性质的变化（如 pH 值、密度、黏度、相态），进而影响酶结构和限速步骤。

HPP 对酶的影响与酶的类型和 HPP 条件密切相关。Cheret 等研究发现，超高压处理对海鲈鱼中的钙蛋白酶活性存在双重作用，推测在适宜压力下酶蛋白结构的改变可使酶和底物充分接触，促使酶活性增强，然而压力过大会导致酶活性中心被破坏，酶活性丧失。Qiu 等在超高压处理鲢鱼的研究中发现，肌原纤维蛋白的存在对肌原纤维结合型丝氨酸蛋白酶具有一定的保护作用，在 200~500MPa 压力处理下鲢鱼肉基质中的肌原纤维结合型丝氨酸蛋白酶活力均高于酶的粗提液。M.Giannoglou 等研究发现，超高压处理（压力 100~450MPa，温度 20~40℃）能够改变酶活性，影响蛋白酶的二、三级结构。说明高压处理对蛋白水解的影响与处理压力、酶二者都存在关联，高压处理后的酶解产物在产物的种类与数量上都和常压酶解条件下的产物不同，因此推测高压处理极可能改变了蛋白质的构造并暴露了新的酶切位点。

（二）超声处理

应用超声波（20 kHz 以上）提高酶反应和／或提取率已被广泛报道。可以使用 2 种主要类型的超声波设备，即超声波水浴和配备喇叭换能器的超声波探头系统。超声波水浴相对便宜，通常用于对实验室样品进行超声波处理。带有喇叭换能器的超声波探头系统直接将振动引入样品，并可在批量或连续模式下使用。超声提取效果的主要驱动力是声空化。超声辐照液体中微气泡的产生、膨胀和内爆溃灭现象称为"声空化"。空化气泡的形成和崩塌会产生宏观湍流、高速粒子间碰撞以及生物质微孔颗粒中的搅拌，从而导致基质解体。这些微射流的冲击导致表面剥落、侵蚀和颗粒分解，促进生物活性化合物从生物基质中释放，从而通过改善传质提高萃取效率。超声波与其他传统提取技术相结合已被证明是提取生物活性化合物的潜在技术。超声波可以在低温下进行，这有助于以最小的损伤提取不耐热化合物，保持生物活性。超声波可用于多种溶剂，包括生物活性化合物的水萃取，即水溶性成分的提取。超声波与酶的应用已被证明通过促进酶与底物之间碰撞的增加来提高生物活性的提取率，如淀粉酶、葡萄糖氧化酶、纤维素酶、葡聚糖酶等。

（三）微波辅助萃取

微波辅助萃取是指使用频率为 300 MHz 至 300 GHz 的电磁辐射加热与样品接触的溶剂，从样品基质中分离感兴趣的化合物。微波具有电场和磁场，通过偶极旋转和离子传导加热溶剂和样品。在萃取过程中使用微波能，可因分子的偶极旋转而破坏弱氢，提高溶剂对基质的渗透性，从而促进溶剂化。据报道，与传统的固液萃取相比，微波辅助萃取可提高各种基质中生物活性物质的萃取率。由于局部高温，使用微波辅助提取可能会导致生物活性物质的降解。因此，根据目标物质性质选择微波等辅助技术手段的实验条件显得尤为重要。有研究利用微波辅助法提取黑木耳活性多糖（AAP）后，其抗氧化能力提高。微波辅助提取也可用于从海藻中提取生物活性硫酸多糖，包括水泡岩藻和子囊藻等。胡子豪等研究表明微波可辅助蛋白质及其衍生物一级结构水解，通过改变蛋白质的构象从而提高食源性 ACE 抑制肽活性。江晨等人利用微波辅助酶解花生粕提取抗氧化肽，结果表明微波辅助提高了花生肽的羟自由基清除率和 DPPH 清除率。

（四）通过施加压力和（或）温度提高萃取率

通过施加压力和（或）温度来提高萃取率，可以提高传统固液萃取工艺的超临界溶剂萃取效率。溶剂特性包括密度、扩散率和黏度，可通过施加压力和温度进行控制。施加压力和温度也可以提高溶剂的渗透性，并有助于破坏细胞基质。例如，温度和压力高于临界点（31.06℃和 7.38 MPa）的 CO_2 成为超临界流体。超临界 CO_2 具有低黏度，可提高扩散率和萃取率。超临界 CO_2 可用于萃取极性和中性化合物，从而避免使用有机溶剂。采用高温、高压可以提高水的萃取效率，对液体使用 3.5~20 MPa 的压力和 50~200℃的温度也被称为加压液体萃取或加速溶剂萃取、高压溶剂萃取、加压流体萃取和强化溶剂萃取（ESE）。在萃取生物活性物质时使用溶剂加压已被广泛报道。任国艳等人研究了高密度 CO_2 对鲹皮胶原蛋白提取的影响，结果表明在温度 32℃、压强 30MPa 条件下处理 6h 后再进行酶法提取鲹皮胶原蛋白，胶原蛋白的提取率提高了 18.85%。

四、分离纯化技术

蛋白质经过酶的水解后，会产生一些苦味物质，研究表明苦味的产生与疏水性肽有关。大部分苦味肽的苦味是由于其中的疏水性氨基酸引起的。在完整的球蛋白分子中，大部分的疏水性氨基酸藏于内部，它们不接触味蕾，因而感觉不到苦味。当蛋白质水解时，肽链中含有的疏水性氨基酸充分暴露出来接触味蕾，从而感觉到苦味。随着水解进程的加深，疏水性氨基酸暴露越多，苦味越明显。因此通常也需要进行脱色脱苦处理。而肽药物对于纯度的要求较高，一般需要到达99%以上，单杂0.1%以下为佳。而合成获得的粗肽成分复杂，通常是肽混合物，含目标肽及结构相似的肽，因而亦需要进行后续分离纯化。常用的方法有反相高效液相色谱法、离子交换色谱法、凝胶过滤色谱法、毛细管电泳法、亲和层析法等。

（一）色谱法

色谱法包括反向高效液相色谱法、离子交换色谱法、凝胶过滤色谱法。

1. 反相高效液相色谱法

反相高效液相色谱法（reversed-phase high-performance chromatography, RP-HPLC）由非极性固定相与极性流动相组成，利用溶质的疏水性差别进行梯度洗脱分离纯化，分离效果好、重现性强，在肽分离纯化中得到广泛应用。Ghribi等采用排阻色谱及反相高效液相色谱分离纯化鹰嘴豆浓缩蛋白酶解产物中新型抗氧化肽，组分Ⅲ中的P8表现出最高的DPPH自由基清除活性。反相高效液相色谱法高效、快速，但成本相对较高，适合药物肽这类规模相对较小、附加值高的产品，已成为药物肽主要的分离纯化方法，是工业化生产的首选。工业级制备液相色谱通常包含输液系统、进样系统、色谱柱、检测系统、馏分收集、控制和数据处理系统等部分，可自动进行平衡、进样、冲洗、洗脱、收集、清洗等操作，生产符合GMP等相关法律法规要求的产品。

2. 离子交换色谱法

离子交换色谱（ion exchange chromatography, IEC）利用流动相携带肽样品通过离子交换柱，与柱上带有电荷的基团发生离子交换，根据所带电荷差异，实现对肽样品的分离。基于此，人们开发了离子交换色谱的大规模技术用于工业化生产乳源生物活性肽。李诚等采用离子交换色谱对猪皮胶原蛋白酶解液进行分离纯化取得了较好的效果。离子交换色谱法分辨率高、进样量大、耐酸碱、操作简便，但耗材昂贵、速度慢、受环境影响较大，在工业化生产上未能实现广泛应用。

3. 凝胶过滤色谱法

凝胶过滤色谱法（gel filtration chromatography, GFC）以网状结构凝胶为填料，利用溶质大小、形状差异，即大小分子经过的路径不同造成的流出时间差来进行洗脱分离。凝胶过滤色谱法的凝胶可分为交联葡聚糖凝胶（Sephadex）、聚丙烯酰胺凝胶（PAM）、聚苯乙烯凝胶（Styrogel）、琼脂糖凝胶（Agarose）等。武利庆以大豆肽为原料，通过高效凝胶色谱的手段测定了分子量在100~1000Da的大豆肽的相对分子质量分布情况。Yu等采用凝胶过滤层析、超滤、反相高效液相色谱等方法从螺旋藻酶解物中分离抗氧化肽。凝胶色谱法被越来越多地用于分离小分子，虽然凝胶过滤在分离纯化中速度较慢，但其具有条件温和、分离效果显著和操作简单等优点。

（二）电泳法

电泳法包括聚丙烯酰胺凝胶电泳法和毛细管电泳法。

1. 聚丙烯酰胺凝胶电泳法

电泳法是蛋白质或肽类通过外加电场的作用，根据物质带电荷的不同向不同电极方向按不同速度在惰性支持介质中游动，使各带电组分形成不同条带，进而分离纯化。聚丙烯酰胺凝胶电泳法（SDS-PAGE）是目前应用最广的有较高分辨率的一种电泳检测方法。该法的支持介质选用聚丙烯酰胺凝胶，多用于进行蛋白质或其他肽类的分离纯化及鉴定等。其中SDS可以断裂分子内或分子间氢键，使分子解除折叠，破坏蛋白分子的内部结构。SDS-PAGE可应用于分子量分布在15~200kDa的肽类或大分子蛋白质的分离，在实验室范围内的分离分析应用较常见。

2. 毛细管电泳法

毛细管电泳法（capillary electrophoresis，CE）以内径极小的毛细管为通道，采用直流高压电源驱动被分离物，根据被分离物的体积和带电荷情况不同实现分离。该法高效低耗、操作简便。Lamalle等利用毛细管电泳法分离鱼精蛋白肽，比较不同缓冲液和添加剂的肽分离效率，发现采用水介质效果最好。毛细管电泳法发展迅速，是肽分离分析的重要工具。

（三）亲和层析法

亲和层析法（affinity chromatography，AC）利用固定相的特异性结合能力分离纯化目标蛋白或其他分子。Burkova等通过琼脂糖亲和层析法纯化人胎盘外显体，获得抗体、肽和小蛋白。Frolov等通过结合硼酸亲和层析与其他方法分析鉴定Amadori肽。此法特异性强，适合低浓度样品的分离纯化。此外还可采用多柱系统进一步提高分离纯化的产量和收率，减少溶剂的消耗。

（四）活性炭吸附法

吸附剂是酶解液脱色的主要影响因素，选择颗粒活性炭、粉末活性炭、硅藻土及其混合脱色剂对酶解液进行脱色处理，实验表明粉末活性炭脱色效果明显优于颗粒活性炭及硅藻土。虽然脱除颗粒活性炭比粉末活性炭容易得多，但考虑到精制的需要，通常会选择粉末活性炭进行杂质吸附。

活性炭吸附的主要作用是去除杂质、提高纯度。刘文悦等采用活性炭吸附法对大豆肽酶解液脱色，获得最佳脱色条件为：活性炭添加量为2%，温度50℃，pH值为6.5，脱色3 h，脱色率达75.2%。将大豆肽酶解液的pH值调至6.5，分别加入不同百分含量的活性炭，在温度为50℃下脱色3h，比较活性炭用量对酶解液脱色效果的影响。实验结果表明，随着活性炭用量增大，脱色率提高，但是肽氮的损失率也相应增大。活性炭用量为 10%，脱色率达 99.99%，其肽氮损失率达 60.34%，综合考虑，在允许的肽氮损失率范围内，2% 的活性炭用量最为合适。

食品级肽产品在生产过程中，由于考虑产量、操作繁简程度、经济效益等，通常会选择活性炭吸附的方法对酶解肽进行吸附脱色和部分降苦的处理。

（五）超滤法

超滤法通过不同分子量的大小进行截留分离纯化，样品在高压或离心力下通过不同孔径的微孔膜。超滤膜具有孔径范围，超过孔径的物质被截留无法通过滤膜，水和小分子则能够通过，从而起到分离纯化的作用。超滤膜的膜材料一般是由聚砜（PS）、聚氯乙烯（PVC）、聚酰胺（PA）、聚碳酸酯（PC）等高分子材料制成，耐热稳定性良好，适于一般的小分子肽的分离纯化。由于超滤法产品收率高，样品残留小，处理效率高，方便简单，在蛋白质的分离纯化中应用较广泛。张秀媛等人通过超滤法将酪蛋白凝乳酶水解物中的酪蛋白糖巨肽进行了分离纯化。肽分离纯化方法见表 3–8。

表 3–8　蛋白酶水解制备抗氧化肽的性能

多肽种类	分离纯化方法
低分子肽段	凝胶色谱柱实现了（5×10^3）～（2×10^4）肽段分离
小分子肽	采用多孔石墨固定相进行色谱分离，采用挥发性流动相避免干扰
麦胚蛋白水解物	采用截留相对分子质量 3000Da 的聚砜膜进行超滤分离
酪蛋白飞磷肽 / 人参多肽 / 大豆活性肽	采用大孔树脂吸附，洗去酶解物中的无机盐
小肽	离子对 RP-HPLC/ 电喷射质谱联用技术完成了 23 个小肽的分离纯化
荔枝蛋白肽	超滤 / 凝胶过滤色谱法 /RP-HPLC 顺序操作后可继续研究分子量以及氨基酸序列
K- 酪蛋白肽	离子交换液相色谱 Hyper DIEIC 柱对肽段分离和回收
小分子肽	超滤 / 凝胶柱色谱 /HPLC 毛细管电泳法按顺序操作后得到较纯产物
羊奶酪蛋白酶解物	分子排阻色谱 / 正离子交换色谱 / 半制备 RP-HPLC 按顺利操作后，经质谱分析共得到小分子肽
鹿茸较远蛋白肽	膜超滤法截留分子量 5、10、50 kDa 的多肽，进一步用 RP-HPLC 分离
麦胚蛋白酶解物	采用大孔树脂吸附，用乙醇洗脱

总之，肽种类繁多，合成方法不同，理化性质各不相同，应根据实际情况选择不同的分离纯化方法。研究者们为了提高分离纯化效果，常常将多种方法结合使用。

五、肽定性定量分析、结构序列鉴定及生物活性分析

肽定性分析是对样品中肽的种类进行分析确定，肽定量分析是对样品中肽的含量进行分析确定。肽定性定量分析是从整体水平上对样品中的肽进行分析，在肽定量分析中包括肽的定性。肽定性定量分析的方法包括电泳技术、色谱技术、核磁共振和质谱技术等。其中质谱技术作为当前肽研究的主要技术之一，既可用于肽定性分析，也可用于肽定量分析。对于已制备的蛋白水解产物，需要对其进行定性定量分析，以判定其是否为目标产物，水解程度、纯度、含量、结构等是否达到标准要求。

生物体存在许多生物活性肽，它们与生物体生命活动中的多种生理功能有关，因此研究过程中肽的分离与鉴定是十分必要的。肽鉴定的方法可按照对肽一级结构鉴定和二级结构鉴定进行分类，其中一级结构鉴定的常用方法包括分子量分析、氨基酸组成分析、氨基酸序列分析；二级结构鉴定的常用方法包括圆二色谱法（CD）、核磁共振法（NMR）及 X- 衍射等方法。

生物活性肽具有多种人体代谢和生理调节功能，易消化吸收，有促进免疫调节、激素调节、抗菌、抗病毒、降血压、降血脂等作用。目前常用的肽生物活性分析有放射性同位素标记法、免疫标记法、电化学免疫传感器以及生物鉴定法。

（一）定性定量分析

1.高效液相色谱法

近年来有关多肽的分离纯化方法很多，常见的有高效液相色谱法（HPLC）、超滤法、毛细管电泳法等。其中高效液相色谱法应用较为广泛，其分离效果好、速度快、样品容量大、回收率高，已成为生物多肽的主要分离纯化方法之一。研究较多的肽纯度分析，一般都采用 HPLC 进行分析，选择 RP-C18，粒径 5μm，孔径 300A，$4.6×150mm$，流动相：A，0.1% TFA/H_2O；B，0.1% TFA/ACN，洗脱梯度，5%B~65%B，时间 30min。也有些肽，特别是短肽，由于亲水性强，在 C18 上保留很弱，需要改变条件，这里主要有两种方法：一是改变分析梯度，可以将起始梯度改为 2%，等度或小梯度洗脱；二是在流动相中加入强离子对试剂，如七氟丁酸、十八烷基磺酸钠等。

高效液相色谱法是集分离与分析于一体的分析方法，HPLC 除了对肽样品进行分离以外，同样可以对肽样品进行含量分析。钟山等人建立了一种用反相高效液相色谱法（RP-HPLC）测定蚂蟥药材中抗凝血活性的蚂蟥肽含量的新方法。结果显示当蚂蟥肽的质量浓度为 186~942mg/L 时，峰面积与质量浓度的线性关系良好，平均回收率为 99.8%，RSD<2%，这个新方法可以作为蚂蟥药材或含有蚂蟥药材的中成药的质量控制方法。

2. 紫外 - 可见分光光度法

紫外 - 可见分光光度法是根据物质分子在波长为 200~760 nm 范围内的电磁波吸收特性建立起来的一种定性、定量和结构分析方法。周天琼等人采用紫外 - 可见分光光度法和福林酚法对转移因子胶囊中的肽含量进行测定，方法简便有效、准确度高、重复性好。卫国等人对优泌嘉胶囊中的肽进行测定，首先是在其水提液中加入碱性铜溶液以及福林酚溶液，然后利用紫外 - 可见分光光度法在 750 nm 波长处进行测定，此方法简单易行、结果准确。

3. 荧光光谱法

荧光光谱法指的是通过测定蛋白质分子的自身荧光，或者向蛋白质分子特殊部位引入荧光探针然后测定其荧光，来研究蛋白质分子的构象变化，或是研究色氨酸和酪氨酸残基的微环境，或是蛋白质变性等。它是研究溶液中蛋白质分子构象的一种有效方法。荧光光谱技术可以提供丰富的荧光分子细节信息，是目前重要的研究生物分子荧光特性的手段。色氨酸等一些芳香族氨基酸是天然能够发荧光的氨基酸，这种荧光特性便可以用来设计成荧光探针对肽进行分析。荧光光谱法具有灵敏度高、选择性强、用样量少、方法简单等优点。该方法在蛋白质分子构象研究中得到越来越广泛的应用。

4. 薄层色谱法

薄层色谱（thin layer chromatography，TLC）是比较传统的分离技术，在自动化进样、操作等方面与其他仪器相比存在一些不足，但其简便快速、低成本，既可以进行样品分离分析，也可以进行分离制备，在分析方面仍然是比较重要的一种方法。而且随着科技的发展，联用技术也越来越广泛，如一维薄层色谱 / 反相高效液相色谱联用（TLC/RP–HPLC）。薄层色谱法在肽方面的研究主要集中在肽的物化特性以及在 TLC 板上表现出的特征，在此基础上对其进行分离纯化。张丹等人使用薄层色谱法对美洲大蠊肽提取物进行鉴别，方法简便易行、成本较低、结果清晰。

（二）结构序列鉴定

构效关系（structure activity relationship）是指物质的结构与生物活性或毒性之间的关系。化学结构相似的物质可通过同一机制发挥作用，引起相似或相反的效应。结构的改变，包括基本骨架、侧链长短、立体异构（手性药物）和几何异构（顺式或反式）的改变，可影响物质的理化性质，进而影响其在体内代谢过程、生物效应乃至毒性。具体以肽太的抗氧化活性来说明。影响抗氧化肽活性的因素有多种，如氨基酸种类、相对分子质量、一级结构和空间结构等。

（1）**一级结构** 许多氨基酸独立存在时并没有表现出抗氧化活性，但是某些氨基酸按一定的方式排列组合后却具有良好的抗氧化性能。组氨酸在抗氧化肽的位置和构象对肽链的抗氧化性能有很大影响；另外，肽的序列、肽键本身以及肽的构象对抗氧化活性都有不同程度的影响；一些特殊结构的组合对肽的抗氧化功能而言也具有特殊意义，如谷氨酸和亮氨酸组合在肽链中会使其显示抗氧化性能。

（2）**相对分子质量**　植物蛋白抗氧化肽的相对分子质量对自身的抗氧化性能有显著影响。一般来说，相对分子质量较低的肽链其抗氧化性能较强，小分子更易于通过体内的各种屏障从而实现药理功能，相对分子质量高的蛋白往往会由于自身的三级结构使得活性位点被包裹住，难以接触底物，不能最大限度地发挥作用。

（3）**氨基酸种类**　抗氧化肽的 N 端多为疏水性氨基酸，其脂肪族烃侧链更利于抗氧化肽的反应发生，使得抗氧化肽的转移快速，机体产生的活性氧容易与抗氧化肽结合进而进行活性氧清除反应。对于抗氧化三肽来说，其 N 端的氨基酸是疏水氨基酸，会增加其抗氧化活性。芳香族氨基酸可以使抗氧化肽更加稳定，因存在共轭体系而维持自身稳定。

（4）**空间结构**　肽的生物活性一般与其空间构象有关。但是由于目前对空间构象与功能的关系研究不够透彻，所以抗氧化肽在不同条件下的抗氧化活性与其空间构象的关系，值得探究。提升抗氧化性的途径有两种：一是运用单因素和多因素试验来探索最优酶和最适酶解条件；二是利用分子操作，插入特定的氨基酸，以获得期待的氨基酸序列，进而提高抗氧化肽的抗氧化性能和自身结构存在的稳定性。

1. 一级结构分析

（1）**质谱分析**　主要目的是确证分子量，当然采用 MS/MS 可以了解部分肽序列的信息，但是这需要比较全的数据库作为基础，分析才能比较准确。目前将质谱技术应用于肽检测的主要有基质辅助激光解吸飞行时间质谱法（MALDI-TOFMS）、毛细管电泳 - 质谱联用法（CE-MS）以及液相色谱 - 质谱联用法（LC-MS）。近年来，在肽类药物检测方面应用比较广的是色谱 - 质谱联用技术，类似于 LC-MS/MS，联用技术集 HPLC 的高分离性能与 MS 的高专属性、高灵敏度于一体，使得其通用性、灵敏度以及专属性都有更大的提高，成为药代动力学与药物代谢研究中主要的分析检测方法。

（2）**氨基酸测序**　基本原理是 Edman 降解，主要涉及耦联、水解、萃取和转换等 4 个过程。首先使用苯异硫氰酸酯（PITC）在 pH 值 9.0 的碱性条件下对蛋白质或肽进行处理，PITC 与肽链的 N 端的氨基酸残基反应，形成苯氨基硫甲酰（PTC）衍生物，即 PTC- 肽。然后 PTC- 肽用三氟乙酸处理，N 端氨基酸残基肽键被有选择地切断，释放出该氨基酸残基的噻唑啉酮苯胺衍生物。接下来将该衍生物用有机溶剂（如氯丁烷）从反应液中萃取出来，而去掉了一个 N 端氨基酸残基的肽仍留在溶液中。萃取出来的噻唑啉酮苯胺衍生物不稳定，经酸作用，再进一步环化，形成一个稳定的苯乙内酰硫脲（PTH）衍生物，即 PTH- 氨基酸。留在溶液中的减少了一个氨基酸残基的肽再重复进行上述反应过程，现在整个测序过程都是通过测序仪自动进行的。

2. 二级结构分析

（1）圆二色谱（circular dichroism ，CD）　是一种特殊的吸收谱，它通过测量蛋白质等生物大分子的圆二色光谱，从而得到生物大分子的二级结构，简单、快捷，广泛应用在蛋白质折叠、蛋白质构象研究、酶动力学等领域。圆二色谱紫外区段（190~240nm），主要生色团是肽链，这一波长范围的 CD 谱包含了生物大分子主链构象的信息。α- 螺旋构象的 CD 谱在 222nm、208nm 处呈负峰，在 190nm 附近有一正峰。β- 折叠构象的 CD 谱，在 217~218nm 处有一负峰，在 195~198nm 处有一强的正峰。无规则卷曲构象的 CD 谱在 198nm 附近有一负峰，在 220nm 附近有一小而宽的正峰。

（2）核磁共振（NMR）　是指处于外磁场中的物质原子核系统受到相应频率的电磁波作用时，在其磁能级之间发生的共振跃迁现象。检测电磁波被吸收的情况可以得到核磁共振波谱。根据核磁共振波谱图上共振峰的位置、强度和精细结构可以研究纯化合物的结构、混合物成分及定量分析等。随着二维、三维以及四维 NMR 的应用，分子生物学、计算机处理技术的发展，使 NMR 逐渐成为大分子结构物质分析的主要方法之一。NMR 可用于确定氨基酸序列、分布以及构象。目前，NMR 在分析分子中含少于 30 个氨基酸的肽时是非常有用的，分析结果快速准确。

（3）X- 衍射　可获得有关化合物晶型的直接信息，而且可以判断相对与绝对构型。X 射线晶体学方法是迄今为止研究蛋白质结构最有效的方法，所能达到的精度是任何其他方法所不能比拟的。其缺点是蛋白质 / 肽的晶体难以培养，晶体结构测定的周期较长。X 射线衍射技术能够精确测定原子在晶体中的空间位置；中子衍射和电子衍射技术则用于弥补 X 射线衍射技术的不足。

（三）生物活性鉴定

1. 放射性同位素标记法

放射性同位素标记法灵敏度高、测定速度快且操作简便，被广泛应用于肽类药物的检测中。其主要有内标法和外标法两种方法。用常规的放射性同位素标记 3H、14C、35S 等，再把用同位素标记过的氨基酸加入培养基中进行细胞培养，以此来达到肽类药物的内部标记。相对于内标法来说，外标法比较简单而且应用广泛，即将 125I 连接在肽分子上，经 125I 标记的样品放射性高、半衰期短而且制备简单。苏自奋在研究中用放射性同位素对 EGFR 及 HER2/neu 有双重亲和力的肽进行标记，以此来检测恶性肿瘤。

放射性同位素标记法在灵敏便捷的同时，也存在一些问题，如标记好的同位素在进入生物体后是否会发生脱离、肽类药物经过标记后是否会使药物在生物体内发生代谢变化等。除此之外，需要注意的是此方法不能应用在人体的研究中。

2. 免疫标记法

免疫标记法的基本原理是通过抗原抗体结合的高特异性以及各标记物的高灵敏性对生物活性物质的活性以及浓度进行检测，常用的定量方法是放射计数法、比色法等。目前比较常用的是酶联免疫法（ELISA）、放射免疫法（RIA）、化学发光免疫测定法（FIA）以及电化学发光免疫法（ECLIA）等。近年来，ELISA 由于重复性好、自动化程度高、使用时间长以及灵敏度高的优点被广泛使用。周晓明等建立、优化了检测肽标志物的直接 ELISA 法，并应用于肝癌血清中的肽标志物的检测。免疫标记法的不足之处是，它可以对肽类药物的免疫活性进行测定而不是生物活性，而且容易受到其他物质干扰。

3. 电化学免疫传感器法

电化学免疫传感器是集电化学手段和免疫技术于一体的生物传感器，是生物技术和电化学技术相结合的产物，将抗原和抗体的特异性结合反应转换成为电信号。电化学免疫传感器目前主要包括电流型、电位型和交流阻抗型免疫传感器。电流型免疫传感器的原理主要分为夹心法和竞争法两类。电位型免疫传感器是根据测量电位的变化来进行免疫分析的生物传感器，可以直接或间接用于各种抗原、抗体的检测。电化学阻抗生物传感器在细菌检测方面有较好的选择性，不需要标志物，简化了传感器的制备。

目前已经开发出多种不同的分析方法对肽类药物进行定性、定量检测以及活性分析，可以成功实现肽类药物的高选择性、高灵敏性检测，成功实现了肽分析的自动化，这为临床药物研究及生物类医药的发展奠定了坚实的基础。但是由于肽类药物本身稳定性差、易降解等原因，在其分析方面仍然存在很大的探索空间。尤其是在电化学领域，可以根据抗原和抗体结合发生免疫反应，特异性高，具有极高的选择性和灵敏度。电化学的方法减少了分析时间、简化分析过程、测量过程自动化、仪器操作简便、灵敏度高、检测限低，值得进一步探索优化。

4. 生物鉴定法

肽类属于生物活性物质，而且其生物活性不仅取决于肽类的一级结构，与二、三级结构也密不可分。生物鉴定法可对肽类的生物活性进行研究。生物检定法主要分为在体分析和离体组织分析（细胞分析）两类。在体分析就是给动物肽类受试物后测定其对动物的影响。此法存在资金投入较高、动物存在较大变异性以及耗时的缺点。相比之下，细胞测定耗时较少，有更高的特异性、稳定性。

生物鉴定法最大的优势就是可以反映肽类的生物活性，蛋白质类物质必须具有一定的空间结构才可以保持本身的生物活性，仅仅一级结构完整是不具有生物活性的，因此在这一方面，其他的分析方法代替不了生物鉴定法。金家金等人建立水蛭生物活性测定方法的反应体系，用生物鉴定法对水蛭的抗凝血活性进行量化，建立了水蛭生物活性的测定方法。我国生物活性肽的研究发展迅速，开发出高效、精准的肽分离鉴定技术，为多肽类食品的研发和质量控制提供了技术支撑，推动了生物活性肽的健康规范发展。

（黄晶、刘嵬）

参考文献

1. 马雅鸽，张希，杨婧娟，等．核桃饼粕蛋白提取多肽制备条件优化及其酶解液的抗氧化性研究 [J].食品工业科技，2020,41(11):151-157.

2. 何东平，程雪，马军，等．超声辅助复合酶酶解制备大豆多肽工艺的优化 [J].中国油脂，2018,43(7):72-76.

3. 李丽，刘阳，张帅，等．核桃多肽制备酶解关键技术研究 [J].2022(15):130-134.

4. 潘超，王鹏，朱斌．酶解动物蛋白制备抗氧化多肽研究进展 [J].2022,348(4):27-29.

5. 王静，杨永芳，丁国芳，等．海洋生物酶解多肽活性功能研究进展 [J].2022(10):17-19.

6. 黄靖怡，柯德森．酶解酪蛋白产生抗氧化多肽的工艺研究 [J].2019,397(46):1-3.

7. 张闽，董文宾，张小强．猪皮明胶抗氧化多肽酶解工艺优化 [J].2012,33(12):58-61.

8. Wang Y,Li S,Guan C,et al. Functional discovery and production technology for natural bioactive peptides[J].Chinese Journal of Biotechnology,2021,37(6):2166-2180.

9. Wang S Q,Liu F X,Wu J,et al. Study on optimization of extraction process and resistance to oxidation of Polypeptide from sea cucumber waste liquid[J]. IOP Conference Series: Earth and Environmental Science,2020,559(1):436-441.

10. Elkhateeb Y. Purification of a peptide antibiotic produced by Lactobacillus lactis[J]. Annals of Agricultural Science Moshtohor,2020,39(1):407-420.

11. Zhang Q,Sun T,Tuo X,et al. A novel reversibly glycosylated polypeptide-2 of bee pollen from rape (brassica napus l.): purification and characterization[J]. Protein and Peptide Letters,2021,28(5):543-553.

12. Rougemaille M. Affinity purification and mass spectrometry analysis[J]. Bio-101,2021(Preprint):896.

第四章　食源性肽的健康效应

随着社会经济的飞速发展，高脂、高能量膳食的流行，久坐致体力活动缺乏等生活方式的巨大改变，快节奏的工作生活模式带来的焦虑、压力等亚健康状态的盛行，我国居民的疾病谱也发生了巨大改变。据最新的研究表明，慢性病已成为我国居民致死、致残的首要原因。慢性病病程长，难以治愈，患者需要终身治疗，严重降低生活质量，并且给患者和社会带来巨大的疾病和经济负担。据研究显示，我国每年慢病的经济负担达 2.6 万亿；另一方面，由于老龄化社会的到来，目前全国超过 65 岁以上的人口达 26402 万人，占总人口的 18%；健康老龄化的需求以及居民对健康的需求与日俱增。社会公众对食物的要求从"吃得饱""吃得好"到"吃得健康"。与传统食品相比，功能食品、膳食补充剂等在改善体质、预防和辅助治疗各种慢病中具有重要的意义和价值。食物来源中对具有健康促进活性成分的筛选、开发和应用将成为我国居民食品消费的热点，需求量巨大，具有广阔的市场前景。

食源性肽安全性较高，因为从现代食品工艺中获得的食源性活性肽是以食用蛋白为原料，经过特定的酶解、分离、纯化等制成的新型蛋白水解产品。同时研究发现，与游离氨基酸相比，肽吸收具有更快、更高的速率和效率。食源性活性肽具有抗氧化、抗炎、抗菌、免疫调节活性等多种生物学效应。

（1）**抗氧化活性**　生物分子的氧化反应是生物体内维持生命活动所必须的，其氧化反应过程中会导致自由基释放。而过量的自由基可能会导致细胞损伤，进而给机体带来损伤，引起众多慢病疾病如糖尿病、心血管疾病、癌症等的发生风险增加。而食源性生物活性肽的抗氧化活性与其组成、独特结构和氨基酸类型、疏水性等有关。组氨酸、谷氨酸、脯氨酸、酪氨酸、半胱氨酸、蛋氨酸、苯丙氨酸都是含有抗氧化功能的氨基酸。酸性氨基酸可以通过其侧链上的羧基和氨基作为金属离子的螯合剂，富含芳香族氨基酸（如酪氨酸、色氨酸、苯丙氨酸）等有助于清除自由基，疏水性氨基酸能够在脂质相中发挥清除自由基的作用。

（2）**抗炎活性**　炎症是生物组织受到某种刺激如外伤、感染等损伤因子的刺激所发生的一种以防御反应为主的基本病理过程。近年来的研究发现，营养代谢紊乱导致各种代谢产物增加，如游离脂肪酸、脂多糖等，常诱发慢性低度炎症又称为代谢性炎症，与肥胖、胰岛素抵抗、代谢综合征等多种慢病密切相关。研究逐渐发现，源自鸡蛋、牛奶和植物等食物的具有抗炎作用的活性肽，可以通过阻断巨噬细胞中炎症因子表达和分泌等机制发挥其活性。食源性多肽抗炎作用的结构和活性靶点作用机制也有待更多的研究阐明。

（3）**抗菌活性**　致病微生物感染给公共健康带来了严重威胁。此外，抗生素滥用导致的多重耐药菌株以及抗菌药物耐药已经成为全球重要的公共卫生问题。天然来源的抗微生物活性物质因其特异性高、细胞毒性低的特性具有极大的研发价值而备受关注。食源性抗菌肽的作用机制目前尚未阐明，研究发现具有碱性富含精氨酸和赖氨酸的和同时具有亲水性以及亲脂性的两亲性结构，使其能在微生物膜上形成通道和孔隙，进而影响微生物合成和代谢的过程。

（4）**免疫调节活性**　免疫系统是多种免疫组织与器官、免疫细胞和免疫分子组成的复杂系统，是机体维持健康的重要保护屏障。在多种因素下，如病原体感染、环境、饮食、疾病状态等都会造成免疫系统功能低下和异常，进而导致各种疾病的发生发展。免疫调节活性的功能肽可以通过调节免疫系统的多个环节，从而调节免疫应答和免疫功能。食源性肽与免疫调节的药物相比，因其天然、安全的特点而备受关注。来源于牛奶和奶制品中的免疫活性肽报道较多，其特异性的氨基酸序列和结构以及具体的免疫调节机制尚未阐明。有研究发现具有免疫调节活性的肽如脯氨酸、谷氨酸的重复序列较多。

除上述常见的生物学效应外，食源性肽还具有降血压（血管紧张素转化酶抑制活性）、降血糖、抗血栓、降胆固醇等功效，因而在肥胖、糖尿病、心血管疾病等慢性病的防治中发挥重要的作用。食源性肽是目前极受关注的食品功能因子，广泛应用于各种功能性食品和特殊医学用途配方食品。本章对目前食源性肽在心血管、胃肠道、肝脏、骨骼、皮肤和大脑等的健康中发挥的作用，以及在调节代谢类疾病、免疫功能、体力疲劳和衰老中的作用、相关机制及目前的研发和应用加以梳理和总结。

第一节　肽与心血管健康

据世界卫生组织最新调查研究显示，心血管疾病引起的死亡人数占慢性非传染性疾病死亡人数之首，每年全球约 1790 万人死于心血管疾病。近几十年随着经济飞跃式的发展，膳食和生活方式的巨大改变，以及人口老龄化等，心血管疾病已经成为中国居民的"头号杀手"，成为重大的公共卫生问题之一。据中国疾病预防控制中心发布的报告显示，脑卒中和缺血性心脏病分别位居我国居民死亡原因的首位和第二位。虽然临床医学水平在不断提高，心血管疾病相关的致死和致残能得到更好的医治，但绝大多数心血管病患者仍需要终身服药或治疗，长期的药物治疗也会带来一定的副作用，患者的生活质量降低，同时也给患者和社会带来巨大的经济和社会负担。除了药物治疗外，膳食和生活方式因素在心血管疾病的发生发展以及康复过程中的关键重要作用越来越受到关注。随着食品科学、食品工程研发工艺、营养学、临床营养学等的不断发展，多种具有预防和辅助治疗心血管疾病功能的食物或食物活性成分逐步被发现，食源性肽由于其丰富的来源及广泛的健康促进功能，在心血管疾病的防治中发挥重要作用，成为临床辅助治疗以及保健食品、特殊医学用途配方食品等特殊食品研发的热点。本节主要论述食源性肽与心血管健康。

一、肽与高血压

高血压是最常见的心血管病，其发病率在世界范围内的日益增长，成为全球范围内的重大公共卫生问题之一。近几十年间，我国高血压患病率逐年增长，据《中国高血压防治指南》（2018 年修订版）中的全国高血压调查结果显示，18 岁以上年龄人群高血压的患病粗率为 27.9%，全国高血压患病人数达 2.44 亿，约 4 个成年人中就有一个是高血压患者。高血压是引起各种心血管疾病如冠状动脉粥样硬化性心脏病（简称"冠心病"）、心肌梗死、脑卒中等的独立危险因素。高血压可损伤靶器官，引起多种心脑血管疾病和肾脏疾病，最终导致患者致残和致死。另外，我国的高血压患者人群知晓率、治疗率、控制率较低，易导致各种严重的心血管并发症高发。虽然目前临床已有许多治疗高血压的药物，如卡托普利、依那普利等，尽管其具有很好的专一性和降血压效果，但是长期服用会引发咳嗽、皮肤病、肾衰竭等副作用，因此寻找安全可靠、副作用小的食源性抗高血压活性成分如食源性活性肽成为研究热点。

表 4-1 中国高血压诊断标准

血压监测类型	标准值
诊室血压	诊室血压不在同一天内的 3 次血压值均高于正常：收缩压 ≥ 140 mmHg 和（或）或舒张压 ≥ 90 mmHg
家庭自测血压	≥ 135/85 mmHg
动态血压监测	24 h 内平均血压 ≥ 130/80 mmHg；白天 ≥ 135/85 mmHg；夜间 ≥ 120/70 mmHg

1. 体内血压调控系统——血管紧张素酶抑制肽的作用机制

体内血压由复杂的网络系统调控，血管紧张素酶系统在其中发挥关键作用。血管紧张素酶（ACE）主要通过肾素 - 血管紧张素系统（renin-angiotensin system，RAS）和激肽释放酶 - 激肽系统（kallikrein-kinin system，KKS）对血压进行调控，其中 RAS 是升压系统，KKS 是降压系统，二者在血压调控中互为拮抗作用，ACE 对两个系统的调控机制如图 4-1 所示。在 RAS 中，ACE 能将由肾素分解释放的无升压活性的十肽血管紧张素 I C 末端的二肽（His-Leu）切除，使之成为血管收缩剂血管紧张素 Ⅱ，升高血压。在 KKS 中，激肽原在激肽释放酶的作用下产生舒缓激肽（bradykinin，

BK)。舒缓激肽与受体结合使细胞内 Ca^{2+} 水平提高，从而刺激一氧化氮合成酶（nitricoxidesynthase，NOS）将 L- 精氨酸转变为强力血管舒张因子一氧化氮（nitric oxide，NO）。ACE 能够切除舒缓激肽 C 末端的二肽（Phe–Arg），使其失活，从而导致血压升高。

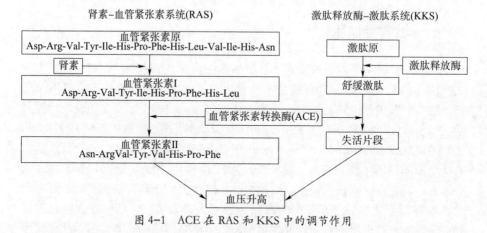

图 4-1　ACE 在 RAS 和 KKS 中的调节作用

2. 食物来源的 ACE 抑制肽、降压肽的研究现状

Ferreira 等 1965 年首次从南美洲腹蛇的毒液中发现血管紧张素酶（ACE）抑制肽。ACE 抑制肽可用于治疗高血压，且安全性高，故寻找高效的 ACE 抑制肽成为临床降压药物研发的研究热点。1979 年日本科学家首次报道采用细菌胶原蛋白酶水解明胶酶解液中提取 ACE 抑制肽。随后，随着研究的进展，科学家们已经从乳制品、大豆、大米以及玉米等植物食品，肉类水产品等动物食品中分离、纯化、筛选并开展了多种动物实验和功能学实验验证其降血压的作用，得到了多种具有明显降血压作用的食源性肽。食源性血管紧张素转化酶抑制肽，安全性能高、无明显副作用，对高血压患者有降压效果，而对血压正常者无明显副作用，与化学合成药物相比，其具有独特的优越性，为防治高血压疾病开辟了一条新途径。食源性降压肽也成为目前降血压保健食品等特殊食品的研发热点。目前，食源性降压肽从制备工艺到毒理学安全性评价和功能评价等的研究是最为成熟和完善的。

3. 食源性 ACE 抑制肽的制备、功能、测定和评价

目前食源性降压活性肽的制备方法主要有酶解法、发酵法、自溶法、重组法，其中酶解法是目前食源性降压肽最常用的制备方法。根据不同的原料选择合适的酶。常用的酶有碱性蛋白酶、中性蛋白酶、木瓜蛋白酶、菠萝蛋白酶、胰蛋白酶以及风味蛋白酶等。不同的酶及酶解条件，生成不同产物的产率和获得肽的活性均有较大的影响，食源性降压肽的酶解工艺目前仍是一个热点问题。发酵法是利用微生物代谢过程中产生的酶水解食品中的蛋白质，进而在发酵液中提取降压肽的一种方法，是制备乳源性降压肽的常用方法。自溶法是在

特定的条件下激活细胞自溶体系，由细胞分泌出蛋白酶而将自身的蛋白质水解，得到具有生物活性的肽的方法。重组法是指采用基因工程技术，结合工程菌发酵制备食源性降压肽的方法，对于克服酶解法的不足和工业化的实施具有重要意义。制备的降压肽进一步分离提纯至关重要。目前的纯化工艺有超滤、凝胶过滤色谱、反向高效液相色谱等，另外，离子交换色谱和亲和色谱在降压肽的提纯中也有所应用。

不同蛋白质来源的 ACE 抑制肽降压效果与其氨基酸组成和结构有关，有不少学者开展了相关的构效与降压关系的研究，但是目前尚未完全阐明。大多数天然的 ACE 抑制肽具有丙氨酸 – 脯氨酸或脯氨酸 – 脯氨酸的羧基末端，C 末端为色氨酸、苯丙氨酸、酪氨酸和脯氨酸，而 N 末端为支链氨基酸的二肽或三肽具有较强的 ACE 抑制活性。降压肽的功能测定和评价，主要采用体外和体内两种测定方法。

(1) **体外测定方法** 加入血管紧张素 I 的模拟底物，在一定条件下与 ACE 作用产生具有特异吸收特性的物质，通过对加入 ACE 抑制肽前后这种物质吸收特性的差异变化计算出其抑制的大小。ACE 抑制肽活性测定的关键是 ACE 活性的测定。ACE 活性测定的方法有多种，早期的 ACE 活性测定以该酶的天然底物血管紧张素 I 或缓激肽为底物，应用放射色谱法、比色法或放射免疫法分析，操作复杂、干扰多且底物昂贵。而目前多以人工合成的三肽作为酶底物进行分析。根据采用不同类型的分析检测仪器，ACE 活性测定大致分为分光光度计法、高效液相色谱法（HPLC）和高效毛细管电泳法等。

(2) **体内实验** 体外 ACE 抑制结果可能和体内的降压效果存在很大差异，体内实验是评价食源性肽降压效果更为有效可靠的方法。体内实验又包括动物实验和临床试验。

动物实验：模型动物一般选用原发性高血压大鼠（SHR），通过测量 SHR 摄入 ACE 抑制剂前后的动脉收缩压变化判断抑制效果。常选用口服或注射方式给药。动物实验因周期较长，对环境相对要求高，费用也较高，实验时应针对不同的实验样品选用不同的实验对象、给药方式、测定时间等。

临床试验：评价食源性活性肽降压效果最重要的试验为临床试验，但目前国内开展的相关食源性降压肽的人群临床试验研究还很少，临床试验方法的标准化和质控还有待完善。纳入试验人群为血压超过标准血压的边界型或轻微高血压患者，试验过程维持正常的饮食、体力活动。通过比较服用 ACE 抑制肽前后的血压变化进行分析。临床试验克服了人和动物种属生物反应性的差异，其评价结果在人群中更具实用性。目前，许多体外实验和动物实验证实有 ACE 抑制效果的活性肽，经人体临床试验却无明显降压作用。因此，临床试验将成为 ACE 抑制肽开发和临床应用研究中至关重要的环节。

综上，ACE 抑制肽的活性筛选可以根据具体情况，采用不同的方法。大规模的初筛可以用简单的体外分析仪器分析。体内测定方法，特别是动物实验和人体临床试验是最客观的评价方法，可验证筛选出目标产物的体内降压作用的可靠性及临床的可靠性。同时，通过建立体外试验和体内实验的相关性研究，建立多学科整合的复合筛选平台，为高效安全的抗高血压肽相关产品的研发提供新的思路和方向。

4.各类食源性降压肽的研究进展

（1）乳源性的ACE抑制肽　乳和乳制品富含包括蛋白质在内的多种营养素，为人类提供丰富的营养。牛乳中的蛋白质含有酪蛋白和乳清蛋白两种，但是主要成分是酪蛋白，占牛乳蛋白的80%，乳清蛋白占17%~20%。牛乳中的蛋白质结构分散程度大，易于蛋白酶水解形成功能性生物活性肽，因而备受研发人员的关注，成为最具有研究开发和应用价值的抗高血压活性肽。目前已经从乳酪蛋白、乳清蛋白、发酵乳等多种类型的乳蛋白及乳制品中发现了多种降血压活性肽。

1982年Maruyama等首次报道牛乳酪蛋白的胰蛋白酶水解物中存在能够抑制体内ACE活性的肽类物质。随后国内外大量学者报道了采用不同方法从酪蛋白中分解制备ACE抑制肽。其中最常用的方法仍是采用酶解法，利用各种酶如胃蛋白酶、胰蛋白酶对酪蛋白进行水解，后续利用大孔吸附树脂、葡聚糖凝胶层析对酶解产物初步处理，吸附分离，并通过两步半制备反相高效液相色谱法对生物活性肽进行分离纯化，获得ACE抑制肽。除此之外，也有发酵酪蛋白分解ACE抑制肽的报道。

20世纪90年代第一次从发酵乳中分离、提纯和鉴定了ACE抑制肽，此后不断出现从发酵乳制品中提取制备ACE抑制肽的研究报道。如日本的一种名为"可尔必思"的软饮料，是由乳酸杆菌发酵的脱脂牛奶，其中含有三氨基酸肽。研究人员采用该肽灌胃原发性高血压模型大鼠（SHR），结果显示其具有明显的降血压作用；此外，高血压患者连续服用含有这种三肽的酸奶4～8周后，血压明显降低。除了国内外报道的用单菌发酵从发酵乳中获得降压功能肽外，国内学者使用两种瑞士乳杆菌（1004和15019）和嗜热链球菌（13957）3种菌联合发酵10%脱脂乳，并测定其对SHR血压的影响，与单一菌株发酵得到的发酵乳相比，联合菌发酵得到降压肽的降血压作用更为显著。除了牛乳外，从传统的酸马奶和骆驼乳中发酵获得具有降压功能的活性肽也有相关的报道。Maryam Moslehishad等使用鼠李糖乳杆菌PTCC 1637发酵牛乳和骆驼乳，研究发现发酵骆驼乳的ACE抑制活性和抗氧化性比发酵牛乳要高。

干酪在后期的贮藏中，酪蛋白被蛋白酶分解为大肽，再由肽酶的作用，使其分解为小肽和一些人体所需要的氨基酸。王洁等人将瑞士乳杆菌处理硬质干酪、高达干酪，并对后期贮藏过程中干酪的生物活性肽进行了抗ACE活性的体外试验。试验证实了含瑞士乳杆菌的干酪其ACE抑制活性比对照组高，其活性和后期贮藏时间有一定的相关性。Wei Wu等研究证明碱和热处理牛乳干酪后，会影响牛乳干酪中ACE抑制肽的活性。J Meyer等证实了7种瑞士干酪（Swiss cheese）成熟过程中的 ACE 抑制活性，随着后期贮藏时间的延长，多数品种 ACE 抑制活性与功能肽段缬氨酸 – 脯氨酸 – 脯氨酸（Val-Pro-Pro，VPP）、异亮氨酸 – 脯氨酸 – 脯氨酸（Ile-Pro-Pro，IPP）的含量会逐渐升高，但是 Tilsiter 和 Gruyfere 干酪在贮藏后期 ACE 抑制活性与 VPP、IPP 含量会逐渐降低。Stephanie Rae Pritchard 等研究证明了 3 种澳大利亚切达干酪中的肽均有抑菌、抗氧化性和抗高血压活性。

(2) **植物 / 动物来源的 ACE 抑制肽**　从植物中分离的 ACE 抑制肽成本低，且分离和纯化较为方便。大豆、大米和玉米是研究报道最多的来源。大豆肽是由大豆蛋白经水解所得的以分子量低于 1000Da 为主的低聚肽。大米肽是大米蛋白经蛋白酶或强酸作用后，再经特殊工艺处理而得到的蛋白质水解产物，一般是采用淀粉酶、复合蛋白酶水解，再经离心分离、脱色、过滤、浓缩、灭菌，最终干燥得到的食品级大米肽粉。玉米肽由玉米醇溶蛋白经蛋白酶水解所得的脯氨酸 – 脯氨酸 – 缬氨酸 – 组氨酸 – 亮氨酸（Pro-Pro-Val-His-Leu）连接片段组成的低聚肽。吴建平、丁霄霖等对大豆降压肽进行了深入研究，对生产高活性 ACE 抑制肽酶系进行了筛选，并对筛选出的酶作用条件进行了优化。王申等对患有原发性高血压（SHR）的大鼠进行灌胃大米肽处理，长期灌胃实验发现 SHR 大鼠血浆中的体外血管紧张素转换酶（ACE）含量明显下降，NO含量显著上升。另外也有少量报道，有来自其他的植物来源，如小麦胚芽蛋白、鹰嘴豆、杏仁粕、脱酚棉籽蛋白、油茶粕蛋白、燕麦蛋白、碎米蛋白等。与乳源性和植物来源的降压肽相比，动物来源的 ACE 抑制肽的研究报道相对较少，1995 年 Fujita 等通过酶解法从鸡蛋中发现第一个降血压肽 Ovokinin。国内外学者有报道以猪骨、鸭骨、鸡骨、蚕蛹、泥鳅、发酵醍鱼酱、牛肌浆蛋白等为原料，制备 ACE 抑制肽。

(3) **海洋生物中的 ACE 抑制肽**　日本是开发海洋生物中 ACE 抑制肽最早的国家，他们主要从廉价低值的水产鱼类的蛋白质中开发。例如，日本合成化学株式会与京都大学以鲣鱼为原料酶解制得的降乐肽，经动物及临床试验都表明这是一类有效的降压食品，临床给予每人每天服 3 次、每次 2g 的剂量可使血压下降 11~14mmHg。该产品的特点是不含酶解产物的特殊性苦味、水溶性好、贮藏加工过程稳定性好、易于添加使用，除具有较强的 ACE 抑制活性外，同时还具有减肥作用，其应用前景广阔。国内的学者也从各种来源的海洋生物如巴沙鱼皮、鱿鱼皮、鲟鱼皮、牡蛎等为原料采用酶解的方法获得 ACE 抑制肽。

5. 其他与体内血压调节功能密切相关的肽

除 ACE 抑制肽外，其他类型的活性肽也与体内血压调节密切相关。目前临床上常用的心房钠尿肽（ANP）是由心房肌细胞合成并释放的肽类激素，因其具有较强的利尿作用，还可抑制肾素血管升压素的合成和释放，ANP 具有显著的降血压作用，尤其对大血管的舒张血管作用较强。降钙素基因相关肽（CGRP）是由 37 个氨基酸组成的神经肽，是目前发现具有最强舒张血管作用，对心血管系统具有重要调节作用的活性肽。阿片肽是一种具有激素和神经递质功能的生物活性肽，除了其镇痛作用外，研究表明与高血压的发生发展有密切关联，其机制仍待确认。神经肽 Y（NPY）在心血管系统也有大量 NPY 的神经纤维分布，NPY 能直接收缩血管，并能增强其他缩血管物质的收缩血管效应。其中，食物来源的外源性阿片样肽已经有不少的报道，目前有报道来自于牛奶酪蛋白、乳清蛋白、乳球蛋白和小麦蛋白等。食源性阿片样肽与高血压的关系仍待更多的研究验证。

二、肽与抗血栓作用

血栓形成的机制是因为各种原因导致的血管内皮损伤，再加上血流状态改变、血液流动变慢、血液凝固性增加等，从而引发血栓形成（见图 4-2）。血栓由不溶性纤维蛋白、沉积的血小板、积聚的白细胞和陷入的红细胞组成。血栓形成是由一组遗传和环境因素相互作用、相互影响的多因素变化过程。2018年出版的《中国血栓性疾病防治指南》中指出，随着人口老龄化，生活方式的巨大变化，血栓栓塞性疾病越来越成为全球性的重大健康问题，成为导致全球人口死亡的第一位原因。其涉及的主要血栓性疾病包括两个方面：①静脉血栓栓塞性疾病，即静脉血栓栓塞症，包括肺血栓栓塞症和深静脉血栓形成；②动脉血栓栓塞性疾病，包括急性冠状动脉综合征、心房颤动（简称"房颤"）、动脉短暂性缺血发作、脑卒中。

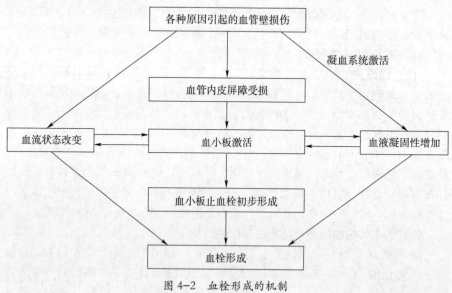

图 4-2 血栓形成的机制

除了临床上的溶栓药物抗凝剂（如抗血小板药物发、肝素、阿司匹林、维生素 K 拮抗剂等）外，食物来源的具有抗血栓作用的活性肽也逐步被开发和使用。国内外学者有报道从沙蚕、蚯蚓、红花、牛蛭和大豆蛋白等食品中获得具有抗血栓活性的肽。抗血栓肽来源于酪蛋白的残基，有抑制血液凝固及抗血栓形成的作用，但经胰蛋白酶水解后生成的小肽活性降低，不能抑制血纤维原的结合。同时发现牛乳 k- 酪蛋白与人纤维蛋白原 γ- 链具有结构同源性，血纤维蛋白原上的结合位点能抑制血小板的凝集及血纤维蛋白原结合到活化的血小板上，并能抑制人血纤维蛋白原 γ- 链与血小板表面特异位点的结合，因此具有抗血栓形成的生理功能，且比人乳中纤维蛋白原的 γ- 链 C 末端的十二肽具有更强的抑制活性。

1. 动物蛋白来源的抗血栓肽

目前，食物蛋白源具有抗血栓特性的活性肽主要来自牛 k- 酪蛋白的酶解物。牛 k- 酪蛋白来源的 f106~116 能够抑制二磷酸腺苷（ADP）活化的血小板聚集和人纤维蛋白原 γ- 链与血小板表面特异受体区域结合，这些肽的抗人血小板聚集作用强于血纤维蛋白原 γ- 链 C 端十二肽。通过抑制血小板聚集而阻止血液凝固，不影响纤维蛋白源与 ADP 活化的血小板结合。

2. 植物蛋白来源的抗血栓肽

目前已经从大豆中分离纯化出了两种肽，即天冬氨酸 - 谷氨酸 - 谷氨酸（Asp-Glu-Glu）和丝氨酸 – 丝氨酸 – 甘氨酸 – 谷氨酸（Ser-Ser-Gly-Glu），具有抑制血小板凝集作用。纳豆的水解产物中也具有明显抗血栓作用的肽。利用碱性蛋白酶水解菜籽蛋白得到的酶解物在 30~40 mg /mL 浓度下能够显著抑制凝血酶催化的血纤维蛋白原凝固，抑制率可达 90%。

目前关于食源性抗血栓肽相关的研究仍相对较少，相关的功能验证多为体外凝血酶抑制活性的观察。食源性抗血栓肽的体内动物实验和人群临床试验的研究还比较缺乏，有待更多的研究。

三、肽与动脉粥样硬化性心血管疾病

动脉粥样硬化性心血管疾病是由动脉粥样导致的一组累及全身疾病的总称，主要包括冠状动脉粥样硬化性心脏病、动脉粥样硬化源性脑卒中、短暂性脑缺血发作以及周围动脉疾病等，是心血管疾病致死、致残的主要原因（见图 4-3）。

高血压、血脂异常、肥胖、吸烟、饮酒、不合理膳食和体力活动不足等是动脉粥样硬化性心血管疾病的重要危险因素。高脂血症是动脉粥样硬化最重要的致病因素，预防和治疗高脂血症对于防治更为严重的动脉粥样硬化性心血管疾病及其并发症至关重要。高脂血症是指血液中的脂质成分代谢异常或者转运异常引起的一类病症，是一种全身性的疾病，也称血脂异常。它包括三酰甘油、胆固醇、低密度脂蛋白的升高以及高密度脂蛋白的降低。大量氧化的低密度脂蛋白可以直接损伤血管内皮细胞，造成内皮屏障破坏，大量沉积于血管壁内皮下，巨噬细胞侵袭吞噬氧化的低密度脂蛋白，形成泡沫细胞等，造成动脉粥样斑块样病理改变，进而导致动脉管壁增厚变硬、失去弹性和管腔缩小。

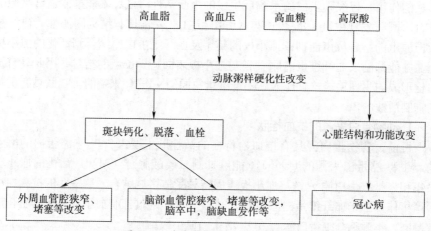

图 4-3　动脉粥样硬化性心血管疾病

临床上常见的降脂药物，如他汀类和贝特类等降脂药仍然存在一定的不良反应。研究发现食物中的膳食蛋白质可改善血脂水平，如大豆、乳清及鱼类蛋白消化经吸收后具有降低三酰甘油，降胆固醇、保护心血管的作用。食源性机体胆固醇的代谢包括胆固醇的吸收、生物合成以及排泄。食源性降胆固醇肽可有效减少胆固醇的消化吸收，能阻碍肠道内胆固醇的再吸收，促使其排出体外。食源性多肽还能刺激甲状腺激素分泌，促使胆固醇代谢产生胆汁酸，胆汁酸又被食物纤维吸附排出体外，从而阻碍对胆固醇的吸收，起到降低血液胆固醇的作用。此外，肽对胆固醇水平正常的人无降低作用，但可以防止食用高胆固醇食物后血清胆固醇水平的升高。下面介绍目前具有降血脂功效的食源性肽。

1. 乳源性降血脂肽及其作用

乳源性蛋白肽是最早鉴定序列的食物源性降血脂肽。国外学者采用高脂喂养的大鼠模型，报道牛乳 β- 乳球蛋白胰蛋白酶水解物能更有效地改善大鼠血胆固醇水平和动脉粥样硬化指数，并利用体外结合胆酸盐实验进一步证明了 β- 乳球蛋白酶解物是通过抑制乳糜微粒胆固醇溶解度进而减少外源性胆固醇吸收的。并在此基础上首次分离纯化获得一种具有降胆固醇效应的小分子肽 Lactostatin。高学飞等通过检测猪肝脏中羟甲基戊二酰辅酶 A 还原酶（HMG–CoA）的活性变化，筛选出了具有较高 HMG-CoA 还原酶抑制活性的乳清蛋白源生物活性肽，通过小鼠灌胃实验证实了该肽段组分能显著降低，小鼠血浆 TG、TC 水平，减小动脉粥样硬化指数。胆固醇 7- 羟化酶 (CYP7A1) 是一种表达于肝脏的胆固醇代谢限速酶，对于低密度脂蛋白胆固醇转运十分重要。Morikawa 等发现牛乳蛋白降血脂肽可以调节细胞信号，通过激活丝裂原活化蛋白激酶 (MAPK) 活性和钙离子通道的打开来刺激 CYP7A1 基因的表达，进而起到降低血浆胆固醇的作用。

2. 植物蛋白源降血脂肽及其作用

玉米肽是以玉米蛋白为原料经过蛋白酶或微生物发酵后获得的。玉米蛋白具有特殊氨基酸结构，其中存在着大量疏水性氨基酸，故玉米蛋白属疏水性蛋白。选择合适的酶可开发出富含疏水性氨基酸的肽，此类肽称疏水性肽。与玉米蛋白相比，玉米肽的水溶性增加而且具有多种生物学活性如抗氧化、抗炎、降血脂等。摄取玉米肽后能刺激肠高血糖素分泌，降低血清胆固醇，促进内源性胆固醇代谢亢进，增加粪便中胆固醇排泄量。此外，玉米肽还可抑制血管紧张素转换酶的活性，使血浆中的缩血管物质血管紧张素 I 生成减少，从而使血压降低。因此，玉米肽可作为降血脂和降血压食品的主要功能成分，适用于动脉粥样硬化患者服用。

大豆肽是大豆蛋白的水解产物，具有多种活性成分，研究发现大豆肽能有效降低血脂和血胆固醇，还具有降低动脉血压和减肥作用。许多文献报道大豆蛋白活性肽能抑制胆固醇的溶解度，减少胆固醇的肠道吸收。大豆活性肽破坏胆固醇胶束与其作用时间和高疏水性氨基酸的含量有关。Making 等最早研究发现大豆蛋白中的疏水性氨基酸可促进胆固醇的胆汁酸化，起到降低血液胆固醇的作用。最近有研究从大豆蛋白中分离出一种与肠抑素具有相同序列的短肽"亮氨酸 – 脯氨酸 – 酪氨酸 – 脯氨酸 – 精氨酸（LPYPR)"，可对小鼠产生降低血清胆固醇的作用。另一个来自大豆球蛋白的多肽结构中含有疏水区"异亮氨酸 – 丙氨酸 – 缬氨酸 – 脯氨酸 – 甘氨酸 – 天冬氨酸 – 缬氨酸 – 丙氨酸（IAVPGEVA)"，此疏水区是大豆多肽具有生物活性所必须的结构，也同样具有降低胆固醇的作用，可以抑制内源性胆固醇合成的关键酶羟甲基戊二酰辅酶 A 还原酶的活性。另外有研究证实，来自大豆 β- 伴球蛋白亚基的肽片段也具有降低胆固醇的生物活性。还有研究发现，发酵的豆奶获得的肽对高胆固醇小鼠模型中的高密度脂蛋白胆固醇和低密度脂蛋白胆固醇有显著的作用。

大米肽是由大米蛋白制备得到的，具有多种生物活性，不仅有降血压、降血脂、降胆固醇的作用，还可以提高机体免疫能力。陈季旺等利用碱性蛋白酶水解大米蛋白来制备大米降压肽，其中抗高血压生物活性最大的肽氨基酸一级结构为 FNGFY (Phe– Asn–Gly–Phe–Tyr)。大米降压肽之所以能够有降血压作用，可能是因为组成其肽链的氨基酸残基中有甘氨酸 (Gly)，而甘氨酸具有降低血液中胆固醇浓度的作用，从而防治高血压、降低血液中的血糖含量、避免糖尿病的发生。同时大米肽能刺激甲状腺激素分泌增加，促进胆固醇的胆汁酸化，使粪便排泄胆固醇增加，从而起到降低血液胆固醇的作用。

绿豆肽对高脂血症有预防作用，还能促进胆汁酸化粪便，使肠道排泄胆固醇增加，从而起到降低血中胆固醇的作用，因此也可作为动脉粥样硬化患者的保健食品。花生肽能有效降低血浆中的总胆固醇，并且能升高血浆高密度脂蛋白，还具有抗氧化、防衰老等功能。虫草肽能抑制肝脏组织合成胆固醇，使血浆总胆固醇和三酰甘油含量降低。研究显示，虫草肽在动脉粥样硬化的家兔模型中可有效减轻主动脉壁粥样硬化的程度。其他来源如糙米蛋白水解物、荞麦蛋白等的生物活性肽在多种动物发现能够降低高脂血症动物模型的低密度脂蛋白胆固醇水平，增加粪便中中性和酸性类固醇类的排泄等。

3. 动物蛋白源降血脂肽及其作用

随着近年来海洋科技的发展，海洋食品成为未来的发展热点，海洋生物降血脂肽也由此受到了广泛关注。目前已从沙丁鱼、大西洋鲑、扇贝、牡蛎等多种海洋生物中获得了具有降血脂功能的蛋白肽。研究人员利用胃蛋白酶和木瓜蛋白酶两步水解制备水母活性肽，通过动物实验发现饲喂水母活性肽能有效改善高脂大鼠的血脂情况，其降脂效果与降血脂药物辛伐他汀组的效果相当。国外学者通过动物实验证明，沙丁鱼水解物能使高脂大鼠血清总胆固醇、总三酰甘油水平降低，并使大鼠肝脏超氧化物歧化酶（SOD）、谷胱甘肽过氧化物酶（GPx）和过氧化氢酶（CAT）的活性升高。研究提示沙丁鱼水解物可以通过其强抗氧化活性防止脂质过氧化，从而降低动脉粥样硬化的风险。

禽肉类蛋白也是制备降血脂活性肽的优质来源。研究人员发现鸡胶原蛋白水解物可以有效降低 ApoE 模型小鼠的三酰甘油、胆固醇含量以及促炎症因子水平，表明鸡肉胶原蛋白水解物可以通过其降脂作用和抑制炎性细胞因子的表达，从而预防和改善动脉粥样硬化。MShimizu 等研究了猪肝蛋白水解物对遗传性肥胖大鼠脂质代谢的情况，大鼠连续摄入猪肝蛋白水解物 14 周后，体重和肝脏重量显著下降，其葡萄糖 -6- 磷酸脱氢酶和脂肪酸合成酶的活性也明显降低，说明猪肝蛋白水解物可通过抑制脂肪的生物合成调节大鼠体内的脂质代谢。于娜等利用碱性蛋白酶和复合风味酶水解卵黄蛋白，通过体外实验筛选得到 3 种降血脂肽，并通过实验证明该卵黄肽能有效降低高脂小鼠血清三酰甘油和胆固醇水平。

4. 其他肽类与动脉粥样硬化性心血管疾病

冠心病患者经常会出现血管狭窄和阻塞，继而引起心肌缺血，部分患者会出现心绞痛症状。研究发现阿片肽类有镇痛作用，心脏中表达阿片肽类的受体可在心血管系统发挥重要作用。内皮素由含有氨基酸的多肽组成，是目前已知的内源性最强的收缩血管物质。在心肌缺血和再灌注时，由于血管内皮受损，导致内皮素分泌增加，加重血管收缩、心肌缺血，因此，临床上针对内皮素的拮抗剂已经用于冠心病的治疗。

食源性肽在心血管健康中的重要作用已经受到越来越多的关注，也成为未来生物工程、保健食品和特殊医学用途食品研发的重点。但是目前仍存在很多亟待解决的问题，如肽在人体内消化吸收功能作用的机制和靶点，很多尚未完全明确；由于心血管疾病发病的复杂性和病理、生理状态的个体差异，在体外功能试验和动物模型中筛选和验证的功能肽，对心血管疾病的保护功能需要更为严谨的临床干预试验验证，而目前临床试验的标准和质控还有待完善；不同的氨基酸组合方式形成了不同功能肽制备纯化工艺的稳定性，不同来源的肽的活性之间交互作用需要进一步研究；功能肽的作用已经很明显，在此基础上配合其他营养物质，是否有更高的营养附加价值？这些问题都需要未来更多的研发人员进行努力地探索和研究。

（赵丽娜、郝丽萍）

参考文献

1. 阮晓慧 韩，张润光，张有林. 食源性生物活性肽制备工艺、功能特性及应用研究进展. 食品与发酵工业 [J]. 2016; 42(6): 248-253.

2. 杨湘华，李江. 食源性降血压肽构效关系与制备研究进展. 食品研究与开发 [J]. 2016; 37(3): 217-220.

3. 杨铭，胡志和. 乳源 ACE 抑制肽的开发与应用. 食品科学 [J]. 2010; 31(19): 461-4.

4. 洪伟薛，陈玲. 酪蛋白制备 ACE 抑制肽的酶解工艺优化. 食品与发酵科技 [J]. 2010; 2: 37-40.

5. Fatemeh Nejati, Carlo Giuseppe Rizzelloa RC, Mahmoud Sheikh-Zeinoddin, et al. Manufacture of a functional fermented milk enriched of Angiotensin-I Converting Enzyme (ACE)-inhibitory peptides and γ-amino butyric acid (GABA) [J]. LWT-Food Science and Technology, 2013, 51(1): 183-189.

6. Otte JL, T.; Flambard, B.; Sørensen, K. I. Influence of fermentation temperature and autolysis on ACE-inhibitory activity and peptide profiles of milk fermented by selected strains of Lactobacillus helveticus and Lactococcus lactis. [J] international diary journal, 2011, 21(4): 229-238.

7. Maryam Moslehishad MR, Maryam Salami, Saeed Mirdamadi, et al. The comparative assessment of ACE-inhibitory and antioxidant activities of peptide fractions obtained from fermented camel and bovine milk by Lactobacillus rhamnosus PTCC 1637[J]. International Dairy Journal, 2013, 29(2): 82-87.

8. Wenjuan Qu HM, Junqiang Jia, Ronghai He, et al. Enzymolysis kinetics and activities of ACE inhibitory peptides from wheat germ protein prepared with SFP ultrasound-assisted processing[J]. Ultrason Sonochem, 2012, 19(5): 1021-1026.

9. 孙德群，鲁于. 海洋生物活性肽在药物研发中的应用进展 [J]. 有机化学，2017, (7): 1681-1700.

10. 《中国血栓性疾病防治指南》专家委员会. 中国血栓性疾病防治指南 [J]. 中华医学杂志, 2018, (36): 2861-2888.

11. 祁慧萌，曾祝于，王于. 中国成人动脉粥样硬化性心血管疾病基层管理路径专家共识（建议稿）[J]. 中国全科医学，2017, 3: 251-261.

12. 王振宇，邵丁刘. 食物蛋白源降血脂肽的研究进展 [J]. 食品工业科技，2018, 1: 323-6.

13. 丛万锁，王晓杰. 玉米肽的生物学功能及产品开发的研究进展 [J]. 中国油脂，2021, (5): 82-8.

14. 何平, 尹刘廖. 大豆多肽生物活性及其酶解与吸收机制研究进展 [J]. 粮食与油脂, 2021, (4):15-7.

15. 赖春燕, 芮馨, 霍维用, 等. 大豆多肽生物活性研究进展 [J]. 现代食品, 2021, 19:28-34.

16. Ahmed A Zaky, Jesus Simal-Gandara, Jong-Bang Eun, et al. Bioactivities, applications, safety and health benefits of bioactive peptides from food and by-products[J]. A Review Front Nutr, 2022, 20;8:815640.2021.

17. 朱恩俊, 华从伶, 安莉. 大米多肽功能性质及制备方法的研究进展 [J]. 食品与机械, 2010, 26(04):142-145.

18. 王申, 周佳, 徐晶, 等. 超声、微波联合预处理大米蛋白制备 ACE 抑制肽工艺优化 [J]. 食品与机械, 2014, 30(03):159-162.

19. 陈季旺, 孙庆杰, 夏文水, 等. 大米肽的酶法制备工艺及其特性的研究 [J]. 农业工程学报, 2006, 22(6):178-181.

第二节　肽与胃肠道健康

　　胃肠道是人体与外界环境接触最大的器官, 在食物的消化吸收中起着至关重要的作用。胃肠道黏膜在对营养素和有害成分的免疫耐受之间保持着微妙的平衡, 维持消化系统甚至人体其他系统的正常功能。它从口腔延伸到胃、小肠和大肠, 具有摄取、消化、运输食物和吸收营养的功能, 同时保护身体免受毒素、抗原和病原体等环境因素的影响。另一方面, 食物中的营养成分或其他物质也可以在消化、吸收后影响胃肠道的功能。食物的消化产物与胃肠道神经和内分泌系统的相互作用也会影响食物的消化和吸收, 最终影响营养物质的代谢和生理功能。

　　天然存在于食物中或在消化、加工过程中来源于食物蛋白质的生物活性肽在多种生物过程中发挥作用, 包括维持肠道健康和功能。食物来源的生物活性肽通过调节屏障功能、免疫反应和肠道微生物群对胃肠道内环境稳定产生积极影响。因此, 除了提供能量和必需氨基酸外, 食物来源的生物活性肽具有广泛的应用前景, 可用于特殊医疗用途膳食、运动营养食品以及功能性食品等的开发。本节主要总结了食源性生物活性肽对胃肠道运动和功能的影响, 以及在胃肠道相关疾病中的应用。

一、生物活性肽影响胃肠道健康的机制

1. 生物活性肽对胃肠道运动和激素分泌功能的影响

　　胃肠道运动控制整个消化道的食物运动, 包括胃肠道收缩活动、肠壁的生物力学功能和肠道内容物的腔内推进。它受胃肠神经系统、躯体和自主神经系统以及中枢神经系统的调节。炎症、免疫过程、肠道分泌物、胃肠道微生物群

等生理因素可调节胃肠道运动功能。胃肠道运动障碍通常与功能性胃肠疾病有关。因此，正常的肠道运动和胃排空率对胃肠道健康非常重要。

牛奶是重要的食物蛋白质来源，它在消化过程中会产生生物活性肽。牛奶来源研究最多的两类肽是抑制血管紧张素转换酶（angiotensin converting enzyme，ACE）的抗高血压肽和阿片类肽。ACE 是一种多功能酶，在调节内源性多肽的功能方面具有重要作用。在牛奶的自然消化过程中释放的一些肽已经被证明具有 ACE 抑制作用，并且被认为与一些内源性肽一样是 ACE 的竞争性底物。口服这种生物活性肽后，在动物和人体试验中都证实了其降压作用。

阿片肽是具有激动性或拮抗性的阿片受体配体。这些肽在牛奶蛋白的正常消化过程中也会产生，产生纳洛酮抑制阿片活性。从食物中得到的阿片肽，其序列与内源性阿片肽（内啡肽）有些许不同。阿片受体广泛分布在哺乳动物的神经、内分泌、免疫和消化系统中。牛奶蛋白和食物蛋白肽衍生物具有阿片受体激动剂或拮抗剂活性，并具有阿片受体选择性。

被鉴定为 μ- 阿片受体激动剂或拮抗剂的食源性生物活性肽可介导 μ- 阿片受体（μ-opioid receptors，MORs）的神经调节功能，改变肠道运动。MORs 属于 G 蛋白耦联受体（G protein-coupled receptors，GPCRs）家族，位于肠神经系统、胃肠道中的免疫细胞和回肠纵肌细胞内。它们协调各种神经递质转运过程并调节细胞功能。阿片受体激动剂被广泛用于减轻患者痛苦和改善癌症患者的生活质量。不过，这种治疗会引起副作用，特别是 MORs 激动剂通过肠蠕动减慢等不同机制引起便秘。口服 μ- 阿片受体激动剂如大豆吗啡素（分别为大豆吗啡素 -5、吗啡素 -6 和吗啡素 -7）、大豆 β- 伴大豆球蛋白 β 亚单位，会抑制禁食小鼠的胃肠转运，并作用于 MORs 以调节摄食量和消化功能。与之相反，一些食源性肽可以促进胃肠运动，减少肠道转运时间。Casoxin 4 (Tyr-Pro-Ser-Tyr-OCH₃)，是一种从牛乳 κ- 酪蛋白部分分离出来的阿片受体拮抗剂，在体外试验和动物实验中均可以观察到其拮抗吗啡的抑制作用。

MORs 具有抗炎特性。MORs 激动剂可抑制神经元的活动并干扰肠神经系统中一些主要递质的释放，如乙酰胆碱、血管活性肠肽、5- 羟色胺（serotonin，5-HT）和 γ- 氨基丁酸（γ-aminobutyric acid，GABA）。MORs 激动剂被认为是肠道炎症和炎症性肠道综合征（inflammatory bowel syndromes，IBD）中有前景的治疗分子。

MORs 还与肠道免疫细胞相互作用。免疫细胞在肠神经系统中的表达受 T 细胞和肠道炎症的调节。MORs 激动剂能抑制细胞因子的表达和 T 细胞的扩增。因此，它们可能是肠道炎症的潜在治疗分子。β- 酪蛋白释放的 β- 酪啡肽（β-casomorphin，BCM）如 BCM-7、BCM-5、BCM-4 和 BCM-3，可通过其 MORs 激动剂和炎症调节活性减缓胃肠道转运。通过热处理、发酵和酶解从牛奶、鸡蛋、小麦、大米等中提取的其他阿片肽是阿片受体配体。因此，食源性 μ- 阿片肽可能通过介导肠道神经元活动、肠道运动和局部免疫反应而有益于肠道健康。

胃肠道是最大的内分泌器官，其通过释放不同的激素来微调广泛的生理反应。目前已经鉴定出许多肠肽激素，如葡萄糖依赖性促胰岛素多肽（glucose-dependent insulinotropic polypeptide，GIP）、胆囊收缩素（cholecystokinin，CCK）、胰高血糖素样肽 1 和 2（glucagon-like peptide 1 and glucagon-like peptide 2，GLP-1、GLP-2）、肽 YY（PYY）、胃泌素、分泌素、生长抑素、胃动素、瘦素、内脂素 -1 和饥饿素等。肠内分泌细胞也能分泌生物活性胺，如组胺和 5-HT。这些激素随着食物的摄入而释放，与其他多种因素如压力、身体能量需求等共同影响饮食行为。激素也可以旁分泌方式作用于邻近细胞，包括其他肠内分泌细胞、免疫细胞和肠神经元，或通过血液循环系统作用于远处的靶器官。它们与肠道神经信号结合，刺激上行迷走神经通路，或直接作用于大脑神经元，调节食物摄入和能量平衡。肠道激素通过复杂的机制调节身体的新陈代谢、糖耐量和食欲。

能够调节胃肠激素分泌的食源性肽也因此备受关注。大豆 β- 球蛋白、蛋清、鸡肉、猪肉、牛肉、牛肝、酪蛋白、青豆和土豆中的肽可刺激 CCK 分泌。细胞实验和动物实验中也可观察到蛋清水解物和肉类水解物可以激活 GLP-1 分泌，小麦麸质水解物可增强 PYY 分泌，牛奶乳清全蛋白和酪蛋白的水解物具有强大的刺激胃酸分泌和血浆 GIP 分泌的作用。肠道消化释放的肽可以通过钙敏感受体（calcium-sensing receptors，CASR）和 GPCRs 刺激激素的产生。这些受体簇激发钙离子吸收并导致细胞内钙离子增加，引发后续级联反应，触发基因转录和激素分泌。同时，GPCRs 可以感知肠腔肽并激活信号传导系统，从而介导肠细胞的功能。

胃肠道中的许多免疫细胞也可表达胃肠激素受体。内分泌细胞具有不同的化学感受机制来检测营养素以外的刺激，是微生物代谢物的关键传感器。因此，在胃肠道中，内分泌细胞可能在协调免疫细胞功能方面发挥直接和关键的作用。复杂的免疫内分泌轴可以作为肠道感染和炎症疾病治疗的潜在靶点。

2. 生物活性肽对胃肠道屏障功能的影响

胃肠道黏膜是胃肠道的最内层，包括定植微生物、主要由杯状细胞分泌的黏液层、单层上皮细胞以及存在大量免疫细胞和淋巴管的固有层。黏膜结构也称为肠内黏膜屏障或肠屏障。它由物理（肠上皮层）、化学（黏液层）、免疫（固有层下的各种免疫细胞）和生物屏障（肠道微生物群）组成。这 4 个部分紧密相连，构成一个整体，在肠道内环境稳态和肠道相关疾病的发病机制中直接或间接地相互调节。肠道屏障缺陷与广泛的疾病和功能紊乱有关，从胃肠疾病到神经、呼吸、代谢、肝脏和心血管疾病等。肠道微生物作为肠道屏障的关键组成部分之一，由于其内分泌功能和对宿主的多种影响（远离肠道部位的疾病表现）而受到越来越多的关注。

饮食成分是调节肠道微生物群结构和功能以及肠道整体完整性的主要因

素。其中，在消化和加工过程中来源于食物蛋白质的肽除了为肠上皮提供能量外，还具有多种生物活性。许多研究发现，可以从发酵食品（如发酵乳制品、肉制品和豆制品）或多种食物蛋白质（如牛奶、鸡蛋、鱼、大豆、小麦等）的酶水解产物中获得具有调节消化功能和黏膜屏障的食源性生物活性肽。

(1) **生物活性肽对肠道物理屏障功能的影响**　肠单层上皮细胞代表了肠道的物理屏障，也是肠黏膜屏障中最重要的一层，具有选择渗透性。肠上皮细胞是抵抗肠腔抗原和病原体的第一道防线和屏障。上皮屏障的主要功能成分是紧密连接蛋白（tight junctions，TJs）。TJs 的亚细胞定位以及表达水平是研究肠屏障功能障碍的关键指标。

内质网（endoplasmic reticulum，ER）应激导致的功能障碍被认为是肠道炎症发病机制中的主要途径。内质网是一种细胞器，其功能是折叠和修饰膜，分泌蛋白，协助脂质生物合成，维持钙稳态。内质网应激是由不同条件触发的，包括内质网内未折叠或错折叠蛋白质的积累。如果不能控制，它将在内质网和线粒体中产生高水平自由基（如活性氧），通过未折叠的蛋白质反应和核转录因子 $-\kappa B$（nuclear transcription factor$-\kappa B$，NF$-\kappa B$）途径诱导氧化应激和炎症。因此，维持肠上皮细胞中自由基的稳态对肠屏障的完整性至关重要。许多从植物和肌肉来源的食源性生物活性肽，可在不同的细胞和动物模型中发挥抗氧化活性，包括常用的 H_2O_2 处理的 caco-2 细胞。牛奶和鸡蛋作为生物活性肽的良好来源也被广泛研究以获得抗氧化肽。总的来说，抗氧化肽可以保护肠细胞免受自由基诱导的细胞毒性，通过 Keap1-Nrf2 信号通路上调细胞抗氧化酶的表达，并抑制促炎细胞因子的表达。这些肽在肠道细胞和组织中的抗氧化活性，以及调节肠道功能和健康的机制需要进一步研究。

各种食物成分可调节肠上皮的通透性和完整性。如酪蛋白水解物可改善糖尿病易感大鼠的肠道屏障功能，酪蛋白衍生肽 NPWDQ 被证明能上调紧密连接蛋白的表达，并加强紧密连接屏障以抑制过敏原的渗透。生物活性肽作为营养因子，可增加蛋白质合成，从而激活紧密连接。也有从饮食中补充鱼蛋白水解物可降低肠道通透性从而治愈肠易激性炎症性肠病（IBD）的报道。

(2) **生物活性肽对肠道化学屏障功能的影响**　肠道化学屏障由来自胆囊的胆汁酸、来自胰腺和肠细胞的各种酶、多种抗菌肽和黏蛋白组成。Paneth 细胞和结肠上皮细胞分泌的抗菌肽防御素可保护宿主免疫和肠道完整性。溶菌酶是 Paneth 细胞产生的另一种抗菌肽，分散在黏液层中，有助于形成防止细菌入侵的化学屏障。黏蛋白主要由杯状细胞产生，是肠道化学屏障中最重要的成分。黏蛋白分为膜结合成分和分泌成分。膜相关黏蛋白和分泌黏蛋白的细胞外结构域作为细菌黏附素的配体，限制病原体的沉降和随后的免疫反应。它们在维持肠道屏障功能和体内平衡方面起着至关重要的作用。

研究发现，通过蛋白酶消化获得的大豆肽被证明会影响虹鳟鱼体内消化液中的总胆汁酸浓度和远端肠道的形态结构。驴奶摄入可缓解回肠炎小鼠 Paneth

细胞中 α- 防御素 mRNA 和溶菌酶水平的降低。从小麦麸质和传统日本米酒（清酒）的水解物中鉴定出焦谷氨酰胺基亮氨酸，可促进小鼠回肠防御素前肽的形成。

大多数能够调节黏蛋白表达和杯状细胞的肽源于乳蛋白。α- 乳清蛋白、β- 乳球蛋白和酪蛋白的水解物诱导人杯状细胞和大鼠肠道中的黏蛋白释放。从 αS1 酪蛋白中提取的两种肽 RYLGY 和 AYFYPEL 被发现可诱导黏蛋白表达；衍生物 YFYPE、YFYPE、YFYP 和 YFY 也显著增加了人类 HT29-MTX 细胞中黏蛋白 MUC5AC 基因的表达和黏蛋白的分泌。发酵乳中鉴定的肽 β- 酪蛋白片段增加了大鼠小肠杯状细胞和 Paneth 细胞的数量，并促进了肠分泌黏蛋白 MUC2、跨膜相关黏蛋白 MUC4 和抗菌因子（溶菌酶素等）的表达。来自该片段的肽也可以刺激肠杯状细胞中黏蛋白的产生，如 MUC2、MUC4 和 MUC5AC。β- 酪啡肽（源于牛 β- 酪蛋白的阿片肽）可调节胃肠道转运，并作用于大鼠空肠以及大鼠和人肠黏蛋白产生细胞，诱导黏蛋白的强烈释放。这些阿片肽通过直接影响肠杯状细胞和激活阿片受体来增强黏蛋白的产生。通过肽序列比对，在发酵骆驼奶中发现的 β- 酪蛋白片段 105~124 具有与牛 β- 酪蛋白序列（94~123）相似的肠道保护活性。

此外，黏液层和肠道微生物群长期以来被认为是共同进化的，是互利的。黏液为细菌提供结合位点和营养，并对肠道微生物组成和功能构成选择性压力；细菌促进有效的黏蛋白周转，并改变黏蛋白的结构和功能。因此，生物活性肽对肠道化学屏障功能的影响应考虑与肠道微生物组成和功能相结合。

（3）**生物活性肽对肠道生物屏障功能的影响** 肠道定植的微生物物种被认为是肠道生物屏障的一部分。肠道微生物群主要存在于黏液的外层，对人类健康起着至关重要的作用。微生物通过其代谢机制产生大量代谢物，在饮食和宿主之间充当信使。这些复杂代谢物包括短链脂肪酸、维生素、蛋白质代谢物、多糖 A、γ- 氨基丁酸（GABA）、食欲调节肽等。研究食品和各种食品衍生生物活性成分和肠道微生物群之间的相互作用及其对人类健康的影响具有广泛前景。

益生元和多酚是研究最广泛的具有双歧杆菌活性的食品成分之一。双歧杆菌肽也可以从食物蛋白质中鉴定出来。家禽骨骼和肉类水解物可促进多种人类来源双歧杆菌的生长并维持其生存能力。除了氨基酸供应外，水解产物含有可被不同菌株特定肽酶消耗的特定促生长肽。人乳中的乳铁蛋白和可溶性多免疫球蛋白受体水解生成双歧肽，具有抗菌作用并刺激双歧杆菌生长，这对新生儿的健康至关重要。鸡蛋清卵黏蛋白含有 2.6%~7.4% 的唾液酸，这是一种重要的双歧杆菌生长促进因子。当用作唯一碳源时，卵黏蛋白的胃蛋白酶和胰蛋白酶水解物可促进婴儿双歧杆菌的生长和乳酸的产生。牛糖巨肽是在奶酪制作过程中从牛 κ- 酪蛋白（残基 106~169）中释放的一种候选启动子，可以促进双歧杆菌的生长。

大豆蛋白和发酵大豆食品可调节肠道微生物群，主要是厚壁菌门和类杆菌门。食用大豆显著改变了跑步能力较低大鼠的盲肠微生物群落，并降低了厚壁菌与类杆菌的比率，这可能与大豆中存在异黄酮（即大豆苷元）或消化过程中形成肽有关。大豆 7S 球蛋白胃蛋白酶消化肽选择性地抑制致炎性革兰阴性菌，增加毛螺菌科和乳酸杆菌科的相对丰度，从而刺激短链脂肪酸的产生。它也可降低细菌脂多糖（lipopolysaccharide，LPS）的稳定性，降低肠道中的 LPS 负荷，并最终能够改善宿主炎症状况。

(4) 生物活性肽对肠道免疫屏障功能的影响　肠道免疫屏障功能由分泌性 IgA 二聚体和固有层中的免疫细胞实现。免疫系统在肠道不同部分分布不同。免疫系统在小肠中的关键功能是保护屏障功能以抵抗各种细胞外感染和食物中的蛋白质抗原，而在结肠中的关键功能是防止针对共生微生物群的炎症反应，杯状细胞产生的一层厚厚的黏液层作为肠壁和这些微生物之间的分隔物。

食物和食物源性的生物活性物质可以通过刺激先天性和适应性免疫反应以及涉及肠道共生微生物群和黏液动力学的机制来调节肠道内免疫环境平衡。

乳蛋白作为前体蛋白，在消化过程中在肠道释放大量的生物活性肽，具有抗炎作用。牛奶水解物和衍生肽可调节炎症细胞因子的产生、抗氧化酶活性和体液免疫反应。相关分子包括单核细胞趋化蛋白（MCP-1）、髓过氧化物酶、谷胱甘肽 S- 转移酶、谷胱甘肽过氧化物酶（GPx）、过氧化物酶（POD）、总抗氧化物含量（T-AOC）、超氧化物歧化酶（SOD）、组胺、白细胞介素（IL，如 IL-4、IL-8 等）和 IgE、IgA、IgG 等。摄入牛奶后，其中的 β- 酪蛋白消化过程中释放的阿片样生物活性肽可以引起肠绒毛中的白细胞浸润增加。

大多数情况下，炎症过程与活化 B 细胞的核转录因子 -κB 轻链增强子（NF-κB）的激活有关。从牛 β- 酪蛋白中鉴定的 DMPI-QAFLYQEPVLGVR，作为一种 NF-κB 抑制肽，可以在 TNF-α 刺激的细胞中显示出抗炎作用。卵转铁蛋白衍生的二肽（CR、FL、HC、LL 和 MK）可通过 MAPK 和 NF-κB 信号通路抑制促炎细胞因子的表达，减轻 TNF-α 激发的 caco-2 细胞的炎症。

大豆衍生二肽和三肽在 DSS 诱导的结肠炎小鼠模型中具有抗炎活性，可以观察到炎症介质 IFNγ、TNF-α、RORC、IL-1β、IL-6、IL-8 和 IL-17 的表达，以及 MPO 活性和 FOXP3 T 调节转录因子的降低。大豆中的三肽 VPY 抑制活性氧和促炎细胞因子的产生，减轻 caco-2 细胞、THP-1 和 RAW264.7 巨噬细胞中的氧化应激。

二、肽在胃肠道疾病中的应用

常见的胃肠道疾病有胃炎、炎症性肠病（inflammatory bowel disease，IBD）、结直肠癌（colorectal cancer，CRC）等。通常，在患有不同胃肠道疾病的患者中可以发现结构和生化异常。食物蛋白衍生的生物活性肽可以通过不同的机制调节胃肠道的稳定性，如上述的黏膜屏障、肠道微生物群、肠内分泌和肠神经系统、免疫系统等。随着人们对胃肠道功能尤其是肠道微生物群重要性的认识不断深入，肠道功能和健康与宿主的生理和病理密切相关。从食物中提取的生物活性肽对人体的整体功能和健康具有巨大的潜力。

（一）胃炎

胃炎是由幽门螺杆菌（H.pylori）感染、非甾体抗炎药、吸烟、酒精、甾体激素或压力等因素引起的胃部炎症。慢性胃炎可能发展成不同的情况，如胃溃疡或消化性溃疡。溃疡与胃黏膜的侵蚀有关。溃疡可干扰生理反应，损害黏膜对各种管腔介质和刺激的快速修复能力。幽门螺杆菌是最常见的胃炎病因。脲酶的产生和胃动力有利于其在胃酸条件下的存活和向宿主上皮细胞的移动。细菌黏附素可将其识别和附着在细胞受体上，以支持其定植和毒素释放。幽门螺杆菌具有空泡化细胞毒素 A 的毒力因子，可通过破坏溶酶体酸化、抑制溶酶体与自噬体的融合和破坏内溶酶体运输，利用自噬体建立细胞内储存库，以抵抗抗生素治疗和宿主清除，增强定植。幽门螺杆菌通过不同的机制引起炎症和组织损伤，包括免疫细胞的募集和持续激活以及上皮损伤。通过结合和毒素分泌，病原体可引起内质网应激、线粒体功能失调、细胞凋亡和促炎性细胞因子的表达。表达途径包括 NF-κB、MAPK 和 II 类主要组织相容性复合物分子在内的复杂细胞信号通路。

在促进幽门螺杆菌与胃上皮细胞黏附方面起着关键作用的一类黏附素是唾液酸结合黏附素。唾液酸是由氨基糖与磷酸烯醇丙酮酸缩合产生的九碳糖家族的一员，通常是宿主聚糖在细胞表面组装成蛋白质和脂质的末端结构。细胞之间的接触需要用到这一结构。然而，由于细菌毒力因子和黏附素的复杂性，受体识别也与蛋白质 - 蛋白质相互作用有关。病原体黏附是感染的前奏，诱饵受体（聚糖、糖缀合物或肽）对早期定植的干扰可以抑制细菌进入上皮细胞，并在很大程度上防止疾病的发生，而不会引起抗生素耐药性。基于这些优势，这种抗黏附策略在预防和治疗幽门螺杆菌感染方面具有巨大潜力。

牛乳和鸡蛋清中的黏蛋白可与幽门螺杆菌的黏附素结合，从而阻止细菌细胞定植于小鼠胃黏膜。豌豆种子蛋白中的 2 种肽（DFLEDAFNVNR 和 ELAFPGSA-QEVDR）可显著抑制幽门螺杆菌与人黏附胃腺癌上皮细胞和人胃组织的黏附。麦胚蛋白水解物可有效抑制幽门螺杆菌与胃上皮细胞的黏附，从水解物中鉴定出的肽作为受体类似物，并具有抗黏附活性。一种来自海洋微藻衣藻的肽，含有 PQPKVLDS 序列，通过 EGFR/PI3K/Akt/β- 连环蛋白途径有效抑制幽门螺杆菌诱导的胃上皮细胞过度增殖和迁移，并抑制幽门螺杆菌感染诱导的病理改变。在实验性幽门螺杆菌感染小鼠模型中，来自牛乳、乳铁蛋白和乳脂球膜组分的糖复合物可抑制幽门螺杆菌与 Hela S3 细胞单层的结合，并降低幽门螺杆菌定植和炎症评分。

牛乳铁蛋白是一种 80kDa 的铁结合糖蛋白，具有多种生物学功能，包括抗菌、抗病毒、抗真菌、抗寄生虫、抗肿瘤、抗炎、免疫调节和双歧活性。通过分离与胃上皮的细菌黏附并发挥抗菌作用，牛乳铁蛋白在单独使用或作为抗生素的佐剂时，已在临床试验中显示可抑制幽门螺杆菌的定植并改善标准根除疗法。一项临床试验报告结果表明，乳铁蛋白可与左氧氟沙星协同抗耐药幽门螺杆菌菌株，并增强一线治疗中三联疗法的效果。目前幽门螺杆菌感染的控制主要依赖抗生素，但存在很大程度的耐药性。有效的食物衍生成分，包括糖蛋白和糖肽，值得更多的研究，以提高当前疗法的疗效并缓解抗生素耐药性问题。

乙醇诱导的急性和慢性胃炎大鼠模型被广泛用于研究人类溃疡病的发病机制和治疗。给予乙醇可迅速增加黏膜通透性并诱发胃损伤，而马铃薯和小麦蛋白质的水解物可调节氧化状态和炎症反应，改善胃微循环，从而抑制乙醇诱导的大鼠胃黏膜损伤。

（二）炎症性肠病

炎症性肠病（IBD）由慢性复发性炎症性疾病组成，溃疡性结肠炎和克罗恩病都属于炎症性肠病。溃疡性结肠炎以局限于结肠黏膜和黏膜下层的浅表炎症为特征，伴有隐窝炎和隐窝脓肿。克罗恩病影响胃肠道的任何区域（主要是回肠末端和肛周区域），常见黏膜下层增厚、跨壁炎症、裂缝性溃疡和非干酪性肉芽肿。上皮细胞、固有免疫细胞和适应性免疫细胞相互协调，促进肠道内环境稳定。肠道屏障功能受损和宿主微生物平衡紊乱可导致 IBD。在结肠炎患者和小鼠模型中可以观察到肠通透性异常，黏附连接蛋白 E- 钙黏蛋白截短形式、E- 钙黏蛋白定位不当，紧密连接蛋白磷酸化和不稳定性，肠糖基化缺陷，黏液层受损，黏液溶菌增多，Paneth 细胞生物学缺陷，上皮再生和分化受到干扰、内质网应激增加和持续、上皮防御机制崩溃以及免疫反应过度激活。

食物蛋白质中的生物活性肽可以短期和长期调节微生物、炎症和氧化应激，因此食品衍生肽在治疗包括结肠炎在内的炎症性疾病方面具有潜力。大豆 β- 伴大豆球蛋白肽、鸡蛋溶菌酶和卵转铁蛋白、卵转铁蛋白衍生肽 IRW 和 IQW、焦谷氨酸 -Asn-Ile、焦谷氨酸 -Leu、γ- 谷氨酰缬氨酸和 γ- 谷氨酰半胱氨酸、大豆衍生二肽和三肽、聚 -L- 赖氨酸等，以及来自太平洋牡蛎的蛋白酶水解物已被证明可通过调节肠道功能的不同机制来减轻小鼠结肠炎的严重程度，其分子机制可能与调控 NF-κB 和 MAPK 信号通路有关。

（三）结直肠癌

结直肠癌是全球第三大常见的癌症。环境因素如食物诱变剂、特定的肠道共生微生物和病原体以及肠道炎症促进了大部分肿瘤的发生。随着微生物群逐渐成为各种疾病的重要特征，肠道微生物群与大肠癌的关系越来越受到关注。影响肠道微生物群的饮食因素和饮食模式与大肠癌密切相关。

目前还缺乏通过食物蛋白质水解物——肽调节肠道微生物群的直接研究证据。诱变剂偶氮氧基甲烷（AOM）通常用于建立实验小鼠模型来研究 CRC 的发生、发展。牛乳铁蛋白和乳铁蛋白可降低 AOM 处理雄性 F344 大鼠大肠中异常隐窝灶数量和腺癌发生率。NK 细胞活性的增强和免疫细胞毒性可以解释其抗癌活性。鹰嘴豆蛋白水解物可缓解 AOM 诱导的癌前病变,如减少高热量或正常饲料喂养小鼠的异常隐窝和异常隐窝灶。乳清蛋白水解物可以抑制 AOM 处理 SD 大鼠结肠异常隐窝灶的发展和小肠肿瘤的数量。同时在这些大鼠中可以检测到循环 C 肽的下调,C 肽是一个稳定状态胰岛素分泌的指标和人类结肠癌的预后危险因素。乳清蛋白水解物诱导的整体胰岛素水平降低可能是其抗肿瘤的基础。有研究发现,螺旋藻蛋白质水解物也可降低氧化应激,并减少 AOM 处理的雄性 ICR 小鼠的异常隐窝。

结肠癌细胞系,如 caco-2、HT-29、HCT116 和 C26 细胞,也广泛用于研究饮食成分的抗癌特性。乳铁蛋白在结肠癌小鼠模型中发挥作用,在 C26 结肠癌细胞中也显示出细胞毒性,导致细胞周期停滞和 caco-2 细胞增殖减少。水牛奶酪乳清肽(β-CN、f57-68 和 f60-68)是 β- 酪啡肽 BCM-7 和 BCM-5 的前体,可抑制 caco-2 细胞增殖。具有 Ser-Glu 特征"簇序列"的酪蛋白磷酸肽可对 HT-29 细胞产生类似的作用,但其通过与钙通道的相互作用,使钙进入细胞影响细胞增殖和凋亡。大豆蛋白和甘薯蛋白的水解物可抑制结肠癌细胞生长和增殖。其他来源的肽如米糠、胡芦巴、核桃、牡蛎、海鞘、虾壳等在以上细胞模型中都能测试到抗增殖和抗癌活性。作为最丰富的分泌性胃肠黏液蛋白,MUC2 参与 CRC 抑制。调节黏蛋白产生的各种食物肽可能作为功能性食品或营养药物对 CRC 预防起到良好的效果。

(郭姝、杨雪锋)

参考文献

1. Bao X, Wu J. Impact of food-derived bioactive peptides on gut function and health[J]. Food Res Int,2021,147:110485.
2. Kan J, Hood M, Burns C, et al. A novel combination of wheat peptides and fucoidan attenuates ethanol-induced gastric mucosal damage through anti-oxidant,anti-inflammatory, and pro-survival mechanisms[J]. Nutrients, 2017,9(9):978.
3. Philippe D, Dubuquoy L, Groux H, et al. Anti-inflammatory properties of the mu opioid receptor support its use in the treatment of colon inflammation[J]. J Clin Invest,2003,111(9):1329-1338.
4. Teitelbaum S L. Bone resorption by osteoclasts [J]. Science,2000, 289(5484):1504-1508.
5. Begg D P, Woods S C. The endocrinology of food intake[J]. Nat Rev Endocrinol,2013,9(10):584-97.
6. Martínez-Augustin O, Rivero-Gutiérrez B, Mascaraque C, et al. Food derived bioactive peptides and intestinal barrier function[J]. Int J Mol

Sci,2014,15(12):22857-22873.

7. Tanabe S. Short peptide modules for enhancing intestinal barrier function[J]. Curr Pharm Des,2012,18(6):776-781.

8. Genton L, Kudsk K A. Interactions between the enteric nervous system and the immune system: role of neuropeptides and nutrition[J]. Am J Surg, 2003,186(3):253-258.

9. González-Montoya M, Hernández-Ledesma B, Silván J M, et al. Peptides derived from in vitro gastrointestinal digestion of germinated soybean proteins inhibit human colon cancer cells proliferation and inflammation[J]. Food Chem,2018,242:75-82.

10. Liu R, Xing L, Fu Q, et al. A review of antioxidant peptides derived from meat muscle and by-products[J]. Antioxidants (Basel), 2016, 5(3).

11. Cheng C, Wentworth K, Shoback D M. New Frontiers in Osteoporosis Therapy [J]. Annu Rev Med,2020,71(277-288).

12. Malinowski J, Klempt M, Clawin-Rädecker I, et al. Identification of a NFκB inhibitory peptide from tryptic β-casein hydrolysate[J]. Food Chem,2014, 165:129-33.

13. Miner-Williams W M, Stevens B R, Moughan P J. Are intact peptides absorbed from the healthy gut in the adult human?[J]. Nutr Res Rev,2014,27(2):308-29.

14. Oda H, Wakabayashi H, Yamauchi K, et al. Isolation of a bifidogenic peptide from the pepsin hydrolysate of bovine lactoferrin[J]. Appl Environ Microbiol,2013,79(6):1843-9.

15. Qu D, Wang G, Yu L, et al. The effects of diet and gut microbiota on the regulation of intestinal mucin glycosylation[J]. Carbohydr Polym,2021, 258:117651.

16. Sobczak M, Sałaga M, Storr M A, et al. Physiology, signaling, and pharmacology of opioid receptors and their ligands in the gastrointestinal tract: current concepts and future perspectives[J]. J Gastroenterol,2014, 49(1):24-450.

第三节　肽与肝脏健康

　　肝脏是人体最大的一个腺体，也是重要的代谢中枢，不仅在碳水化合物、脂类、蛋白质和维生素等营养素代谢中发挥重要作用，而且还具有生物转化、药物代谢、解毒排毒、免疫防御、分泌和凝血等多种生理功能。同时肝脏对于内源性和外源性的有害因素也十分敏感，药物、乙醇、病毒、毒素等作用于肝组织后可直接引起肝细胞不同程度的损害，进而导致肝脏疾病。例如，长期过度饮酒引起酒精性肝病，高脂饮食诱发肝细胞脂肪变性导致非酒精性脂肪性肝病，以及接触有毒、有害物质引起急性肝损伤等。但是目前尚缺乏有效的肝脏疾病治疗方法，而且一般的肝脏疾病治疗药物都具有一定的副作用，这些药物在肝脏中代谢又会进一步损伤肝脏。因此从天然食物中提取低毒、安全或无明显副作用的护肝成分对于肝脏疾病的防治与康复具有重大的意义。伴随着生物化学和分子生物学技术的飞速发展，从食源性动植物中提取或制备活性物质成为肝脏疾病防治的研究热点，其中生物活性肽（bioactive peptide，BP）逐渐引起人们的重视。与单个氨基酸相比，BP 的吸收更有效，并能直接参与蛋白质的合成，有效提高蛋白质的吸收利用率，而且具有免疫调节、抗氧化、改善血脂异常、抗疲劳、耐缺氧、抗辐射、抗炎等多种生理作用。特别值得注意的是，近年来多项研究结果提示 BP 具有良好的保肝作用。

一、肽与酒精性肝病

肝脏是酒精代谢的重要器官，由于人们对酒精的随意使用和相对依赖，过度饮酒极易造成肝脏损伤。酒精性肝病（alcoholic liver disease，ALD）是由于长期大量饮酒导致的肝脏疾病。初期通常表现为单纯性脂肪肝，进而可发展成酒精性肝炎（alcoholic steatohepatitis，ASH）、肝纤维化和肝硬化。严重酗酒时可诱发广泛肝细胞坏死，甚至肝功能衰竭。在北美、欧洲等发达地区，ALD 是导致肝硬化的首要病因。虽然我国目前尚无全国范围内 ALD 发病率的流行病学统计，但地区性的流行病学调查结果显示，我国饮酒人群比例呈上升趋势。多项研究证实，ALD 疾病谱中肝硬化和肝衰竭的比例也不断增多，酒精所致肝损伤已成为我国一个不容忽视的健康问题。目前临床上尚无针对 ALD 的特效药物，对于 ALD 的治疗效果十分有限。越来越多证据表明氧化应激和脂质过氧化在 ALD 的发生、发展中发挥了重要作用，因此开发利用食源性具有抗氧化作用的生物活性成分拮抗酒精引起的肝脏过度氧化损伤已成为 ALD 防治的新趋势。BP 具有促进酒精代谢、护肝、抗氧化、抗炎等作用，为防治肝损伤提供了一个新的手段。近年来有许多关于不同来源的生物活性肽对酒精性肝损伤改善作用方面的研究。

（一）玉米肽

玉米肽是一种以玉米蛋白为原料，经蛋白酶水解或微生物发酵后得到的产物。玉米肽通常由 2~20 个氨基酸组成，相对分子质量在 300~1000Da 之间，易于消化吸收。与玉米蛋白相比，玉米肽的水溶性显著提高。在食品、医药、保健食品等领域具有良好的应用前景。玉米肽已被国家市场监管总局认证为首批列入新资源食品清单的肽产品。一项评估玉米肽对长期饮酒男性肝脏保护作用的随机双盲对照实验研究发现，玉米肽具有调节肝脏脂代谢、抑制氧化应激和炎症反应的作用，对酒精所致的肝损伤具有良好的保护作用。林兵等采用雌性 SD 大鼠模型研究玉米肽对早期酒精性肝损伤的保护作用，结果表明 0.9g/（kg·bw）玉米肽干预显著提高血清超氧化物歧化酶（superoxide dismutase，SOD）的活性并降低脂质过氧化物丙二醛（malonyldialdehyde，MDA）的水平，有效减轻酒精引起的肝脏组织损伤。Zhang 等的研究也发现 0.9g/（kg·bw）玉米低聚肽显著改善酒精引起的大鼠肝脏损伤。同时，付萍和李培培等进行的关于玉米肽对小鼠酒精性肝损伤保护作用的研究证明，玉米肽可显著增加小鼠肝脏抗氧化酶活性，降低 MDA 含量，有效减轻酒精所致的小鼠肝损伤。Yali 等研究发现，从玉米胚芽粕中分离提取出的多肽物质对长期酒精喂养引起的小鼠肝损伤具有良好的保护作用。She 等在离体水平上研究玉米低聚肽对肝细胞的保护作用，结果表明玉米肽可以保护 HepG2 细胞免受乙醇代谢诱导的氧化性损伤。于亚莉从玉米蛋白粉中分离鉴定得到了玉米肽 Tyr–Phe–Cys–Leu–Thr，并通过体外实验研究证明 1 μmol/L 玉米肽 Tyr–Phe–Cys–Leu–Thr 通过减少酒精性肝损伤模型细胞活性氧（active oxygen，ROS）产生，增加抗氧化酶 SOD 和过氧化氢酶（catalase，CAT）的活力，降低肿瘤坏死因子（tumor necrosis factor，TNF–α）释放量减轻酒精对 HepG2 细胞的损伤。此外，玉米肽与其他健康生物活性成分联用，如姜黄素－玉米肽复合物和玉米低聚肽、葛根、藤茶复合组方均显示出了良好的醒酒与保肝作用。

目前研究发现，玉米肽对酒精性肝损伤保护作用的机制主要包括以下 3 方面。

1. 促进乙醇代谢

乙醇进入机体后，90% 在肝脏经氧化过程进行代谢。乙醇在乙醇脱氢酶（alcohol dehydrogenase，ADH）的作用下代谢成乙醛，后者在乙醛脱氢酶（aldehyde dehydrogenase，ALDH）的作用下再代谢为乙酸。体内和体外实验研究均发现玉米肽对 ADH 具有激活作用，从而促进乙醇代谢，降低血液中乙醇浓度。

2. 抑制氧化应激

细胞色素 P4502E1（cytochrome P4502E1，CYP2E1）是微粒体乙醇氧化系统中代谢乙醇的主要酶，长期过量饮酒会诱导肝脏 CYP2E1 活性显著增加。乙醇经 CYP2E1 代谢过程会伴随产生大量的氧自由基，引起氧化应激导致肝损伤。玉米肽具有清除羟自由基（·OH）和提高抗氧化酶活性的作用，从而有效减轻酒精代谢引起的肝脏氧化损伤。

3. 促进脂肪酸代谢

乙醇经 ADH 途径进行代谢过程中需要以氧化型辅酶 I（NAD^+）作为辅酶。乙醇氧化时消耗大量 NAD^+，使胞浆中 $NADH/NAD^+$ 的比值明显升高，抑制三羧酸循环正常进行，阻碍脂肪酸氧化分解，引起肝细胞脂肪蓄积。玉米肽中含有丙氨酸和亮氨酸等支链氨基酸，能够促进 NAD^+ 的产生。机体摄入玉米肽后，血液中丙氨酸和亮氨酸的浓度增加，可补充 NAD^+ 水平，使三羧酸循环不再受限，从而促进脂肪酸进行正常代谢，防止肝细胞发生脂肪变性。

（二）其他活性肽

1. 小麦低聚肽

小麦低聚肽是小麦蛋白经酶水解得到的结构片段，其特点是含有丰富的谷氨酰胺。谷氨酰胺是抗氧化剂谷胱甘肽（glutathione，GSH）的主要前体物质，机体摄入小麦低聚肽后可以作为谷氨酰胺的优良补充剂提高 GSH 水平，从而发挥抗氧化作用。于兰兰等研究发现小麦低聚肽干预显著增加小鼠血清、肝脏中 SOD 的活力和 GSH 水平，减少肝脏中 MDA 和羰基蛋白含量，减轻酒精对肝脏的损伤。同时，胡俊翔等进行的实验也得到了类似的结论，小麦低聚肽能增强急性酒精中毒小鼠体内的抗氧化能力，对小鼠急性酒精性肝损伤具有一定的保护作用。

2. 人参低聚肽

人参低聚肽（ginseng oligopeptides，GOPs）是利用生物酶解技术从人参中分离得到的小分子生物活性肽类混合物，具有吸收快、水溶性高和黏度低等特点。目前研究已证实，GOPs 具有免疫调节、改善血脂异常、抗疲劳、耐缺氧、抗辐射、抗炎等多种生理作用。刘睿等通过体内实验研究发现 GOPs 干预可以显著降低大鼠血清转氨酶和炎症因子水平，增加肝脏组织 SOD、谷胱甘肽过氧化物酶（glutathione peroxidase，GSH-Px）的活性和 GSH 水平，减少肝脏组织 MDA 含量，对酒精引起的大鼠急性肝损伤具有保护作用，并通过进一步的研究发现其分子机制可能与提高机体抗氧化水平并抑制 TLR4/NF-κb 信号通路，减轻炎症反应有关。

3. 核桃低聚肽

核桃低聚肽（walnut oligopeptides，WOPs）是从核桃蛋白中提取到的小分子低聚寡肽，具有提高记忆力、抗氧化、润肠通便和缓解辐射损伤等多种生物活性。刘睿等连续 30 天采用 7g/kg 乙醇进行大鼠灌胃建造急性酒精性肝损伤模型，并同时给予 WOPs 干预，评价其对急性酒精性肝损伤的保护作用。结果显示 WOPs 显著减轻酒精引起的大鼠急性肝损伤，其机制可能与抑制酒精引起的机体过度氧化应激反应和脂质过氧化，提高机体抗氧化能力有关。

4. 鱼皮低聚肽

鱼皮低聚肽（fish skin oligopeptides，FOPs）是一种采用生物酶解技术从鱼皮中提取并制备出来的小分子生物活性物质。FOPs 的氨基酸组成不仅全面、均衡，还含有缬氨酸、苯丙氨酸、蛋氨酸、亮氨酸、异亮氨酸及赖氨酸等多种必需氨基酸。研究表明，FOPs 在为机体提供氮源的同时还发挥免疫调节、抗肿瘤、抗氧化和改善皮肤水分等生理功能。陈顿等研究了 FOPs 对 ALD 模型小鼠肝功能及血糖和血脂的影响，结果显示 FOPs 干预显著降低小鼠血糖和血清 TG、TC 水平，对酒精引起的小鼠肝损伤具有良好的保护作用。

二、肽与非酒精性脂肪性肝病

非酒精性脂肪性肝病（non-alcoholic fatty liver disease，NAFLD）是一种与胰岛素抵抗和遗传易感密切相关的代谢应激性肝损伤，疾病谱包括非酒精性肝脂肪变（non-alcoholic hepatic steatosis）、非酒精性脂肪性肝炎（non-alcoholic steatohepatitis，NASH）、肝硬化和肝细胞癌（hepatocellular carcinoma，HCC）。NAFLD 的主要发病机制包括胰岛素抵抗、脂代谢异常、氧化应激和炎症反应、肠道菌群失调、免疫损伤等。近年来，随着肥胖及代谢综合征全球化的流行趋势，NAFLD 的发病率快速上升，全球普通成人患病率高达 25.2%。近10 年来，随着我国经济飞速发展和人们饮食结构及生活方式的改变，NAFLD已取代病毒性肝炎成为第一大肝脏疾病，普通成人患病率为 32.9%。流行病学研究发现，NAFLD 现已成为欧美发达国家慢性肝病以及肝脏移植的首要原因。并且，NAFLD 的危害不仅仅局限于肝脏，还是导致心血管疾病和 2 型糖尿病以及结直肠肿瘤的重要危险因素，严重威胁人类健康。到目前为止，临床上仍没有治疗 NAFLD 的特效药，而且现有的肝病治疗药物都具有一定的毒副作用。因此从食源性天然植物中提取或制备活性物质用于 NAFLD 的防治具有重大意义。近年来研究发现，大豆肽和玉米肽对 NAFLD 具有良好的保护效应。

（一）大豆肽

大豆肽属于生物活性肽，是以大豆蛋白经过蛋白酶作用以及提取、分离、纯化等特殊处理精制而成的蛋白质水解物，通常以 3~6 个氨基酸组成的小分子肽为主，相对分子质量低于 1000 Da，还含有少量游离氨基酸、糖类、水分和无机盐等。大豆肽具有营养好、易吸收、低抗原、无过敏等特点，是一种良好的功能性食品配料。研究发现，大豆肽具有抗亚油酸脂质过氧化的作用，能够清除超氧阴离子和羟自由基，减少细胞的氧化损伤。大豆肽还能够抑制肠道内胆固醇的再吸收，并促进胆固醇转化为胆汁酸，从而发挥降胆固醇的作用。并且，大豆肽可活化交感神经，激活褐色脂肪，阻止脂肪吸收，并促进其代谢。大豆肽良好的抗氧化活性和调节脂代谢作用为防治 NAFLD 提供了可能。李宁川等采用高脂饲料喂养大鼠建立 NAFLD 模型，并同时给予 500 mg/（kg·bw）大豆多肽灌胃，结果显示大豆肽干预显著减少大鼠肝细胞脂质沉积，并且大鼠肝重、肝指数及血清和肝脏 TG、TC 含量较模型组均显著下降，说明大豆肽对高脂诱导的 NAFLD 有抑制作用。另一项类似的研究发现，补充大豆肽可以显著降低高脂饮食大鼠血清AST、ALT 和乳酸脱氢酶（lactate dehydrogenase，LDH）水平，增加大鼠肝脏组织中抗氧化酶 SOD 的活性并降低脂质过氧化物 MDA 的含量，提示大豆肽可以加快高脂饮食大鼠肝脏组织氧自由基的清除，从而减轻肝细胞损伤。为了进一步提高大豆肽对肝脏的保护作用，可以对大豆肽进行生物改性。王凤杰等利用具有抗氧化和护肝活性的硒制备富硒大豆肽，结果发现 100 mg/（kg·bw）富硒大豆肽持续喂养 10 周可显著改善高脂饲料诱导的 Wistar 大鼠肝脏脂肪变性和炎细胞浸润程度，降低血脂和血清 ALT、AST 水平，提高脂肪肝大鼠肝脏抗氧化酶 SOD和 GSH-Px 的活性，减少 MDA 含量，纠正体内氧化抗氧化失衡状态，并且降低肝脏组织内质网应激标志物 GRP78 的蛋白表达水平，减轻由氧化应激引起的内质网应激，对 NAFLD 具有一定的防治作用。

（二）玉米肽

以往的研究证据表明，玉米肽具有醒酒、抗疲劳、降糖、降血压、抑制肿瘤生长等多种生物学作用。随着对玉米肽研究的不断深入，发现玉米肽能有效促进脂肪分解，并提高机体抗氧化能力。其原因一方面是由于玉米肽富含谷氨酸、脯氨酸、丙氨酸和亮氨酸。其中谷氨酸和脯氨酸碳骨架的氧化代谢增加 α-酮戊二酸，丙氨酸和亮氨酸碳骨架的氧化代谢增加乙酰辅酶 A、α-酮戊二酸和乙酰辅酶 A 共同作用促进三羧酸循环，增强线粒体呼吸链反应，加快 NADH 从 NAD^+ 的再生速度，从而通过调节 $NADH/NAD^+$ 比值，促进脂肪酸 β 氧化，减少脂肪在细胞内的堆积。另一方面玉米肽特殊的氨基酸序列或肽构象，如 C 端含有 Trp 或 Tyr 残基的三肽具有较强的自由基清除活性。并且玉米肽中含有的一些疏水性氨基酸如缬氨酸、亮氨酸、脯氨酸和丙氨酸等可以增加玉米肽在脂质或脂溶性体系中的溶解性，从而提高其抗氧化活性。肝细胞脂质过度沉积和氧化应激正是引起 NAFLD 的主要因素。因此玉米肽这种特殊的氨基酸组成为其在防治 NAFLD 中的应用提供了可能。魏康等人采用高脂饲料喂养大鼠建造 NAFLD 模型，并给予 600 mg/（kg·d）玉米肽持续灌胃 8 周，结果显示玉米肽可显著改善高脂饮食诱导的大鼠 NAFLD，降低血清 AST、ALT 和血脂水平，提高大鼠对胰岛素的敏感性，缓解胰岛素抵抗的发展。同时还发现玉米肽可显著提高肝脏中 SOD 和 GSH-Px 的活性，降低 MDA 含量，具有良好的抗氧化与缓解肝脏氧化应激的作用。进一步的体外试验研究发现，玉米肽干预可显著降低高浓度果糖诱导的 NAFLD 模型细胞中脂质积累，减少细胞内 ROS 的产生，其分子机制与调节 SIRT1/PPAR-α 和 Nrf2/HO-1 信号通路以及改善线粒体功能，增强肝细胞能量代谢相关。魏颖等使用油酸诱导人肝癌（HepG2）细胞建立脂肪变性细胞模型，并给予玉米低聚肽干预评价其对肝细胞脂肪沉积是否具有抑制作用，结果发现玉米低聚肽可以有效降低肝细胞内 TG 的含量，并且通过 3 种体外抗氧化试验证明了玉米低聚肽具有较强的羟自由基清除能力。

三、肽与其他肝损伤

除酒精所致肝损伤和 NAFLD 外，许多外源性致病因素也能导致肝脏损伤。四氯化碳（CCl_4）对动物肝脏具有强烈的毒性，可引起肝脏组织脂质过氧化和炎症反应，导致肝细胞损伤和坏死，甚至肝纤维化。从动植物食品中提取的活性肽如大豆肽、绿侧花海葵寡肽、富硒玉米肽、玉米低聚肽、地鳖肽、鹿茸多肽、文蛤寡肽，对 CCl_4 引起的肝损伤有良好的保护作用。核桃蛋白肽能够降低脂多糖诱导的急性肝损伤小鼠血清中转氨酶 ALT、AST 及炎症因子（IL-1β 和 IL-6）水平，提高肝脏组织中 SOD 和 GSH-Px 活性，改善肝组织病变情况。石燕玲等研究发现灵芝肽（GLP）对卡介苗与脂多糖诱导的小鼠免疫性肝损伤的保护作用，提示灵芝的保肝活性因子除多糖、三萜类化合物外还有灵芝肽。海参肽是一种经生物酶解得到的以小分子短链肽为主、多种功效成分共存的蛋白质水解产物，具有使用稳定性好、消化吸收高、毒副作用小、使用安全等优点，且具有抗氧化、免疫调节、抗菌、抗肿瘤等生物活性。陈娅等研究发现，海参胶原低聚肽可以抑制利福平和异烟肼联用引起的肝脏脂肪变性和炎性细胞浸润，提高大鼠清除自由基的能力，减轻细胞脂质过氧化，显著改善抗结核药物所致的肝损伤，为其在药物性肝损伤治疗中的潜在临床应用提供了科学依据。核桃低聚肽可提高小鼠肝脏及血清抗氧化酶活性，抑制脂质过氧化，对60Coγ射线辐照引起的小鼠肝脏损伤具有保护作用。菠萝蜜低聚肽通过增强机体血清及肝脏 SOD 和 GSH-Px 活性，提高自由基清除速率，降低机体脂质氧化水平，减轻细胞膜结构及功能受损，进而减轻机体因γ射线辐照所致的氧化损伤，发挥电离辐射防护功能。

综上所述，从食源性动植物中提取或制备的生物活性肽具有消化吸收高、溶解性和稳定性好、使用安全、毒副作用小等特性，又兼具抗氧化、免疫调节、抗菌、抗肿瘤等多种生理功能，并在大量的动物实验中被证实对各种内、外源性物质诱导的肝脏损伤具有保护作用，为预防保健、营养和医学治疗提供了一种新的前景。然而目前尚缺乏大规模的临床干预试验研究证实活性肽对患者肝脏的保护作用，相关研究还有待进一步深入。

（韩浩）

参考文献

1. Wu Y, Pan X, Zhang S,et al. Protective effect of corn peptides against alcoholic liver injury in men with chronic alcohol consumption: a randomized double-blind placebo-controlled study[J]. Lipids Health Dis, 2014, 13:192.

2. 林兵，马小陶，王亚非，等. 玉米肽对酒精性肝损伤大鼠的作用研究 [J]. 医学研究杂志，2016，45(3):135-138.

3. Zhang F, Zhang J, Li Y. Corn oligopeptides protect against early alcoholic liver injury in rats[J]. Food Chem Toxicol,2012,50(6):2149-2154.

4. 付萍，杨铭，陈颖丽，等. 玉米肽对小鼠酒精性肝损伤保护作用的研究 [J]，中国中医药科技，2008，15(2):115-116.

5. 李培培，朱学，良杨，等. 玉米肽对小鼠酒精性肝损伤的保护机制研究[J]. 中国食品工业，2010，(10):73-76.

6. Yali Yu, Lijun Wang, Ying Wang,et al. Hepatoprotective effect of albumin peptides from corn germ meal on chronic alcohol-induced Liver injury in mice[J]. J Food Sci, 2017, 82(12):2997-3004.

7. She XX, Wang F, Ma J,et al. In vitro antioxidant and protective effects of corn peptides on ethanol-induced damage in HepG2 cells[J]. Food and

agricultural immunology,2016,27(1):99-110.

8. 于亚莉,宋雪梅,关玉,等.玉米肽 Tyr-Phe-Cys-Leu-Thr 对酒精性 HepG2 细胞的保护作用 [J].中国食品学报,2020,(5):43-52.

9. 罗安玲,陈心馨,郑有丽,等.葛根、藤茶、玉米低聚肽复合组方对小鼠慢性酒精性肝损伤的保护作用 [J].现代食品科技,2019,(6):70-76.

10. 朱晔,田会婷,郭呈斌,等.姜黄素——玉米肽复合物的制备及其对小鼠的醒酒保肝作用研究 [J].河南大学学报,2019,38(1):16-20+29.

11. 潘兴昌,曾瑜,刘文颖,等.玉米低聚肽和姜黄素对小鼠的醒酒功能研究 [J].食品与发酵工业,2016,42(11):25-33.

12. 于兰兰,刘伟,周雅琳,等.小麦低聚肽对急性酒精中毒小鼠抗氧化功能的影响 [J].食品科学,2020,41(7):159-163.

13. 刘睿,任金威,陈启贺,等.人参低聚肽对急性酒精性肝损伤大鼠的保护作用 [J].现代预防医学,2016,43(15):2820-2824.

14. Rui Liu, Qi-He Chen, Jin-Wei Ren, et al. Ginseng (panax ginseng meyer) oligopeptides protect against binge drinking-induced liver damage through inhibiting oxidative stress and inflammation in rats[J]. Nutrients,2018,10(11):1665.

15. 刘睿,珠娜,刘欣然,等.核桃低聚肽对急性酒精性肝损伤大鼠保护作用 [J].中国公共卫生,2020,36（2）：4.

16. 陈頔,殷继永,黄建.鱼皮低聚肽对小鼠急性酒精性肝损伤的保护作用 [J].中国食物与营养,2021,27(5):47-52.

17. Cotter TG, Rinella M. Nonalcoholic fatty liver disease 2020: the state of the disease[J]. Gastroenterology,2020,158:1851-1864.

18. Zhou J, Zhou F, Wang W, et al. Epidemiological features of NAFLD from 1999 to 2018 in China[J]. Hepatology,2020,71:1851-1864.

19. Lonardo A, Nascimbeni F, Mantovani A, et al. Hypertension, diabetes, atherosclerosis and NASH: cause or consequence? [J].J Hepatol,2018,68:335-352.

20. 李宁川,邓玉强,金其贯.运动训练及大豆多肽对高脂饮食诱导大鼠脂肪肝形成的干预作用 [J].中国运动医学杂志,2011,30(10):931-935.

21. 张春燕,翟帅,邓玉强,等.有氧运动和大豆多肽对脂肪肝大鼠肝脏保护作用的研究 [J].体育基础科学,2010,32(1):22-24.

22. 王凤杰,陈显兵,张书毓,等.富硒大豆多肽对高脂致大鼠脂肪肝和抗氧化功能的影响 [J].中国应用生理学杂志,2014,30(4):339-342.

23. 魏康.玉米肽对非酒精性脂肪肝损伤保护作用的研究 [D].江苏镇江:江苏大学,2019.

24. 魏颖,鲁军,刘艳,等.玉米低聚肽对 HepG2 细胞脂肪堆积和抗氧化活性的影响 [J].食品科技,2013,38(10):190-193.

25. 戚颖欣,孟军,曹柏营,等.大豆多肽对小鼠急性肝损伤保护作用的研究 [J].食品科学,2009,30(21):377-379.

26. 王予菲,唐云平,李小娟,等.绿侧花海葵寡肽对 CCl4 引起的小鼠急性肝损伤模型的影响 [J].浙江海洋大学学报.2019.38(2)：127-133.

27. 张岩,何慧,张久亮,等.富硒玉米肽对四氯化碳致小鼠急性肝损伤的保护作用 [J].中国粮油学报,2015,30(3):6-10.

28. 刘雪姣,徐卫东,马海乐,等.玉米低聚肽对 CCl_4 所致小鼠急性肝损伤的保护作用研究

[J]. 中国农业科技导报，2015,17(5)：162-167.

29. 刘丹,曹硕,刘阳,等.地鳖肽对CCl₄诱导的慢性肝损伤小鼠的抗氧化保护作用的研究[J]. 中国实验动物学报,2020,28(1)：73-78.

30. 李夏,段冷昕,王楠娅,等.鹿茸多肽对四氯化碳所致小鼠急性肝损伤的保护作用[J].中国药学杂志,2007,12(42)：1864-1866.

31. 王佳佳,赵莎莎,杨最素,等.文蛤寡肽对小鼠急性肝损伤的保护作用[J].食品科学，2017，38(13)：190-195.

32. 单春兰,耿树香,缪福俊,等.核桃蛋白多肽对脂多糖诱导的小鼠急性肝损伤的保护作用[J].中国油脂，2021，46(4)：33-37.

33. 石燕玲,何慧,张胜,等.灵芝肽对免疫性肝损伤小鼠的保护作用[J].食品科学,2008,29(6)：415-418.

34. 陈娅,蔡静,李勇,等.海参胶原低聚肽对抗结核药物性肝损伤改善效果[J].中国食物与营养，2018，24(5)：68-72.

35. 珠娜,郝云涛,张亭,等.核桃低聚肽对60Coγ射线照射小鼠氧化损伤保护作用的实验研究[J].中国预防医学杂志,2019,20(3)：212-216.

36. 郝云涛,刘睿,珠娜,等.菠萝蜜低聚肽对γ射线辐照小鼠氧化损伤的保护作用[J].中国食物与营养，2020，26(7)：41-45.

第四节　肽与大脑健康

　　大脑健康，广义包括大脑结构和功能，以及大脑功能（如执行功能、情绪）所产生的认知和心理过程，如情绪和认知的变化和以这些领域的缺陷（即精神和神经疾病）为特征的临床症状。记忆和认知障碍是神经退行性疾病的主要临床症状。在过去的30年中，这种慢性病的发病率有所上升。人们越来越关注将食品衍生生物活性产品作为功能性食品和膳食补充剂的重要成分，用于防治慢性神经退行性疾病。随着人口老龄化，衰老带来的社会问题日渐突出，研究和开发延缓衰老、改善记忆力的药物或功能性食品对提高老年人的生活质量和社会均有重要的意义。具有神经保护和认知增强作用的食源性生物活性肽，因其可在体内外影响认知和心理健康而日益受到关注。

一、食源性神经保护肽与大脑健康

（一）食源性神经保护肽的制备

　　具有神经保护作用的肽存在于天然食品中，并通过微生物、动物和植物蛋白质的分离和修饰（如水解或发酵），或通过氨基酸和肽片段的化学/酶合成产生。人体摄入后，这些神经保护肽可以直接作用于身体，或作为生物活性剂的前体，改善大脑健康。据报道，含有神经保护肽的天然食品包括大豆[甘氨酸-精氨酸（GR）]、核桃[Val-Tyr（VYY）]和Leu-Leu-Pro-Phe（LLPF）]、凤尾鱼[Pro-Ala-Tyr-Cys-Ser（PAYCS）和Pro-Ala-Tyr（PAY）]及灯笼鱼[Phe-

Tyr-Tyr（FYY）和 Asp-Trp（DW）]等。目前，在哺乳动物的中枢神经系统中发现了 200 多种天然肽，其中一些肽与学习能力和记忆密切相关，如生长抑素、促肾上腺皮质激素释放因子、加压素、催乳素、脑啡肽和内啡肽等。

与化学水解相比，酶解具有水解特异性高、反应条件温和、产物纯度高、能耗低等优点，已被广泛用于制备神经保护肽。现有一些酶解工艺用于从鱼类、核桃、牛奶、大豆、猪脑和鸡蛋等食品原料中生产神经保护肽。其中海鱼和脱脂核桃粉是良好的蛋白质来源，因为它们的衍生肽对大脑健康有益，而且资源丰富，目前对其的开发利用还远远不够。酶解已被证明是产生促脑肽的有效途径，可通过优化生产条件（酶的类型和浓度、底物的类型和浓度、反应温度、pH 值和时间）提高其神经保护活性。为各种原料选择具有高稳定性、特异性和目标酶活性的适当酶尤其重要，以便产生具有特定化学结构的肽，发挥神经保护作用。

实际上，外源酶（工业酶）可用于水解生产神经保护肽的原料。与原材料中内源酶催化的"自动生产"相比，外源酶对生产过程有更好的控制和更短的持续时间，使产品具有更高的产量和更一致的肽产品质量。单独或组合用于生产神经保护肽的食品级蛋白酶，包括来自微生物（如碱性蛋白酶、风味蛋白酶和蛋白胨）、植物（如木瓜蛋白酶和菠萝蛋白酶）和动物的蛋白酶（如胃蛋白酶、胰凝乳蛋白酶和胰蛋白酶）。在某些情况下，微生物菌株的某些蛋白酶也用于生产神经保护肽，如芽孢杆菌属和曲霉属的 theroase、bioprase 和 sumizyme FP，以及来源于灰色链霉菌的枯草杆菌素、溶杆菌素、胰蛋白酶和放线酶等。多种酶（外源酶和内源酶、蛋白酶和非蛋白酶）的组合常用于优化神经保护肽的产量和功效。例如，通过植物水解酶复合物和胰酶的联合作用产生的核桃肽被证实可以改善睡眠剥夺大鼠的学习能力和记忆丧失。

从周围基质（包括食品和衍生水解物）中有效分离目标神经保护肽对这些肽的生产至关重要。用于分离和纯化神经保护肽的方法，包括膜过滤、高速离心分离、乙醇分离、电泳分离、离子交换色谱、大孔树脂分离、基于目标肽的特性（如分子量、极性和亲水 / 疏水特性）的凝胶色谱法和反相高效液相色谱法等。例如，通过吸附和中压液相色谱法从脱脂核桃粕水解液中分离出的抗氧化肽，被发现能够抑制 H_2O_2 诱导 PC12 细胞凋亡并发挥改善记忆活性。通过膜过滤和 G-15 凝胶过滤色谱法从核桃蛋白水解物中分离出抗炎肽 LPF、GVYY和 APTLW，据报道它们在 BV-2 细胞中表现出强烈的抗炎作用并改善脂多糖（LPS）通路诱导的大脑炎症反应和氧化应激以及由此诱发的记忆缺陷。

筛选对大脑健康有益的食源性生物活性肽具有很强的挑战性。目前主要使用化学分析、分子模拟、基于细胞的分析和胃肠道模拟消化等体外方法和体内试验来完成肽的结构、功效等评估。确定目标肽如氨基酸组成、序列等结构特征通常用质谱和各种化学分析。分子建模技术包括分子对接、肽库数据库和电子版毒物法，通过预测目标肽与其他生物分子或物质之间的相互作用来筛选目标肽。例如，通过 UPLC-QTOF-MS/MS、PeptineRanker 和 ToxinPred 等技术从竹荚鱼水解液中筛选出 23 种具有潜在神经保护作用的肽，并使用谷氨酸损伤的 PC12 细胞模型和分子对接方法进行检测，证明了这些肽具有与 Keap1 结合并调节核因子 -E2 相关因子（Nrf2）途径的能力。模拟胃肠消化实验已用于帮助评估血管紧张素转换酶（ACE）的生物利用度。可可粉中的抑制肽可作为 ACE 抑制剂，尤其是能够穿过血脑屏障的抑制肽，可影响淀粉样 β（Aβ）的降解和随后的阿尔茨海默病神经退行性变。除了体外分析外，体内研究被认为可以提供有关靶肽在整个生物体内作用的直接生物学证据。例如，在记忆减退小鼠模型中发现前 Ala-Tyr-Cys-Ser 肽通过胆碱能系统的衰减和激活影响 Nrf2/ARE 和 BDNF/CREB 信号传导来改善记忆。在健康老年人中，发现每天摄入富含 Gly-Thr-Trp-Tyr（GTWY）的乳清肽的 β- 乳肽可改善与额叶皮层活动（特别是记忆和注意力）相关的认知能力，并有助于防止与年龄相关的认知能力下降。

生物活性肽在体内发挥生理作用的前提是它能够在消化过程中保持活性并以完整的形式到达靶器官。生物活性肽容易被广泛分布于胃肠道、刷状缘膜、血液和器官中的蛋白酶和 / 或肽酶降解。此外由于血脑屏障的严格限制，大脑选择性地吸收有用的化合物。因此，神经保护肽的血脑屏障通透性同样重要。然而，目前对神经保护肽的研究主要集中在对其功效的评价上，尽管大量肽已被鉴定并证明在体内或体外具有神经保护作用，但对其在体内的消化阻力和通透性的研究仍然很有限。

（二）神经保护肽及其构效关系

神经保护肽等生物活性物质的分子结构和功能之间存在着密切关系。因此，了解神经保护肽的结构特征将有助于肽的设计和开发，包括酶的选择和生产过程的优化，从而最大限度地提高其神经保护作用。然而，尽管已经报道了肽的分子量、疏水性、氨基酸组成和序列对神经保护的影响，但仍然缺乏关于肽的结构特征和神经保护特性之间精确关系的研究证据。

有文献对已报道的神经保护肽进行了综述，发现已报告的 88 种神经保护肽中，由 2~20 个氨基酸残基组成，含有 2~5 个氨基酸的短肽占 56%。对神经保护肽的氨基酸组成的分析表明，含有疏水性氨基酸的肽（AVMILPYWF）的百分比达到 92%，因为肽的疏水性使它们能够渗透到细胞中，达到并作用于它们的特定靶点。同时还发现 65 个肽含有非芳香疏水性氨基酸（如 AVMILP），43 个与支链氨基酸（如 ILV）相关。在含有非芳香疏水氨基酸的 65 个肽中，26 个肽仅含有 AVMILP，56 个肽含有芳香族氨基酸。据报道，芳香族氨基酸能够影响肽的神经保护能力。17 个肽仅含芳香族氨基酸，其中 15 个肽含有含硫氨基酸残基（如 CM），9 个肽含有芳香族氨基酸。这些结果表明，除疏水性氨基酸外，芳香族氨基酸在神经保护中的重要性。48 个肽（占 50% 以上）含有碱性氨基酸残基（如 HRK），表明碱性氨基酸也有助于肽的神经保护功能。研究发现，碱性氨基酸，特别是赖氨酸（Lys，K）和精氨酸（Arg，R），通过与乙酰胆碱酯酶（AchE）的外周阴离子位点形成稳定的复合物影响 AchE 活性。35 个肽（约占 40%）含有酸性氨基酸残基（如 DE）。因此，酸性氨基酸也可能是神经保护的贡献者。谷氨酸是中枢神经系统中的主要兴奋性神经递质，通过高亲和力转运系统（包括位于突触前、突触后神经元上的谷氨酸转运体以及中枢神经系统中的星形胶质细胞）转运穿过血脑屏障后，可促进其神经保护作用。

研究者对氨基酸残基出现在已发现的神经保护肽 N 端第 1 位（P1）至第 10 位（P10）残基的频率进行了分析，发现这些肽的 P1~P8（尤其是 P1~P4）处的残基主要是疏水性氨基酸（如 AVMILPYWF），占 40%~51%，主要由支链氨基酸和芳香族氨基酸组成（>50%）。因此，神经保护肽的活性与肽链的长度相关，其氨基酸组成似乎对肽的神经保护作用有更大的贡献。疏水性氨基酸（主要是芳香族和支链氨基酸），尤其是当其存在于肽中的 N 端 P1~P4 位置时，对神经保护有重要贡献，而肽中的碱性和酸性氨基酸也发挥着重要的作用。

（三）食源性生物活性肽的神经保护作用评估

目前，动物模型以及一系列化学、生化分析主要用于研究肽的神经保护作用和潜在机制。因为成本相对较高、持续时间较长，动物可用性和操作可行性限制了动物模型的使用，细胞模型和体外或电子方法（如肽库数据库、CPPpred 预测模型、分子对接）比动物模型更常用于神经保护肽的初步临床前筛选。目前，肽组学方法越来越多地用于蛋白质和肽的检测、表征和定量，因为这些方法可以最小化样品处理步骤，并可在短时间内同时检测和量化大量样品。生物信息学和肽组学的结合使用被认为是一种相对快速且经济有效的方法。

已有的一些研究根据使用不同方法和实验条件评估了核桃、海鱼和牛奶中的一些肽，发现这些肽可能被用作食品成分或膳食补充剂，以改善神经退行性疾病。这些研究主要集中在肽的抗氧化能力、抗炎能力、对胆碱能系统的改善作用、Aβ 聚集抑制能力等方面。这些研究中使用了体外生物分析、体内分析以及体外化学分析方法。评估肽的神经保护作用主要采用 PC12、BV-2 和 SH-SY5Y 细胞等体外生物实验和 H_2O_2、谷氨酸、LPS 和 Aβ 等适当的诱导剂。研究中使用的体外方法包括自由基清除能力的化学分析 [如氧自由基吸收能力（ORAC）测定]，评估对乙酰胆碱酯酶和 BACE1 的抑制活性，以及使用肽库和分子对接技术进行电子预测。使用阿尔茨海默病（Alzheimer disease，AD）和相关痴呆的小鼠模型以及衰老小鼠，如东莨菪碱诱导的小鼠或 D- 半乳糖诱导的小鼠，在体内研究肽的神经保护作用。

1. 体外化学分析

由于氧化应激、胆碱能系统的损伤和 Aβ 的聚集都有助于神经损伤和记忆衰退的过程，目前大多数体外化学方法已被建立来检测肽的抗氧化能力、乙酰胆碱酯酶抑制作用和 Aβ 聚集抑制能力。

基于化学的体外分析广泛用于评估食品成分的抗氧化效果，包括从各种食品和食品材料制备的蛋白质水解物和单个肽。这些方法包括但不限于自由基清除能力测定、ORAC 测定、还原力测定、螯合金属离子能力测定、总自由基捕获抗氧化参数（TRAP）测定和脂质过氧化抑制测定（亚油酸模型系统中脂质过氧化的抑制）。近年来，电子自旋共振（ESR）光谱法已被证明是研究自由基－抗氧化剂相互作用和抗氧化剂清除自由基能力的一种有用技术，具有反应原理清楚、操作简单、不受样品基质干扰等优点。直接 ESR 技术使用稳定的自由基（如 DPPH）进行，而 ESR 自旋捕获技术涉及外源自旋捕获分子，以测量包括 ROS（如单线态氧、羟基和超氧阴离子自由基）在内的短寿命活性分子。现已有研究者应用 ESR 技术测量了不同蛋白质水解物和肽清除 DPPH 自由基和活性氧（如羟基、过氧基和超氧物）的能力。所有这些化学分析都是基于抗氧化剂的氢原子供体、电子转移或金属离子螯合能力。由于这些分析的抗氧化作用和（或）反应条件的机制不同，样品可能表现出与分析相关的抗氧化活性。

胆碱能系统在神经元功能中起关键作用，其功能障碍或损伤影响 Meynert 的皮质区和基底核，最终导致神经退行性疾病。胆碱能系统通过显示抗炎胆碱能信号和 α7 烟碱乙酰胆碱受体影响神经免疫功能来调节记忆和海马体可塑性。乙酰胆碱酯酶抑制剂如他克林、多奈哌齐和加兰他敏已被用作临床实践中的治疗药物。乙酰胆碱酯酶抑制活性是评估肽神经保护作用的常用指标。为了检测其结合能力，基于生物信息学的分子对接已用于检查肽和乙酰胆碱酯酶之间的相互作用，并预测其结合模式和亲和力。

Aβ 肽的细胞外沉积是 AD 的主要组织病理学特征。Aβ 肽可从可溶性单体（在正常生理条件下）转化为各种形态的不溶性神经毒性聚集体，如二聚体、低聚物、原纤维和成熟纤维，Aβ 构象从无规螺旋或 α-螺旋转变为 β-折叠。Aβ 是一种有毒肽，主要由 BACE1 和 α-分泌酶水解 APP 产生。因此，BACE1 和 α-分泌酶的抑制可用于治疗 AD。使用能够抑制 Aβ 肽聚集和 β-折叠构象变化的治疗方法是 AD 防治有潜力的靶点。

2. 体外生物测定

与动物研究和人体临床试验相比，细胞模型系统可更快速、更便宜地筛选神经保护肽，并研究其生物活性、生物利用度和代谢的分子机制。神经保护肽的潜在细胞毒性和功效均可在细胞培养模型中进行评估，选择肽的合适浓度至关重要。在神经保护方面，使用细胞模型的研究特别有用。在涉及细胞系的方法中，3-（4,5-二甲基噻唑-2-基）-2,5-二苯基四唑溴化铵（MTT）比色法通常用于根据线粒体的氧化-还原活性评估细胞的代谢活性。从小鼠脑中分离的原代神经元用于神经科学研究，而 PC12、BV-2 和 SH-SY5Y 细胞（在形态和生理功能上类似神经元）等细胞系也已广泛用于神经科学研究。

PC12 细胞已被用作经典的体外神经元模型和用于评估神经毒性的细胞系统，因为该细胞系起源于神经嵴，在处理神经生长因子时能够获得交感神经元的特征。HT-22 细胞作为永生小鼠海马神经元细胞系，也用于评估神经保护化合物。与未分化的 HT22 细胞相比，分化的 HT22 细胞代表了一种改进的海马神经元模型，因为未分化的 HT22 细胞不表达胆碱能和谷氨酸受体，并且在记忆相关研究中不能模拟成熟的海马神经元。

人类神经母细胞瘤 SH-SY5Y 细胞系是 SK-N-SH 细胞的一个亚系，是用于神经研究特别是帕金森病（Parkinson's disease，PD）研究的多巴胺能神经元的体外模型。此外，两种人类结肠癌细胞系 HT-29 细胞和 caco-2 细胞除了用于研究肠细胞功能外，也被用作神经学研究的体外模型。HT-29 细胞分化为黏液分泌细胞，葡萄糖代谢受损，葡萄糖消耗率和乳酸生成率较高，糖原积累中等，与 HT-29 细胞不同，caco-2 细胞分化为吸收型细胞，葡萄糖消耗率和乳酸生成率较低，糖原积累程度高。使用这些细胞还可以评估靶肽代谢转化和从肠细胞进入门静脉循环的能力，因为 caco-2 细胞表达转运蛋白、外排蛋白和 II 期结合酶。众所周知，二肽和三肽被完整吸收，并通过 PepT1 转运系统穿过刷状缘膜，水溶性肽通过细胞间紧密连接穿过肠壁，而脂溶性肽通过跨细胞途径扩散。

为建立受损细胞模型，适当选择诱导剂至关重要。诱导剂根据神经保护的靶机制来选择，H_2O_2 用于研究氧化应激，谷氨酸用于研究神经毒性，LPS 用于研究炎症反应。在同一类型的细胞中使用不同的诱导剂可导致神经毒性的发生和神经退行性疾病发病机制的差异。在 PC12 细胞中，H_2O_2 作为诱导剂的使用以研究氧化应激对细胞的影响，而谷氨酸处理以评估神经毒性。此外，荧光探针也被用于神经保护的评估，因为它们可以直接观察细胞中氧化应激的程度。在使用的荧光探针中，20,70- 二氯荧光素二乙酸酯（DCFH-DA）探针通常用于测量细胞内自由基水平和氧化还原损伤程度，以评估细胞抗氧化状态和肽（如前精氨酸）抑制细胞内 ROS 生成的作用。DCFH-DA 探针可被细胞内酯酶水解为 DCFH，产生的 DCFH 在被过氧自由基氧化时发出荧光。然后，根据检测到的荧光强度在有无抗氧化肽的情况下的差异来评估其抗氧化程度。

3. 体内实验

动物研究（使用小鼠、大鼠、果蝇和斑马鱼等）和人体临床试验，可以研究或验证神经保护肽的治疗潜力，以及肽的神经保护和生物利用度在真实生物系统中的动力学。如何选择合适的生物标记物以及动物实验结果应用到人仍然是充分理解肽作用机制的瓶颈。

大多数关于对大脑健康有益的肽的研究主要集中于它们对氧化应激、神经炎症、衰老、胆碱能系统损伤和 Aβ 诱导的神经元变性的作用。通过神经保护肽减轻神经元缺陷可以抑制小鼠模型中的认知损伤。目前，动物试验中建立疾病 / 损伤模型组的常用方法包括药物诱导、手术方法、刺激技术和其他方法 [如注射铝（$AlCl_3$）]。

药物诱导建立动物模型的方法通常包括：①注射链脲佐菌素（STZ）进入侧脑室：STZ 导致大脑葡萄糖、能量代谢中断或损伤，降低乙酰胆碱转移酶活性，增加海马体中的 tau 蛋白磷酸化和氧化应激；②东莨菪碱诱导（建立记忆获得障碍模型）；③ D- 半乳糖诱导建立亚急性衰老模型（一种常用的 AD 模型）；④脑室注射 Aβ 诱导建立学习记忆障碍模型；⑤脑黑质量注射 1- 甲基 -4- 苯基 -1,2,3,6- 四氢吡啶（MPTP）（建立 PD 模型）；⑥谷氨酸钠诱导（建立记忆巩固障碍的 AD 模型）；⑦乙醇诱导（建立小鼠记忆复制障碍模型）；⑧脂多糖诱导（在动物痴呆模型中引发炎症反应）。

　　手术方法包括缺血再灌注、大脑中动脉缺血闭塞和卵巢切除引起的学习记忆障碍。其中，卵巢切除建模已被用于研究女性雌激素因素引起的学习记忆障碍。通过刺激心理压力、运动疲劳、睡眠剥夺和（或）慢性压力诱导的学习和记忆障碍来研究这些风险因素的影响，如心理压力对年龄或性别的影响。大鼠的运动性疲劳可通过复合运动方法再现，如疲劳游泳和跳台跑步。根据研究目标，可以在连续不间断睡眠剥夺或部分睡眠剥夺的基础上开展精神疲劳导致学习和记忆障碍的研究。慢性应激诱导的学习和记忆障碍可根据动物对脚底带电、冰水游泳、禁食、禁水和限制的反应进行评估。

　　通过比较正常动物和模型动物在行为表现、生理指标和脑组织形态方面的差异，动物模型已被广泛用于评估记忆改善肽的有效性。在这些研究中，考虑到建模方法的研究目标和优势，可基于不同的致病因素和病理机制建立疾病模型。评估行为表现的实验包括被动回避（如跳伞、避暗、双室和向上回避）、主动回避（如跑道回避、梭箱回避和爬杆）和识别学习（如 T 型迷宫、Morris 水迷宫、Barnes 迷宫、放射状迷宫和通道水迷宫）。使用不同的电子显微镜技术以及各种染料，可以可视化观察从动物脑组织分离的海马体的形态变化。通常也进行一系列生化分析，以研究脑组织生理和病理学的变化，如氧化应激指数、炎症反应和免疫相关调节剂、胆碱能系统变化以及学习和记忆相关基因和蛋白质的表达等。

二、常见的神经保护肽及其应用和展望

（一）核桃肽

　　核桃长期以来被认为具有改善学习记忆的功能，其健脑益智生物活性成分除不饱和脂肪酸、维生素外，蛋白质及生物活性肽也被认为是重要成分之一，但其作用机制仍需进一步探究。与核桃蛋白质相比，多肽因其分子量小、吸收率高等优势而备受关注。Chen 等利用核桃粕酶解获得 6 种抗氧化生物活性较好的核桃多肽，其中 WSREEQEREE 和 ADIYTEEAGR 多肽对双氧水造模的 PC12 细胞模型具有较好的保护作用。Yang 等利用体外 Aβ1-42 蛋白异常聚集的细胞模型，从核桃蛋白中鉴定得到 1 条抗 Aβ 聚集效果较好的核桃多肽 WW4。邹娟等报道指出核桃多肽可通过提高 PC12 细胞的抗氧化能力对双氧水及 Aβ25-35 导致的细胞内氧化损伤具有较好的保护作用。王敏采用 D- 半乳糖（D-gal）诱导的学习记忆损伤小鼠模型评价核桃蛋白酶解物（WPH）改善学习记忆能力，

发现 WPH 可有效改善 D-gal 小鼠对空间和有害刺激的学习记忆能力。WPH 具有显著提高 D-gal 小鼠血清中抗氧化酶（SOD 和 GSH-Px）活性、抑制脑组织中一氧化氮合酶（NOS）活性以及显著降低氧化产物（MDA 和 NO）含量的作用；体外 Aβ 蛋白聚集细胞模型证实 WPH 可显著抑制细胞内 Aβ 蛋白聚集。以上结果表明 WPH 中含有具有改善学习记忆能力的生物活性肽。

核桃多肽可以有效改善学习与记忆障碍，表现出一定神经保护和抗衰老的特性，其作用机制可能与核桃多肽可以有效清除自由基，提高体内抗氧化酶的活性，并调节炎症因子、减少炎症损伤有关。因此，核桃多肽是一种安全有价值的治疗 AD 的潜在生物活性肽。但是，目前核桃多肽改善学习记忆方面的研究不够系统、深入、全面，仍有较大的探索空间。

（二）海洋胶原肽

地球上的海产资源丰富，海洋生物物种几乎占地球上物种总数的 50%，而且海洋中相对闭锁并且充满竞争的生存环境，使海洋生物在很多方面都与陆地生物存在明显差异，生物体内含有丰富的不同于陆地生物的蛋白质活性成分。通过生物酶解技术从海洋生物中提取出的活性肽，营养价值非常高。许多研究显示海洋生物活性肽具有抗菌、抗氧化、降血压、抗肿瘤、调节免疫等特殊的生理功能。因此，尽管海洋生物活性肽的研发历史较短，但已经成为活性肽研究领域的热点、药品和保健食品研究开发领域的焦点之一。

鱼皮中含有丰富的胶原蛋白、氨基酸等，但以往作为水产加工的下脚料通常被废弃，既造成资源浪费又影响环境。海洋胶原肽（marine collagen peptides，MCPs）是以深海鱼的鱼皮为主要原料，采用复合耦联酶解和多级膜分离等技术分离出的一种小分子寡肽混合物，经 HPLC 分离得到 2 个主峰，保留时间分别为 4.97 min 和 10.06 min，之后对两个主峰成分进行了质谱分析，显示分析样品中存在的成分约有 96 种，其中含量在 1% 以上的成分有 30 种，占 80.84%，其相对分子量在 100~860Da 之间，主要集中在 300~860Da，占总成分的 86% 左右，推测其主要结构为二肽至六肽。MCPs 较小的分子量决定了其具有吸收快、水溶性好以及黏度低的特点，更利于其发挥营养作用以及各种生理调节作用。常见的海洋生物多肽包括以下几种类型。

1. 鲑鱼鱼皮胶原蛋白肽

裴新荣发现来自鲑鱼鱼皮中的胶原蛋白肽可有效预防老龄小鼠学习记忆能力的下降，其作用机制可能与体内抗氧化和增强小鼠海马区域脑源性神经营养因子的表达有关。该胶原蛋白肽也发现具有预防 AD 发生过程中学习记忆能力下降的作用，这种作用可能与减少神经元的丢失、促进神经营养因子的表达有关。

2. 小分子金枪鱼多肽

金枪鱼是一种大洋暖水性洄游鱼类，主要存在于中低纬度海域，在我国东海、南海也有分布。金枪鱼肉低脂、低热量，富含胶原蛋白，能在体内被分解成小分子肽和氨基酸，再转移至各组织利用。此外，其鱼肉还含有丰富的维生素、矿物质及微量元素，营养价值较高。研究表明，食用金枪鱼不仅具有保护肝脏、防止动脉硬化和预防缺铁性贫血等功效，还能激活脑细胞，预防 AD。

陈悦等人研究发现，不同剂量的小分子金枪鱼多肽可不同程度地提高小鼠脑组织中 SOD 和 GSH-Px 的含量、降低 MDA 的含量，同时小分子金枪鱼多肽可通过阻止蛋白质变性、维持脑细胞膜结构完整，避免其受到自由基和脂质过氧化产物的损害，延缓细胞凋亡，从而改善小鼠的记忆力。不同剂量的小分子金枪鱼多肽可以不同程度地提高小鼠脑内记忆力相关基因的表达，推断其可能通过提高脑细胞抗凋亡能力、促进神经元生成和调节突触可塑性，从而达到改善小鼠学习记忆能力的效果。

（三）鸡胚低分子多肽

鸡胚蕴含丰富的营养成分与活性因子，陈姝等人对鸡胚低分子多肽改善 D- 半乳糖（Gal）诱导衰老小鼠学习记忆的功效进行研究。通过 Morris 水迷宫试验观察到鸡胚低分子多肽可明显改善模型小鼠的学习记忆能力。鸡胚低分子多肽可明显提高 Gal 拟衰老小鼠体内红细胞、肝与脑组织中 SOD、GSH-Px 活性，减少 MDA 含量，降低过氧化脂质。孵化 16~19 天的鸡胚内的相对分子质量 $Mr > (50 \times 10^3)$ 的组具有明显的促进海马神经元存活、分化和突起生长的神经营养活性作用。研究表明，海马神经元与学习记忆有关，Gal 拟衰老小鼠由于海马自由基增加，自由基清除能力下降，海马细胞功能受损，故发生学习记忆障碍。鸡胚低分子多肽可能通过提高抗氧化酶的活力，降低过氧化脂质化及其神经营养活性等作用，改善模型小鼠的学习记忆能力。

蛋白低分子肽是功能食品研究中最活跃的领域，我国鸡蛋资源丰富，鸡胚孵化流程简单、成本低，若能得到很好的开发利用，具有重大价值。

（四）酸性肽

酸性肽（acidic peptide，AP）是与酸味和鲜味（umami）有关的小肽，其共同的结构特点是由谷氨酸或天门冬氨酸两种酸性氨基酸，或与其他氨基酸连接而形成寡肽。许多动物如牛、羊、兔、鱼等的大脑中均存在酸性肽。1998 年安玉会等首次从牛脑中分离得到一种新的酸性肽，命名为酸性牛神经肽 -1（bovine acidic neuropeptide，BANP-1），测序结果表明这种酸性肽是一种三肽，由 3 个谷氨酸连接而成。动物实验证实这种酸性肽对 AD 引起的认知功能障碍和学习记忆能力减退有显著的改善和增强作用，具有防治 AD 的作用。

BANP-1 是由 3 个谷氨酸连接成的小分子肽，又被称为 γ- 谷氨酰肽。γ- 谷氨酰转肽酶（γ-Glutamyl transpeptidase，γ-GT）在脑组织的膜结构如血管壁脉络丛、突触膜等具有较高的活性，γ-GT 可与 γ- 谷氨酰肽结合，进行肽的跨膜转运，因此 BANP-1 可通过血脑屏障进入脑中，进而发挥作用。在肽的跨膜转运过程中，肽还可与氨基酸结合进行氨基酸的跨膜转运。

（五）其他

临床上使用的具有改善记忆、保护神经细胞作用的药物脑活素，是由来自猪脑分离纯化后的氨基酸和小分子多肽组成的复合物。Kang 等发现从蚕丝蛋白酶解物中得到的 3 个八肽混合物在小鼠身上具有改善记忆的功效。胡明等发现玉米蛋白肽能够较好地改善小鼠的学习记忆水平，而且低分子量的玉米蛋白肽在提高小鼠学习记忆功能上效果更理想。咪唑二肽被日本研究人员证实具有改善学习记忆的功效，该研究通过中老年志愿者摄取鸡胸肉 3 个月后对记忆有关部位进行观察发现萎缩趋势受到遏制。有研究发现，灌胃蛋清寡肽的小鼠记忆有一定的改善。牛脑酸性肽对 AD 大鼠模型组的 Aβ 蛋白沉积具有很好的抑制作用，并能显著提高 AD 大鼠的学习记忆能力。

随着人口老龄化社会的到来，AD 逐渐成为威胁老年人健康的"第一杀手"。由于其发病原因及机制的复杂性，其治疗手段也具有多样性，并且多数只是针对症状的治疗，而不能有效逆转潜在的神经功能衰退。近年来，随着对食源性生物活性肽研究的深入，各种内源性、外源性生物活性肽在 AD 防治中的作用逐渐得到重视，海洋胶原肽、酸性牛神经肽、神经生长因子、脑啡肽酶、P 物质等均被发现对 AD 有预防和治疗作用，这些研究为 AD 的防治提供了新的策略。

目前，对神经保护肽的研究主要集中在对其功效的评价上，而对其体内消化稳定性（胃肠道稳定性和血液稳定性）和血脑屏障通透性的研究相对较少。同时，神经保护肽的构效关系尚未有系统的研究，体外和体内检测结果之间的相关性研究也很有限。因此，需要进一步研究，以深入了解体内外测量相关性、消化稳定性、血脑屏障通透性、神经保护肽的结构－活性关系及其在预防和治疗伴随神经退行性疾病或疾病的认知缺陷和记忆衰退中的潜在机制和分子途径。

（杨雪锋）

参考文献

1. Chalamaiah M, Yu W, Wu J. Immunomodulatory and anticancer protein hydrolysates (peptides) from food proteins: A review[J]. Food Chem, 2018, 245: 205-222.
2. Shimizu A, Mitani T, Tanaka S, et al. Soybean-derived glycine-arginine dipeptide administration promotes neurotrophic factor expression in the mouse brain[J]. Agric Food Chem, 2018, 66(30): 7935-7941.
3. Swa B, Swa C, Ginw C, et al. Effects of food-derived bioactive peptides

on cognitive deficits and memory decline in neurodegenerative diseases: A review [J]. Trends Food Sci Technol,2021, 116: 712-732.

4. Kim IS, Yang WS, Kim CH. Beneficial effects of soybean-derived bioactive peptides[J]. Int J Mol Sci,2021,22(16):8570.

5. Katayama S, Corpuz HM, Nakamura S. Potential of plant-derived peptides for the improvement of memory and cognitive function[J]. Peptides,2021,142:170571.

6. Ozawa H, Miyazawa T, Miyazawa T. Effects of dietary food components on cognitive functions in older adults[J]. Nutrients,2021,13(8):2804.

7. Li W, Zhao T, Zhang J, et al. Effect of walnut protein hydrolysate on scopolamine-induced learning and memory deficits in mice[J]. Food Sci Technol,2017,54(10):3102-3110.

8. 王敏. 核桃蛋白源生物活性肽改善学习记忆机制研究 [D]. 广州: 华南理工大学 ,2019.

9. Daroit D J , Brandelli A . In vivo bioactivities of food protein-derived peptides - A current review[J]. Curr Opin Food Sci,2021,39.

10. Chen H, Zhao M,Lin L, et al. Identification of antioxidative peptides from defatted walnut meal hydrolysate with potential for improving learning and memory[J]. Food Research International,2015,78 (DEC.):216-223.

11. 陈悦,李路,李云坤,等. 小分子金枪鱼多肽对小鼠记忆力、皮肤弹性及睡眠的影响 [J]. 基因组学与应用生物学 ,2019,38(12):5412-54200.

第五节　肽与骨骼健康

骨骼是支持和保护身体各器官的刚性器官，同时也是钙和磷等矿物质的储存区，可以调节矿物质的动态平衡，维持运动和生活劳动。骨质疏松和骨关节炎是骨骼系统中最常见的疾病，已成为我国乃至全世界共同面临的重要公共卫生健康问题。骨质疏松和骨关节炎前期通常没有明显的临床表现，因此往往未能得到及时的预防和干预。生物活性肽作为一种安全有效的物质，有望在骨质疏松以及骨关节炎的预防以及治疗过程中发挥重要作用。

一、骨骼结构及骨重建

（一）骨骼的生理结构

骨骼主要是由骨与骨之间的骨连接结构形成，即骨、软骨、关节 3 部分。骨组织是构成骨的主要成分，主要由骨系细胞和骨间质组成。骨系细胞包括骨祖细胞、成骨细胞、骨细胞、破骨细胞及骨衬细胞。骨间质是骨组织的细胞外间质，包含无机质和有机质。无机质主要为钙盐，包含羟基磷灰石结晶和无定形的磷酸钙，使骨增加硬度。有机质含有 90% 以上的 I 型胶原，使骨具有韧性和抗拉强度。有机质中的其他非胶原蛋白包括糖蛋白和蛋白多糖等，负责维持细胞相互作用和调节细胞代谢。依据存在形式，骨组织又可分为皮质骨和松质骨。皮质骨又称密质骨，由矿化组织形成，质地坚硬致密，主要存在于长骨骨干及其他类型骨的表层。松质骨又称小梁骨，呈疏松多孔的海绵状，由许多片状、针状骨小梁相互连接成网状立体结构，内含有骨髓。松质骨主要存在于椎骨、肋骨及盆骨。虽然松质骨仅占人体骨含量的1/4，但其表面积为皮质骨的6倍以上，且代谢速率比皮质骨高8倍以上。因此，松质骨相对容易丢失，富含松质骨的骨组织患骨质疏松以及骨折的风险更高。

软骨组织由软骨细胞、纤维和基质构成。根据软骨中纤维的种类和数量，软骨又可分为透明软骨、弹性软骨和纤维软骨。其中分布在关节面的透明软骨又称为关节软骨，其表面光滑，厚度为2~4 mm。软骨细胞是关节软骨中唯一的细胞，虽然仅占软骨组织总体积的1%~5%，但可以合成大量的细胞外基质蛋白，如胶原蛋白（Ⅱ型为主）、透明质酸或糖蛋白以及蛋白多糖等。由于软骨细胞存在于无血管、无神经的微环境中，所以再生修复能力非常有限。当软骨细胞合成和分泌细胞外基质的功能受到限制，或是分解因子如基质金属蛋白酶（Matrix metalloproteinase，MMPs）表达增多时，可引起软骨细胞外基质降解和软骨细胞凋亡，最终导致不可修复的关节软骨退变甚至关节炎的发生。

（二）骨重建

骨骼需要有足够的刚度和韧性以维持骨强度，因此骨骼具备完整的层级结构，包括Ⅰ型胶原的三股螺旋结构、非胶原蛋白以及沉积在其中的羟基磷灰石。同时，为确保正常代谢并维持其力学功能，骨组织不断进行骨吸收和骨形成活动，这一过程称为"骨重建"。骨重建是调节骨稳态的主要过程，它决定于骨形成和骨吸收之间的平衡。成年前，骨形成和骨吸收呈正平衡，骨量增加。成年期，骨重建过程保持基本平衡，维持骨量。但随着年龄的增加，骨形成与骨吸收呈负平衡，造成骨丢失。当骨代谢失衡日益加剧时即形成骨质疏松。

骨重建由成骨细胞、破骨细胞和骨细胞等共同完成。骨形成主要由成骨细胞完成，成骨细胞由间充质干细胞分化而来。成骨细胞能够合成并分泌Ⅰ型胶原蛋白和一些非胶原的蛋白质（如骨钙素），并能通过释放基质小泡促进羟基磷灰石沉积于骨基质上完成矿化。成骨细胞的分化和形成受多种转录因子，如runt相关转录因子2、远端同源框5、osterix以及多种细胞因子（转化生长因子-β、骨形态发生蛋白和胰岛素生长因子等）的影响和调控。

破骨细胞占骨骼细胞的1%~2%，由单核-巨噬细胞前体分化形成，主司骨吸收。破骨细胞的分化、活力以及生存周期受巨噬细胞集落刺激因子（macrophage colony-stimulating factor，M-CSF）、核因子-κB受体活化因子配基（receptor activator of nuclear factor-κB ligand，RANKL）和护骨素（osteoprotegerin，OPG）等关键细胞因子的调控。RANKL是TNF超家族成员之一，是一种Ⅱ型跨膜蛋白，高表达于破骨细胞、骨髓间充质干细胞及淋巴细胞。研究已经证实 RANKL 可与破骨细胞前体细胞上的核因子 –κB 受体活化因子（receptor activator of nuclear factor–κB，RANK）结合，从而激活核因子 –κB（nuclear factor kappa–B，NF–κB），促进破骨细胞分化。另外一方面，成骨细胞和骨髓间充质干细胞分泌的 OPG 也可作为 RANKL 的诱饵受体，与 RANK 竞争性结合 RANKL，从而抑制破骨细胞的生成。RANKL 与 OPG 的相对比值决定了破骨细胞的活性，从而影响骨吸收的程度。在调节骨吸收和骨形成的平衡中，OPG/RANKL/RANK 信号系统起着重要作用，它可以防止骨量异常增多或减少，从而维持正常骨组织的代谢。

通常，骨重塑遵循以下顺序阶段，包括激活（检测初始重塑信号）、再吸收（破骨细胞的形成和激活）、逆转（破骨细胞的凋亡和成骨细胞的分化）、形成（成骨细胞形成骨基质）和终止。骨重建周期始于骨表面静止的成骨细胞以及骨衬里细胞的激活。成骨细胞和骨衬里细胞通过产生破骨细胞生长因子（如 M–CSF 和 RANKL）启动再吸收过程；这两种因子分别与破骨细胞前体上存在的集落刺激因子 1 受体和 RANK 结合，从而刺激其增殖和分化。此外，骨损伤、应力变化、炎性细胞因子以及调节激素如甲状旁腺素激素（parathyroid hormone，PTH）和骨化三醇等，也能够通过相关信号通路刺激破骨细胞生成。随后，前成骨细胞融合形成多核破骨细胞，通过分泌抗酒石酸酸性磷酸酶和降钙素等特定破骨细胞标志物识别骨表面并重新吸收骨基质。在逆转期，破骨细胞骨吸收释放细胞因子，如转移生长因子 –β、骨形态发生蛋白和胰岛素生长因子等刺激成骨细胞的形成。成骨细胞的成熟和分化涉及新骨的形成和矿化。在矿化过程之后，羟基磷灰石被合成并释放到细胞外基质，胶原和非胶原蛋白共同形成羟基磷灰石沉积和骨基质形成的支架。而后新形成的骨细胞分泌硬化蛋白导致周期进入终止阶段，这时成骨细胞以骨细胞的形式埋置于骨组织中，或以骨衬里细胞的形式覆盖在骨表面。

在骨重建过程中，骨组织会产生一些代谢（分解与合成）产物，称为骨转换标志物。骨转换标志物分为骨形成标志物和骨吸收标志物，前者反应成骨细胞活性及骨形成状态，后者代表破骨细胞活性及骨吸收水平。常见的骨形成标志物包括血清碱性磷酸酶、血清骨钙素、血清骨特异性碱性磷酸酶、血清Ⅰ型胶原 N 端前肽和血清Ⅰ型胶原 C 端前肽。骨吸收标志物包括Ⅰ型胶原 C 末端肽交联、血浆抗酒石酸碱性磷酸酶、空腹 2h 尿钙／肌酐比值等。骨转换标志物的存在有助于更好地判断骨重建所处的阶段。

二、肽与骨质疏松

（一）骨质疏松

骨质疏松是一种以骨量低，骨组织微结构损坏，导致骨脆性增加，易发生骨折为特征的全身性骨病。骨质疏松的发生和发展依赖于许多内在和外在因素，包括年龄、激素、遗传因素、生活方式、吸烟、过量饮酒以及缺乏锻炼等。骨质疏松可分为原发性和继发性两大类。原发性骨质疏松包括绝经后骨质疏松（Ⅰ型）、老年骨质疏松（Ⅱ型）和特发性骨质疏松。继发性骨质疏松是指由任何影响骨代谢的疾病和（或）药物及其他明确病因导致的骨质疏松。

绝经后骨质疏松是骨质疏松中最常见的一种类型，是指女性绝经后卵巢内分泌功能失调衰退，导致雌激素水平下降，从而导致破骨细胞介导的骨吸收大于成骨细胞介导的骨形成作用而出现的一种骨代谢性疾病。研究认为，雌激素可作用于成骨细胞上具有转录活性的雌激素受体，引起细胞表达 OPG。雌激素水平下降将减少骨髓干细胞和成骨细胞 OPG 的分泌，使对破骨细胞的抑制作用减弱，破骨细胞的数量增加、凋亡减少、寿命延迟等，最终导致其骨吸收功能增加。另外一方面，雌激素在体内具有对抗氧化应激的作用。当女性进入绝经后，体内的氧化物质生成增加，而抗氧化物质和抗氧化酶活性显著降低。当氧化平衡被打破出现氧化应激和炎症时，炎性反应介质如肿瘤坏死因子 α（tumor necrosis factor-α, TNF-α）、白介素及前列腺素 E_2 诱导 M-CSF 和 RANKL 的表达，刺激破骨细胞，并抑制成骨细胞，造成骨量减少。同时雌激素减少会降低骨骼对力学刺激的敏感性，使骨骼呈现类似于废用性骨丢失的病理变化。老年性骨质疏松主要与年龄相关，增龄造成的器官功能减退是主要因素。与绝经后骨质疏松类似，雄激素水平的下降以及促炎因子的存在也会影响骨代谢，降低成骨活性。此外，钙和维生素 D 的摄入及吸收不足、肾功能下降、肌肉功能减退和力学刺激减少等也会影响骨代谢，使成骨不足、破骨有余，出现骨结构损害，从而形成骨质疏松。

随着对有关骨质疏松病理生理学机制认识的不断深入，目前已经开发出许多用于治疗骨质疏松的化合物。其中最早以抗骨吸收药物为主，包括双磷酸盐、降钙素、雌激素、选择性雌激素受体调节剂和 RANKL 抑制剂等。然而由于破骨细胞和成骨细胞活性之间的生物耦合，抗骨吸收药物保留了对骨形成的抑制作用，所以这些药物只能防止骨骼结构的丢失，无法恢复骨量和结构。目前，多项证据指出，生物活性肽有益于骨质疏松的治疗与预防。

（二）生物活性肽对骨质疏松的改善作用

1. PTH 相关肽

特立帕肽是通过基因重组技术，以大肠埃希菌为宿主产生的人 PTH 的活性片段（PTH 1-34, C181H291N55O51S2），分子量为 4117.8 U，具有 PTH 的大部分生物学活性，自 2002 年起被用作骨质疏松患者骨折高危人群的合成代谢药物。特立帕肽的 N 端氨基酸可与成骨细胞、间质细胞、肾小管基底膜表面的 PTH Ⅰ型受体结合，发挥促骨形成的作用，同时增加钙离子吸收，有利于破坏的骨微结构的修复。据报道，特立帕肽早期可增加骨形成，但同样因为耦合作用后期骨吸收增加，所以特立帕肽治疗时间不宜过长，在我国的使用期限是 2 年。

2. 酪蛋白磷酸肽

酪蛋白磷酸肽是一种由牛乳蛋白经蛋白酶水解后分离纯化得到的一系列含有磷酸丝氨酸残基的生物活性肽。酪蛋白磷酸肽有 α 和 β 两种构型，分别由 α-酪蛋白和 β- 酪蛋白水解分离纯化生成，其功能区主要有 αs1- （43~58） 2P，αs1- （59~79） 5P，αs2- （46~70） 4P，β- （1~25） 4P，β- （1~28） 4P 及 β-（33~48） 4P。酪蛋白磷酸肽是发现较早的一种食物衍生的生物活性肽。早在 1950 年以前，Mellander 在医治佝偻病婴儿时发现，在不存在维生素 D 的情况下，酪蛋白磷酸肽可增加钙吸收率、增强骨钙化。1996 年，Tsuchita 等人在绝经后骨质流失模型中发现，膳食钙酪蛋白结合磷酸肽可防止老年去卵巢大鼠骨质疏松。后续大量体外和体内研究也证实，酪蛋白磷酸肽可促进小肠对钙的吸收和利用。研究认为，酪蛋白磷酸肽的矿物质结合活性主要与酪蛋白磷酸肽活化中心有关。其成串的磷酸丝氨酸残基 [−Ser （P） −] 使其带有高浓度负电荷，在抵抗消化酶进一步作用水解的同时又可以与钙结合成可溶物，从而有效防治钙在小肠后段形成磷酸钙沉淀，增加钙在体内的滞留时间，增加肠腔内钙离子浓度，进而促使钙吸收。因此，酪蛋白磷酸肽又被称为"矿物质载体"。除矿物质结合活性外，据报道酪蛋白磷酸肽还可影响成骨细胞样细胞的生长、钙吸收，并最终影响细胞外基质中的钙沉积。

3. 胶原蛋白肽

胶原纤维是骨基质的有形成分，由平行排列的胶原原纤维组成，可作为钙盐沉积结晶的基质。骨胶原中以 I 型胶原占比最高 （95%），其他类型胶原如 III 型和 V 型胶原含量较低，主要作用是辅助调节 I 型胶原的纤维直径。骨胶原的分子结构具有明显的层级性，最初始的组成为 3 条多肽链通过转录后修饰和二硫键形成三螺旋胶原蛋白分子，被酶水解切割后露出 N 端和 C 端，之后这些断端可以自发进行组配，在转录后修饰的作用下进一步稳定，形成胶原纤维束，在酶促和非酶促的作用下，纤维束可形成分子间交联和纤维之间交联。羟基磷灰石晶体填充在这些胶原纤维束之间，以提供骨组织的硬度。然而，随着年龄的增长，胶原的过度降解或合成降低都能致使骨骼的弹性和韧性降低，骨盐失去依附场所会增大其溶解，使骨小梁疏松、变细、穿孔，股骨颈皮质变薄，骨胶原纤维排列紊乱并出现腔隙，从而导致骨的抵抗变形和断裂性能变差，发展成为骨质疏松。由此可见，胶原蛋白在对维持骨骼结构完整性及防止骨骼的变形和断裂方面都有极为重要的作用。

胶原蛋白肽是胶原蛋白的水解或酶解产物。动物实验发现，摄入低分子量放射性胶原水解物后，在股骨、胫骨、关节以及皮肤等组织中都检测到了放射性存在，这提示胶原蛋白肽参与了骨骼组织的生长合成。

临床研究证实，服用胶原蛋白肽有助于提高骨中有机质含量和骨密度，促进骨形成，防止骨质流失，加速骨折愈合。Elam 等人经过一项为期 12 个月的随机对照试验发现，绝经期妇女服用钙胶原螯合物（胶原蛋白肽 5 g+ 钙 500

mg+ 维生素 D 200IU）后其全身骨密度下降程度显著低于对照组（钙 500 mg+ 维生素 D 200IU）。同时，胶原螯合物补充组的硬化蛋白和抗酒石酸酸性磷酸酶亚型 5b（TRAP5b）水平显著降低，骨特异性碱性磷酸酶 /TRAP5b 高于对照组。而后，Daniel 开展的包含 131 名绝经后妇女的随机对照试验也得到了同样的结果。与安慰剂组相比，口服特定胶原蛋白肽的女性脊柱及股骨颈的骨密度显著增加。同时补充组的骨标志物 I 型胶原蛋白氨基末端前肽增加，而对照组的 I 型胶原蛋白 C 端肽显著增加。

目前胶原蛋白改善骨骼健康的机制尚不明确，可能与胶原蛋白肽促进 I 型胶原蛋白生成以及矿物质的沉积有关。Nomura 等给予低蛋白饮食的卵巢切除大鼠喂食鲨鱼皮明胶，并与假手术比较，结果显示胶原蛋白组股骨骨骺骨密度、骨骺中 I 型胶原蛋白和糖胺聚糖含量均比假手术组高。此外，研究指出胶原蛋白肽能促进成骨细胞增殖、分化，抑制破骨细胞活性，减少骨吸收。2014年 Liu 等人开展体外研究以探讨牛胶原蛋白肽对 MC3T3-E1 细胞的增殖和分化影响。结果显示，牛胶原蛋白肽增加了成骨细胞增殖，并在成骨细胞分化和矿化骨基质中发挥积极作用。Guilerminet 等从 BALB/c 小鼠的胫骨和股骨骨髓建立鼠骨细胞的原代培养物，用不同浓度的胶原蛋白水解物处理，而后测量成骨细胞和破骨细胞的生长和分化。与对照组相比，胶原蛋白水解物组的碱性磷酸酶活性呈剂量依赖性增加，并且破骨细胞活性降低。

4. 其他生物活性肽

除上述以外，有研究显示其他生物活性肽如核桃蛋白肽、小麦胚芽肽、鹿茸多肽以及南极磷虾的磷酸化肽等，也具有延缓骨质疏松的作用。核桃蛋白是一种优质的植物蛋白，以去皮脱脂的云南产核桃仁为原料，采用体外模拟胃肠消化酶解核桃仁脱脂粉可获得核桃蛋白酶解产物（WPH）。孙小东等人采用不同剂量的 WPH 对视黄酸诱导的骨质疏松大鼠进行干预。血清参数表明，WPH 使骨质疏松大鼠的钙、磷水平明显恢复，并显著降低血清骨转换指标水平。在骨参数方面，WPH 可有效提高骨重量、骨拉伸强度和骨矿含量，骨密度、骨微结构参数也明显恢复。同时，骨组织形态学结果表明，WPH 显著改善了大鼠皮质骨厚度和骨小梁结构。这些结果表明，WPH 可以改善体内钙的吸收利用，调节骨代谢平衡，对促进骨生长具有积极作用。

三、肽与骨关节炎

（一）骨关节炎

骨关节炎是一种主要以受累关节疼痛、僵硬、肿胀，严重时导致关节功能障碍甚至残疾为特征的慢性退行性疾病。骨关节炎常见于中老年人群，是多种危险因素共同作用的结果，其中以年龄增长和肥胖最为突出，其他危险因素包括创伤、慢性低度炎症、关节过度使用、代谢障碍及遗传等。骨关节炎的病理特征包括关节软骨破坏、软骨下骨硬化或囊性变、关节边缘骨质增生、滑膜增生、韧带退变，伴随关节周围肌肉、神经、关节囊以及脂肪垫的改变等。骨关节炎曾经被视为一种纯粹的机械软骨退化疾病，但现在已知其是一种影响整个关节的复杂疾病，其中 MMPs 的激活具有关键作用。

临床上用于早期骨关节炎的治疗方法主要以药物治疗为主，包括非甾体抗炎药、阿片类药物和环加氧酶特异性药物。然而，药物治疗因只能减轻症状而不是解决软骨疾病本质问题而具有"姑息"作用，往往不能取得满意的临床治疗效果。如果药物治疗无效时，将进一步采取关节清理手术甚至关节置换手术。近年来，研究发现生物活性肽在减少炎症、氧化应激、疼痛、关节僵硬以及改善软骨形成等方面具有巨大潜力。

（二）生物活性肽对骨关节炎的改善作用

1. 胶原蛋白肽

如前所述，胶原蛋白肽吸收后可积聚在关节软骨。胶原蛋白作为软骨和滑液的基本成分，补充胶原蛋白肽可以延迟软骨炎症诱导的分解代谢，减缓软骨破坏进程，从而减少关节疼痛和增加受累关节的活动性。在大鼠实验性骨关节炎模型中，胶原蛋白肽的使用被证明可以降低 CTX–Ⅱ（Ⅱ型胶原降解）水平并减少 Mankin 评分。同时，胶原蛋白肽可刺激Ⅱ型胶原蛋白（关节软骨的主要蛋白质）、透明质酸和蛋白多糖（软骨细胞外基质）产生，诱导软骨再生，修复骨关节损伤或减缓退行性变。脯氨酸和羟脯氨酸被认为是胶原蛋白的生物活性物质。2009 年 Nakatani 等人对 C57BL/6 小鼠开展的研究显示，喂食胶原蛋白肽或脯氨酰 - 羟脯氨酸能抑制过量磷饮食引起的软骨细胞丢失和关节软骨层变薄。在体外研究中，使用胶原蛋白肽或脯氨酰 - 羟脯氨酸能增加糖胺聚糖及蛋白多糖水平，同时分别减少 Runx1 和骨钙素 mRNA 水平。同样，Ohara 等人研究显示脯氨酸 - 羟脯氨酸能刺激培养的滑膜细胞产生透明质酸。喂食胶原蛋白水解物后，豚鼠骨骺中蛋白多糖的量增加，膝骨关节炎的软骨破坏减少。这些研究表明，胶原蛋白肽具有治疗骨关节炎的潜力。

现今，不同的临床研究也显示胶原蛋白肽对关节具有保护作用。在一项包含 147 名运动员的随机对照试验中发现，持续 24 周每天服用 10 g 胶原蛋白可减轻活动相关性关节疼痛。同样，在包含 250 例原发性膝骨关节炎患者开展的随机双盲对照的多中心研究中，发现 6 个月连续每天服用 10g 胶原蛋白肽能显著改善膝关节的舒适度，体现为视觉模拟评分和 WOMAC 评分下降。其中，WOMAC 评分是专门针对髋关节炎与膝关节炎的评分系统，主要根据患者相关症状及体征来评估其关节炎的严重程度及其治疗疗效，能有效反映患者治疗前后的状况，对于骨关节炎疗效的评估有较高的可信度。此外，在一项为期 3 个月的多中心随机平行双盲研究中，100 名年龄 ≥ 40 岁的膝关节炎患者被随机分配到酶解胶原蛋白组（10 g/d）或硫酸氨基葡萄糖组（1.5 g/d）。结果显示，酶解胶原蛋白组在改善

WOMAC 评分方面优于硫酸氨基葡萄糖组。在患者对疗效的总体评估上，酶解胶原蛋白组表现为"改善良好 + 理想"的比例高达 80.8%，而硫酸氨基葡萄糖组为46.6%。依据现有结果，据估计，胶原蛋白肽在 0.166 g/（kg·d）[10g/（60kg·d）]的剂量下治疗人关节疼痛是有效的。

2. 蜂毒肽

蜂毒是工蜂分泌的一种具有芳香气味的透明毒液，包含多种肽类、酶、生物活性胺以及脂质、碳水化合物和游离氨基酸等。其中，蜂毒肽是蜂毒的主要成分，也是其主要的生物活性物质，由 26 个氨基酸残基构成。有研究报道，高剂量的蜂毒肽可引起瘙痒、发炎和局部疼痛；然而，小剂量的蜂毒肽可产生广泛的抗炎作用。NF-κB 是参与炎症及免疫反应的一种重要转录因子，它可以被包括 TNF-α、白介素（interleukin-1β，IL-1β）等多种细胞因子激活，进而快速诱导免疫炎症反应内多基因的表达，包括炎性酶、细胞因子和 MMPs 等。研究显示，在大鼠骨关节炎模型中，软骨细胞 NF-κB 信号转导途径被激活。汤发强在关节软骨细胞中研究发现，蜂毒肽可抑制 IL-1β 诱导的 NF-κB 信号转导途径的激活，提高慢性骨关节炎软骨细胞的增殖及软骨特性维持，以起到骨关节炎软骨细胞的保护作用。Park 提出通过直接与 P50 亚基结合使 NF-κB 靶点失活可能是蜂毒肽抗关节炎的作用机制。他们证明，蜂毒肽可抑制脂多糖诱导的 P50 易位到细胞核内，导致炎症基因的转录减少。此外，Jeong 研究发现蜂毒肽可显著抑制 TNF-α 介导的 II 性胶原胶原表达减少，同时抑制 MMP-1 和 MMP-8 的蛋白表达。以上研究提示，蜂毒肽具有抗关节炎的潜在作用。

3. 其他生物活性肽

据报道，其他生物活性肽如鹿欣肽、血管活性肠肽和 LL-37 等，可改善骨关节炎。其中鹿欣肽是一种复方制剂，是将梅花鹿的骨骼和甜瓜干燥成熟的种子经分别提取后制成的灭菌水溶液，被认为可以改善微循环和调节骨代谢，临床上常用于骨关节炎、类风湿关节炎、骨折早期愈合等疾病的治疗。一项利用来源于全国多家三甲综合医院信息管理系统数据开展的回顾性病例对照组研究结果显示，使用鹿瓜多肽注射液治疗的骨关节炎患者，治疗效果优于未使用鹿瓜多肽注射液的患者。

随着老龄化进程的加速，骨质疏松症和骨关节炎的发病率越来越高，严重影响中老年人的生活质量。研究证明，多种生物活性肽具有改善骨骼和关节的健康效应，可作为治疗骨质疏松和骨关节炎的潜在治疗剂。考虑到目前部分生物活性肽的研究主要来源于动物实验数据，缺乏充分的临床证据，因此其安全性和有效性仍需要在临床试验中进行评估。今后尚需要开展更大样本和更长期的临床研究来证实生物活性肽对骨骼健康的影响，并探讨其确切机制，进一步明确生物活性肽的具体防治剂量及时长，为生物活性肽应用于骨骼健康提供切实可信的依据。

（周娟）

参考文献

1. Bu T, Zheng J, Liu L, et al. Milk proteins and their derived peptides on bone health: Biological functions, mechanisms, and prospects [J]. Compr Rev Food Sci Food Saf, 2021, 20(2): 2234–2262.

2. 夏维波, 章振林, 林华, 等. 原发性骨质疏松症诊疗指南 (2017)[J]. 中国骨质疏松杂志, 2019, 25(03): 281–309.

3. Sun P, Wang M, Yin G Y. Endogenous parathyroid hormone (PTH) signals through osteoblasts via RANKL during fracture healing to affect osteoclasts [J]. Biochem Biophys Res Commun, 2020, 525(4): 850–856.

4. 柳桢, 庞邵杰, 宋鹏坤, 等. 2010～2012 年中国 60 岁及以上老年居民膳食钙摄入状况分析 [J]. 营养学报, 2017, 39(05): 442–447+453.

5. Cao Y, Miao J, Liu G, et al. Bioactive peptides isolated from casein phosphopeptides enhance calcium and magnesium uptake in caco-2 cell monolayers [J]. J Agric Food Chem, 2017, 65(11): 2307–2314.

6. Sun S, Liu F, Liu G, et al. Effects of casein phosphopeptides on calcium absorption and metabolism bioactivity in vitro and in vivo [J]. Food Funct, 2018, 9(10): 5220–5229.

7. Donida B M, Mrak E, Gravaghi C, et al. Casein phosphopeptides promote calcium uptake and modulate the differentiation pathway in human primary osteoblast-like cells [J]. Peptides, 2009, 30(12): 2233–2241.

8. Shigemura Y, Suzuki A, Kurokawa M, et al. Changes in composition and content of food-derived peptide in human blood after daily ingestion of collagen hydrolysate for 4 weeks [J]. J Sci Food Agric, 2018, 98(5): 1944–1950.

9. Elam M L, Johnson S A, Hooshmand S, et al. A calcium-collagen chelate dietary supplement attenuates bone loss in postmenopausal women with osteopenia: a randomized controlled trial [J]. J Med Food, 2015, 18(3): 324–331.

10. König D, Oesser S, Scharla S, et al. Specific collagen peptides improve bone mineral density and bone markers in postmenopausal women-arandomized controlled study [J]. Nutrients, 2018, 10(1).

11. Nomura Y, Oohashi K, Watanabe M, et al. Increase in bone mineral density through oral administration of shark gelatin to ovariectomized rats [J]. Nutrition, 2005, 21(11–12): 1120–1126.

12. Liu J, Zhang B, Song S, et al. Bovine collagen peptides compounds promote the proliferation and differentiation of MC3T3-E1 pre-osteoblasts [J]. PLoS ONE, 2014, 9(6): e99920.

13. Guillerminet F, Beaupied H, Fabien-Soulé V, et al. Hydrolyzed collagen improves bone metabolism and biomechanical parameters in ovariectomized mice: an in vitro and in vivo study [J]. Bone, 2010, 46(3): 827–834.

14. 佚名. 中国骨质疏松症流行病学调查及"健康骨骼"专项行动结果发布 [J]. 中华骨质疏松和骨矿盐疾病杂志, 2019(4).

15. 李宇. 小麦胚芽肽延缓老年性骨质疏松的作用机制研究 [D]. 南京: 南京财经大学, 2021.

16. Isaka S, Someya A, Nakamura S, et al. Evaluation of the effect of oral

administration of collagen peptides on an experimental rat osteoarthritis model [J]. Exp Ther Med, 2017, 13(6): 2699-2706.

17. Nakatani S, Mano H, Sampei C, et al. Chondroprotective effect of the bioactive peptide prolyl-hydroxyproline in mouse articular cartilage in vitro and in vivo [J]. Osteoarthritis Cartilage, 2009, 17(12): 1620-1627.

18. Ohara H, Iida H, Ito K, et al. Effects of Pro-Hyp, a collagen hydrolysate-derived peptide, on hyaluronic acid synthesis using in vitro cultured synovium cells and oral ingestion of collagen hydrolysates in a guinea pig model of osteoarthritis [J]. Biosci Biotechnol Biochem, 2010, 74(10): 2096-2099.

19. Clark K L, Sebastianelli W, Flechsenhar K R, et al. 24-Week study on the use of collagen hydrolysate as a dietary supplement in athletes with activity-related joint pain [J]. Curr Med Res Opin, 2008, 24(5): 1485-1496.

20. Benito-Ruiz P, Camacho-Zambrano M M, Carrillo-Arcentales J N, et al. A randomized controlled trial on the efficacy and safety of a food ingredient, collagen hydrolysate, for improving joint comfort [J]. Int J Food Sci Nutr, 2009, 60 (s2): 99-113.

21. Trč T, Bohmová J. Efficacy and tolerance of enzymatic hydrolysed collagen (EHC) vs. glucosamine sulphate (GS) in the treatment of knee osteoarthritis (KOA) [J]. Int Orthop, 2011, 35(3): 341-348.

22. 汤发强, 吴宏, 郑建章, 等. 蜂毒肽对大鼠退行性骨关节病软骨细胞 NF-κB 信号通路的影响 [J]. 中国老年学杂志, 2017, 37(13): 3132-3134.

23. Jeong Y J, Shin J M, Bae Y S, et al. Melittin has a chondroprotective effect by inhibiting MMP-1 and MMP-8 expressions via blocking NF-κB and AP-1 signaling pathway in chondrocytes [J]. Int Immunopharmacol, 2015, 25(2): 400-405.

24. 刘兴兴, 黎元元, 魏戌, 等. 鹿瓜多肽注射液治疗 3071 例骨关节炎真实世界疗效分析 [J]. 世界中医药, 2021, 16(07): 1126-1133.

第六节　肽与皮肤健康

　　皮肤是机体与环境的有效屏障，可抵御化学和物理攻击，防止病原体入侵，阻断机体水分以及营养物质的流失。与所有器官一样，皮肤随着年龄的增长而逐渐老化，会出现形态和生理退变。同时，皮肤伤口在日常生活中也经常发生。因此，皮肤老化和皮肤伤口值得重点关注。大量研究表明，生物活性肽在改善皮肤健康、调节皮肤功能、防止皮肤老化及促进皮肤伤口愈合方面具有一定的作用。

一、皮肤生理结构及功能

（一）皮肤的生理结构

　　皮肤是人体最大的器官，总重量约占个体体重的 10%~15%。作为解剖学和生理学上的重要边界器官，皮肤被覆于体表，主要分为表皮、真皮和皮下组织3 个区域，其间包含毛发、皮脂腺、汗腺和指甲等皮肤附属物（见图 4-4）。

图 4-4　皮肤的生理结构

1. 表皮

皮肤表皮层较薄，起源于外胚层，是机体主要的保护性外层。表皮层细胞可分为角质形成细胞和非角质细胞（黑素细胞、朗格汉斯细胞、梅克尔细胞以及未定型细胞）。依据分化程度，表皮从内到外可分为 5 层，即基底层、棘层、颗粒层、透明层（不存在于薄皮肤中）和角质层。

基底层又称为发芽层，由一层具有大核的嗜碱性低柱状或立方形的角质形成细胞组成。角质形成细胞是表皮的主要细胞类型，通过半桥粒牢固地附着在基底膜上，通过桥粒附着在侧面和上部相邻细胞上。基底层细胞具有分裂及增殖功能，能不断生成新的细胞并向浅层推移，与皮肤的修复密切相关。基底层中还含有黑素细胞，它是表皮的第二大细胞类型。黑素细胞中含有的黑色小体在酪氨酸酶作用下合成黑色素，通过黑素细胞的树突状凸起向角质形成细胞转运，并随着角质形成细胞的上移逐步上传至角质层，在影响机体皮肤颜色的同时发挥光保护作用。基底层中还存在梅克尔细胞，它是表皮内的机械感受细胞。

棘层由 4~8 层多角形细胞构成。棘层基底层细胞具有与基底层细胞相似的有丝分裂活性，它们合在一起通常被称为生发层。棘层细胞产生由角蛋白组成的 10 nm 的张力细丝。在细胞向表面移动时，张力细丝合成增加并聚集成束，形成张力纤维。棘层细胞间隙中有淋巴流通，可以滋养表皮。朗格汉斯细胞主要分布在棘层中，负责响应外来抗原激活 T 淋巴细胞。

颗粒层由 1~5 层扁平的多边形颗粒细胞组成。颗粒层细胞胞浆内充满了巨大、粗糙、形状不规则的透明角质颗粒，角质颗粒由聚丝蛋白和其他与张力纤维蛋白有关的蛋白质组成。颗粒层细胞质的另一个特征是其内含有的 Odland 小体，可以在细胞向角质层细胞转化时，通过胞吐作用释放其脂质内容物至角

141

质层间隙，构成结构脂质，形成表皮的主要渗透屏障。

薄层皮肤不存在透明层，它仅见于掌跖较厚的表皮，由 4~6 层较扁平细胞构成。因在光镜下胞质呈均质状且具有强折光性，故名透明层。

角质层是由 15~20 层充满角蛋白的扁平高度角化细胞组成。细胞中仅包含无定形基质和无定形蛋白质。它们具有增厚的质膜，而且死亡的角质层细胞可不断从表皮表面脱落。

2. 真皮

真皮位于表皮下方，两者由一层富含细胞外基质（extracellular matrix，ECM）的基底膜隔开，基底膜主要包括Ⅳ型胶原蛋白、层粘连蛋白、巢蛋白和硫酸肝素蛋白多糖等。表皮深入真皮中的部分称为表皮突，真皮深入表皮中的部分称为真皮乳头。基底膜除使表皮和真皮紧密连接外，还具有半透膜的性质，允许营养物质以及代谢产物交换。另外，基底膜还充当受体诱导的细胞间相互作用的介质。在细胞增殖和形态发生中，这些介质相互作用指导细胞的生长和分化。

真皮起源于中胚层和神经嵴，是支撑、滋养表皮和皮下组织的一层。从结构层次看，真皮从上到下可分为浅在的乳头层和深部的网状层。在组织学上，真皮主要由细胞（成纤维细胞、真皮微血管内皮细胞、肥大细胞等）、纤维（胶原纤维、网状纤维、弹性纤维）以及基质成分（糖胺聚糖、蛋白多糖、糖蛋白等）组成。成纤维细胞是真皮中主要的细胞成分，可以合成和分泌胶原蛋白、弹性蛋白、糖蛋白和糖胺聚糖等基质成分。胶原纤维是真皮纤维中的主要成分，是胶原蛋白构成的原纤维聚合而成的胶原纤维束，其主要成分是Ⅰ型胶原。网状纤维是一种幼稚的未成熟胶原纤维，其主要成分为Ⅲ型胶原。弹性纤维是由弹性蛋白和微原纤维组成。基质填充于纤维、纤维束间隙以及细胞间，是由多种糖蛋白、蛋白多糖和糖胺聚糖等构成的无定形物质。虽然它们仅占真皮干重的 0.2%，但吸收的水分是其体积的1000 倍。因此，基质在调节真皮的水结合性和可压缩性方面发挥作用。

真皮中存在的肥大细胞、巨噬细胞、真皮树突状细胞和白细胞，与皮肤的免疫功能相关。真皮中还含有丰富的血管和淋巴管，负责提供氧气和营养，调节温度，并充当运输免疫细胞的"高速公路"。此外，真皮层的神经末梢网络向外延伸到表皮并传递感觉，如温度、触觉和疼痛等。

3. 皮下组织

皮下组织位于真皮下方，由疏松结缔组织和脂肪小叶构成。皮下脂肪含有血管、淋巴管、神经、小汗腺和顶泌汗腺等。皮下脂肪有助于身体隔绝冷热，提供保护性衬垫，充当能量储存区。皮下组织的厚度因性别、分布部位以及个人营养状况差异较大。

（二）皮肤的生理功能

1. 屏障功能

皮肤最重要和最主要的功能是为机体提供一个安全屏障，确保机体免受外界有害因素的干扰。皮肤的屏障作用主要由表皮执行，并作为物理屏障双向发挥作用。例如，皮肤表皮的角质层细胞像砖块一样交叉叠合在细胞间脂质中，组成"砖墙结构"，可以防止机体内的水分、电解质及营养物质丢失。同时，屏障功能可以保护机体免受外界有毒化学物质、微生物以及紫外线的作用。正常皮肤细胞表面呈弱酸性，对碱性物质的侵害起缓冲作用，称为碱中和作用。另外，皮肤对 pH 值在 4.2~6.0 范围内的酸性物质也具有相当的缓冲能力，称为酸中和作用。皮肤作为机体和外界环境的一个接口，具有广泛的微生物群体，存在系统的平衡。正常表面的寄居菌如痤疮杆菌和马拉色菌等产生的酯酶可将皮脂中的三酰甘油分解为游离脂肪酸，后者对葡萄球菌和白色念珠菌等具有一定的抑制作用。同时，角质层细胞的"砖墙结构"以及其他层细胞间的"桥粒结构"能机械性地阻挡外来微生物的入侵，角质层的生理性脱落也可清除一些寄居于体表的微生物。此外，皮肤表皮中的黑色素可以保护皮肤和 DNA 免受紫外线的伤害。

2. 吸收功能

经皮吸收是皮肤外用药物治疗和护肤品使用的基础。角质层是经皮吸收的主要途径，其次是毛囊、皮脂腺和汗腺。总体而言，角质层水合程度越高，皮肤的吸收能力越强。

3. 呼吸功能

皮肤可排出二氧化碳，并通过皮肤表面弥散获得氧气。但皮肤氧的吸收和二氧化碳的排除率均较低，因此虽具有一定的气体交换功能，但不能称之为呼吸器官。

4. 感觉功能

皮肤中分布有多种感觉神经末梢和感受器，能将不同感觉刺激转成一定的动作电位沿神经通路传入中枢，产生相应的感觉。皮肤的感觉功能可以分为单一感觉（触觉、痛觉、压觉、冷觉、温觉和痒觉等）和复合感觉（粗糙、柔软、坚硬、光滑、干燥等）。

5. 排泄功能

皮肤的分泌和排泄主要通过汗腺和皮脂腺完成。汗腺（小汗腺和顶泌汗腺）能分泌汗液，参与体温调节、电解质平衡以及皮肤表面的酸化作用。皮脂腺分泌皮脂（多种脂类物质的混合物），与汗液以及微生物参与共同形成保护皮肤的皮脂膜。皮脂能润滑毛发，防止皮肤干燥，参与皮肤表面环境的酸化。

6. 体温调节功能

皮肤中含有的外周温度感受器（冷觉感受器和温觉感受器）将机体外界环境温度的变化传入神经，向下丘脑的体温调节中枢发送相关信息。同时，皮肤接受中枢信息，通过调节皮肤血管收缩反应和汗腺分泌等调节体温。

7. 免疫功能

皮肤是重要的免疫器官。皮肤含有多种免疫细胞，如表皮中的角质形成细胞和朗格汉斯细胞，真皮内的树突状细胞、巨噬细胞、肥大细胞和 T 细胞。皮肤中的免疫细胞可通过产生抗菌肽、细胞因子和趋化因子，启动免疫应答，诱导免疫耐受。

二、肽与皮肤老化

（一）胶原蛋白与皮肤老化

胶原蛋白（colloagen）这个名字来源于希腊语单词"Kolla"，意思是胶水。作为细胞外基质中最主要的结构蛋白质，胶原蛋白含量与皮肤健康和皮肤功能密切相关。皮肤老化过程中真皮层胶原纤维合成减少，断裂增加，真皮层厚度变薄。

1. 胶原蛋白

胶原蛋白是哺乳动物中含量最丰富的蛋白质，广泛分布于皮肤、骨骼、肌腱和软骨等组织中。作为一个广泛而复杂的群体，目前至少已鉴定出 28 种胶原蛋白，用罗马数字编号为 I - XXVIII。胶原蛋白具有由 3 条左手螺旋的 α 链沿同一中心轴相互交织形成的右手超螺旋结构。这些 α 链可以是相同的，即同型三聚体，如 II 型胶原；也可以是不同的，即异型三聚体，如 IX 型胶原。相对于其他蛋白，胶原蛋白独特的一点是具有三肽重复序列（Gly-X-Y）。其中甘氨酸（Glycine，Gly）是最小的氨基酸，位于螺旋的内部。X 和 Y 位置可以被任何其他氨基酸占据，但脯氨酸（Proline，Pro）通常位于 X 位置，而羟脯氨酸（Hydroxyproline，Hyp）和羟赖氨酸（Hydroxylysine，Hyl）通常位于 Y 位置。因为 Hyp 很少出现在其他蛋白质中，所以其也可作为胶原蛋白的特征性氨基酸。

根据胶原蛋白的结构和功能特征，胶原蛋白可细分为形成纤维的胶原蛋白、具有间断三螺旋的原纤维相关胶原蛋白（fibril-associated collagens with interrupted triple helices，FACIT）、网架结构形成胶原蛋白、跨膜胶原蛋白、产生内皮抑素的胶原蛋白、锚定性原纤维和串珠丝状胶原蛋白等。I 型胶原是人类最常见的胶原蛋白，它与 II、III、V、XI、XXIV 和 XXVII 型胶原都属于同一亚类。它们聚集成原纤维和纤维，因此被归类为形成纤维的胶原。FACIT 是较短的胶原蛋白，在三螺旋结构域中存在中断，可以在胶原蛋白表面找到。IX 型胶原蛋白是典型的 FACIT，与 II 型胶原共价交联，并经过翻译后修饰以携带糖胺聚糖侧链。IV 型胶原是典型的网架结构形成胶原蛋白，包括 6 个不同的三聚体组合成的 α 链，并形成一个灵活的开放网络构成基底膜的基本结构框架，具有重要的分子过滤功能。

间充质来源的细胞，如成纤维细胞和成骨细胞是负责胶原生成的主要细胞类型。然而，据报道，其他类型的细胞也可以合成胶原，如角质形成细胞可表达 IV、VII、XVI 和 XVII 型胶原，黑色素细胞表达 XVII 型胶原，巨噬细胞表达 VI、VIII 型胶原。胶原蛋白的降解主要由基质金属蛋白酶（matrix metalloproteinases，

MMPs）负责，如形成原纤维的胶原蛋白Ⅰ、Ⅱ和Ⅲ可被 MMP-1（间质胶原酶）、MMP-8（中性粒细胞胶原酶）、MMP-13（胶原酶 3）切割，产生 3/4 和 1/4 大小的片段，继而被膜锚定的 MMP-14 切割。

皮肤中有 20 种不同类型的胶原蛋白。在成年人皮肤中，主要胶原为Ⅰ型胶原蛋白（80%~90%），其次为Ⅲ型胶原蛋白（8%~12%）和Ⅴ型胶原蛋白（<5%）。皮肤的拉伸强度主要归因于这些纤维状胶原分子，它们以头到尾和交错的侧向排列自组装成微纤维。胶原分子与相邻的胶原分子交联，增加纤维的强度和稳定性。皮肤中其他次要胶原包括与基底膜相关的胶原蛋白（Ⅳ、Ⅶ、XV 和 XⅧ型）、真皮胶原蛋白（Ⅴ、Ⅵ、Ⅻ、XIV 和 XVI 型）和跨膜胶原蛋白（XⅢ 和 XVⅡ型）。胶原蛋白除了赋予皮肤机械强度、弹性和伸缩性以外，还参与细胞黏附、趋化和迁移。它们与细胞、生长因子和细胞因子动态相互作用，以调节细胞生长、分化、形态发生和伤口修复过程中的组织重塑等。

2. 胶原蛋白肽

胶原蛋白肽，又称为胶原蛋白水解物，是通过天然蛋白质变性，然后通过酶解过程将蛋白质链分解成小肽，在特定酰胺键处切割蛋白质而获得肽类混合物，其分子量子介于 1 kDa 和 10 kDa。既往研究表明，口服胶原蛋白水解物后，血液中胶原蛋白衍生肽的水平显著增加。如 Shigemura 等人给予健康志愿者不同剂量的胶原蛋白水解物口服，发现含 Hyp 的肽以剂量依赖性方式显著增加。而后，他们开展了进一步研究，发现长期每天摄入胶原蛋白水解物可以改变人体血液中 Hyp 肽的组成率。这提示，长期摄入胶原蛋白水解物可以促进组织中 Hyp 的分布和积累，从而对皮肤产生相应的生物活性。类似的，Kamiyama 等人也证明，大鼠口服低分子量胶原蛋白水解物，蛋白质水解物消化后产生的含有 Hyp 的二肽和三肽可通过血液循环到达各种组织。与其他组织相比，皮肤检测含量最高且可持续长达 14 天。以上结果提示，经消化吸收的胶原蛋白肽可被机体进一步利用，为补充胶原蛋白肽利于皮肤健康提供了基础依据。

3. 皮肤老化

衰老是退行性疾病的主要原因，其最直观的表现就是皮肤老化。皮肤老化是一个持续的固有过程，指皮肤出现形态结构的退行性变和生理功能的降低。依据影响因素不同，皮肤老化可分为内源性老化和外源性老化。内源性老化，也称为固有老化，通常指发生于未暴露在日光照射下的皮肤区域，反映的是整个机体的衰退老化，与遗传、代谢和激素因素等相关。外源性老化是所有可诱发皮肤老化的外部因素的结果，如紫外线暴露、空气污染、烟草烟雾以及不良生活方式因素等。由日晒所引起的皮肤老化通常又被称为光老化，是皮肤老化的主要原因。无论是内源性老化还是外源性老化，皮肤均表现为角质屏障功能减弱、排泄功能受损、免疫力及感觉功能下降、体温调节受损等。

在内在老化过程中，真皮成纤维细胞的数量减少，细胞间基质分泌不足，胶原纤维和弹性纤维合成下降。因此，临床上内源性老化以皮肤萎缩、细小皱纹和干燥为主要表现。相比之下，光老化可造成胶原纤维降解、弹性纤维变性和异常沉积。此外，因为紫外线可以刺激黑色素细胞加速黑色素的合成和转移，形成老年斑，所以外源性老化皮肤往往粗糙、皱纹大而深、有局部色素沉着。尽管两者在临床和组织学水平上存在差异，但从皮肤老化机制的经典学说如自由基衰老学说、光老化学说、代谢失调学说、基质金属蛋白酶学说等，可以得知氧化应激在内源性老化和外源性老化所引起的皮肤细胞外基质改变中起中心作用。

1956年哈曼提出"自由基衰老学说"。他指出，无论是自发还是通过压力导致的生命期间线粒体DNA的突变，都会破坏细胞代谢（如线粒体的氧化磷酸化），并最终增加活性氧（reactive oxygen species，ROS）。一方面，ROS的过量产生会导致包括蛋白质、脂质、DNA和RNA在内的细胞成分氧化，从而形成代谢改变和进一步损伤的循环。另外一方面，ROS会攻击成纤维细胞，导致胶原代谢异常，弹性纤维发生变性、卷曲等，影响真皮结构。

除内源性ROS以外，日光（紫外线辐射）过度暴露同样可导致ROS的过量产生。紫外线照射皮肤表面时，其能量很容易被外源性细胞生色团吸收，如色氨酸、核黄素和犬尿氨酸。在存在分子氧的情况下发生的生色团，可激发产生一系列氧化产物和自由基氧物种，包括高活性羟基自由基。氧化应激会激活丝裂原活化蛋白激酶（mitogen-activated protein kinase，MAPK）和核转录因子-κB（nuclear transcription factor-κB，NF-κB）信号通路，导致转录因子激活蛋白-1（activator protein-1，AP-1）和NF-κB的激活。AP-1不仅刺激包括MMP-1、MMP-3和MMP-9在内的几种胶原降解酶的转录，而且还通过抑制编码前胶原Ⅰ和Ⅲ的基因转录来减少前胶原（胶原的可溶性前体）的产生，因此对胶原稳态有深远的影响。紫外线照射可以在多个水平上调节转化生长因子-β（transforming growth factor-β，TGF-β）途径，包括降低TGF-βRⅡ型、刺激TGF-β信号传导Smad-7的细胞内抑制剂、降低结缔组织生长因子的水平等。在人成纤维细胞中，TGF-β通过刺激前胶原Ⅰ和Ⅲ并减少MMP-1转录而成为胶原稳态的重要调节因子。

综上所述，无论老化类型如何，氧化应激在皮肤老化过程中发挥关键作用，导致真皮胶原纤维和弹性纤维的数量和结构发生变化。年轻皮肤中，胶原纤维数量丰富、排列紧密、组织完整，而老化皮肤中的胶原纤维支离破碎、分布粗糙。

（二）生物活性肽对皮肤老化的改善作用

随着人均寿命的增长以及健康意识的加深，人们对于皮肤健康保护以及皮肤老化预防的需求增长。在皮肤抗老化方面，生物活性肽（如胶原蛋白肽、牡蛎蛋白水解肽、两栖动物皮肤衍生肽等）与皮肤组织细胞增殖、细胞趋化与迁移、胶原蛋白合成与分泌、组织修复与再生、色素形成与清除等多种皮肤生长及修复过程密切相关。由于胶原蛋白是真皮中的主要结构成分，且相关研究较为丰富全面，所以将重点关注胶原蛋白肽在预防、延缓皮肤老化方面的相关作用。

1. 胶原蛋白肽

胶原蛋白肽具有优异的生物相容性、易降解性、弱抗原性和生物活性，目前在抗皮肤老化方面得到了广泛而深入的研究。如 Liang 等人发现，给予 Sprague-Dawley 雄性大鼠海洋胶原水解物 24 个月可显著减少皮肤中的胶原蛋白流失和胶原蛋白降解。实时定量聚合酶链反应和蛋白质印迹分析表明，海洋胶原水解物能够通过激活 Smad 信号通路上调 TGF-β R Ⅱ 表达水平来增加 Ⅰ 型和 Ⅲ 型胶原 mRNA 的表达。同时，海洋胶原水解物显示出通过以剂量依赖性方式减弱 MMP-1 表达和增加 MMP1 表达的组织抑制剂来抑制与年龄相关的胶原降解增加。此外，从超氧化物歧化酶活性和皮肤匀浆中硫代巴妥酸活性物质水平的数据中可以看出，海洋胶原水解物可以减轻内源性老化皮肤的氧化应激。

Kang 等人使用暴露于紫外线辐射下的无毛小鼠，发现喂食 500mg/kg、1000 mg/kg 的胶原蛋白肽 9 周可增加皮肤水合作用，并减少皱纹形成。进一步研究发现，胶原蛋白肽通过上调透明质酸合成酶 mRNA 和皮肤保湿因子丝聚蛋白的表达，以及下调透明质酸酶 mRNA 的表达，从而增加皮肤组织中透明质酸的含量。也就是说，胶原蛋白肽摄入对避免紫外线引起的皮肤水分损失具有潜在的作用。此外，一些研究人员从罗非鱼胶原蛋白水解液中提取序列为 YGDEY 的胶原蛋白肽具有多种优势，如显著降低细胞内 ROS 水平，增加抗氧化因子超氧化物歧化酶和谷胱甘肽的表达，维持还原型谷胱甘肽和氧化型谷胱甘肽之间的平衡。彗星试验表明，YGDEY 可以保护 DNA 免受氧化损伤，显著抑制 MMP-1 和 MMP-9 的表达，增加 Ⅰ 型原胶原的生产。这些结果表明，胶原蛋白肽具有防止紫外线诱导细胞损伤和抑制紫外线介导皮肤光老化的功能。

值得注意的是，不同来源的胶原蛋白肽对抗皮肤老化具有不同的影响，这可能与胶原蛋白的氨基酸组成相关。当比较猪、牛、鸡和罗非鱼中不同来源的胶原蛋白肽通过作用于人皮肤成纤维细胞来防止紫外线诱导的成纤维细胞损伤时，发现鸡胶原蛋白肽优于其他胶原蛋白肽。

除体内和体外研究以外，临床上也开展了胶原蛋白肽改善皮肤老化的相关研究。2008 年和 2012 年，Aserrin 和同事完成了两项随机安慰剂对照试验，以评估每日口服胶原蛋白肽补充剂对皮肤水合作用、胶原蛋白密度和胶原蛋白破裂的影响。研究的第一部分招募了 33 名 40~59 岁的日本女性，每天连续给予 10 g 胶原蛋白肽或安慰剂 56 天。研究显示，治疗组的皮肤水分含量显著增加。研究的第二部分招募了 106 名 40~65 岁的法国女性，连续 84 天给予 10g 胶原蛋白肽或安慰剂，使用高频超声测量回声显示皮肤胶原密度。在研究过程中，安慰剂组的真皮回声没有变化。然而，与基线值相比，胶原蛋白肽补充组在 4 周后就显示皮肤回声显著增加，真皮胶原蛋白蛋白网络的破碎显著减少。同时，作者进行了离体实验，结果显示真皮乳头层的胶原蛋白含量随胶原蛋白肽的孵育而增加，表皮中的糖胺聚糖水平也显著增加。

2012 年，Kim 等人进行了一项随机双盲安慰剂对照试验，以研究低分子量胶原蛋白肽（LMWCP）对皮肤水合作用、皱纹和弹性的影响。他们招募了 64 名 40~60 岁的韩国女性，每天给参与者服用 1000 mg 的 LMWCP 或安慰剂，为期 12 周。6 周和 12 周后，与安慰剂组相比，LMWCP 组的皮肤水分显著增加。治疗组皮肤起皱的 3 个参数（平均粗糙度、皮肤粗糙度、平滑度深度）显著低于对照组。

同年，Inoue 等人进行了一项随机双盲安慰剂对照实验，以比较由生物活性二肽、Pro-Hyp 和 Hyp-Gly 组成的胶原蛋白肽的临床效果。研究中，他们招募了 85 名年龄处于 35~55 岁的中国女性，并将其分为高胶原蛋白肽含量组、低胶原蛋白肽含量组以及安慰剂组，为期 8 周。结果显示，与安慰剂组相比，两个补充组的脸颊和面部皮肤水分明显增加。此外，与低含量组和安慰剂组相比，高含量组在测量皮肤水分、弹性、皱纹和粗糙度方面表现出显著的改善。

此外，Proksch 等人在 114 名年龄在 45~65 岁的健康女性受试者中开展了一项为期 8 周的临床研究。参与者随机分组，每天给予 2.5 g 特定生物活性胶原蛋白肽或安慰剂。研究结束时，与安慰剂相比，补充组眼部皱纹体积显著减少，Ⅰ型胶原蛋白和弹性蛋白含量分别增加了 65% 和 18%，纤维含量增加 6%。以上结果提示，口服摄入特定生物活性胶原蛋白肽可减少皮肤皱纹，并对真皮基质合成产生影响。

2. 牡蛎蛋白水解肽

牡蛎是一种营养价值和健康功效很高的海产珍品。大约 400 年前，《本草纲目》中就有牡蛎有助于美白和平滑皮肤的相关记录。同时大量研究表明，牡蛎和牡蛎衍生肽具有多种活性，如抗氧化、抗炎和免疫调节等作用。Jae Hyeong Han 等人报告说，口服牡蛎水解物可减少紫外线辐射的 C57BL/6J 小鼠活性黑素细胞和黑色素颗粒的数量，并抑制无毛小鼠皱纹的形成。来自牡蛎水解物的五肽也显示对减少皱纹有作用。最近，Peng 等人研究了牡蛎蛋白水解物对紫外线辐射小鼠皮肤的光保护作用。结果显示，在皮肤上局部应用牡蛎蛋白水解肽可显著缓解慢性紫外线照射引起的水分流失、表皮增生以及胶原蛋白和弹性蛋白纤维的降解。通过进一步研究发现，牡蛎蛋白水解物处理可在促进抗氧化酶活性的同时降低皮肤中的丙二醛、炎症细胞因子的含量，并抑制皮肤中炎症相关蛋白的表达。这项研究结果证明，牡蛎蛋白水解肽可能凭借其抗氧化和抗炎特性以及调节 MMP-1 的异常表达来防治紫外线引起的皮肤光损伤。

3. 两栖动物皮肤衍生肽

与其他动物相比较，两栖动物生活环境复杂多变，皮肤结构也比较特殊。其没有鳞片或毛发的保护，但皮肤内有丰富的腺体分布，可分泌多种生物活性多肽，如抗氧化肽、抗菌肽、缓激肽、促胰岛素释放肽等。谢纯等人对从花臭蛙皮肤中提取的新型抗氧化肽（名为 OS-LL11，氨基酸序列为

LLPPWLCPRNK）的作用进行了体内和体外实验的评估。结果表明，OS-LL11可以显著改善经紫外线辐射诱导的小鼠背部皮肤受损（红斑、脱屑、结痂）情况，降低表皮和真皮增厚的情况。其保护作用机制可能与直接清除自由基、提升抗氧化酶表达水平和活性、抑制 ROS 的释放、提升抗氧化相关蛋白的表达、降低氧化应激和炎症等有关。同样，张心平等人从绿臭蛙中鉴定出一种新的生物活性肽，名为 OM-GL15，氨基酸序列为 GLLSGHYGRASPVAC。在构建的小鼠背部皮肤急性光损伤模型中，局部给予 OM-GL15 可显著缓解皮肤光损伤。对潜在机制进一步探索发现，OM-GL15 发挥了抗氧化效力，通过降低脂质过氧化和丙二醛的水平，下调一系列蛋白（caspase-3、caspase-9 和 Bax）来抑制 DNA 损伤，从而保护表皮细胞免受 UVB 诱导的凋亡。这些研究结果强调了两栖动物皮肤衍生肽在防止紫外线诱导的光损伤方面的潜在应用。

4. 其他生物活性肽

除上述以外，有研究显示其他生物活性肽如南极磷虾抗氧化肽、罗仙子抗氧化肽、螺旋藻蛋白源性多肽等，对紫外线诱导的皮肤损伤具有改善作用。如马晓明等人利用胃蛋白酶水解南极磷虾的分离蛋白制备南极磷虾抗氧化肽（AKAPs），通过体内和体外实验评估了 AKAPs 对紫外线诱导小鼠皮肤早衰的影响。研究发现，分子量在 500~100 Da（AKAP-2）和 1000~3000 Da（AKAP-3）之间的 AKAPs 可以减轻紫外线辐射的损伤。当局部应用 AKAP-2 和 AKAP-3 时，可显著提高过氧化氢酶、超氧化酶歧化酶和谷胱甘肽过氧化酶的活性，并显著降低丙二醛水平。此外，动物实验表明，在紫外线照射过程中，与对照组相比，AKAP-2 和 AKAP-3 能有效保持更多的水分和脂质，改善皮肤结构的完整性，增加 Hyp 含量，减少胶原流失，抑制糖胺聚糖过度积累。

三、肽与皮肤伤口愈合

皮肤表皮是抵御所有病原体最重要的先天防御屏障，在组织稳态中起重要作用。在日常生活中，皮肤损伤难以避免，而且其由于烧伤、感染、疤痕、遗传疾病和其他疾病而变得越来越普遍。皮肤存在伤口时，使皮肤对有害刺激的防御能力受损，可能会出现感染、休克甚至死亡等不良后果。因此，快速有效的伤口愈合对人类健康和生存至关重要。

（一）伤口愈合过程

皮肤具有分离内部和外部环境的基本功能，因此伤口愈合对于所有生物体的生存至关重要。皮肤伤口愈合是一个复杂的过程，需要许多不同细胞类型和相关生物途径的协调。通常，伤口愈合有 4 个高度整合和重叠的阶段，包括止血、炎症、增殖和导致伤口消退的组织重塑。组织损伤后，血液成分和血小板与暴露的胶原蛋白以及其他 ECM 成分接触，促使血小板黏附、活化、聚集，并导致随后的凝块形成。而后炎症期开始，中性粒细胞、巨噬细胞和淋巴细胞出现在伤口中，清除其中的碎屑和细菌。对巨噬细胞功能的研究表明，这些关键细胞在上皮化、肉芽组织形成、血管生成、伤口细胞因子产生和伤口痉挛方面具有重要作用。炎症是愈合过程中的一个必要步骤，若受到抑制或延长可损伤愈合，导致慢性伤口。伤口清创后，增殖阶段开始，其特征为成纤维细胞迁移和新合成的 ECM 沉积，用来替代由纤维蛋白和纤连蛋白组成的临时基质。当角质形成细胞与基底层中的干细胞分化并迁移到伤口边缘以填充缺损时，就会发生再上皮化。在伤口愈合的组织重塑阶段，由巨噬细胞、成纤维细胞、新的出芽血管和未成熟胶原（Ⅲ型胶原）、糖蛋白、纤连蛋白和透明质酸等松散基质构成的肉芽组织是瘢痕形成的基础。在此阶段，一些成纤维细胞也将开始分化为具有收缩功能的肌成纤维细胞，将裂开的伤口边缘连接在一起。最后，发生从肉芽到疤痕组织的转变，也就是重塑期，负责瘢痕组织的形成，其特征为持续的胶原合成和胶原分解代谢。这个阶段主要发生在真皮层，并且可能持续长达 1 年，有时甚至持续更长的时间。组织重塑阶段，细胞内的Ⅲ型胶原蛋白转变为更大直径的Ⅰ型胶原蛋白。伤口的抗拉强度随着Ⅰ型胶原蛋白的收集而逐渐增加。随着伤口的愈合，瘢痕组织处的细胞密度减少，毛细血管停止生长，生长活动减少，抗拉强度升高。最终，正常的成人伤口用胶原瘢痕替代原始组织完成愈合过程。

（二）生物活性肽对皮肤伤口的愈合作用

现有的伤口愈合药物可分为来自植物的小分子化合物和以表皮生长因子为代表的蛋白质两大类。然而，这些药物也具有不令人满意的特性。相比之下，具有高活性、特异性和稳定性的生物活性肽引起了相关研究领域的极大兴趣。已发现几种肽类物质如两栖动物皮肤衍生肽、胶原蛋白肽、小麦胚芽衍生肽等，可以促进皮肤伤口愈合。

1. 胶原蛋白肽

胶原蛋白是皮肤组织中的重要成分。胶原蛋白肽不仅可以充当皮肤中的假胶原蛋白分解肽，使成纤维细胞响应错误信号而产生新的胶原纤维，还具有趋化特性，可促进细胞迁移和增殖，这对伤口愈合至关重要。如 Hu 等人使用体外划痕试验证明，浓度为 50 μg/mL 的胶原蛋白肽诱导的细胞迁移与 10 ng/mL 的表皮生长因子所诱导的细胞迁移基本一致，这表明胶原蛋白肽具有诱导人角质细胞迁移的能力。在家兔深部烫伤创面实验中，胶原蛋白肽组在烫伤后 11 天时其伤口愈合率显著高于模型对照组和阳性对照组（湿润烫伤膏），14 天时胶原蛋白肽组新表皮覆盖面积和肉芽组织增殖明显更高。除烫伤外，研究发现鲑鱼胶原蛋白肽还可加速大鼠剖宫产后及切除型伤口愈合过程。如李勇教授课题组将 96 只怀孕的 Sprague-Dawley 大鼠随机分为 4 组，剖宫产后分别给予不同浓度 [0, 0.13, 0.38, 1.15 g /（kg·bw）] 的鲑鱼胶原蛋白肽口服。结果显示，给予鲑鱼胶原蛋白肽最高剂量组的皮肤张力、子宫压力以及羟辅氨酸含量在术后7天和21天时均显著高于空白对照组。在切除型皮肤创伤模型中，同样发现中华鳖裙边胶原蛋白肽治疗组的大鼠伤口愈合速度及愈合率、皮肤组织处的胶原纤维及羟辅氨酸含量、血管内皮生长因子以及血小板-内皮黏附分子的含量均高于对照组，表明胶原蛋白肽通过促进皮肤组织中血管内皮生长因子和血小板-内皮黏附分子的含量，进而促进新血管生成和皮肤修复。以上结果意味着胶原蛋白肽可能是伤口治疗的可行选择。

2. 其他生物活性肽

小麦胚芽是小麦研磨过程的副产品，研究显示小麦胚芽衍生物可以抑制炎症相关疾病。Sui 等人经过体内和体外研究，表明小麦胚芽衍生肽（YDWPGGRN）以剂量依赖性方式促进角质形成细胞和成纤维细胞增殖和迁移，通过部分抑制 NF-κB 途径来抑制炎症反应，刺激伤口区域的血管生成和胶原蛋白生成，从而加速皮肤愈合过程。

抗菌肽，又称抗微生物肽，作为机体天然免疫的重要组成部分，广泛存在于自然界生物体中，是生物体内诱导产生的具有生物活性的小分子多肽。LL-37 是发现的唯一存在于人体中的 Cathelicidin 类抗菌肽，由 Cathelicidin 蛋白 N 端的 37 个氨基酸组成，起始氨基酸分别是 L-L，故得名 LL-37。在糖尿病 ob/ob 大鼠中，Carretero 等人发现通过体内腺病毒将抗菌肽转移到切除伤口可以显著改善其再上皮化和肉芽组织形成。Ramos 等人也证实了这一点，发现 LL-37 和 PLL-37（含有 N 端脯氨酸的 LL-37 衍生物）改善了愈合不良的皮肤伤口再上皮化和血管生成。

近年来，生物活性肽因其安全性、高效性和其他特性逐步得到大众的认可。口服或局部应用生物活性肽在改善皮肤健康方面具有积极作用，不仅可以预防皮肤老化，而且可以促进皮肤创伤愈合。但由于目前对于生物活性肽作用于皮肤的具体机制还不完善，因此仍需要开展进一步的研究以获取更全面的分子机制。同时考虑到生物活性肽的分子量大小，生物活性肽的大规模筛选、纯化和生产仍面临较大挑战。未来应针对以上不足和问题开展深入的研究，为生物活性肽更好地应用于皮肤创伤愈合以及皮肤老化防治提供研究思路和研究方向。

（周娟）

参考文献

1. Avi Shai, Robert Baran, Maibach HI. Handbook of cosmetic skin care (second edition) [M]. 2009.
2. Ricard-Blum S. The collagen family [J]. Cold Spring Harb Perspect Biol, 2011,3(1):a004978.

3. Kadler KE, Baldock C, Bella J, et al. Collagens at a glance [J]. J Cell Sci, 2007, 120 (Pt 12): 1955-1958.

4. Shin JW, Kwon SH, Choi JY, et al. Molecular mechanisms of dermal aging and antiaging approaches [J]. Int J Mol Sci, 2019, 20 (9): 2126.

5. Shigemura Y, Kubomura D, Sato Y, et al. Dose-dependent changes in the levels of free and peptide forms of hydroxyproline in human plasma after collagen hydrolysate ingestion [J]. Food Chem, 2014, 159: 328-332.

6. Watanabe-Kamiyama M, Shimizu M, Kamiyama S, et al. Absorption and effectiveness of orally administered low molecular weight collagen hydrolysate in rats [J]. J Agric Food Chem, 2010, 58 (2): 835-841.

7. Harman D. Aging: a theory based on free radical and radiation chemistry [J]. J Gerontol, 1956, 11 (3): 298-300.

8. Liang J, Pei X, Zhang Z, et al. The protective effects of long-term oral administration of marine collagen hydrolysate from chum salmon on collagen matrix homeostasis in the chronological aged skin of Sprague-Dawley male rats [J]. J Food Sci, 2010, 75 (8): H230-238.

9. Kang MC, Yumnam S, Kim SY. Oral intake of collagen peptide attenuates ultraviolet b irradiation-induced skin dehydration in vivo by regulating hyaluronic acid synthesis [J]. Int J Mol Sci, 2018, 19 (11): 3551.

10. Xiao Z, Liang P, Chen J, et al. A peptide YGDEY from tilapia gelatin hydrolysates inhibits UVB-mediated skin photoaging by regulating MMP-1 and MMP-9 expression in HaCaT cells [J]. Photochem Photobiol, 2019, 95 (6): 1424-1432.

11. Wang X, Hong H, Wu J. Hen collagen hydrolysate alleviates UVA-induced damage in human dermal fibroblasts [J]. Journal of Functional Foods, 2019, 63: 103574.

12. Asserin J, Lati E, Shioya T, et al. The effect of oral collagen peptide supplementation on skin moisture and the dermal collagen network: evidence from an ex vivo model and randomized, placebo-controlled clinical trials [J]. J Cosmet Dermatol, 2015, 14 (4): 291-301.

13. Kim DU, Chung HC, Choi J, et al. Oral intake of low-molecular-weight collagen peptide improves hydration, elasticity, and wrinkling in human skin: a randomized, double-blind, placebo-controlled study [J]. Nutrients, 2018, 10 (7): 826.

14. Inoue N, Sugihara F, Wang X. Ingestion of bioactive collagen hydrolysates enhance facial skin moisture and elasticity and reduce facial ageing signs in a randomised double-blind placebo-controlled clinical study [J]. J Sci Food Agric, 2016, 96 (12): 4077-4081.

15. Proksch E, Schunck M, Zague V, et al. Oral intake of specific bioactive collagen peptides reduces skin wrinkles and increases dermal matrix synthesis [J]. Skin Pharmacol Physiol, 2014, 27 (3): 113-119.

16. Han JH, Bang JS, Choi YJ, et al. Anti-melanogenic effects of oyster

hydrolysate in UVB-irradiated C57BL/6J mice and B16F10 melanoma cells via downregulation of cAMP signaling pathway [J]. J Ethnopharmacol,2019, 229:137-144.

17. Han JH, Bang JS, Choi YJ, et al. Oral administration of oyster (Crassostrea gigas) hydrolysates protects against wrinkle formation by regulating the MAPK pathway in UVB-irradiated hairless mice [J]. Photochem Photobiol Sci, 2019,18(6):1436-1446.

18. Bang JS, Jin YJ, Choung SY. Low molecular polypeptide from oyster hydrolysate recovers photoaging in SKH-1 hairless mice [J]. Toxicol Appl Pharmacol,2020,386:114844.

19. Peng Z, Chen B, Zheng Q, et al. Ameliorative effects of peptides from the oyster (Crassostrea hongkongensis) protein hydrolysates against UVB-induced skin photodamage in mice [J]. Mar Drugs,2020,18(6):288.

20. 谢纯. 两栖动物源抗氧化肽 OS-LL11 可以抵御 UVB 辐射造成的小鼠皮肤损伤 [D]. 昆明: 昆明医科大学,2021.

21. 张心平. 一种新型促皮肤急性光损伤修复活性肽的功能研究 [D]. 昆明: 昆明医科大学, 2021.

22. 马晓明,陶宇,杜芬,等. 南极磷虾 (Euphausia superba) 抗氧化肽对紫外线诱导小鼠皮肤光老化的防护作用 [C]. 武汉: 中国食品科学技术学会第十六届年会暨第十届中美食品业高层论坛论文摘要集,2019.

23. 巫春旭. 罗仙子抗氧化肽的制备及对皮肤光老化预防作用研究 [D], 广州: 广东药科大学,2017.

24. 曾巧辉. 螺旋藻蛋白源生物活性肽的制备及其抗皮肤光老化机制研究 [D], 广州: 华南理工大学,2016.

25. Song Y, Wu C, Zhang X, et al. A short peptide potentially promotes the healing of skin wound [J]. Biosci Rep,2019,39(3):BSR20181734.

26. 梁锐,张召锋,赵明,等. 海洋胶原肽对剖宫产大鼠伤口愈合促进作用 [J]. 中国公共卫生,2010,26(09):1144-1145.

27. 张强. 中华鳖裙边胶原蛋白的提取及其胶原蛋白肽对大鼠伤口愈合机制的研究 [D], 无锡: 江南大学,2019.

28. Sui H, Wang F, Weng Z, et al. A wheat germ-derived peptide YDWPGGRN facilitates skin wound-healing processes [J]. Biochem Biophys Res Commun, 2020,524(4):943-950.

29. Carretero M, Escámez MJ, García M, et al. In vitro and in vivo wound healing-promoting activities of human cathelicidin LL-37 [J]. J Invest Dermatol,2008,128(1):223-236.

30. Ramos R, Silva JP, Rodrigues AC, et al. Wound healing activity of the human antimicrobial peptide LL37 [J]. Peptides,2011,32(7):1469-1476.

第七节　肽与代谢性疾病

随着经济的发展和人们生活方式的改变，慢性非传染性疾病已经成为威胁我国乃至世界居民健康的主要疾病，其中代谢性疾病对健康的影响尤为突出。代谢性疾病是以胰岛素抵抗为病理基础，以肥胖、高血压、糖尿病、高脂血症和高尿酸血症等为特征的一类疾病。近年来，随着医疗水平提高和人口老龄化发展导致的生存率提高，代谢性疾病的患病率不断升高。代谢性疾病可增加患者过早死亡、身体功能丧失或抑郁的风险，降低生活质量，给家庭和社会医疗造成了沉重的经济负担。因此，有效防治代谢性疾病具有重要意义。目前在药物研究和功能食品领域中，从植物或者动物中获得具有改善代谢性疾病作用的生物活性物质成为日益受到关注的重要课题，其中生物活性肽（bioactive peptide，BP）因其安全、高效和完整的体内吸收机制已经成为开发研究的热点。BP参与神经激素与递质调节、免疫反应应答、细胞分化调控等多种生理过程，与疾病发生紧密相关。近年来BP在代谢性疾病防治中的作用受到了广泛关注。

一、肽与肥胖

肥胖（obesity）是指机体总脂肪含量过多和（或）局部脂肪含量增多及分布异常，是由遗传和环境等因素共同作用而导致的慢性代谢性疾病。近年来，肥胖在全球范围内呈流行趋势，患病率持续上升。2016年，全球有超过6.5亿人肥胖，18岁及以上的成人中有39%超重、13%肥胖。我国最新发布的《中国居民营养与慢性病状况报告（2020年）》显示，我国18岁及以上居民超重和肥胖率分别为34.3%和10.4%，6~17岁、6岁以下儿童和青少年超重和肥胖率分别为19.0%和10.4%。由于过多脂肪组织的质量效应或其直接的代谢效应，肥胖还与多种慢性病发生相关，包括冠状动脉疾病、高血压、脑卒中、糖尿病、阻塞性睡眠呼吸暂停、呼吸系统疾病、胆结石、骨关节炎和肿瘤等。因肥胖可导致较高的早期死亡风险，并增加总体死亡率，故其已经成为可预防疾病及失能的首要原因。并且，最新研究发现肥胖与新型冠状病毒肺炎的不良结局（包括死亡）密切相关且是其独立危险因素，较高的体质指数（body mass index，BMI）与新型冠状病毒肺炎较差的结局成正比。因此，肥胖已经成为全球性首要的健康问题，有效控制肥胖及相关代谢改变具有重要的临床意义。肽作为神经-内分泌系统相互调控的信号分子，在肥胖及糖尿病防治领域中的作用得到广泛揭示，如胰高血糖素样肽1、神经肽Y和脑啡肽等。近年来研究发现，食品蛋白质水解后形成的小分子肽具有明显的降血脂作用，而且安全无毒。因此，食源性BP也成为防治肥胖的研究热点之一。

（一）玉米肽

玉米肽是近年来发现的一种新型的生物活性肽，是从天然食品玉米中提取的蛋白质经过定向酶切及特定小肽分离技术获得的小分子多肽物质，具有水溶性好和易吸收的特点。玉米肽富含支链氨基酸，尤其是亮氨酸，具有抗氧化、抑制血压升高、抗疲劳、促进酒精代谢、保护肝脏、抗疲劳和改善脂代谢等生理功能。近年来的多项研究发现，玉米肽联合运动能够有效促进脂肪代谢和抑制肥胖。一项人群干预试验研究发现，连续4周中等强度的有氧运动结合玉米肽干预（每天1次，每次20g）可显著降低超重和肥胖女大学生的BMI和体脂率，并且显著降低血清游离脂肪酸（free fatty acid，FFA）水平，同时增加脂肪酶（lipase，LPS）的活性。这提示有氧运动联合玉米肽的减肥作用与促进脂代谢有关。鲁林等采用高脂饮食建立肥胖大鼠模型，并采用有氧运动和玉米肽联合干预，结果显示连续干预4周后大鼠的体重、附睾和肾周脂肪含量显著降低。并且大鼠肝脏脂肪分解关键酶三酰甘油脂肪酶（adipose triglyceride lipase，ATGL）和脂肪组织脂蛋白脂肪酶（lipoprteinlipase，LPL）的表达水平显著升高，提示有氧运动同时补充玉米肽可能通过促进脂肪分解发挥抑制肥胖的作用。孙鹏等进行的类似研究也发现，玉米肽结合有氧运动能有效降低肥胖大鼠的体重以及机体脂肪含量，其潜在的分子机制可能是玉米肽与有氧运动协同作用，增加脂肪组织ATGL表达水平，促进脂代谢和降低肿瘤坏死因子α（tumor necrosis factor-α，TNF-α）的表达，减轻炎症反应和改善胰岛素信号转导。

（二）大豆肽

大豆活性肽是大豆蛋白经过酶解后分离得到的低聚肽混合物，分子量通常在1000~2000Da之间。大豆活性肽本身在原大豆蛋白序列中无活性，但是通过食品加工及人体内酶的作用可将这些活性肽释放出来，发挥促进脂肪代谢的作用。钱珊珊等采用200mg/kg、400mg/kg和800mg/kg大豆活性肽对高脂膳食诱导的肥胖模型小鼠进行实验干预，结果显示肥胖模型组小鼠在灌胃高剂量的大豆活性肽后，其摄食量、体重、Lee's指数、脂肪系数和血脂水平均显著降低，肝脏脂肪变性情况显著减轻，说明大豆活性肽对高脂饮食诱导的小鼠肥胖和血脂代谢异常有良好的改善作用。

（三）鲫鱼肽

刘丽媛等利用生物技术手段对鲫鱼蛋白质进行水解，制备出了生物活性多肽，并通过体内实验研究证明其不仅在一定程度上降低了小鼠体重和睾周脂肪重量，具有显著抑制肥胖的作用，而且通过降低小鼠血清中总胆固醇（TC）、三酰甘油（TG）、低密度脂蛋白胆固醇（LDL-C）和游离脂肪酸（FFA）含量，提高高密度脂蛋白胆固醇（HDL-C）水平，有效改善了高脂膳食诱导的肥胖小鼠血脂代谢紊乱。其可能的分子机制包括3个方面：①鲫鱼活性肽可以改善机体氧化应激，减少机体自由基含量，在一定程度上提高基础代谢率，增加能量消耗，促进脂肪转化，抑制肥胖；②鲫鱼活性肽降低体内脂肪合成途径中的关键酶脂肪酸合成酶（fatty acid synthase，FAS）的水平，从而减少脂肪酸合成，使体重增加减少；③鲫鱼活性肽显著增加小鼠肝脏中脂肪酸β-氧化过程的限速酶肉毒碱脂酰转移酶（carnitine acetyltransferase，CAT）和酰基辅酶 A 氧化酶（acyl coenzyme A oxidase，ACO）的活性，可能通过加速脂肪酸氧化分解，抑制脂肪沉积发挥降脂减肥的作用。

目前，有关食物来源的生物活性肽对肥胖改善作用的研究还相对较少，相关的分子机制研究也不够深入。随着食品科技和生物化学等技术的发展，期待挖掘更多与肥胖相关的功能性 BP，并进一步揭示其对肥胖的抑制作用和潜在的分子机制，从而为肥胖的预防和治疗提供新的策略。

二、肽与糖尿病

糖尿病（diabetes mellitus，DM）是一组以慢性血葡萄糖水平增高为特征的代谢性疾病，是由于机体胰岛素分泌缺陷和（或）胰岛素作用缺陷所引起的。糖尿病患者典型的临床症状是多饮、多食、多尿和消瘦。如果糖尿病患者不及时治疗和有效控制血糖，长期的高血糖水平会损伤血管和神经，从而导致多系统、多器官的并发症，如脑梗死、心肌梗死、下肢外周动脉粥样硬化、糖尿病足、糖尿病肾病和糖尿病视网膜病变等，严重威胁人类健康。近年来，由于生活水平提高、饮食结构改变、少动多坐的舒适化生活方式以及日趋紧张的生活节奏等诸多因素，糖尿病患病人数快速增长，并呈现年轻化趋势。根据 2021 年国际糖尿病联盟发布的全球糖尿病最新报告，目前全球约有 5.37 亿 20~79 岁成人患糖尿病，患病率为 10.5%。预计到 2030 年，糖尿病患者会进一步增加达到 6.43 亿，患病率将增加至 11.3%。近 20 年来，中国糖尿病的患病人数逐年增加，据最新统计数据显示，目前中国有超过 1.4 亿的糖尿病患者，患病人数居世界首位。并且，据估计，中国的糖尿病患病人数将继续增长，预计到 2045 年将达到 1.744 亿。世界卫生组织预测，到 2030 年，糖尿病将成为世界第七大死亡原因。目前临床上对于糖尿病的治疗仍然停留在用药物控制血糖水平上。常用的控制血糖的药物主要包括双胍类、磺胺类和 α- 糖苷酶抑制剂等。这些药物的特点是作用强、见效快，可有效控制血糖浓度，但不足之处是需要终身服用药物，给患者和社会带来沉重的经济负担。并且长期服用降糖药会产生不同程度的毒副作用，如长期服用盐酸二甲双胍会对胃黏膜产生刺激作用，还会引起疲倦和头晕等不适症状，而且不能阻止胰岛细胞的损伤和进一步坏死，无法从根本上改变糖尿病患者的疾病状态，最终导致胰岛素依赖。因此，寻找安全有效且具有降糖功效的食源性成分用于糖尿病的防治已成为新的研究热点之一。近年来研究发现，许多来自于动植物中的 BP 具有降低血糖的作用，使其在糖尿病防治中的应用成为可能。

（一）海参低聚肽

海参低聚肽是利用生物酶解技术将海参蛋白降解后获得的生物活性成分，

已有研究表明海参低聚肽具有降血压、抗氧化、抗炎、抗疲劳及增强免疫力等多种健康功效。早在 1989 年，我国学者钟志贵就提出以海参为主治疗糖尿病的观点。为研究刺参低聚肽对糖尿病的改善作用，王祖哲等人采用腹腔注射四氧嘧啶的方法建立小鼠糖尿病模型，并连续 6 周给予不同剂量刺参低聚肽（0.1g/kg、0.2g/kg、0.5 g/kg）灌胃干预。结果显示，刺参低聚肽对四氧嘧啶诱导的糖尿病小鼠有积极的治疗作用，不仅能够显著降低血糖水平，改善糖尿病小鼠消瘦的症状，还能增强机体的免疫力和抗氧化水平，保护肝脏和肾脏等脏器免受氧化损伤，从根本上对糖尿病起到改善及治疗作用，达到标本兼治的效果。虽然在该项研究中刺参低聚肽的治疗效果不如糖尿病治疗药物盐酸二甲双胍显著，但可以通过长期服用起到稳步降血糖、延缓和预防并发症的作用，从根本上解决糖尿病患者对西药降糖药物的依赖。王天星等以海参肽为干预物，db/db 糖尿病模型小鼠为对象开展研究。发现海参肽能够明显降低 db/db 小鼠的空腹血糖水平，改善小鼠口服糖耐量的调节能力和多饮、多食、多尿的症状，并且在一定程度上能够降低 2 型糖尿病小鼠的炎症反应水平。董丽莎等研究发现，两种海参多肽（海地瓜和仿刺参酶解液）均能显著降低 1 型和 2 型糖尿病大鼠的空腹血糖和糖化血红蛋白水平，调节糖耐量，对糖尿病具有改善作用。同时海地瓜和仿刺参酶解液可显著降低尿素氮、肌酐、尿蛋白，说明其对糖尿病大鼠的肾脏功能具有一定保护作用。王美华等对比观察了海参肽对正常小鼠糖耐量水平的影响以及对皮下注射肾上腺素所致应激性高血糖模型小鼠血糖水平的影响。结果显示，海参肽能显著降低正常小鼠糖耐量试验中 60 min 的血糖值以及肾上腺素所致小鼠高血糖 90 min 时的血糖值，说明海参肽具有良好的血糖调节作用。伤口愈合缓慢是糖尿病的常见并发症之一。在临床上，很多糖尿病患者因伤口愈合困难而发生溃疡、感染，甚至最终导致坏疽和截肢。李林等观察了海参胶原低聚肽对 db/db 2 型糖尿病小鼠术后伤口愈合的影响，发现海参胶原低聚肽能够促进糖尿病小鼠手术后伤口的一氧化氮生成和新生血管形成，减轻炎症反应并且增强伤口抗张力，说明海参胶原低聚肽可能具有促进糖尿病患者伤口愈合的作用。

（二）豌豆低聚肽

王赛等通过给小鼠腹腔注射链脲佐菌素建立 2 型糖尿病小鼠模型，并使用豌豆低聚肽干预 4 周，发现豌豆低聚肽可显著降低糖尿病小鼠的血糖和血脂水平，改善消瘦，并上调肝脏 PI3K/AKT/FOXO1 信号通路，促进糖代谢。豌豆低聚肽对糖尿病小鼠的保护效应可能与其特殊的氨基酸组成有一定关系。豌豆低聚肽中的缬氨酸为人体的必需氨基酸，可与体内异亮氨酸和亮氨酸协同作用，促进身体正常生长，修复组织，调节血糖，并提供所需能量。而谷氨酸、谷氨酰胺可为机体提供必需的氮源，促使肌细胞内蛋白质合成，因此可在一定程度上改善糖尿病小鼠的消瘦和血糖等指标。崔欣悦等通过不同浓度的胰岛素和诱导时间作用建立了稳定的胰岛素抵抗细胞模型，当在胰岛素抵抗形成过程中加以不同浓度的豌豆肽溶液进行干预时，细胞中葡萄糖消耗量明显上升，同时 InsR 及 Caspase-3 的蛋白表达水平显著增加，说明豌豆肽有效缓解了胰岛素抵抗的形成。

（三）人参低聚肽

人参低聚肽是利用生物酶解技术从吉林人参中得到的小分子生物活性肽的混合物，一般是由 10 个或 10 个以下氨基酸组成的小分子肽，在人体内不需消化可直接吸收，比单个氨基酸的吸收更有效率，能够直接参与蛋白质的合成，提高机体对蛋白质的利用率。孙彬等进行的体内实验研究证明，0.0625g/（kg·bw）、0.125g/（kg·bw）、0.25g/（kg·bw）人参低聚肽连续灌胃 30 天可显著降低大鼠空腹胰岛素、糖化血红蛋白、总胆固醇、三酰甘油以及 OGTT 实验 0.5h 血糖和血糖曲线下面积，对高热能饲料联合小剂量四氧嘧啶诱导的糖尿病大鼠的糖脂代谢紊乱具有明显改善作用。樊蕊等探讨了人参低聚肽对 db/db 糖尿病模型小鼠生存状态的影响。结果显示，人参低聚肽可以显著改善老龄 db/db 小鼠的血糖及糖耐量，并且在一定程度上延长其寿命。

（四）菠萝蜜低聚肽

菠萝蜜是主要产自东南亚、印度及我国南部的一种热带水果。菠萝蜜的果肉和种子中均含有丰富的蛋白质、钙、铁和维生素等，还含有精氨酸、组氨酸、赖氨酸、胱氨酸、亮氨酸、甲硫氨酸、色氨酸和苏氨酸等多种人体必需的氨基酸。菠萝蜜低聚肽是利用生物酶解技术从菠萝蜜果肉和种子中制取得到的小分子 BP，主要成分是小分子活性寡肽。刘欣然等以 db/db 糖尿病模型小鼠为研究对象，使用不同剂量的菠萝蜜低聚肽进行干预，结果显示菠萝蜜低聚肽可显著降低 db/db 糖尿病小鼠空腹血糖水平及胰岛素抵抗指数，有效改善糖耐量和胰岛素抵抗。

（五）沙棘籽蛋白肽

糖尿病肾病（diabeticnephropathy，DN）是指糖尿病发展过程中引起的肾脏功能紊乱，是一种微血管并发症，并最终导致终末期肾病。糖尿病肾病患者的死亡率比无肾病糖尿病患者高 30 倍。因此，DN 的防治日益受到重视。沙棘是一种天然的药食同源性植物。舒丹阳等采用 db/db 小鼠构建糖尿病动物模型，并给予沙棘籽蛋白肽干预，通过血糖水平、肾脏组织病理学以及肾功能相关指标的检测，证明沙棘籽蛋白肽可显著降低糖尿病小鼠的血糖水平，并且对肾功能有一定的保护作用。

（六）燕麦低聚肽

燕麦低聚肽是利用酶解技术从燕麦麸皮中得到的小分子生物活性肽的混合

物。刘欣然等研究了燕麦低聚肽对糖尿病大鼠血糖的影响。发现燕麦低聚肽可有效降低高热能饮食联合链脲佐菌素诱导的糖尿病大鼠的血糖水平，降低血糖曲线下面积，具有辅助降血糖功能。

(七) 核桃肽

核桃含有丰富的蛋白质以及人体所需的不饱和脂肪酸、维生素、矿物质、纤维素等。李丽等对比了核桃蛋白和核桃多肽对酿酒酵母模型和 2 型糖尿病模型动物的降糖活性，发现二者均具有一定的降糖作用，并且核桃多肽的降血糖活性优于核桃蛋白。低聚肽具有更短小的氨基酸组成，可能比多肽更易吸收且活性更强。近期的一项体内实验研究证明，核桃低聚肽可降低 db/db 糖尿病小鼠的空腹血糖水平和餐后血糖水平，同时能有效改善糖耐量，具有辅助降血糖功能。

综上所述，多项体内和体外实验研究证据显示，食源性动植物中提取或制备的 BP 对糖尿病具有保护作用，包括降低空腹血糖、改善糖耐量和胰岛素抵抗、调节糖脂代谢、促进伤口愈合以及抑制糖尿病肾病等。但是有关 BP 改善糖尿病分子机制的研究较少，期待更深入的研究。而且目前尚缺乏 BP 对糖尿病患者保护作用的临床干预试验研究，其在防治糖尿病上的应用还需要更多研究证据的支持。

三、肽与高尿酸血症

高尿酸血症 (hyperuricemia，HUA) 是一类嘌呤代谢紊乱或尿酸排泄减少所致的代谢性疾病，不仅会引起痛风，而且与脑卒中、心脏疾病、肾脏疾病和代谢综合征等多系统疾病的发生、发展密切相关。近年来，随着生活水平提高和饮食结构改变，我国高尿酸血症的发病率明显升高，并呈现年轻化趋势。目前我国高尿酸血症的总体患病率为 13.3%，患病人数约为 1.77 亿，痛风的总体患病率为 1.1%，患病人数约为 1.466 万。其中，18~35 岁的年轻高尿酸血症和痛风患者占近 60%。营养干预和科学的膳食可以减少外源性嘌呤的摄入，从而通过减少尿酸来源和促进尿酸排泄减轻和缓解痛风发作。普通食物中的核酸多与蛋白质结合形成核蛋白存在于细胞内，膳食摄入蛋白质不可避免地摄入核酸，从而增加嘌呤代谢的负担。因此，在高尿酸血症和痛风患者的营养治疗中，一般建议低蛋白质饮食。而蛋白质作为人体必需的宏量营养素之一，具有构成机体组织成分、酶和激素，促进物质交换和运输，调节免疫和维持渗透压等多种重要的生理功能，为人体正常代谢所必需。因此，对于高尿酸血症或痛风患者，合理选择和补充蛋白质，减少嘌呤物质的生成显得尤为重要。

BP 不仅具有丰富多样的生物活性，而且易于人体吸收、安全可靠，具有极大的利用价值。以海洋鱼类为原料制备具有多功能的活性肽受到学者们的广泛关注。近年来研究发现，金枪鱼低聚肽具有抗氧化、抗疲劳、降血压等多种健康生物活性，同时也具有调节代谢疾病的功效。He 等研究发现，从金枪鱼酶解产物中分离出的 Phe-His 二肽具有很强的黄嘌呤氧化酶（xanthine oxidase，XOD）抑制活性，可显著降低血清尿酸水平。鲣鱼是我国捕捞量最大的金枪鱼品种，广泛分布于我国东海和南海水域。鲣鱼肉脂肪含量低、蛋白质含量高，并含有丰富的具有显著降低血清尿酸水平功效的肌肽和鹅肌肽。李宇娟和邹琳通过酶法水解从鲣鱼中分离纯化出具有抑制 XOD 作用的活性多肽，具有较好的降低尿酸的功效。吉薇等采用高尿酸血症大鼠模型评价扁舵鲣鱼低聚肽的降尿酸功效，通过血液 XOD、血清尿素氮、血肌酐、尿液指标测定和肾组织切片病理变化观察，证明扁舵鲣鱼低聚肽能显著抑制 XOD 的活性，减少尿酸生成和尿酸盐晶体沉积，具有良好的降低血尿酸的作用。盛周煌以尼罗罗非鱼干鱼皮为原料，采用酶法水解胶原蛋白制备和提取出了罗非鱼皮胶原蛋白肽，并证明了罗非鱼皮胶原蛋白肽能够有效改善小鼠高尿酸血症。其分子机制包括降低肝脏尿酸代谢关键酶腺苷脱氨酶和 XOD 的活性，抑制尿酸的生成；调节性激素水平，促进血清尿酸排泄；调节肾脏相关尿酸盐转运体蛋白表达量来，从而减少尿酸重吸收、促进尿酸排泄。Murota 等人通过体内实验研究发现，鲨鱼软骨蛋白多肽能够显著改善氧嗪酸诱导的大鼠高尿酸血症。

此外，刘乃心对云南特产的水稻脱粒果实水提物进行分离纯化，获得了 3 个天然多肽分子，将其分别命名为 RDP1（Ala-Ala-Ala-Ala-Gly-Ala-Lys-Ala-Arg）、RDP2（Ala-Ala-Ala-Ala-Gly-Ala-Met-Pro-Lys-NH$_2$）和 RDP3（Ala-Ala-Ala-Ala-Met-Ala-Gly-Pro-Lys-NH$_2$），并通过体内实验研究证实 3 个多肽分子都具有抗高尿酸血症的作用。进一步的分子机制研究发现，RDP1 主要通过抑制 XOD 来降低体内尿酸水平；RDP2 和 RDP3 可显著抑制 XOD 活力和 URAT1 的蛋白表达水平，在痛风疾病整个病程中均表现出明显的降低血清尿酸水平的作用。

综上所述，目前有关 BP 对高尿酸血症和痛风的改善作用研究主要集中在从海洋动物中提取或制备的 BP 上，将海洋动物活性肽开发为相关保健食品或药品已成为新的研究热点。在以后的研究中，期待开发更多其他食物来源的具有降低尿酸水平作用的 BP。

饮食干预疗法是防控和治疗代谢性疾病的重要方法，虽然目前还没有食源性生物活性肽与代谢性疾病的人群干预研究，但由于活性肽具有抗炎、抗氧化、抗疲劳和调节代谢等多种生物功能，并且营养价值高、安全性好，所以其可为代谢性疾病的防治提供新方向。

（韩浩）

参考文献

1.World Health Organization. Noncommunicable Diseases Country Profiles [EB/

OL]. (2018-09-24). [2021-01-03]. https://www.who.int/publications/i/item/ncd-country-profiles-2018.

2. World Health Organization. Obesity and overweight [OL]. (2021-06-09). [2021-11-12]. https://www.who.int/news-room/fact-sheets/detail/obesity-and-overweight.

3. 国家卫生健康委员会疾病预防控制局.中国居民营养与慢性病状况报告(2020年)[J].营养学报.2020,42(6):521.

4. Simonnet A, Chetboun M, Poissy J, et al. LICORN and the lille COVID-19 and obesity study group. High Prevalence of obesity in severe acute respiratory syndrome Coronavirus-2 (SARS-CoV-2) requiring invasive mechanical ventilation[J]. Obesity (Silver Spring),2020,28(7):1195-1199.

5. Fricker LD. Neuropeptidomics to study peptide processing in animal models of obesity[J]. Endocrinology,2007,148(9):4185-4190.

6. 田向阳,潘天帅,史仍飞.有氧运动结合玉米肽对超重、肥胖女大学生脂肪代谢的影响[J].贵阳医学院学报,2015,4(9):975-977.

7. 鲁林,刘桂,王晓慧,等.有氧运动同时补充玉米肽对肥胖大鼠脂肪分解关键酶的影响[J].中国应用生理学杂志,2016,32(4):326-331.

8. 孙鹏,田向阳,史仍飞.玉米肽联合运动对肥胖大鼠肝组织中[J].中国应用生理学杂志,2017,33(2):117-120.

9. 钱珊珊,冯雪,于彤,等.大豆活性肽对肥胖小鼠降脂作用的研究[J].食品工业科技,2021,42(3):310-314,319.

10. 刘丽媛,彭晨.鲫鱼活性多肽对小鼠体重、脂肪沉积和肝脏脂肪代谢酶活性的影响[J].食品科技,2017,42(7):209-213.

11. Saeedi P, Petersohn I, Salpea P, et al. IDF diabetes atlas committee. global and regional diabetes prevalence estimates for 2019 and projections for 2030 and 2045: results from the international diabetes federation diabetes atlas, 9th edition[J]. Diabetes Res Clin Pract,2019,157:107843.

12. 钟志贵.海参为主治疗糖尿病[J].中医杂志,1989(12):55.

13. 王祖哲,马普,左爱华,等.刺参低聚肽对糖尿病小鼠降血糖作用的研究[J].食品研究与开发,2019,40(8):85-90.

14. 王天星,李勇,李迪,等.海参肽对db/db小鼠降糖作用和炎症反应程度的影响[J].中国食物与营养,2018,24(4):51-55.

15. 董丽莎,李妍妍,张红燕,等.两种海参多肽对糖尿病大鼠肾脏的防护作用研究[J].食品工业科技,2017,38(9):343-348.

16. 王美华,查保国,许敏.海参肽与海带多糖对小鼠血糖水平的影响[J].中国中医药现代远程教育,2015,13(24):145-146.

17. 李林,李迪,徐腾,等.海参胶原低聚肽对糖尿病小鼠术后伤口愈合的促进作用[J].中国食物与营养,2017,23(7):71-75.

18. 王赛,孙婉婷,王猛,等.豌豆低聚肽对2型糖尿病小鼠肝脏PI3K/AKT/FOXO1信号通路的调节作用[J].现代食品科技,2020,37(2):21-27.

19. 崔欣悦,张瑞雪,周明,等.豌豆肽缓解胰岛素抵抗形成效果探究[J].食品工业科技,2019,40(12):145-148.

20. 孙彬,李迪,毛瑞雪,等.吉林人参低聚肽对糖尿病大鼠的降血糖作用研究 [J].中国食物与营养.2016,22(10):62-65.

21. 樊蕊,郝云涛,刘欣然,等.人参低聚肽改善老龄 db/db 小鼠疾病状态和延长寿命的研究 [J].中国食物与营养,2020,26(8):72-76.

22. 刘欣然,康家伟,王天星,等.菠萝蜜低聚肽对 db/db 小鼠炎症反应、血糖及血脂的影响 [J].中国食物与营养,2020,26(4):61-65.

23. 刘欣然,康家伟,王天星,等.菠萝蜜低聚肽对 db/db 糖尿病小鼠血糖的影响 [J].科技导报.2021,39(18):94-100.

24. 舒丹阳,熊捷,刘鹏展,等.沙棘籽蛋白肽对 2 型糖尿病小鼠的降血糖活性及肾脏的保护作用.沙棘籽蛋白肽 db/db 小鼠降血糖活性及肾脏保护作用 [J].品工业科技,2020,41(21):317-321.

25. 刘欣然,刘思奇,侯超,等.燕麦低聚肽对糖尿病大鼠血糖的影响 [J].中国食物与营养,2018,24(4):46-50、55.

26. 李丽,黄雪梦,杨璐嘉,等.采用 2 种降糖模型考察核桃蛋白及多肽的降糖作用 [J].食品科技,2017,42(04):218-221.

27. 刘欣然,康家伟,郝云涛,等.核桃低聚肽对 db /db 小鼠血糖的影响 [J].中国食物与营养,2020,26(3):61-64.

28. Ahmed R, Chun B. Subcritical water hydrolysis for the production of bioactive peptides from tuna skin collagen[J]. Journal of Supercritical Fluids,2018,141:88-96.

29. He W, Su G, Sun-Waterhouse D, et al. In vivo anti-hyperuricemic and xanthine oxidase inhibitory properties of tuna protein hydrolysates and its isolated fractions[J]. Food Chem,2019,272: 453-461.

30. 邹琳,冯凤琴.食品中降尿酸活性物质及其作用机制研究进展 [J].食品工业科技,2019,40(13):352-357,364.

31. 吉薇,吉宏武.扁舵鲣鱼低聚肽降尿酸功效评价 [J].食品与发酵工业,2021,47(6):62-67.

32. 盛周煌.罗非鱼皮胶原蛋白降尿酸活性肽的研究 [D].广州:华南理工大学,2018.

33. Murota I, Taguchi S, Sato N, et al. Identification of antihyperuricemic peptides in the proteolytic digest of shark cartilage water extract using in vivo activity-guided fractionation[J].J Agric Food Chem,2014,62(11):2392-2397.

34. Murota I, Tamai T, Baba T,et al. Moderation of oxonate-induced hyperuricemia in rats via the ingestion of an ethanol-soluble fraction of a shark cartilage proteolytic digest[J].J Funct Foods,2012,4(2):459-464.

35. Liu N, Wang Y, Yang M, et al. New Rice-Derived Short Peptide Potently Alleviated Hyperuricemia Induced by Potassium Oxonate in Rats[J]. J Agric Food Chem, 2019;67(1):220-228.

第八节　肽与免疫功能

近年来,免疫功能失调的发生率由于慢性病、致病微生物感染及不健康的生活方式等原因日益增高。目前，临床常使用化学药物如匹多莫德、环磷酰胺、环孢素 A、硫代氨基甲酸酯和青霉胺等调节人体免疫功能，但化学药物存在价格昂贵、副作用较强（如引起恶心、骨髓毒性和肝脏毒性等）等缺点。研究表明，免疫调节肽对先天性和获得性免疫应答反应具有调节作用，且具有无明显副作用、成本低、分子量小、活性和稳定性强、生物活性高的优点，为免疫调节制剂的研发开辟了新途径。食源性免疫活性肽与传统药物相比，无明显毒副作用，人们通过食用免疫活性肽提高自身免疫力，日渐成为趋势。目前研究较多的食源性免疫活性肽主要包括乳蛋白肽、水生生物蛋白肽以及大豆肽等，这些免疫活性肽的发现为临床研究提供了新途径。本节主要介绍几种常见的免疫活性肽对免疫系统功能的影响，并对国内外食源性免疫活性肽研究趋势进行展望。

免疫活性肽是一类具有促进淋巴细胞分化成熟、传导免疫信息及增强机体免疫功能等生物学功能的肽。免疫活性肽的分子质量一般较低，在生物体内的含量也较少，当其进入抗原呈递细胞后（antigen presenting cells，APC），可与主要组织相容性复合物（major histocompatibility complex，MHC）Ⅱ类分子结合，形成结合物被抗原的 T 细胞受体（T cell receptor，TCR）识别，并呈递给 CD4+ T 细胞，促使 CD4+ T 细胞参与免疫应答反应，包括刺激淋巴细胞增殖、分化和成熟，增强巨噬细胞的吞噬功能等。

评价增强免疫力的实验项目主要有细胞免疫功能测定、体液免疫功能测定、单核－巨噬细胞功能测定和自然杀伤（natural killer，NK）细胞活性测定。细胞免疫功能测定是通过刀豆蛋白 A（concanavalin A，ConA）诱导的小鼠脾淋巴细胞转化实验和迟发型变态反应实验进行的；体液免疫功能测定是通过抗体生成细胞检测和血清溶血素水平测定进行的；单核－巨噬细胞功能测定是通过小鼠碳廓清实验和小鼠腹腔巨噬细胞吞噬鸡红细胞实验进行的。

一、免疫活性肽与免疫功能

（一）乳蛋白来源的免疫活性肽

乳蛋白作为生物活性肽最重要的来源之一，目前已分离出免疫活性肽的乳蛋白主要有 β- 乳球蛋白、α- 乳清蛋白、酪蛋白、γ- 球蛋白及血清白蛋白等。乳蛋白中含有多种免疫活性肽的前体，这些前体是相应蛋白质结构中的一部分，处于无活性状态，当进入胃肠道后可被凝乳酶、胃蛋白酶、胰蛋白酶等生物酶降解成具有免疫活性的小肽段。此外，牛乳中还有一些天然存在的二肽和三肽，如酪氨酸 - 甘氨酸、酪氨酸 - 甘氨酸 - 甘氨酸等，这些小肽可直接穿过胃肠壁细胞到达外周血淋巴细胞处发挥免疫作用。尽管乳源性免疫活性肽对 T 细胞和自然杀伤（natural killer，NK）细胞成熟和增殖的刺激作用已被证实，但它们对免疫系统的调节机制尚未完全明了。

1. 酪蛋白源免疫活性肽

酪蛋白占乳蛋白的 80% ～ 82%，是一类由 α- 酪蛋白、β- 酪蛋白、κ- 酪蛋白和 γ- 酪蛋白组成的含磷复合蛋白质。研究发现，κ- 酪蛋白胰蛋白酶酶解产物中的 Phe-Phe-Ser-Asp-Lys 肽段在体外能够促进抗体形成，并增强鼠和人巨噬细胞的吞噬功能。另一项研究发现，κ- 酪蛋白经凝乳酶降解后可产生一类含有糖链的多肽，即 κ- 酪蛋白糖巨肽，这类糖肽可通过抑制霍乱毒素（cholera toxin，CT）与仓鼠卵巢细胞结合而发挥免疫调节作用，其机制可能是 κ- 酪蛋白糖巨肽末端的部分唾液酸与 CT 受体发生了嵌合作用。此外，完整的 κ- 酪蛋白还可抑制由植物血凝素、伴刀豆球蛋白 A（ConA）和鼠伤寒沙门氏菌脂多糖等有丝分裂原诱导的小鼠脾淋巴细胞增殖反应。相反，α- 酪蛋白和 β- 酪蛋白对其影响不大。任娇等利用木瓜蛋白酶水解山羊乳酪蛋白得到抗菌肽，其对大肠埃希菌、金黄色葡萄球菌、沙门氏菌、志贺氏菌、李斯特菌、阪崎杆菌 6 种致病菌具有抑制作用。魏彩等发现从牛酪蛋白中分离的六肽可抑制人卵巢癌细胞株的侵袭力、迁移力及运动能力，表现出抗癌的免疫作用，与化学药物相比，其对正常细胞的损害更小且来源更广泛，具有良好的开发和利用价值。

2. 乳清蛋白源免疫活性肽

乳清蛋白是牛乳去除酪蛋白后分离出来的蛋白质。乳清蛋白中主要含有 α- 乳白蛋白（α-La）、β- 乳球蛋白（β-Lg）及少量的牛血清白蛋白（bovine serum albumin，BSA）、乳铁蛋白（lactoferrin，LF）和免疫球蛋白（immunoglobulin，Ig）G 等。Kayser 等研究发现，α-La 经胰蛋白酶酶解后产生的三肽 Tyr-Gly-Gly 能显著促进 ConA 刺激人体外周血淋巴细胞（peripheral blood lymphocytes，PBL）的增殖和蛋白质合成。小鼠经饲喂含 α-La 酶解物后，血液单核 - 巨噬细胞吞噬人衰老红细胞和绵羊红细胞的能力显著增强。Julius 等从绵羊初乳乳清中分离出能诱导 B 淋巴细胞增殖分化的含脯氨酸九肽 Val-Glu-Ser-Tyr-Val-Pro-Leu-Phe-Pro。Muyauchi 等研究发现，LF 胰蛋白酶水解物也具有免疫调节作用，他们将含 1% LF 水解产物的流质饲料饲喂给摄入霍乱毒素的小鼠，经过连续 7 天的饲喂后发现小鼠肠道和胆汁中 IgA 含量明显高于对照组，这一结果表明乳铁蛋白水解产物可以提高肠道黏膜的免疫功能。此外，LF 水解产物还可以促使脾细胞产生 IgA，促进 B 淋巴细胞活性增加。Saint 等发现，乳清蛋白水解物（来自胰蛋白酶和糜蛋白酶的联合消化）及其肽组分对脾细胞的增殖（存在或不存在 ConA 刺激）和 IL-2、IFN-γ 的分泌具有免疫刺激作用。

3. 阿片肽

阿片肽（opioid peptide）又称类鸦片肽，是一类具有吗啡样活性的小分子活性肽，这些肽与吗啡一样，具有镇静、催眠、抑制呼吸等作用，与目前使用的镇痛剂的不同之处在于它经过消化道进入人体后无明显副作用。许多食物蛋白经过酶解后都会产生吗啡样活性肽，如酪蛋白、牛奶中的其他蛋白、小麦蛋白、大米蛋白等。奶及奶制品是阿片肽的重要来源，研究者对其进行了深入的研究与开发。阿片肽在免疫系统内也起到多方面的调节作用。根据阿片肽浓度的不同及机体免疫状态的差异，阿片肽有增强或抑制免疫功能（即双向调节功能），具体的机制有待进一步探讨。另外，阿片肽也可通过调节淋巴细胞增殖而促进胎儿免疫系统发育。

（二）海洋生物来源的免疫活性肽

海洋中含有全球近一半的物种，目前已在藻类、鱼类、软体动物、甲壳类和海洋副产品（包括不合格的肉类、内脏、皮、饰边和贝类）等海洋生物中发现大量新的生物活性肽，这些肽显示出广泛的生物学功能，包括抗氧化、降低血压、抑菌、调节免疫功能、防止血栓形成和降低胆固醇等。海洋生物活性肽的生物学功能主要基于其氨基酸组成、结构及理化性质，如海洋生物活性肽分子中带正电荷的区域可以与细胞因子受体结合并激活其免疫功能。此外，肽的疏水性、肽链长度和与微量元素结合等性质也是影响其生物学功能的重要因素。目前，对鱼类、牡蛎、海藻和贻贝类等来源的免疫活性肽研究较多。

1. 鱼类来源的免疫活性肽

Hu 等从阿拉斯加鳕鱼中分离出 3 种具有免疫活性的肽，其氨基酸组成分别为 Asn–Gly–Met–Thr–Tyr、Asn–Gly–Leu–Ala–Pro 和 Trp–Thr。当这些短肽的添加质量浓度为 $20\mu g/mL$ 时，相比于对照组，小鼠脾淋巴细胞的平均增殖率分别增加 35.92%、32.96% 和 31.35%。此外，鳕鱼骨胰蛋白酶酶解物也被发现可以显著提高小鼠淋巴细胞的增殖率和单核 – 巨噬细胞的吞噬能力。侯虎选用胰蛋白酶酶解阿拉斯加鳕鱼获得的免疫活性肽，发现其能提高小鼠脾淋巴细胞转化活性以及巨噬细胞的吞噬功能，进一步纯化活性最高的肽组分，得到 3 种免疫活性肽序列。

Merly 等研究发现，鲨鱼软骨提取物中 II 型胶原的 α-1 链（ColII α1）是诱导 T 淋巴细胞分泌细胞因子的有效成分，其活性的结构基础是肽链 C 端和 N 端连接的糖基。目前，ColII α1 已被用于类风湿关节炎的防治，其主要机制是 T 淋巴细胞表面受体能够识别糖基化的 II 型胶原蛋白多肽链。此外，糖基化的肽还能够直接作用于细胞因子和趋化因子，进而起到诱导先天性免疫反应的作用。

马哈鱼蛋白水解多肽具有显著提高天然免疫和适应免疫的功能。Yang 等研究发现，马哈鱼蛋白水解多肽中的功能性氨基酸主要有 Glu、Asp、Lys 和 Leu，它们通过调节 ConA 的活性来增强免疫反应，包括淋巴细胞增殖、促进分泌 Th1 和 Th2 细胞因子、调节 NK 细胞活性、抑制肿瘤发生转移及增强巨噬细胞的抗原呈递效果等。

鲍鱼肽是以鲍鱼为来源制备的海洋生物活性肽，具有功能多样、来源广泛、特异性强、毒副作用小等优点。鲍鱼水解肽相对分子质量在 112 ~ 10104u

范围内呈连续分布,其中小于 1000 u 的低聚肽占比达 80.04%,且含有丰富的牛磺酸、精氨酸、铁、镁等营养物质,具有调节免疫功能。不同浓度的鲍鱼水解肽对 LPS 诱导 MH-S 细胞分泌 IL-1β、IL-6、TNF-α 活性有不同程度的抑制作用,表明鲍鱼水解肽可以通过影响巨噬细胞炎性因子与肿瘤坏死因子的分泌活性,起到抗炎与增强免疫的作用,且其作用效果随浓度的升高而增强。同时,鲍鱼水解肽可以通过促进小鼠的单核 - 巨噬细胞碳廓清功能、增强 NK 细胞活性,起到调节免疫的作用,其作用效果也与浓度存在剂量 - 效应关系。

远东拟沙丁鱼(Sardinopssagax),又名斑点莎脑鱼,主要分布于日本近海和我国的黄海海域,具有生长快、繁殖力强、价格低廉等优点。远东拟沙丁鱼年捕捞量达 500 万吨左右,通常加工为饲料,生产价值低,其资源并未得到充分利用。据报道,远东拟沙丁鱼蛋白肽具有降低血压、促进细胞修复、抑制血管紧张素转换酶(angiotensincoverting enzyme,ACE)、抗氧化等多种生物活性,是制备生物活性肽的优质原料。王晶晶等以远东拟沙丁鱼为原料,通过膜分离等工序得到蛋白多肽,可以很好地抑制 ACE。有研究者从沙丁鱼、马鲛鱼、小斑点猫鲨等 5 种鱼类中提取蛋白肽,经测定发现沙丁鱼蛋白肽的抗氧化活性最高。袁学文等通过动物实验,运用保健食品功能成分评价技术,对其增强免疫力功能实验进行研究,发现与阴性对照组相比,低聚肽高剂量组能显著提高正常小鼠脾淋巴细胞增殖能力、NK 细胞活性、脾脏指数和空斑数,增强细胞免疫和体液免疫功能结果为阳性。远东拟沙丁鱼低聚肽分子质量主要在 1000u 以下,富含谷氨酸、赖氨酸、天冬氨酸、亮氨酸、硒等成分,具有增强正常小鼠免疫力的功能。因此,远东拟沙丁鱼低聚肽可以作为增强免疫力保健食品的配料,具有广阔的发展前景,而产品标准和生产技术在其产业化过程中尚待建立和不断完善。

2. 牡蛎来源的免疫活性肽

Wang 等对牡蛎水解短肽的抗肿瘤和免疫调节作用进行了研究,发现 BALB/c 小鼠经饲喂 0.25mg/g、0.5 mg/g 和 1 mg/g 的牡蛎水解短肽后,对肿瘤的抑制率分别为 6.8%、30.6% 和 48%。在采用牡蛎水解物处理的过程中,小鼠 NK 细胞的活性显著提高,淋巴细胞增殖反应明显。此外,牡蛎提取物还具有抗氧化特性及显著提高 IL-2 水平的作用。

3. 贝类来源的免疫活性肽

扇贝多肽对免疫功能具有一定的正向调节作用。张彩梅等研究发现,给小鼠腹腔注射扇贝多肽能够明显改善由药物地塞米松所致的免疫低下反应,其脾脏白髓组织明显增大,外周血 T 淋巴细胞数量增多,脾淋巴细胞对 ConA 诱导的转化能力也明显提高,这可能是由于扇贝多肽可通过影响外周成熟免疫细胞而发挥作用。

有研究者发现,贻贝可食用部分酶解物可通过抑制 MAPK 和 NF-κB 通路来降低 RAW264.7 巨噬细胞中一氧化氮、前列腺素 E_2、环氧酶 -2 等炎症因子的表达。

4. 海蜇来源的免疫活性肽

海蜇中含有丰富的胶原蛋白，是一种潜在的胶原蛋白材料。胶原蛋白经木瓜蛋白酶酶解后，主要产物是肽和氨基酸的混合物。肽不仅能直接被很好地吸收，也能促进其他物质如蛋白质、碳水化合物等吸收。海蜇胶原蛋白中含有丰富的氨基酸，其中甘氨酸、谷氨酸和精氨酸具有免疫活性；谷氨酸是肌肉合成谷氨酰胺的前提物，而谷氨酰胺能通过参与淋巴细胞代谢，影响多种激素及细胞因子的分泌等对机体免疫应答发挥调节作用；甘氨酸和谷氨酸是细胞合成谷胱甘肽的重要原料，谷胱甘肽在机体的抗氧化机制中起重要作用，尤其是还原型谷胱甘肽能促进自然杀伤细胞的活化与增殖，提高机体防御能力。丁进锋等人通过研究海蜇胶原蛋白肽对小鼠免疫器官质量、巨噬细胞吞噬功能和淋巴细胞转化的影响，发现胶原蛋白肽高剂量组能明显提高小鼠的脾脏指数、碳廓清指数 K 及吞噬指数 α，胶原蛋白肽能显著促进伴刀球蛋白诱导的 T 淋巴细胞增殖。可见，海蜇胶原蛋白肽具有一定的免疫调节作用，并且海蜇在我国资源丰富，分布广泛，可以作为具有免疫调节功能的保健食品原料，增加海蜇的附加价值。但是，目前关于胶原蛋白肽具有免疫调节作用的研究机制报道较少，仍需进一步研究。

5. 海参来源的免疫活性肽

研究表明，0.5 g/kg 海参肽可以促进小鼠迟发型变态反应，显著提高小鼠 ConA 诱导的脾淋巴细胞增殖能力、溶血空斑数和血清溶血素水平，以及小鼠巨噬细胞对鸡红细胞的吞噬率、吞噬指数和碳廓清指数，提示适量海参肽可以促进细胞免疫和体液免疫功能，增强单核 - 巨噬细胞的活性。谢永玲等使用 42mg/kg、83mg/kg、250mg/kg 海参肽（含海参多肽 >56%、海参多糖 >3%、蛋白质 >80%）每日 0.4 ml 灌胃小鼠 30 天，结果表明 83mg/kg、250 mg/kg 海参肽可显著提高小鼠单核 - 巨噬细胞吞噬指数、NK 细胞活性；250 mg/kg 海参肽还可显著提高小鼠半数溶血值和溶血空斑数。这表明海参肽对小鼠体液免疫功能、非特异性免疫功能和 NK 细胞活性均有明显的增强作用。

（三）蚕蛹生物活性肽

蚕蛹生物活性肽增强免疫力的保健功效研究，也是近年来生物医学领域研究的热点。已有研究发现，蚕蛹生物活性肽在控制血脂和血压、抗氧化、抗衰老等方面效果显著。很多学者认为，蚕蛹生物活性肽对提升人体免疫力有重要作用，一部分学者也已展开了相关的研究。卢楠等给 D- 半乳糖致衰老小鼠注射一定比例的蚕蛹生物活性肽，结果发现注射小鼠血清中白细胞计数和胸腺指数均显著提升，体内原本紊乱的 T 细胞亚群也得到有效调整，NK 细胞活性增强，进一步观察后发现衰老小鼠免疫力降低情况得到了明显改善。李晓童等的研究发现，将蚕蛹水解后形成的多肽产物注射给小鼠后，小鼠抗体细胞生成数量明显增多，机体的免疫功能显著增强。上述研究结果均阐明了蚕蛹生物活性肽的增强免疫力作用，为蚕蛹保健食品的研发开辟了新途径。

（四）植物蛋白来源的免疫活性肽

小麦、大米、大豆等中有丰富的蛋白质，对于以这些蛋白质为来源的免疫活性肽的研究现已取得了一些进展。

1. 小麦免疫活性肽

小麦蛋白是小麦蛋白制品面筋的主要成分。小麦蛋白与大豆蛋白均是重要的植物蛋白，也是免疫活性肽的重要来源之一。目前，对小麦免疫活性肽研究较多的是阿片肽，主要通过采用胃蛋白酶、胰酶及胰蛋白酶水解小麦面筋蛋白获得。Fukudome 等对小麦面筋蛋白水解过程中释放出的阿片肽进行研究，发现这些肽可增强淋巴细胞的活性，进一步分离后得到氨基酸组成为 Tyr-Pro-Ile-Ser-Leu 的肽段。Cornell 等采用胃蛋白酶和胰蛋白酶水解小麦蛋白得到结构为 Arg-Pro-Gln-Gln-Pro-Tyr-Pro-Gln-Pro-Gln-Pro-Gln 的肽段，研究证实这种肽可通过刺激人体产生 γ- 干扰素来促进细胞合成抗病毒蛋白，从而增强 NK 细胞、巨噬细胞和 T 淋巴细胞的活力，起到免疫调节作用。Hirai 等在小麦蛋白水解物中发现，Pyro-Glu-Leu 在低剂量 200 μg/mL 时就能抑制炎症因子 IL-6 和 TNF-α 的产生。孔祥珍等采用豚鼠回肠离体鉴定法对小麦面筋蛋白水解物进行了研究，结果表明由碱性蛋白酶、胃蛋白酶及胃蛋白酶和胰蛋白酶复合酶水解制备的 3 种面筋蛋白短肽 Ala-Trp-Gly-His、Pro-Trp-Gly-His 和 Pro-Pro-Trp--GlyHis 都具有阿片肽活性。Yin 等人在大鼠小肠损伤模型中研究发现，小麦肽可以通过降低小肠黏膜的 TNF-α 水平来消除水肿与小肠损伤，从而改善大鼠的肠道功能。

小麦免疫活性肽大多具有阿片肽活性，其结构的特征为 N 末端是酪氨酸，第 2 位或 3 位氨基酸残基多为芳香族氨基酸，当第 4 位氨基酸残基是脯氨酸时可以显著增加其与神经肽 S- 受体的亲和力。此外，通过对小麦源阿片肽的疏水性和等电点分析，发现肽末端是疏水性氨基酸或碱性氨基酸（Arg、Lys 和 His）的概率较高。

2. 大豆免疫活性肽

大豆蛋白的必需氨基酸含量丰富，氨基酸组成与乳蛋白相近，具有较高的蛋白质含量和氨基酸消化率，是植物性的完全蛋白。大豆蛋白、豆乳或大豆发酵产物获得的活性肽具有多种生物活性，对人体的免疫功能、心脑血管及神经系统均具调节功能。Fumio 等报道，大豆肽与大豆蛋白相比能显著增强大鼠肺泡巨噬细胞吞噬绵羊红细胞的能力，增加淋巴细胞的有丝分裂能力，而且大豆肽的作用优于酪蛋白肽。研究发现，大豆蛋白酶解物能显著提高大鼠腹腔巨噬细胞的吞噬能力，刺激外周血淋巴细胞转化，提高肠腔 SIgA 水平，而且大豆蛋白酶解物的作用优于面筋蛋白酶解物。潘翠玲等用大豆蛋白酶解物作为刺激因子，在体外对经植物凝集素诱导的 10 日龄仔猪淋巴细胞进行培养，发现大豆蛋白和酪蛋白酶解物均能不同程度地刺激仔猪外周血淋巴细胞的分裂增殖，且大豆蛋白酶解物的作用最强。Kim 等报道，从大豆蛋白水解物中分离并纯化得到了一种抗癌活性肽（九肽），其相对分子质量为 l157。从膜蛋白酶水解大豆蛋白的酶解物中可获得一种六肽，其一级结构为 His-Cys-Gln-Arg-Pro-Arg（HCGRPR），这种肽能刺激巨噬细胞和多核白细胞的吞噬作用，具有免疫调节功能。进一步酶解 HCGRPR，又获得了具有同样免疫调节作用的、一级结构为 Gln-Arg-Pro-Arg（GRPR）的四肽。Masuu 等研究发现，与酪蛋白相比，大豆肽能显著增强肌肉损伤 Wistar 大鼠的免疫功能。Chen 等从大豆蛋白的胃蛋白酶的酶解产物中分离出了免疫刺激肽。这些肽的氨基酸序列分别为 Ala-Glu-Ile-Asn-Met-Pro-Asp-Tyr、Ile-Gln-Gln-Gly-Asn 和 Ser-Gly-Phe-Ala-Pro。Yoshikawa 等用胰蛋白酶水解大豆蛋白得到一种氨基酸组成为 Gln-ArgPro-Arg 的肽段，研究发现这种肽段可以增强巨噬细胞和多核白细胞的吞噬作用。Tsuki 等人从膜蛋白酶消化的大豆蛋白中分离出了一种十三肽，该肽具有刺激人中性粒细胞的噬菌作用。此肽来自 β- 伴大豆球蛋白（β-conglyci-nin）的 α 亚基，被命名为 soymetide-13。研究显示，N 末端甲硫氨酸残基对该肽的活性是必需的，C 末端残基的剪切试验揭示 soymetide4 即含有 4 个氨基酸残基的肽是吞噬刺激活性的最小结构单位；与 soymetide-13 相比，小鼠口服 soyrnetide-4 能够在很高水平上刺激肿瘤坏死因子 TNF-α 产生。初生大鼠给予 soymetide-4 能够抑制由化疗引起的脱毛症，Tsuki 等人认为其可进一步研究作为口服抗脱发症的功能肽产品。

左伟勇等人发现大豆肽可改善仔猪肠道微生物菌群结构，调控机体肠道免疫功能。从大豆蛋白中分离的具有抗癌、抗炎和免疫调节作用的多肽露那辛（lunasin）已被广泛用于临床试验。Tung 等人发现从大豆蛋白中得到的露那辛多肽作用于人外周血单核细胞来源的树突状细胞后，可以增加共刺激分子（CD86、CD40）、细胞因子（IL-1β、IL-6）和趋化因子（CCL-3、CCL-4）的表达。Chang 等人的研究表明，露那辛多肽可以与细胞因子 IL-12 或 IL-2 协同作用，调节自然杀伤（NK）细胞许多基因的表达，并导致 NK 细胞活性与细胞毒性的增强，可用于针对获得性免疫缺陷综合征的免疫治疗。

3. 大米免疫活性肽

大米蛋白主要含有谷蛋白、球蛋白和醇溶蛋白，其主要优点是氨基酸组成合理与低致敏性。目前大米蛋白肽主要集中于抗氧化及降血压活性的研究，但对大米肽免疫活性的研究也越来越受到重视。大量研究表明，大米蛋白肽具有刺激肠免疫系统、诱导单核细胞增殖、改善白细胞参数、调节抑菌性及刺激淋巴细胞增殖和细胞因子释放等功能。Takahashi 等从大米蛋白的胰蛋白酶酶解产物中分离出八肽 Gly-TyrPro-Met-Try-Pro-Leu-Arg，发现其具有引起豚鼠回肠收缩、抗吗啡和刺激巨噬细胞吞噬功能等免疫调节作用。余奕珂等采用同样方法获得具有阿片活性肽段 Try-Pro-Met-Try-Pro-Leu-Pro-Arg。之后，又有一些新的大米蛋白阿片活性肽被陆续发现，如 Tyr-Pro-Met-TyrPro 等。此外，在大米源的阿片肽中还存在一种结构，即含有 Tyr-X-Phe 序列，其中 X 可为 1 个或 1 个以上的氨基酸，这种结构是肽段保持阿片肽活性的重要因素。王璐等人通过胰酶水解分离纯化出不同纯度的大米肽，能促进巨噬细胞 RAW264.7 的增殖，分子量 ≤ 1000Da 的酶解肽具有最佳的促增殖效果。Xu 等研究发现，富硒大米蛋白酶解物可以保护 Pb2+ 引起的 RAW264.7 巨噬细胞毒性，表明大米活性肽对免疫细胞具有免疫保护作用。

4. 核桃免疫活性肽

核桃富含脂肪酸、蛋白质、多种矿物质、糖类、酚类等物质，营养价值高，具有滋补健脑等作用。长期以来，人们只注重核桃油的营养价值，而忽略了核桃粕的利用价值。由核桃粕经蛋白提取、酶解、膜过滤、浓缩、喷雾干燥等步骤可获得高纯度抗氧化核桃肽。杨胜杰等人发现，体外细胞实验表明，核桃肽可以调节 IL-10 和 IL-17A 炎症因子，提高机体免疫力。另一方面，斑马鱼体内实验表明，核桃肽改善斑马鱼巨噬细胞抑制的作用达 83.33%；核桃肽促进斑马鱼体内巨噬细胞增殖，增加了 3.4 倍。由此可见，核桃肽免疫调节功效的作用机制值得深入研究，同时斑马鱼模型与现有免疫动物模型的相关性也有待进一步研究。

5. 绿豆免疫活性肽

有研究者以酶解绿豆蛋白得到绿豆肽，经质谱解析得到 216 种可信度高的序列，N 末端为疏水性氨基酸和碱性氨基酸所占比例超过一半，表明其具有潜在的免疫活性。刁静静等对绿豆肽进行巨噬细胞增殖率、糖原含量、核酸含量以及细胞因子等免疫活性指标测定，以此优化出具有较高免疫活性的绿豆肽，并对其氨基酸序列进行鉴定。结果表明，不同级分绿豆肽可促进巨噬细胞增殖，其中 MBPH-3 级分绿豆肽促进效果最佳，同时发现不同级分的绿豆肽可促进糖代谢以及核酸含量升高，上调巨噬细胞细胞因子（IL-6、IL-1β、TNF-α）表达量，MBPH-3 绿豆肽免疫效果最佳。结构鉴定结果表明，MBPH-3 的平均分子质量约 903 Da，氨基酸序列为 Asn-Asn-Tyr-Gly-Pro-Thr-Met。

6. 榛仁免疫活性肽

王明爽等通过酶控制水解技术制备了榛仁免疫调节肽，在应用超滤技术获得 3 种不同分子量组分的基础上，研究了高分子量榛仁蛋白水解物（Hazelnut Protein Hydrolysates，HPH）（>10 kDa）、中分子量 HPH（3~10 kDa）、低分子量 HPH（<3 kDa）3 个组分的榛仁水解肽的体内免疫调节能力。结果表明，HPH 能调节小鼠免疫系统，其作用受 HPH 分子量和灌胃时间影响。短期（10~20 天）灌胃小鼠的不同分子量 HPH 可提高大部分免疫指标（器官指数、脾淋巴细胞增殖、巨噬细胞活性、sIgA 含量以及 CD4+ 和 CD8+ 百分比），而在灌胃 30 天后，低分子量 HPH（<3kDa）可以更好地维持免疫调节作用。王鹏等从榛仁蛋白水解物中提取的肽段 Pro-Glu-Asp-Glu-Phe-Arg，在适当浓度

下可提高淋巴细胞增殖率，提高机体免疫能力。

7. 复合低聚肽

低聚肽具有免疫调节、降血压、抗肿瘤、降血脂、抗氧化、促进矿物质转运等功能。作为一类新型功能性食品原料，低聚肽以其丰富的保健功能、优良的加工特性、易于被人体吸收等特点而备受业界关注。由于低聚肽自身独特的分子结构，其在人体内的吸收机制不同于游离氨基酸。与游离氨基酸相比，低聚肽的吸收速度更快，并且其进入血液后可以迅速被机体组织利用。尹利端等人通过研究由大豆低聚肽和胶原低聚肽组成的复合低聚肽样品，发现复合低聚肽在提高小鼠体液免疫功能和单核－巨噬细胞吞噬功能，以及促进 NK 细胞活性方面具有活性，说明复合低聚肽具有实现增强免疫力的功能。

8. 其他植物来源的免疫活性肽

食源性植物种类众多，水果及蔬菜等均可成为免疫活性肽的主要来源。许金光对软枣猕猴桃多肽进行免疫试验，发现软枣猕猴桃多肽能够延长小鼠负重游泳时间，增加小鼠肝糖原储备量，增强动物运动耐力，缓解动物体力疲劳，对小鼠具有直接的免疫增强作用。Moronta 等从苋菜中分离得到的蛋白活性肽可抑制人结肠癌细胞 caco-2 的趋化因子 CCL20 的基因表达，具有抑制炎症的免疫特性。Noh 等从蜜橘中分离出环肽 citrusin XI，并利用 RAW264.7 巨噬细胞炎症模型证明其可通过抑制 NF-κB 通路而降低 iNOS 和 NO 的产生，具有抗炎作用。此外，来自羽扇豆的抗炎免疫活性肽可作用于人单核细胞株 THP-1 分化的巨噬细胞，并明显降低促炎介质 TNF-α、IL-1β 和 CCL-2，提高抗炎介质 IL-10 的基因表达。CIAN 等发现柱斑紫菜水解物通过 NF-κB 通路、p38 和 JNK 通路上调大鼠巨噬细胞中的 IL-10 水平，提高机体免疫能力。尹利端等通过动物实验对不同分子量松花肽的增强免疫力活性进行研究，发现小于 1 kDa 和 1~3 kDa 的松花肽，都具有显著增强细胞免疫功能、增强体液免疫功能和增强单核－巨噬细胞功能的作用。这些免疫活性肽的研究不仅表明食源性植物肽的生物活性，同样为食源性植物肽在临床上的充分利用提供了良好前景。

（五）微生物来源的免疫活性肽

1. 藻类免疫活性肽

海洋微生物中的免疫活性成分包括蛋白质、直链肽、环肽、肽衍生物及氨基酸类成分，其中短肽和氨基酸类活性成分可以直接被机体吸收，有些需经过进一步分离纯化才可发挥活性作用。海藻水解物是免疫活性肽的重要来源之一。Morris 等研究发现，将经胰腺酶水解后的小球藻饲喂给营养不良的 BALB/c 小鼠，其先天性免疫和特异性免疫应答均增强，给小鼠喂食绿色小球藻蛋白酶解物（500 mg/kg），连续喂食 8 天后，与空白组对比，小鼠淋巴细胞增加了 128%。此外，小球藻的胰腺酶水解物还具有促进骨髓细胞增殖、提高巨噬细胞吞噬能力、刺激单核－巨噬细胞系统、增强细胞介导免疫、增强依赖 T 淋巴细胞的抗体反应和重组迟发型超敏反应（delayed-type hypersensitivity，DTH）等作用。Cian 等用肽链内切酶和肽链外切酶将海藻酶解得到酶解物 Phorphyra columbina（PcRH），其中富含 Asp、Ala 和 Glu，经体内实验证明，PcRH 能增强大鼠淋巴细胞增殖；体外试验发现，其可明显降低 TNF-α 等细胞因子的产生。

2. 菌类免疫活性肽

菌类蛋白是一种特殊的蛋白质，其氨基酸分子呈线性排列，根据菌种的不同含有不同的蛋白质。菌类蛋白的粗提取物及从中分离的多肽、多糖肽与环肽在体内外均具有免疫调节活性。研究者分别从冬虫夏草与杏鲍菇中分离提取出抗菌肽，这些肽对多种致病菌增殖有明显抑制作用。另有研究者发现，云芝多糖肽可以调节人外周血单核细胞的 Toll 样受体 4、5 信号通路，证明云芝多糖肽具有体外免疫活性。在大鼠体内研究中发现，云芝多糖肽可以增高 LPS 诱导的大鼠血清中 TNF-α 和 IL-6 的含量，证明多糖肽具有体内免疫调节功能。

（六）中药来源的免疫活性肽

1. 人参低聚肽

何丽霞等研究了人参低聚肽（ginseng oligopeptide，GOP）对小鼠的免疫调节作用，从特异性免疫和非特异性免疫两方面观察 GOP 对小鼠免疫器官相对质量、细胞与体液免疫功能、单核－巨噬细胞功能和 NK 细胞活性的影响。实验结果显示，GOP 显著提高了 ConA 诱导的小鼠脾淋巴细胞增殖能力、迟发型变态反应能力和小鼠的体液免疫功能；通过小鼠碳粒廓清实验和小鼠腹腔巨噬细胞吞噬鸡红细胞实验，发现巨噬细胞吞噬率和吞噬指数、NK 细胞活性显著升高，且效果优于乳清蛋白。这提示 GOP 通过增强细胞免疫功能、体液免疫功能、单核－巨噬细胞吞噬能力和 NK 细胞活性发挥增强免疫力的作用。

2. 薏苡仁醇溶蛋白源小分子肽

李玲玲等探究了薏苡仁醇溶蛋白源小分子肽（coixprolamin peptide，CPP）的降压及免疫方面的生物活性，发现 CPP 可促进小鼠脾淋巴细胞增殖，影响机体免疫功能。

3. 鹿茸活性肽

鹿茸作为一种传统的名贵中药，其氨基酸成分占总成分的一半以上，这些氨基酸组成的活性肽的免疫调节作用是鹿茸药用价值的重要部分。研究者通过超滤与连续色谱技术分离纯化得到 4 种鹿茸蛋白肽，发现其可抑制 LPS 诱导的RAW264.7 细胞炎症模型中 NO 的产生，且 4 种肽混合使用效果更佳，表明鹿茸活性肽具有抗炎作用。此外，有研究发现鹿茸多肽具有促进脾细胞增殖的活性。

二、免疫活性肽在保健食品中的应用及展望

免疫调节肽分为内源性和外源性两种。内源性肽主要包括干扰素、白细胞

介素 8 和内啡肽等，它们是激活和调节机体免疫应答的中心。外源性肽主要来自乳和牛乳中的酪蛋白、海洋生物蛋白、细菌和微生物蛋白等。免疫调节肽具有多方面的生理功能，不仅能增强机体的免疫功能，在动物体内起重要的免疫调节作用，而且还能刺激机体淋巴细胞增殖，增强巨噬细胞的吞噬能力，提高机体对外界病原物质的抵抗能力。此外，外源阿片肽中的内啡肽、脑啡肽和强啡肽也具有免疫刺激作用，能刺激淋巴细胞增殖。

肽类物质是对机体免疫系统最敏感、最直接的一种调节剂，免疫调节肽是维持免疫细胞功能的重要物质。以细胞免疫中最重要的淋巴细胞为例，当受抗原细胞的活化后，其能迅速增殖并合成大量的抗体，对活性肽类的需求迅速增加，但体内储存的肽类物质是有限的，不能满足需求，而在这时补充外源性免疫调节肽能及时提供淋巴细胞活化所需的能量和原料物质，从而产生大量的免疫细胞和抗体，使机体的免疫力迅速得到提高。外源性免疫调节肽可促进淋巴细胞的增生，增强巨噬细胞的吞噬活性和杀伤能力。在年老体弱、疾病状态及营养不良致使机体免疫功能受抑制时，补充免疫活性肽有助于恢复正常的免疫功能。人体在特定的条件下（如外科手术、败血症或烧伤等）补充外源性蛋白肽，不仅可增强机体的免疫功能，更有助于维持细胞和体液的免疫应答，还能解除免疫抑制。

近年来，机体免疫功能低下，包括原发性及继发性免疫功能缺陷、缺乏或受损，受到国内外医学家们的广泛关注。因为它们本身及所诱发的各种并发症，特别是感染，常使患者的病情加重，难以治疗，还可引起严重的后果，甚至危及生命。如果可以通过开发保健食品改善机体免疫功能，经济实用，将为我国保健行业带来很大的应用前景。

大豆活性肽能够增强小鼠的迟发型变态反应，增加小鼠单核－巨噬细胞碳廓清功能和小鼠半数溶血值，具有增强细胞免疫功能、体液免疫功能和单核－巨噬细胞吞噬功能等作用。由于这种大豆蛋白活性肽的分子量较小，具有容易吸收、运输速度快等优势。因此既可以用于功能食品和保健食品的开发生产，又可作为原料、添加剂或中间体，广泛应用于发酵、制药、食品、化妆品、饲料及植物营养剂等行业。由大豆活性肽开发研制的增强免疫力保健食品在我国已经屡见不鲜。

酪蛋白是主要的乳蛋白，富含生物活性序列，免疫调节肽以非活性形式隐藏于酪蛋白的氨基酸序列中，在适当条件下可以被释放出来，发挥其生物学活性。采用生物酶解工程技术对酪蛋白进行酶解，可大大降低活性肽的生产成本，使其工业化生产成为可能和现实。采用免疫学方法，通过体外和体内试验，对来源于食品级原料的酪蛋白水解肽进行免疫调节功能评估，充分证实了其免疫效果，为酪蛋白酶解产物在保健食品工业中的安全应用提供了科学依据。乳源性酪蛋白免疫调节肽是以我国资源丰富而利用程度相对较低的干酪素作为原料，采用来源广泛、成本较低的微生物蛋白酶酶解技术获得的生物活性肽，大大提高了干酪素的价值以及我国乳制品的科技含量，丰富了产品种类，是免疫调节型保健食品研制开发的新型功能性原料，具有巨大的社会效益和经济效益。

海洋生物活性肽是 21 世纪生物科技领域的研究热点。地球上的海产资源丰富，全世界每年捕获的鱼类和虾类超过 1 亿吨，其生产过程中有大量的下脚料如鱼头、骨、内脏、虾头等，这些下脚料中含有 15% 左右的优质蛋白质，且氨基酸模式接近 FAO/WHO 推荐模式。但是，这些下脚料的利用率很低，甚至直接被当作废物丢弃，不但浪费资源，而且影响环境。水产下脚料资源丰富、价格非常便宜，而生产出来的海洋生物活性肽价值很高，因此是保健食品研制开发的良好原料。充分合理利用这些下脚料，不但有利于环境保护，还可以造福社会，具有巨大的社会效益和经济效益。

目前，食源性生物活性肽的来源物种及地域分布范围都在逐渐扩大，基于其食源性的特点，具有无毒、低过敏性、高安全性等优点，作为功能性食品应用于保健与预防医学领域前景广阔。今后，免疫活性肽还可从以下几方面深入开展研究：①免疫活性肽的来源与功能多样性研究：越来越多的动物、植物及微生物源免疫活性肽被发掘并研究应用，随着蛋白质工程和酶工程技术迅速发展，不断有新的原料被发现，也可以利用现代生物信息学技术预测新的免疫活性肽。②制备免疫活性肽的关键技术研究：目前最具有发展前景的免疫活性肽制备技术是酶水解法，但如何对蛋白肽键进行靶向性酶解仍是蛋白质酶解制备活性肽最难解决的核心技术。靶向性水解为控制肽段长度和保护功能性序列，未来研究需进一步攻克特殊蛋白酶切位点的暴露与隐藏的技术难关。③免疫活性肽的构效关系研究：采用定量构效关系建模的方法，对肽的生理活性与结构间的关系进行研究，用数学模式表达多肽类似物的化学结构信息与特定的生物活性强度间的相互关系，为更好地利用与开发活性肽提供契机。

（谭乐、杨雪锋）

参考文献

1. Chalamaiah M, Yu W, Wu J. Immunomodulatory and anticancer protein hydrolysates (peptides) from food proteins: A review[J]. Food Chem, 2018, 245: 205-222.
2. Zaky AA, Simal-Gandara J, Eun JB, et al. Bioactivities, applications, safety, and health benefits of bioactive peptides from food and by-products: a review[J]. Front Nutr, 2022, 8: 815640.
3. Wen L, Huang L, Li Y, et al. New peptides with immunomodulatory activity identified from rice proteins through peptidomic and in silico analysis[J]. Food Chem, 2021, 364: 130357.
4. Agyei D, Danquah M K. Rethinking food-derived bioactive peptides for

antimicrobial and immunomodulatory activities[J]. Trends Food Sci Technol,2012,23(3):62-69.

5. 杨志艳,惠婷婷,李燕,等.海洋生物来源免疫调节活性肽的研究进展[J].食品与发酵工业,2022,48(08):289-295.

6. 杨胜杰,钟少达,崔玉梅,等.核桃肽免疫调节作用的研究[J].北方药学,2019,16(07):129-131.

7. 王睿晗,黄永震,王周利,等.食源性生物活性肽免疫调节功能的研究[J].基因组学与应用生物学,2019,38(01):148-152.

8. Chakrabarti S, Jahandideh F, Wu J. Food-derived bioactive peptides on inflammation and oxidative stress[J]. Biomed Res Int, 2014,2014:608979.

9. Mohanty DP, Mohapatra S, Misra S, et al. Milk derived bioactive peptides and their impact on human health - A review[J]. Saudi J Biol Sci,2016,23(5):577-583.

10. Chakrabarti S, Guha S, Majumder K. Food-derived bioactive peptides in human health: challenges and opportunities[J]. Nutrients,2018,10(11):1738.

第九节　肽与抗疲劳

疲劳是一种普遍存在的生理现象。一般情况下，疲劳是指生理功能不能维持在特定水平和（或）不能维持预定的运动强度，即运动性疲劳。随着现代社会的发展和生活节奏的加快，运动性疲劳已经成为困扰人们日常生活的普遍问题。剧烈运动不仅会导致周围肌肉能力的丧失，还会导致中枢神经系统功能的改变，也称为运动性"中枢疲劳"。疲劳也是普通人群中的常见症状。正常的疲劳通常发生在强烈体力劳动之后，往往是一种保护性信号，暗示身体需要休息。它可以通过休息或生活方式的改变而得到缓解。与正常疲劳相反，病理性疲劳不随休息而改善，它的强度更大、持续时间更长。疲劳的产生往往伴随能量物质、代谢产物、激素水平、细胞代谢调节酶和抗氧化系统酶类等的变化，实质上就是内环境平衡失去稳态引起机体不适感。然而，持续性或重度疲劳不仅会影响人们的正常生活，还会导致内分泌紊乱、免疫力下降，甚至出现器质性疾病，威胁身体健康。

食源性生物活性肽主要是蛋白质经酶、酸或碱的水解产物，以及直接从高含量活性肽的天然动植物组织中直接提取得到的。与蛋白质相比，它具有活性高、吸收全面、不耗能等特点，因此肽在生物医学应用中具有独特优势。本节将主要讨论食源性生物活性肽在抗疲劳方面的研究和应用。

一、疲劳与抗疲劳

（一）疲劳的分类

运动性疲劳根据其运动方式、产生部位、产生机制等的不同，可分为多种类型。根据疲劳产生部位的不同，一般可以分为中枢性疲劳和外周性疲劳。在持续运动过程中，参与控制大脑运动活动的神经递质如 5- 羟色胺（5-HT）、γ- 氨基丁酸、多巴胺、乙酰胆碱等的变化可能导致中枢性疲劳。当机体发生中枢性疲劳时，神经中枢系统的兴奋 – 抑制过程平衡将会被破坏，基底神经节功能调控不足，导致机体运动能力、学习能力下降以及情绪激动等。目前，中枢性疲劳的研究主要集中在与中枢性神经活动有关的氨基酸代谢，脑神经递质如 5-HT、多巴胺（dopamine，DA）和去甲肾上腺素（norepinephrine，NE）以及血氨的代谢与转运等。当糖原消耗、副产物积累或促炎细胞因子和活性氧自由基（reactive oxygen species，ROS）水平升高时，就会出现外周性疲劳。运动能力的下降也归因于中枢神经系统的改变。外周性疲劳主要发生在神经肌肉节点、突出传递点以及骨骼肌收缩舒张位置，从而引起肌肉最大收缩力以及收缩速度下降，导致运动员运动能力降低。外周性疲劳的研究重点主要集中在肌肉内部能源物质代谢与调节、肌肉细胞以及局部肌肉的血液内环境变化等方面。

（二）疲劳的发生机制

运动性疲劳是发生于多器官、多细胞和多分子水平上的一连串事件，是多种因素共同作用的结果。关于疲劳产生的机制尚无定论。目前有 6 种主要的学说，分别是能量耗竭学说、代谢产物堆积学说、氧自由基 - 脂质过氧化物学说、保护抑制学说、突变学说和内环境稳态失调学说，前 3 种学说受到较多认可，这三大机制之间存在共同的信号调控途径。

能量耗竭学说认为，三磷酸腺苷（adenosine triphosphate，ATP）是人类各项生命活动中的直接能源物质，此外还有碳水化合物、脂肪、蛋白质等营养物质间接供能。当能量供应充足时，肌肉组织工作正常；当能量物质供应短缺时，体内产生的能量不能维持运动需求，肌肉功能受损，不能完成预定工作强度，从而产生疲劳。运动强度和运动时间可以影响能源物质的消耗速率。在不同的运动强度下，机体对于能量物质的消耗顺序也各不相同，有针对性地补充能量能够缓解疲劳的产生。例如，短时间、大强度的运动，使体内 ATP 和磷酸肌酸等高能磷酸化合物水平下降是引起疲劳的主要因素。中低等强度、长时间的运动，使脂肪动员加强，产生大量的游离脂肪酸，而血浆游离脂肪酸的累积则促进游离色氨酸的增加，过多的色氨酸进入脑内引起 5- 羟色胺水平上升，从而抑制大脑工作能力，增加中枢性疲劳。

代谢产物堆积学说认为，相对于静息状态下，运动员在高强度运动时会消耗更多能源物质，同时也产生更多的代谢产物。如果这些代谢产物不能被及时清除，将会对正常的物质代谢造成影响，导致肌肉组织运动功能下降，产生运动性疲劳。乳酸、无机磷酸、H^+、酮体、NH_3 等是运动性疲劳产生的主要代谢产物。机体进行高强度或长时间运动时，体内供氧不足，发生糖酵解，产生大量乳酸。乳酸解离产生 H^+，降低内环境 pH 值，抑制磷酸化酶和磷酸果糖激酶活性，从而抑制乳酸能系统供能，造成 ATP 供应不足，产生疲劳感。脑细胞对血液酸碱度的变化非常敏感，血液 pH 值下降，可造成脑细胞工作能力下降。肌肉收缩还可产生 NH_4^+（AMP 经脱氨酶催化），当体内 ATP 被大量消耗时，体内氨含量增高，从而促进糖酵解反应，产生乳酸和 H^+，导致一些酶活性降低甚至失活。同时，血氨含量升高后可进入脑组织，对大脑细胞有神经毒性作用，可破坏谷氨酸和 γ- 氨基丁酸的平衡，导致中枢性疲劳产生。及时清除代谢产物，稳定体内乳酸和 NH_4^+ 含量对于缓解疲劳有重要意义。

自由基学说认为，当机体剧烈或长时间运动时，为了维持能量供应，氧化磷酸化反应增加，产生大量氧自由基，若氧自由基不能及时清除会氧化脂质。脂质是细胞膜、细胞器膜的重要组成部分，脂质的氧化会导致细胞和细胞器损伤。线粒体是产生氧自由基的主要场所，大量的氧自由基会破坏肌肉细胞内的线粒体膜，阻碍 ATP 合成，造成能量供应不足，产生疲劳。

（三）抗疲劳的作用机制

基于疲劳产生的各种原因，能发挥抗疲劳功效的物质必定能"针锋相对"。

1. 提高运动耐力

运动耐力的提高是抗疲劳效果的最直观反映。到目前为止，常用的抗疲劳动物实验方法是观察动物的运动耐力时间和肌肉或器官组织切片的变化。负重游泳试验被认为是观察抗疲劳作用最客观、最容易操作的模型，也是应用最广泛的模型。此外，在一些研究中也采用了如强迫运行试验、旋转杆试验、前肢握力试验或几种模型的组合来评估疲劳。

2. 影响能量代谢

能量维持着身体的各种生命活动。ATP、糖原和脂肪是机体重要的能量物质。具有显著抗疲劳作用的物质通常具有通过增加糖原储存或延迟糖原消耗或两者兼备改善糖原储存的能力。

（1）**增加糖原储备** 肝脏和肌肉糖原是维持运动期间糖酵解、氧化磷酸化和生理血糖水平的主要底物。一般来说，抗疲劳的天然物质可通过增加糖原储备发挥抗疲劳作用。AMP 依赖性蛋白激酶（AMPK）在维持葡萄糖稳态所必需的生物能量代谢调节中起着至关重要的作用。AMPK 触发产生 ATP 的分解代谢途径，同时抑制雷帕霉素靶蛋白（mTOR）介导的耗能合成代谢活动。过氧化物酶体增殖物激活受体 γ- 辅激活因子 1-alpha（PGC-1α）的活性被证明可影响葡萄糖代谢，并调节能量代谢相关基因如葡萄糖转运蛋白 4（GLUT4）和 PDK4 的表达，而 PGC-1α 可由 AMPK 激活。江蓠提取物（主要含有藻类多糖）具有显著的抗疲劳作用，这可能是其通过提高 AMPK 和 GLUT4 的基因和蛋白质表达水平实现。

（2）**促进脂质代谢** 一些物质通过促进脂肪 / 脂质代谢延迟糖原消耗。PGC-1α 通过靶向 UCP1、UCP2、CPT1、ACADM 和 CD36 调节脂质代谢。一般来说，ACADM 和 FAT/CD36 基因通过脂肪酸氧化促进 ATP 能量的产生。例

如，韩国槲寄生水提取物通过增加血浆游离脂肪酸水平和减少糖原消耗，显示出增强小鼠运动耐力的能力

（3）促进线粒体生物发生和修复线粒体功能障碍 线粒体是产能细胞器，以 ATP 的形式为细胞提供能量。因此，骨骼肌的线粒体含量和氧化磷酸化能力是肌肉耐力的重要决定因素。也就是说，线粒体功能障碍可能是低氧运动不耐受的主要机制。PGC-1α 是一种转录激活因子，可激活线粒体氧化代谢和生物发生。AMPK 和 SIRT1 分别通过磷酸化和去乙酰化直接调节 PGC-1α 的活性。因此，AMPK、Sirt1 和 PGC-1α 是线粒体生物发生的关键调节因子。PGC-1α 诱导核呼吸因子 NRF 转录，进一步刺激下游 TFAM 表达，并激活线粒体 DNA 复制、转录和线粒体蛋白协同表达。通过促进线粒体生物发生和修复线粒体功能障碍，可以表现出良好的抗疲劳作用。此外，过度运动会导致氧化应激，引起线粒体形态和功能的改变。目前已知一些天然药物通过增加 Na^+-K^+-ATP 酶和 $Ca^{2+}-Mg^{2+}-ATP$ 酶的活性增强线粒体功能，如西洋参。

（4）调节氨基酸代谢 当碳水化合物和脂质分解代谢产生的能量不足时，氨基酸可氧化脱氨供能。谷氨酰胺是一种重要的氨基酸，可为肌肉提供能量。调节氨基酸代谢可能是一些物质发挥抗疲劳作用的主要途径。

3. 减少代谢物的积累

血乳酸（blood lactic acid，BLA）和血尿素氮（blood urine nitrogen，BUN）是身体疲劳的重要指标。在运动期间，BLA 的过度积累和 H^+ 水平的增加会导致酸中毒，酸中毒可干扰 ATP、非氧化性 ATP 的产生以及离子的跨膜转运、糖原分解和人类骨骼肌的兴奋性收缩耦联。乳酸脱氢酶（lactate dehydrogenase，LDH）活性的增加有助于在无氧条件下产生足够的 ATP 参与运动供能，并加速乳酸的去除。因此，LDH 活性是身体疲劳的间接指标。

尿素氮是人体蛋白质代谢的最终产物。氨基酸代谢产生的氨会降低耐力并导致疲劳。氨代谢有两种方式，一种是通过肝脏尿素循环（氨酰磷酸合酶、精氨酸琥珀酸合酶、精氨酸合酶）合成尿素，最终形成尿素氮（BUN）；另一种是通过谷氨酰胺合酶（谷氨酸脱氢酶、谷氨酰胺合酶）合成谷氨酰胺。随着运动强度的增加，BUN 的积累增加。已有动物试验证明，清除 BLA 和 BUN 的积累，能提高大鼠的游泳能力。

肌酸激酶（CK）、丙氨酸转氨酶（ALT）和天冬氨酸转氨酶（AST）是组织损伤的重要标志物，也是力竭运动的特征性反应。在剧烈运动至疲劳的过程中，还会产生丙二醛（MDA）等代谢产物损伤肌肉，导致肌肉细胞溶解，CK 渗透到血液中。因此，血液中 CK 的增加表明肌肉损伤已经或正在发生。此外，剧烈的体力活动能降低肝糖原水平，造成肝功能障碍。ALT 和 AST 的升高是肝细胞受损的指征。

4. 抗氧化

在运动过程中，会产生许多自由基，称为活性氧（ROS）。容易对骨骼肌

和肝线粒体造成脂质过氧化损伤。酶抗氧化系统的防御机制包括超氧化物歧化酶（SOD）、谷胱甘肽过氧化物酶（GSH-Px）和过氧化氢酶（CAT）清除肌肉细胞中的活性氧。当活性氧与抗氧化系统失去平衡时，活性氧的积累将引起氧化应激反应，并通过攻击大分子（如脂质、蛋白质和 DNA）和细胞器（形成脂质过氧化产物，如 MDA）对身体造成损害。此外，研究发现烟酰胺腺嘌呤二核苷酸磷酸（NADPH）氧化酶的激活可导致活性氧水平升高。

大量研究表明，具有抗氧化活性的物质可以通过提高抗氧化防御系统的活性、清除活性氧、降低丙二醛含量、促进抗氧化系统与活性氧之间的平衡、抑制脂质过氧化、保护细胞膜免受氧化损伤消除疲劳。例如，人参由于其抗氧化特性，可用于对抗疲劳。此外，还发现肉桂能显著降低小鼠体内的 ROS 和 MDA 水平，提高血液、骨骼肌和肝脏中抗氧化酶 SOD 和 GSH-Px 的活性，从而延长小鼠的游泳时间。木瓜（甜）纳卡果超细粉是一种有效的抗疲劳剂，可降低 BLA、BUN 和 MDA 含量水平，提高抗氧化酶（SOD、CAT、GSH-Px）活性。

此外，作为一种能量感应因子，AMP 依赖性蛋白激酶（AMPK）不仅与新陈代谢相关，还维持氧化还原平衡。AMPK 通过抑制 NADPH 氧化酶衍生的 ROS 积累抵消氧化应激。

Nrf2 是一种新的细胞抗氧化调节剂，可控制一系列抗氧化反应元件依赖基因的基本表达和诱导表达。Nrf2/ARE 通路是治疗疲劳和其他与氧化应激相关疾病的重要靶点。通常 Nrf2 存在于细胞质中，并与 Kelch 样 ECH 相关蛋白 1（Keap1）结合。当细胞中发生氧化应激时，Nrf2 从 Keap1 分离，然后与 Ⅱ 期抗氧化酶基因（GST、HO-1）启动子中的 ARE 结合以控制其表达。简言之，Nrf2 是转录水平上细胞氧化的关键调节因子，控制 SOD、CAT、谷胱甘肽还原酶（GSR）和血红素加氧酶 -1（HO-1）的浓度。HO-1 是一种可诱导的限速酶，催化血红素降解为一氧化碳和胆绿素，胆绿素再通过胆绿素还原酶（一种强抗氧化剂）转化为胆红素。此外，HO-1 可以抑制促炎细胞因子的释放。

5. 抑制炎症反应

剧烈运动可导致促炎细胞因子如 TNF-α、IL-1β 和 IL-6 的过度释放，从而影响身体功能并导致疲劳。具有抗炎活性的物质可改善疲劳，如葡萄籽原花青素提取物，可显著抑制 TNF-α 和 IL-1β 的活性，并显著缓解运动性疲劳。此外，IL-10 是一种抗炎细胞因子，可负性调节 TNF-α、IL-1β 和 IL-6 的活性。此外，研究发现免疫转录因子核因子 κB（NF-κB）是促炎细胞因子释放的重要因子。海参肽的抗疲劳活性部分与其下调 NF-κB 的过度表达有关。

有研究表明，参芪扶正注射液不仅抑制促炎细胞因子的产生，还抑制耗竭 T 细胞的功能障碍，并通过靶点 PDL1、TIM3 和 FOXP3 提高抗肿瘤免疫，从而改善慢性疲劳综合征。

6. 干扰大脑神经递质的合成和释放

除了导致疲劳的外周因素（如糖原消耗和氧化应激损伤），疲劳的另一个重要原因来自大脑神经递质（DA、5-HT、NE），尤其是 5-HT。研究表明，高浓度的 5-HT 可导致中枢性疲劳。此外，5-HT 和 DA 之间的相互作用在运动性疲劳的发展中起调节作用，因此 5-HT/DA 比率被认为是反映中枢性疲劳更准确的指标。色氨酸羟化酶 -2（TPH2）是 5-HT 合成中的限速酶。5- 羟色胺能 1B 型（5-HT1B）抑制 5-HT 的局部合成和释放。这些都是抗疲劳物质发挥功效的可能靶点。

7. 其他抗疲劳机制

最近在小鼠模型中的证据表明，运动期间的身体和情绪压力与胃肠道微生物群组成的变化之间存在高度相关性。研究指出，服用 kefir 的小鼠可能通过改变肠道微生物群的组成改善生理疲劳，其游泳时间和前肢握力优于对照组。同样有研究发现，新琼脂三糖有可能通过调节肠道微生物组成的结构和功能来缓解剧烈运动引起的疲劳。

二、抗疲劳肽

（一）抗疲劳肽的概述

抗疲劳肽通常通过酶解或发酵产生。酶法水解具有成本低、反应条件温和、反应易于控制、安全性高等优点。在酶解过程中，酶将蛋白质中的肽键水解成分子量更小的多肽。但是，蛋白质水解往往会释放出不同氨基酸序列的多肽混合物，而具有较强抗疲劳活性的多肽往往只占水解产物的一小部分，因此通常需要进行纯化。基于此，具有已知氨基酸序列的抗疲劳短肽也可以通过化学合成来生产，这是另一种可行的生产肽的方法。例如，合成的二肽 Gly-Leu 和 Leu-Gly 被发现通过调节炎症和氧化反应具有显著的抗疲劳活性。

另一方面，关于抗疲劳肽中氨基酸成分的作用目前仍处在探索阶段。但已经提出了几种可能的机制。如支链氨基酸（包括亮氨酸、缬氨酸和异亮氨酸）已经被证明可以有效延缓运动时肌肉中的蛋白质分解代谢，并减少血液中乳酸堆积；谷氨酸已被发现在运动中具有有益作用，并对神经系统有积极的影响；天冬氨酸可以通过降低血乳酸浓度来增强运动能力，但具体的机制还未阐明，有必要对抗疲劳肽氨基酸组分与其生理功能之间的关系进行进一步研究。

（二）抗疲劳肽缓解疲劳的可能机制

研究发现，海参肽的抗疲劳作用可能与其促进能量代谢的正常化以及减轻氧化损伤和炎症反应有关；脾源肽 CMS001 在小鼠中具有抗疲劳作用，其机制可能涉及肌肉组织中 ROS 的减少；在一些研究中，人参蛋白和寡肽由于其抗氧化活性而被认为是潜在的抗疲劳物质。这些发现提示，不同来源的生物活性肽抗运动性疲劳的机制不同。

抗疲劳肽可通过增加糖原含量、抑制副产物积累、降低促炎细胞因子和 ROS 水平来缓解外周疲劳，并通过调节神经递质来改善中枢性疲劳而发挥抗疲劳作用。肽也可通过为机体提供能量、清除机体内代谢产物和自由基等途径发挥作用。当糖类代谢无法满足机体所需能量时，相较于蛋白质，多肽更易吸收利用，产生能量。机体在长时间或高强度运动时会产生乳酸、血尿素氮、血氨等代谢物质。抗疲劳肽能有效清除这些代谢产物，从而达到缓解疲劳的作用。此外，抗疲劳肽可以清除机体内自由基，抑制脂质氧化，降低骨骼肌线粒体肿胀膨胀度和线粒体膜通透性，防止细胞发生结构损伤和功能障碍，提高肝糖原、过氧化物歧化酶、乳酸脱氢酶含量等，从而产生缓解疲劳的作用。总结起来，生物活性肽的抗疲劳作用可能基于以下几个方面的机制。

1. 参与和调节能量代谢

过度运动导致糖原消耗和代谢产物堆积，引起身体疲劳。摄入抗疲劳肽后糖原含量会增加。这种机制下，抗疲劳肽在胃肠道中可分解为生糖的氨基酸。此外，能量供应不足会导致谷氨酸氧化脱氨加速，而抗疲劳肽中谷氨酸含量较高。血乳酸（BLA）堆积是引起肌肉疲劳的另一个重要因素。由于剧烈运动可能导致机体处于缺氧状态，丙酮酸在糖酵解途径中被还原为乳酸，导致 BLA 升高。然后 BLA 含量的增加会降低组织 pH 值，破坏酸碱平衡，影响代谢，导致运动能力下降、肌肉收缩。有研究报道，小鼠 / 大鼠负重游泳后 BLA 含量显著增加，而抗疲劳肽则可缓解这一趋势。这说明抗疲劳肽能够抑制 BLA 堆积。

运动过程中，蛋白质和氨基酸的分解代谢也会导致血尿素氮（BUN）含量的增加。大量研究表明，抗疲劳肽可降低运动后小鼠 / 大鼠血尿素氮的积累。同时，剧烈运动时能量供应不足会导致细胞膜通透性增加甚至解体。肌细胞中的肌酸激酶（CK）被释放到血液中，导致血清中 CK 含量增加。研究指出，运动后给予抗疲劳肽的动物血 CK 含量显著低于未给予抗疲劳肽的动物，说明抗疲劳肽可以降低 CK 水平。此外，最近的研究表明，带鱼抗疲劳肽通过提高肝脏和肌肉中的糖原水平，降低血液中 BLA、BUN 和 CK 水平来缓解运动性疲劳。总之，增加糖原的产生和代谢产物的消除，从而调节能量代谢可能是抗疲劳肽缓解运动性疲劳的潜在机制。

2. 抑制炎症反应

疲劳通常被认为是一种与异常炎症反应相关的身体状况，其特征是促炎细胞因子水平增加，包括白细胞介素 -1β（IL-1β）、白细胞介素 -6（IL-6）、肿瘤坏死因子 -α（TNF-α）和急性期阳性蛋白如 C 反应蛋白（CRP）和弹性蛋白酶等。研究发现，使用抗疲劳肽可以缓解疲劳相关的促炎细胞因子的增加。此外，摄入抗疲劳肽可以上调一系列抗炎细胞因子，包括白

细胞介素 –2（IL-2）、白细胞介素 –10（IL-10）、白细胞介素 –35（IL-35）、白细胞介素 –37（IL-37）和转化生长因子 –β（TGF-β）等。有学者通过细胞研究探讨发酵的猪胎盘二肽的抗疲劳作用，发现甘氨酸 – 亮氨酸或亮氨酸 – 甘氨酸 –OH 多肽可以抑制 LPS 刺激的 RAW264.7 细胞中 TNF-α、IL-1β 和 IL-6 的产生。这些研究结果表明，抗疲劳肽的抗疲劳作用与其减轻炎症反应有关。

进一步的研究表明，对慢性炎症的主要信号通路活化 B 细胞核因子 κ- 轻链增强子（NF-κB）和丝裂原活化蛋白激酶（MAPK）通路的抑制作用，可能与抗疲劳肽减轻炎症反应的分子机制有关。有研究发现，大鼠摄入从海参中分离的抗疲劳肽后，NF-κB 活化和促炎细胞因子（TNF-α、IL-1β 和 IL-6）表达降低，在负重游泳后大鼠腓肠肌中抗炎细胞因子 IL-10 增加。与之类似，另有学者报道，贝类水解物的调节作用归因于通过阻断 NF-κB 和 MAPK 信号通路抑制炎症基因表达。还有学者证明，肽可以通过调节、参与抗炎作用的信号通路来影响促炎细胞因子和抗炎细胞因子的表达。这些研究表明，抗疲劳肽可能通过阻断 NF-κB 和 MAPK 信号通路来抑制炎症，从而发挥其抗疲劳作用。

3. 抗氧化

细胞呼吸过程中会产生活性氧（ROS），包括羟基自由基（•OH）、超氧阴离子（O_2^-）、过氧化氢（H_2O_2）和一氧化氮（NO）。运动中这些内源性 ROS 的产生主要发生在线粒体。因此，在强烈的肌肉收缩过程中，ROS 的浓度明显增加，从而导致肌肉难以维持张力。超氧化物歧化酶（SOD）、过氧化氢酶（CAT）和谷胱甘肽过氧化物酶（GSH-Px）是内源性的抗氧化酶，在保护细胞抗氧化方面发挥重要作用。研究发现，抗疲劳肽灌胃后，小鼠或大鼠的抗氧化酶（SOD、CAT 和 GSH-Px）的含量明显高于对照组。此外，体外实验表明，抗疲劳肽具有良好的清除自由基能力，说明抗氧化活性可能与抗疲劳肽的抗疲劳活性密切相关。此外，具有抗氧化特性的氨基酸可能在这种机制中发挥重要作用。例如，芳香族氨基酸（酪氨酸、苯丙氨酸和色氨酸等）可以向自由基提供质子，从而使富含芳香族氨基酸的肽具有抗氧化能力；疏水性氨基酸（如 N 端缬氨酸或亮氨酸，以及序列中的脯氨酸、组氨酸或酪氨酸）的存在已被证明可以增强多肽的抗氧化活性。这两种类型的氨基酸经常出现在抗疲劳肽中，清除自由基是发挥其抗疲劳作用的机制之一。

4. 调节神经递质

目前已经建立了许多关于运动性疲劳和神经递质之间关系的假设。但是确切的调控机制尚不清楚。目前，普遍得到认同的是运动引起的 5-HT、DA 和 NE 水平的变化是导致长期运动时产生疲劳感的重要因素。

针对抗疲劳肽的研究还表明，抗疲劳肽可能会引起运动时神经递质的变化。如已发现长期摄入富含谷氨酰胺的小麦肽可改善中枢神经系统的血清素能和胆碱能系统。总的来说，这些研究表明抗疲劳肽可以通过对中枢神经系统发挥调节作用来延缓疲劳。也有动物实验发现，如口服亮氨酸 - 甘氨酸和甘氨酸 - 亮氨酸的小鼠会增加 DA 水平，这可能会改善动物的耐力运动表现。

此外，游离脂肪酸（FFA），也称为未酯化脂肪酸，由于运动过程中脂肪代谢加速而增加。它们与色氨酸竞争白蛋白的结合位点。当游离色氨酸浓度增加时，通过血脑屏障进入大脑的色氨酸含量增加，最终 5-HT 的合成增加，而高浓度的 5-HT 可导致中枢性疲劳。此外，5-HT 和 DA 之间的相互作用在运动性疲劳的发生过程中起调节作用，因此 5-HT/DA 比值被认为是中枢性疲劳更为准确的指标。也有研究表明，抗疲劳肽可能会影响循环 FFA 的水平，这可能会通过上述机制进一步调节 5-HT 的合成，从而发挥抗疲劳作用。

（杨雪锋）

参考文献

1. 陈慧，马璇，曹丽行，等. 运动疲劳机制及食源性抗疲劳活性成分研究进展 [J]. 食品科学，2020,41(11):247-258.

2. 赵静. 运动疲劳机制及食源性抗疲劳活性成分研究进展 [J]. 食品安全质量检测学报，2021,12(09):3565-3571.

3. Luo C, Xu X, Wei X, et al. Natural medicines for the treatment of fatigue: Bioactive components, pharmacology, and mechanisms[J]. Pharmacol Res,2019, 148:104409.

4. Oe M, Sakamoto H, Nishiyama H, et al. Egg white hydrolyzate reduces mental fatigue: randomized, double-blind, controlled study[J]. BMC Res Notes, 2020,13(1):443.

5. Wang P, Wang D, Hu J, et al. Natural bioactive peptides to beat exercise-induced fatigue: A review[J]. Food Bioscience,2021,43:101298.

6. 李福荣，赵爽，张秋，等. 食源性生物活性肽的功能及其在食品中的应用 [J]. 食品研究与开发，2020,41(20):210-217.

7. 陈慧，马璇，曹丽行，等. 运动疲劳机制及食源性抗疲劳活性成分研究进展 [J]. 食品科学，2020,41(11):247-258.

8. 吴良文，陈宁. 运动性疲劳的机制与大豆多肽对其调控的研究进展 [J]. 食品科学，2019,40(17):302-308.

9. 张颖，廖森泰，王思远，等. 动物源性抗疲劳肽研究与功能食品开发进展 [J]. 农产品加工，2017(13):67-71.

10. 代朋乙，黄昌林. 运动性疲劳研究进展 [J]. 解放军医学杂志，2016,41(11):955-964.

11. 娄文娟. 酶解猪皮明胶制备抗疲劳肽及其功效研究 [D]. 西安：陕西科技大学，2015.

12. 陈星星，胡晓，李来好，等. 抗疲劳肽的研究进展 [J]. 食品工业科技，2015,36(04):365-369.

13. Pan D, Guo Y, Jiang X. Anti-fatigue and antioxidative activities of peptides isolated from milk proteins[J]. J Food Biochem ,2011,35(4): 1130-1144.

第十节　肽与抗衰老

衰老又称老化，是人类生命过程中的正常生理过程。几乎所有多细胞生物都不可避免衰老。伴随衰老进程，机体组织结构发生退化，正常生理功能逐渐下降或丧失，各系统出现失稳态，同时患衰老相关疾病（如动脉粥样硬化、高血压、心血管疾病、癌症、阿尔茨海默病等）的风险逐渐增加。随着生活水平和医疗水平的不断提高，当代人类的平均寿命大大延长。根据中国老龄人协会统计数据，预计到 2050 年，我国 60 周岁以上老年人人口将占全国总人口的34.9%，约达 4.87 亿人次。伴随老龄人口的增加，衰老相关慢性疾病的发病率也在逐年攀升，不仅严重威胁老年人的生命健康，也带来了沉重的社会、医疗和经济负担。

食源性生物活性肽的抗衰老作用近年来备受国内外学者关注，多肽的生物学特性和来源的广泛性使其成为功能性食品开发的重要原料。本节主要对食源性肽抗衰老的作用及机制进行总结，为食源性生物活性肽的开发利用提供依据。

一、衰老的特点和机制

（一）衰老的生理表现和特点

衰老常伴随一系列生物标志的改变，如基因组不稳定、端粒消耗、表观遗传学改变、蛋白质稳态丧失、营养感应（nutrient sensing）失调、线粒体功能紊乱、细胞衰老、干细胞衰竭和细胞间通讯改变等。

衰老引起的生理表现复杂多样，主要可概括为 3 方面：①形态变化，主要有细胞数量减少、萎缩；②生理功能退化，如物质储备能力减弱、免疫能力下降、消化系统功能和脑功能减退等；③感觉器官功能衰弱，如视力下降、听力减退、反应迟缓等，人体出现驼背、白发、老年斑、皱纹等。

总结起来，衰老具有 6 大特性。①普遍性：即一切生物体都会发生衰老；②内在性：衰老过程是生物体内自发的必然过程，不可避免；③进行性：衰老是随时间迁移而不断发展的过程；④有害性：衰老会减弱生物体的生理功能，增加患病率；⑤个体差异性：同一种类的生物中，衰老进程在不同个体间存在差异；⑥可干预性：衰老的进程虽然不可避免，但外界条件可以加速或延缓衰老进程。生命过程中的衰老可分为生理性衰老和病理性衰老，前者是不可避免的自然规律，而后者是可以预防和推迟的。

（二）衰老理论及其分子机制

关于衰老的机制存在很多理论，但目前尚没有一种理论能够充分解释衰老的过程。人类衰老的现代生物学理论目前分为程序性衰老理论（programmed theories）和衰老的损伤与错误理论（damage or error theories）两大类。

1. 衰老理论

（1）程序性衰老理论 程序性衰老理论主张衰老遵循一个生物时间表，与机体维持、修复和防御反应有关系统的基因表达变化调控着这一时间表。衰老的程序理论可分为：①程序化寿命（programmed longevity）理论，认为衰老是某些基因连续开关的结果，其被定义为与年龄相关的缺陷出现的时间；②内分泌理论（endocrine theory），认为生物钟通过激素控制衰老进程的速度，许多研究证实，进化上保守的胰岛素／胰岛素样生长因子－1 信号通路 [insulin/IGF–1 signaling（IIS）pathway] 在衰老的激素调节中起关键作用；③免疫理论（Immunological Theory），基于免疫系统的功能在青春期达到顶峰，而后随着年龄的增长而逐渐下降，该理论主张随年龄衰退的免疫系统增加了感染性疾病的易感性，从而导致衰老和死亡。

（2）衰老的损伤与错误理论 损伤与错误理论强调环境因素对生物体造成的损伤，从而导致损伤在不同水平的累积，最终表现为衰老。损伤与错误的范畴包括：①磨损理论（wear and tear theory），认为衰老源于细胞和组织关键组分随时间的损耗；②生命速率理论（rate of living theory），认为生物体的有氧代谢率（rate of oxygen basal metabolism）越高，其寿命越短；③交联理论（cross-linking theory），认为交联蛋白的积累会损害细胞和组织，减缓身体过程，导致衰老，有研究表明蛋白质的交联作用与蛋白质随年龄的改变有关；④自由基理论（free radicals theory），提出过氧化物和其他自由基对细胞的大分子成分造成损害，导致细胞损伤累积，最终导致器官功能衰退或丧失；⑤体细胞 DNA 损伤理论（somatic DNA damage theory），使用机体细胞遗传完整性损伤解释衰老，即由于 DNA 损伤在活的体细胞中持续发生，DNA 聚合酶和其他修复机制无法跟上损伤发生的速度，基因突变随着年龄的增长而发生和积累，导致细胞退化和功能衰竭，尤其是线粒体 DNA 的损伤，可能导致线粒体功能紊乱。

2. 衰老的分子机制

（1）胰岛素／胰岛素样生长因子－1 信号通路 在生物体发育和衰老领域，胰岛素／胰岛素样生长因子－1 信号通路的研究最多，也被认为是衰老相关最重要的信号通路。最初的研究发现，模式动物中胰岛素／胰岛素样生长因子（Insulin–like growth factor 1，IGF–1）信号通路与寿命存在较强关联。DAF–2 受体（对应哺乳动物的胰岛素 /IGF–1 受体）发生变异的线虫寿命可达野生型寿命的 2 倍。后续研究中陆续发现下游转录因子 DAF–16（对应哺乳动物的 FOXO）及信号通路更下游的抗氧化、脂肪堆积等效应。胰岛素 /IGF–1 信号通路在不同物种间高度保守，在酵母、蠕虫、果蝇及哺乳动物中都存在类似的信号通路，且都与生物长寿有关。基因分析研究中，常将 IGF–1 受体或 FOXO 转录因子的突变与长寿和更长的健康生命时间联系起来。

在针对人群的多个队列研究中发现，IGF-1 受体功能改变、胰岛素受体基因突变，以及通路中下游 AKT 和 FOXO3A 的突变都与长寿有关。

(2) AMP 活化蛋白激酶　AMP 活化蛋白激酶（AMP-activated protein kinase，AMPK）属于一个高度保守的真核蛋白家族，广泛存在于从酵母到人类的多种生物中。AMPK 在许多组织中表达，包括肝脏、大脑和骨骼肌。其功能与细胞能量稳态相关，主要在细胞能量较低时激活葡萄糖和脂肪酸的摄取和氧化。AMPK 是一种营养物和能量感受器。AMP/ATP 和 ADP/ATP 的比例变化可被 AMPK 感知，当细胞的 ATP 水平降低，或发生缺血、缺氧，进入葡萄糖剥夺、运动等消耗细胞 ATP 的状态时，AMPK 激活。除能量信号外，二甲双胍和一系列营养物质也可激活 AMPK。

实验证据表明，在哺乳动物的衰老骨骼肌组织中 AMPK 活性下降，而 AMPK 的过表达可通过磷酸化直接激活 DAF-16（对应哺乳动物 FOXO），延长线虫的寿命。AMPK 参与多个衰老相关信号通路。作为一个关键的下游分子，AMPK 可作用于 FOXO、mTOR 及 SIRT1 等多个信号通路，其后续效应包括自噬调控、氧化应激、DNA 修复、炎症等衰老相关事件。另外也有研究指出，胰岛素 /IGF-1 突变线虫的寿命延长效应需要 AMPK 参与，但尚不明确 AMPK 是如何参与胰岛素 /IGF-1 信号通路的。

(3) 雷帕霉素靶蛋白信号通路　雷帕霉素靶蛋白（target of rapamycin，TOR）是一种物种间高度保守的丝氨酸 / 苏氨酸蛋白激酶，在细胞中充当营养和能量信号的感受器。其在哺乳动物中的对应物质为哺乳动物雷帕霉素靶蛋白（mammalian target of rapamycin，mTOR），组成两种不同的蛋白质复合物，即 mTORC1 和 mTORC2。mTOR 通路是哺乳动物新陈代谢和生理活动的中心环节，在调节细胞的生长、分化、衰老、凋亡等过程中发挥重要作用。多个物种的衰老过程都涉及 mTOR 信号通路，mTOR 因而被认为可能是衰老的关键调节因素。

生长因子刺激或胞内高氨基酸水平可激活 mTOR；营养匮乏的机体状态可抑制 mTOR，常见的 mTOR 抑制剂是雷帕霉素及其衍生物，AMPK 的激活剂二甲双胍也可抑制 mTOR。mTOR 的表达受抑制后能延长多种生物体如果蝇、线虫、小鼠的寿命。部分抑制其下游靶点如 S6K 或蛋白质合成，也可延长酵母、蠕虫、苍蝇和小鼠的寿命。抑制 TOR 信号能够延长寿命的可能机制为：一方面，抑制 TOR 信号可以降低 mRNA 转录的能量消耗以减轻氧化应激的损伤和细胞代谢副产物的积累；另一方面，TOR 信号的下调可以增强随衰老不断降低的自噬能力以清除细胞内受损蛋白质和细胞器。

(4) Sirtuin　Sirtuins 是一个参与代谢调节的信号蛋白家族，在化学活性上具有单 ADP 核糖转移酶或脱酰酶活性，同样在诸多生物体中具有高度保守的结构，广泛参与调控基因表达、端粒酶活性、氧化应激响应、细胞增殖、分化、衰老和凋亡等生命活动。这类蛋白中的 sir2 最先在酵母中被发现，而在人体中 sirtuins 被分为 SIRT1 到 SIRT7，共 7 类。代谢通路中，SIRT1 位于 AMPK 下游，可被 AMPK 限能、白藜芦醇等激活，进而抑制其下游的 Bax、PPARγ、p35 通路和 NF-κB 通路，激活其下游的 FOXO 和 PGC-1α。

实验证据表明，大多数无脊椎动物模型生物经 Sirtuins 过表达后，寿命可得到不同程度的延长。其机制可能涉及：①通过 PPARγ 共激活因子 -1α 调节身体的能量代谢，抑制脂肪积累，增加胰岛 β 细胞的胰岛素分泌，从而增加应激抵抗力和延长寿命；② SIRT1 诱导 p53 脱乙酰化，随后降低其与顺式 DNA 成分的结合能力，从而防止其诱导 DNA 损伤和凋亡，抑制细胞增殖；③激活 FOXO，从而增加 SOD 等抗氧化酶的表达；④减轻端粒缩短，并促进 DNA 修复等。

(5) **端粒**　端粒（Telomere）是由蛋白质与 TTAGGG 重复序列组成的特殊非编码核苷酸序列，位于染色体末端。在大多数物种中，端粒防止 DNA 修复系统将 DNA 链末端误认为双链断裂部分，从而保护染色体 DNA 末端区域，防止其逐渐降解，确保线性染色体的完整性。正常体细胞的复制受到端粒缩短的限制，端粒随着每一轮细胞分裂而缩短，因而端粒的缩短被认为与机体衰老相关。

大多数生物利用端粒酶（Telomerase）来防止端粒的不断缩短。端粒酶是一种核蛋白，可以利用 RNA 模板进行端粒 DNA 的合成。在多细胞生物中，端粒酶仅在生殖细胞、某些类型的干细胞（如胚胎干细胞）和某些白细胞中发挥作用。通过体细胞核移植，端粒酶可以被重新激活，使端粒恢复到胚胎状态。

(6) **自由基**　自由基由有氧代谢产生，能够产生不同类型的活性氧物质，如单线态氧、超氧阴离子自由基、羟自由基、过氧化氢自由基、过氧化物自由基等。这些自由基中存在不受成对电子自旋阻遏约束的不成对电子，极易从稳定的基团上捕获一个电子以达到平衡，从而使被夺走电子的原子或分子成为新的自由基，继而引发一系列的自由基链式反应。正常情况下，生物体内活性氧和过氧化物的生成和清除过程之间处于动态平衡状态，但伴随衰老过程，机体对自由基的清除能力逐渐下降。

核酸、脂类、糖和蛋白质等大分子易受自由基攻击。核酸受自由基作用后，可能添加额外的碱基或糖基，同时可能从原本的核酸链上以单链或双链形式断裂脱落，并与其他分子产生交联。大量的实验证据表明，增加实验动物内源性抗氧化物质的生成或提供外源性抗氧化物质都可以获得更长的平均寿命。但近年也有研究指出，适当水平的活性氧作为信号分子，对维持线粒体的正常功能起重要作用。

二、食源性生物活性肽与抗衰老

研究发现，具有抗衰老活性的多肽主要有乳制品抗衰老肽、豆制品抗衰老肽、肌肽、谷胱甘肽、海洋生物活性肽等，但大都从多肽的抗氧化能力解释其抗衰老作用地,而基于前述衰老机制研究食源性肽抗衰老作用的文献较少。

(一) 食源性生物活性肽与胰岛素 / 胰岛素样生长因子 -1 信号通路

在胰岛素 /IGF-1 信号通路中,IGF-1 和 FOXO 因子的单独作用都可减少氧化应激、细胞凋亡、促炎症信号传导和内皮功能障碍,从而延长寿命。

关于食源性活性肽对胰岛素 / 胰岛素样生长因子 -1 信号通路的影响,通常是在肽的降血糖实验中进行报道的。在一项细胞实验中,发现紫菜中的 Pyropia yezoensis peptide(PYP15)可激活 IGF-1 受体和 Akt-mTORC1 信号通路,通过调节转录因子 FOXO1 和 FOXO3a 改善地塞米松对肌管细胞的萎缩效应。苦瓜蛋白中分离获得的一种生物活性肽能结合小鼠胰岛素受体,并刺激胰岛素 / IGF-1 信号通路中的丙酮酸脱氢酶激酶 PDK1 和 AKT,诱导葡萄糖转运蛋白 4 (GLUT4)的表达,改善糖尿病小鼠的葡萄糖细胞摄取和葡萄糖清除。豆类和大麻中的类似生物活性肽可抑制脂肪细胞脂质积累,并增加细胞和小鼠的葡萄糖摄取。丝肽(silk peptide)E5K6 中提取的 Gly-Glu-Tyr(GEY)和 Gly-Tyr-Gly(GYG)能提高小鼠的 GLUT4 表达,且 GYG 以剂量依赖性方式改善了 STZ 诱导的糖尿病小鼠糖耐量。另一项实验使用大豆肽 aglycin,通过灌胃给予高脂和链脲佐菌素诱导的糖尿病小鼠,发现大豆肽 aglycin 可提高磷酸化 IR、IRS1、AKT 的表达,提高膜上 GLUT4 蛋白的表达,恢复糖尿病小鼠的胰岛素信号转导。

以上实验虽未直接考察各种生物活性肽对模型细胞或动物寿命的直接作用,但都揭示了活性肽物质对胰岛素 /IGF-1 信号通路的干预作用,表现出抗衰老的潜力。

(二) 食源性生物活性肽与 AMPK 通路

提取自毛木耳(Auricularia polytricha)的 APP I 和 APP II 可通过激活脂联素途径,上调 AMPK、CPTl、ACOX1 和 PPARα 等控制游离脂肪酸(FFA)氧化的基因表达,增强脂质代谢,保护肝功能,促进抗氧化防御系统,减少脂质过氧化。蛋白核小球藻(Chlorella pyenoidose)中提取的 LLVVWPWTQR,也可调节 AMPK 信号途径来抑制 3T3-L1 脂肪细胞中的脂质积累和脂肪酸合成。针对大豆肽调节血糖作用的研究中,使用自发性糖尿病 Goto Kakizaki(GK)大鼠模型的喂养实验和细胞实验都证明,大豆肽提取物可激活 AMPK,从而增加细胞葡萄糖的摄取。

作为衰老相关的信号通路网络的关键组成部分,具备 AMPK 调节作用的生物活性肽的抗衰老作用值得进一步研究明确。

(三) 食源性生物活性肽与 mTOR 信号通路

一项关于肿瘤发生的研究中发现,鲍鱼(Haliotis discus hannai)中分离获得的活性肽 KVEPQDPSEW（AATP）可通过抑制人纤维肉瘤（HT1080）细胞中的 AKT-mTOR 信号通路发挥抗肿瘤作用。相似研究中，使用鲍鱼中的多肽 BABP 干预 HT1080 细胞，同样观察到了抑制 AKT-mTOR 信号通路的结果。这两种肽都能调节 mTOR，并抑制癌细胞过度增殖。在另一项针对前列腺癌 DU-145 细胞的研究中，发现寡肽 Anthopleura anjunae（YVPGP）也可通过调节 PI3K-AKT-mTOR 信号通路抑制癌细胞增殖。在细胞实验和癌细胞的动物种植实验中，该物质对磷酸化的 AKT、PI3K 和 mTOR 水平的降低作用存在剂量效应关系。

（四）食源性生物活性肽与 Sirtuins

一项研究棉籽粕蛋白水解物对武昌鱼（Megalobrama amblycephala）氨基酸代谢的动物实验发现，降低氨基酸代谢和生长性能，并通过抑制 mTOR 信号通路、激活 AMPK-SIRT1 通路而抑制 ATP 消耗。但食源性生物活性肽对 sirtuins 影响的研究较少，有待探索。

（五）食源性生物活性肽与端粒酶

体外实验证明，肌肽能够激活端粒酶，抑制端粒缩短，进而延缓衰老。同时还发现将多种天然产物如肌肽、维生素 D_3、绿茶提取物、甘氨酸等以一定的浓度及比例添加，能够起到协同及增强作用。

另外，运动中肌肉产生的虹膜素（irisin）能诱导正常体细胞的端粒延长。肽类物质 Lys-Glu、Glu-Asp-Arg 和 Ala-Glu-Asp-Gly 可通过对虹膜素的表观遗传学调控，实现端粒的延长。研究已经发现与上述肽类具有氨基酸序列的食源性肽，但其干预效果有待实验验证。

（六）食源性生物活性肽与抗氧化

衰老的自由基理论认为，自由基生成和清除的失衡是导致衰老的关键因素。因此，有理由认为食源性肽清除自由基的抗氧化作用有助于抵抗衰老。目前国内关于食源性生物活性肽抗衰老的研究大都建立在肽的抗氧化作用上。如实验表明，乳源性生物活性肽 Gln-Glu-Pro-Val 通过增强果蝇的抗氧化能力，可提高果蝇的平均和最长寿命；米糠经中性蛋白酶酶解获得的米糠抗氧化肽以及大豆短肽颗粒剂，都能通过提升 D- 半乳糖衰老模型小鼠的抗氧化水平，从而改善 D- 半乳糖注射导致的衰老体征。另外，肌肽（carnosine）作为一种内源性抗氧化肽，自然存在于机体内的多种组织，尤其在肌肉和脑组织中含量丰富。肌肽发现时间较早，相关研究也相对丰富。20 世纪 90 年代已有研究发现，肌肽可逆转人成纤维细胞的衰老状态。后续研究发现，肌肽可直接清除自由基及一些氧化产物，减少活性羰基物质，并减少线粒体功能损伤。动物实验也表明，肌肽干预可延长小鼠寿命。

（施纶巾、杨雪锋）

参考文献

1. JIN K. Modern Biological Theories of Aging [J]. Aging Dis,2010,1(2):72-4.

2. SUN X, CHEN W D, WANG Y D. DAF-16/FOXO Transcription Factor in Aging and Longevity [J]. Front Pharmacol,2017,8:548.

3. SALMINEN A, KAARNIRANTA K, KAUPPINEN A. Age-related changes in AMPK activation: Role for AMPK phosphatases and inhibitory phosphorylation by upstream signaling pathways [J]. Ageing Res Rev,2016,28:15-26.

4. RAJAPAKSE A G, YEPURI G, CARVAS J M, et al. Hyperactive S6K1 mediates oxidative stress and endothelial dysfunction in aging: inhibition by resveratrol [J]. PLoS One,2011,6(4):e19237.

5. HANSEN M, RUBINSZTEIN D C, WALKER D W. Autophagy as a promoter of longevity: insights from model organisms [J]. Nat Rev Mol Cell Biol,2018, 19(9):579-93.

6. SCHILLING M M, OESER J K, BOUSTEAD J N, et al. Gluconeogenesis: re-evaluating the FOXO1-PGC-1alpha connection [J]. Nature,2006,443(7111): E10-1.

7. LANZA R P, CIBELLI J B, BLACKWELL C, et al. Extension of cell life-span and telomere length in animals cloned from senescent somatic cells [J]. Science,2000,288(5466):665-9.

8. LEE M K, CHOI J W, CHOI Y H, et al. Protective Effect of Pyropia yezoensis Peptide on Dexamethasone-Induced Myotube Atrophy in C2C12 Myotubes [J]. Mar Drugs,2019,17(5):284.

9. ZHAO S, ZHANG S, ZHANG W, et al. First demonstration of protective effects of purified mushroom polysaccharide-peptides against fatty liver injury and the mechanisms involved [J]. Sci Rep,2019,9(1):13725.

10. GONG F, CHEN M F, ZHANG Y Y, et al. A Novel Peptide from Abalone (Haliotis discus hannai) to Suppress Metastasis and Vasculogenic Mimicry of Tumor Cells and Enhance Anti-Tumor Effect In Vitro [J]. Mar Drugs,2019,17(4): 244.

第五章 肽的应用

生物活性肽是一类对机体功能具有积极作用的特异性蛋白片段，是由天然氨基酸以不同组成和排列方式构成的从二肽到复杂的线性、环形等结构不同肽类的总称。其来源十分广泛，包括植物来源（如豆类、谷物类等）、动物来源（如牛奶及其制品、肉类及其制品、蛋类、海洋生物等）以及微生物来源（如真菌、食用菌类等）。生物活性肽具有多种人体代谢和生理调节功能，除基本营养价值外，还具有广泛的生理调节作用，如抗氧化、抗疲劳、降血压、抗菌等。

生物活性肽的研究对食源性蛋白质附加值的提升以及新型功能性食品的开发都具有重要意义。从 20 世纪 80 年代末起，在欧美和日本已经形成广泛的肽市场，产品主要有两个方面：一类是肽药品和试剂，目前世界上已有 100 多种肽药物上市，这类产品纯度高、价格贵；另一类是以活性肽为功能因子的低抗原保健食品和含肽普通食品。随着生物活性肽结构、功能研究及制备技术的逐步完善，肽食品已经形成产业，肽在食品、药品、化妆品及动物饲料等领域应用越来越广泛。

第一节 肽在食品中的应用

一、肽在普通食品中的应用

生物活性肽来源广，营养价值高，具有特殊的生理调节功能，在食品行业中具有广阔的应用前景。近年来，我国陆续制定了海洋鱼低聚肽粉、大豆肽粉、酪蛋白磷酸肽、胶原蛋白肽等的国家标准；以及玉米低聚肽、小麦低聚肽等的新食品原料标准。在普通食品的应用方面，肽的非营养性功能的应用也具备开发潜力，如抗氧化剂、呈香、促进发酵等。此外，脂质氧化和微生物的生长是食品腐败变质的重要原因，一些肽具有抗氧化和抗菌作用，可作为食品防腐剂和保鲜剂。

（一）肽增强食品香味呈现

每一种食物都有其特征味道，而食物口味的呈现即为其中各味道化合物之间的综合平衡表现。肽类因含有氨基和羧基两性基团而具有缓冲能力，能赋予食品细腻微妙的风味。肽类不仅可直接对基本味感产生贡献，还可以与其他风味物质（如谷氨酸钠、肌苷酸钠、鸟苷酸钠、琥珀酸钠、醋酸钠、酸味剂等）产生交互作用，明显提升或改变原有味感。根据这点，西方文献中又称之为风味增效剂。无论是传统的风味食品如酱油、酱类、黄酒、腐乳、奶酪、各种肉汤，还是现代调味品如蛋白质抽提物、酵母抽提物、骨素等，都含有一定量的肽，这些肽对食品风味、质构有显著的影响。1969 年 Kirimura 等发现非酿造方式制造的合成清酒（即调配的仿清酒）风味品评值仅为天然清酒的一半，而仅添加 0.03% 的 Val-Glu 或 Gly-Leu 就能显著提高其感官品评值。从部分小肽的呈味功能研究表明，肽在食品中的各种呈味是最基本、最传统的作用，不同的肽因肽链长度、氨基酸组成、排列结构不同而呈现出迥异的味感，且酸、甜、苦、咸、鲜 5 种基本味都能找到相应的肽类。

研究人员以鸡肉酶解物为基础，构建了 8 组模型反应体系，对鸡肉肽参与美拉德反应贡献肉味化合物进行了研究。结果发现，鸡肉肽在美拉德反应中主要贡献了大量吡嗪类物质，从而进一步贡献肉香气息。而相比于焦糖化反应，鸡肉肽 - 糖体系中的一些呋喃类如糠醛、呋喃甲醇、2- 丁酮、2，3- 丁二酮、1- 羟基 -2- 丙酮的含量却降低，从而提示反应中肽的参与可能促进了葡萄胺重排产物向脱水环化方向进行。进一步对添加游离氨基酸半胱氨酸的反应体系的研究表明，鸡肉肽可以大幅度促进含半胱氨酸体系中含硫气味活性化合物如 2-甲基噻吩、噻吩、3- 巯基噻吩、3- 甲硫基噻吩、3- 噻吩甲醛、5- 甲基 -2- 噻吩甲醛等的生成；而亮氨酸 - 鸡肉肽 - 糖体系中的吡嗪生成量大于亮氨酸 - 糖与肽 - 糖体系两者之和，这说明亮氨酸的添加对鸡肉肽 - 糖体系中吡嗪的生成具有促进作用。综合挥发性物质测定数据得出，以木糖为代表的还原糖，以亮氨酸为代表的游离氨基酸，以半胱氨酸为代表的含硫氨基酸对鸡肉肽参与美拉德反应生成肉香味物质都具有促进作用；而对不挥发物的定量分析表明，鸡肉酶解物中部分肽段可通过美拉德反应对食品的肉香气味形成具有重要贡献。

随着人们生活水平的提高和生活节奏的加快，饮食方式和观念的改变，以及现代食品工业的快速发展，调味品市场已由单一的鲜味型向复合型转变，传统的味精逐渐被复合调味料取代。据统计数字显示，目前我国复合调味品产量每年以超过 20% 的幅度增长，已成为食品制造业中增长最快的部分。呈味肽作为复合调味料的重要基料，符合天然、营养、安全的食品发展趋势，对于我国调味品及相关食品产业的发展，具有重要意义。

（二）肽促进酸奶发酵

发酵乳的发酵时间、黏度、风味、口感以及稳定性是衡量其生产效率及产品品质的关键要素。何倩等的研究结果表明，添加绿豆肽对酸奶的黏度影响不大。绿豆肽添加到发酵酸奶中可促进乳酸菌生长、发酵，并随浓度的增加而加强，具体表现为缩短到达发酵终点的时间（缩短发酵时长 45min），加快 pH 下降的速度和促进产酸。

周雪松研究了低聚糖、肽对发酵乳的发酵时间、黏度、风味、口感以及稳定性的影响。结果表明，肽的促发酵效果优于低聚糖，其中以酪蛋白水解肽最好；添加肽对发酵乳的黏度影响不大，对发酵乳的风味和稳定性影响不大，但肽能提高发酵乳的稠厚感。张业尼等的研究表明，滑菇肽在 0.5~4.0 g/L 的浓度范围内，对青春双歧杆菌的生长具有促进作用，发酵 12h 后活菌数最高可达 1.48×10^9 cfu/mL。滑菇肽的添加不仅可以提高产酸性能、缩短凝乳时间，还可以提高青春双歧杆菌的活力，增强其对酸性环境的耐受力，冷藏 28 天后活菌数仍维持在 80 % 以上。滑菇肽对青春双歧杆菌的促生长作用优于低聚果糖，这可能与肽作为蛋白质水解产物而不是纯寡聚糖类物质有关。从大量研究中可以看出，肽的促发酵效果主要表现在促进发酵微生物的生长，从而缩短发酵时长。

（三）肽可螯合属性在食品中的应用

目前针对肽的研究主要是在生物活性方面，如降血压、抑菌和抗氧化等，而对于肽与金属离子螯合物的研究很少，肽金属离子螯合物是一类新式的螯合物体系，同时也是一种新型的矿物质补充剂。相比于无机金属元素来说，它能直接以金属有机化合物的形式进入生物体内，利用肽在小肠内迅速消化吸收。有研究发现，肽金属离子螯合物有独特的螯合体制和转运机制，比氨基酸螯合金属元素更易于吸收，具有更广阔的发展空间。

1. 肽铁螯合物的应用

有研究发现，以大豆肽为原料制备肽铁螯合物时，随浓度的增加，其螯合物的抗氧化能力也增加，并且其抗氧化活性显著高于大豆肽。肽铁螯合物在抑菌方面也发挥了很大的作用。林慧敏等在研究鱼来源肽时发现其并没有抑菌性，但是与铁螯合之后的肽铁螯合物对一些不同细菌都有不同抑菌活性，其抗菌活性是由于能够竞争细菌生长过程中所需的铁元素。

2. 肽锌螯合物的应用

锌也是生长发育过程中必需的金属元素之一。市面上常见的补锌剂主要是硫酸锌，但是会对胃造成剧烈刺激，而从饮食中补充的锌元素容易与植酸形成不溶性络合物从而降低锌的生物利用度，因此肽锌螯合物成为补锌的一个最佳选择。

肽锌螯合物还有护肝等功效。谷草转氨酶在检测肝功能中起重要作用，肝脏坏死会促使血清中谷草转氨酶的酶活提高，而肽锌螯合物能明显使谷草转氨酶活性降低，从而达到护肝的功效。另外，肽锌螯合物在醒酒方面具有很好的功效，其可以增加血液中亮氨酸浓度，进而加强酒精代谢过程中的辅助因子烟酰胺腺嘌呤二核苷酸的含量，加快酒精代谢速率，从而发挥醒酒作用。

除此之外，肽锌螯合物还可以降低人体血糖。Sarah 等将肽锌螯合物＋胰岛素和胰岛素分别注入患糖尿病的小鼠体内，结果发现肽锌螯合物与胰岛素共同使用后降血糖能力较单独使用胰岛素增强。肽锌螯合物具有显著的抗氧化特性，能显著降低血清中丙二醛的含量，增强超氧化物歧化酶的活力，可作为一种良好的抗氧化剂使用。马利华研究的豆粕肽锌螯合物的体外抗氧化性可证明这点。

3. 肽钙螯合物的应用

钙在人类生长中有着不可替代的作用。对青年人来说，钙能够促进骨骼生长发育；对于老年人来说，钙可以防止骨质疏松。钙对细胞内的代谢、骨骼生长、凝血、神经传导、肌肉收缩和心脏功能都有重要作用。钙缺乏会出现佝偻病、骨质疏松、多汗等。常用的补钙产品主要有碳酸钙、有机酸钙等，但其吸收效果不好；而氨基酸钙螯合物虽然补钙效果较好，但是成本较高，而且长期服用氨基酸螯合钙可能会对人体某些代谢途径、生理功能产生负面影响。肽钙螯合物在模拟肠道消化过程中具有良好的生物稳定性，是吸收和输送钙元素的良好载体。在体外模拟肠道消化过程中，肽钙螯合物依赖于胃酸的酸化，缓慢释放钙离子（ Ca^{2+} ），相对于碳酸钙的快速释放，其能减少对胃的刺激，以整体形式被转运，同时提高 Ca^{2+} 的生物利用度。另外，肽钙螯合物还具有显著的抗氧化和抑菌功能。研究证实，没有通过乙醇沉淀的肽螯合钙的抗氧化性能相当于生育酚的94.43%，而通过80%乙醇沉淀的螯合物则具有一定的抗菌活性，可抑制枯草芽孢杆菌和金黄色葡萄球菌的生长。

4. 肽硒螯合物的应用

由于肽金属离子螯合物具有吸收速度快、抗氧化和无明显副作用等优点，所以可用来代替无机盐或有机酸盐作为一种新型的金属补充剂在食品中应用。杨文英等以大鼠为研究对象研究肽硒螯合物的抗氧化性，结果发现它可显著提高超氧化物歧化酶和过氧化物酶的活性，达到清除体内自由基的目的，因此可被用作一种有效的食品抗氧化剂。

肽矿物质螯合物的研究，有利于相关资源的开发与利用。例如，在利用鱼产品加工副产物鱼骨制备骨胶原肽时，在骨胶原肽溶液中加入钙源进行螯合反应，得到海洋骨胶原肽钙螯合物，其具有良好的补钙和增加骨密度作用。这样不仅可以有效开发利用鱼骨资源，提高其利用率及附加值，用于补钙类保健食品的制备，而且为相关功能食品开发利用奠定理论基础。

（四）肽在食品抗氧化中的应用

虽然合成抗氧化剂如丁基羟基茴香醚、没食子酸丙酯、丁基羟基甲苯和叔丁基氢醌等具有高效和价格低廉的优点，但是由于欧洲联盟（简称"欧盟"）等西方国家限制进口食品使用人工合成抗氧化剂，且合成抗氧化剂在传统消费观念中较少被选择，导致其在食品工业中的应用受到限制，所以人们将更多的注意力集中于天然抗氧化剂上。抗氧化肽是近年来被广泛研究的一类天然生物活性肽。有研究将绿豆肽添加到葵花籽油中，结果表明其可延缓葵花籽油和葵花籽油水乳状液的脂质氧化速度和程度。朱子昊以小球藻肽粉和新鲜苹果为主要原料，研制开发小球藻肽功能果汁饮料。以褐变值为指标，结果表明小球藻肽功能果汁饮料的抗氧化效果明显高于不加小球藻肽粉的果汁，具有良好的抗氧化性。

抗氧化肽的抗氧化活性与其分子质量大小、疏水性以及氨基酸组成和序列密切相关。分子质量较小的肽通常比分子质量大的肽具有更强的抗氧化活性。因为它们更易于与目标自由基相互作用，终止连锁反应，大多数抗氧化肽的分子质量为 500~1800Da。疏水性是影响肽的抗氧化活性的关键因素之一，色氨酸、脯氨酸、缬氨酸、苯丙氨酸、亮氨酸、丙氨酸和甲硫氨酸等疏水性氨基酸残基能够促进肽在脂质 - 水界面处的溶解，从而更好地发挥清除自由基的作用。特别是亮氨酸或缬氨酸位于 N 末端时，肽的抗氧化活性通常更强。芳香性氨基酸也对肽的抗氧化活性具有重要影响，因为 Trp、Phe 和 Tyr 残基中的芳香族基团可以通过提供氢质子来清除自由基。另外，资料表明，酸性或碱性氨基酸如天冬氨酸、谷氨酸、精氨酸和组氨酸等对肽的抗氧化活性具有重要作用，这些氨基酸残基所带的电荷直接决定了肽对金属离子（如 Fe^{2+} 和 Cu^{2+}）的螯合能力。总之，较低的分子质量、特定氨基酸残基的疏水性、供氢体作用以及螯合金属离子作用可能是抗氧化肽具有较强抗氧化活性的重要原因。

抗氧化肽作为一种天然抗氧化剂，其结构相对简单、易吸收、稳定性好、无免疫反应性，不仅具有较强的抗氧化活性，还具有降血压和抗癌等其他保健功效，越来越受到人们的关注。

（五）其他方面的应用

有些肽可用作食品添加剂，改善食品口感、抑菌、保护颜色和增加产品稳定性等。胶原蛋白肽在食品添加剂中主要应用于改善食品的口感，增强营养，延长保质期和保持颜色。香肠中添加胶原蛋白可以增强香肠的保水性，使香肠的质地更加柔软、口感更加美味；牛奶中添加胶原蛋白肽可以抵抗乳清析出，增加免疫力，增加乳品的保健功能；酒水、饮料中添加胶原蛋白肽可以去除悬浮物；面包中加入胶原蛋白肽可延长面包的老化时间，增加淀粉熟化程度，使面包质地蓬松柔软，增加口感；肉制品中加入肽可以增色，提高肉的嫩度，增加价值等。

另外，豌豆肽因其出色的特性可用于面制品、糕点制品和肉制品等。如豌豆肽具有相当高的保水性、吸油性以及良好的凝胶形成性，可用于火腿肠等肉制品中；作为优良的添加剂，豌豆肽具有一定的发泡性和泡沫稳定性，可部分代替蛋类添加到糕点制品中；豌豆肽具有非常好的乳化性和乳化稳定性，可用作各类食品的乳化剂，其能迅速乳化脂肪，调制乳化性好的香肠，制得的香肠十分可口且营养价值高；豌豆肽用于饼干中可增强香味，强化蛋白质，并可开发成不同功能的保健食品；豌豆肽还可以用于面类制品，如面中加豌豆肽可提高面条的营养价值、强度和筋力，改善面类食品的外观及口感。此外，豌豆肽的 pH 值呈中性，没有苦味，价格较低廉，与乳蛋白质共同添加，不仅营养合理，而且成本也容易接受，有望拓展其功能属性应用在医用食品和育儿调制奶粉方面。

二、肽在特殊食品中的应用

依照《中华人民共和国食品安全法》第七十四条规定，国家对保健食品、特殊医学用途配方食品和婴幼儿配方食品等特殊食品实行严格监督管理。也就是说，特殊食品包括保健食品、特殊医学用途配方食品（简称"特医食品"）和婴幼儿配方食品等。保健食品，是指声称并具有特定保健功能或者以补充维生素、矿物质为目的的食品，即适用于特定人群食用，具有调节机体功能，不以治疗疾病为目的，并且对人体不产生任何急性、亚急性或慢性危害的食品。特殊医学用途配方食品，是指为了满足进食受限、消化吸收障碍、代谢紊乱或特定疾病状态人群对营养素或膳食的特殊需要，专门加工配制而成的配方食品。特殊膳食食品是一类为满足特殊的身体或生理状况和（或）满足疾病、紊乱等状态下的特殊膳食需求，专门加工或配方的食品。婴幼儿配方食品包括婴儿配方食品、较大婴儿和幼儿配方食品。

（一）肽在保健食品中的应用

由于功能肽具有低抗原性和生物活性，并且可以被人体吸收而不会造成损害，所以被广泛应用于保健食品中。其主要用于生产具有降血压、抗氧化、降血糖和免疫调节等功能的保健食品。

1. 肽在降血压类保健食品中的应用

食源性降血压肽引起越来越多人的关注，已有大量研究证明食源性肽对ACE活性的抑制作用。目前，研究者已从乳蛋白、鸡蛋蛋白、植物蛋白、明胶、发酵制品、鱼内脏蛋白、海洋生物等食物资源中分离出多种ACE抑制肽，并通过动物实验和临床实验，证实了其明显的降血压作用。表5-1中列举出了不同来源的ACE抑制肽的降压效果。

表5-1　不同来源的ACE抑制肽的降压效果

序号	经鉴定的多肽序列	来源	有效用量	作用	试用主体
1	MAIPPKK	牛乳CMP经胰蛋白酶水解	10mg/kg	显著降低舒张压	SHR口服
2	RYLGY、AYFYPEL和YQKFPQY	胃蛋白酶水解酪蛋白	5mg/kg；IC_{50}分别为0.71μmol/L、6.58μmol/L、20.08μmol/L	显著降低收缩压	SHR口服
3	Arg-Tyr-Pro-Ser-Tyr-Gly和Asp-Glu-Arg-Phe	AS1.398neutralprotease分解酪蛋白	IC50分别为54μg/mL、21μg/mL	显著降低收缩压	SHR口服
4	800~900Da组分的ACE抑制肽	5种乳酸菌及蛋白酶Prozyme6发酵乳清蛋白	肽含量10mg/mL	8周后收缩压降低19.0mmHg	SHR口服

续表

序号	经鉴定的多肽序列	来源	有效用量	作用	试用主体
5	含有 ACE 抑制肽成分	4 种 Enterococcus faecalis 菌株发酵乳制品	5mL/kg;IC50 为 34~59μg/mL	有效降低收缩压和舒张压	SHR 口服
6	LHLPLP 和 LVYPFPGPIPNSLPQNIPP	发酵乳中鉴定出	2mg/kg	收缩压均明显降低,其中 LHLPLP 的作用更明显,收缩压最大降低 28.5mmHg (n=8)	SHR 口服
7	Tyr–Pro–Tyr–Tyr	乳发酵初期加入蛋白酶和风味蛋白酶,分离乳清蛋白	IC50 为 90.0 μmol/L,肽含量为 4.9mg/mL 的稀释乳清	8 周后,收缩压和舒张压分别降至 15.9mmHg 和 15.6mmHg	SHR 口服
8	卵激肽 (OA358-365) 和 30% 蛋黄液	卵清蛋白的胃蛋白酶酶解	500mg/kg	4h 后,收缩压降低 25mmHg	/
9	Tyr–Arg–Glu–Glu–Arg–Tyr–Pro–Ile–Leu、Arg–Ala–Asp–His–Pro–Phe–Leu 和 Ile–Val–Phe	蛋清的胃蛋白酶酶解	/	有效降低 SHR 的血压	/
10	Arg–Val–Pro–Ser–Leu	鸡蛋蛋清的酶解产物	IC50 为 20μmol/L	/	/
11	Thr–Asn–Gly–Ile–Ile–Arg	碱性蛋白酶酶解鸡蛋蛋清蛋白产物	ACE 的抑制活性的 IC50 为 70μmol/L	/	/
12	Leu-Gln-Pro、Ile-Gln-Pro、Leu-Arg-Pro、Val-Tyr、Ile-Tyr 和 Thr–Phe	麦麸自发分解可产生 ACE 抑制肽	/	/	/
13	Lys-Arg-Val-Ile-Gln-Try 和 Val-Lys-Ala-Gly-Phe	胃蛋白酶水解猪肌球蛋白	10mk/kg;IC50 分别为 6.1 μmol/L、20.3μmol/L	6h 后血管的收缩压明显降低	SHR 口服
14	Ala–Val–Phe	昆虫蛋白	5mg/kg	有效降低其血管的收缩压	SHR 口服
15	LKPNM	鲣鱼分离出的肽,以 Vasotensin 命名商业产品	8mg/kg	4h 后其收缩压降低了 10mmHg	SHR 口服

续表

序号	经鉴定的多肽序列	来源	有效用量	作用	试用主体
16	LKP		4.5mg/kg	2h 后其收缩压降低约10mmHg	SHR 口服
17	Ile-Gln-Pro(IQP)	从螺旋藻中分离	/	1 周后其 SBP 和 DBP 显著降低	SHR 口服
18	RLPSEFDLSAFLRA 和 RLSGQTIEVTSEYLFRH	平菇的子实体中分离出	600mg/kg; IC50 分别为 0.46mg/mL、1.14mg/mL	明显降血压效果	SHR 口服

Michelke 等研究发现，大米蛋白水解后得到的含色氨酸和酪氨酸的混合肽对 ACE 具有一定的抑制作用，甚至有可能用来预防高血压。Qian 等从转基因水稻中提取了多种降压肽，将该降压肽灌胃给患有高血压的大鼠，随后发现其收缩压明显降低，未来大米肽很有可能成为天然降压药的一种来源。

日本是对食源性降压肽研究较多的国家，已经有降压肽的商品上市，如芝麻多肽 KM-20 中添加芝麻多肽，SP100（血管管家）中添加沙丁鱼肽等。我国对降压肽的研究和应用也主要集中在食源性肽类中，如大米肽、大豆肽、安益乳多肽等。目前临床上的降压药物尽管有效但存在弊端，如降压过度、血管神经性水肿等，而通过蛋白酶水解获得的具有降血压活性的肽不仅可以对高血压患者起到降血压的作用，而且无明显副作用，适合患者长期适量服用。随着人们越来越注重摄食食物的营养和健康，降压肽类的保健食品可能将成为预防和缓解高血压的手段。

2. 肽在抗氧化类保健食品中的应用

人体细胞在代谢过程中会产生大量的活性氧（reactive oxygen species，ROS)，机体的抗氧化防御系统可以有效清除这些 ROS，即正常情况下，ROS 的产生和消除处于一种微妙的平衡状态。当 ROS 产生过多或机体抗氧化防御系统失效时，这种平衡会被打破，机体将处于氧化应激状态。由过量 ROS 引起的氧化应激会破坏细胞的氧化还原稳态，诱导细胞自噬，引发细胞凋亡，并引起不可逆的组织损伤。已经证实，氧化应激引起的损害可导致癌症、糖尿病、炎症、心血管疾病、哮喘以及阿尔茨海默病等多种慢性疾病。此外，ROS 在食品加工和贮存过程中也发挥着重要作用，如易导致食品酸败、异味、质地退化、营养价值降低等，进而给人们带来经济损失和健康风险。因此，抗氧化在减轻机体的氧化损伤以及预防食品的氧化变质方面具有非常重要的作用。

大多数蛋白来源的肽均有抗氧化作用，因此目前很多生物活性肽被运用到抗氧化类食品中。基于生物活性肽清除自由基的研究已经取得了一定的进展，无论是肌肽还是乳清蛋白肽等活性肽都发挥着重要作用。随着深入研究发现，海洋生物本身具有的蛋白物质在经过特定酶处理后可以产生抗氧化肽，如周宁国教授在研究中发现，海洋鱼皮胶原肽具有很高的抗氧化性，与维生素 E 的抗氧化性相差无几。李火云等的研究将大米肽添加到化妆品基质中，能够达到很好的抗皮肤衰老的功效。谷胱甘肽在机体中的抗氧化作用主要表现为清除体内自由基。谷胱甘肽主要的功能是保护红细胞免受外源性和内源性氧化剂的损害，除去氧化剂毒性。我国部分草药在处理后也能获得生物活性肽，如阿胶经过阿胶酶处理可以产生具有抗氧化活性的生物活性肽，人参等亦是如此。

保健食品数据库中抗氧化功能的保健食品应用的抗氧化肽以海洋鱼胶原肽为主，其次还有谷胱甘肽、大豆肽等。此外，大米肽用作抗氧化肽应用于保健食品中也将会是个很好的方向。目前对抗氧化肽的机制分析中，以研究氨基酸的种类和排列顺序对抗氧化活性的影响居多，二级和三级结构对活性的影响应该是未来研究抗氧化肽的重点和难点。

3. 肽在降血糖类保健食品中的应用

目前，糖尿病（diabetes mellitus，DM）已成为威胁人类健康的三大慢性疾病之一，全球患病人数超过 5.37 亿，据估计到 2030 年患病人数将达到 6.43 亿。其中 1 型糖尿病是由于胰岛 B 细胞受损造成胰岛素分泌量不足，患者需要不断注射胰岛素以防止酮症酸中毒。糖尿病中 90% 以上都属于 2 型糖尿病，其主要病理表现为胰岛素抵抗和由胰岛 B 细胞功能失调所致的胰岛素分泌相对不足，形成持久的高血糖，并可产生多种致命性并发症，给患者的身心带来极大痛苦的同时也给社会造成巨大的经济压力。

近年来，国内外学者不断地从天然动植物以及人体中分离出具有降血糖功能的肽类物质，并对其结构和作用机制进行研究，其中一些已经作为降糖药物或保健食品上市，为糖尿病的预防和治疗开辟了一条新路。苦瓜肽是研究较多的降血糖生物活性肽，又被称为植物胰岛素。研究表明，在苦瓜降糖肽中添加蛋白水解酶抑制剂之后，口服有降血糖作用。日本学者 Ando 等于 1980 年首次从人参中发现了一种 14 肽，具有抑制脂肪分解和治疗糖尿病的功效。王本样等通过动物实验进一步证明了该人参肽能明显降低血糖和肝糖原，但是对总血脂没有明显影响。近些年研究发现，灵芝肽也具有降血糖功效，而且能够抵抗羟基自由基活性、保护肝细胞，对实验性糖尿病具有较好的持续降血糖作用，并且还能抑制糖尿病所引起的体重降低。王军波等以深海鲑鱼为原料得到的海洋胶原肽，能明显降低高胰岛素血症模型大鼠的空腹胰岛素水平，而且对空腹血糖和口服葡萄糖耐量也有一定的改善作用，同时还可提高胰岛素的生物学活性。

目前，用于治疗糖尿病的药物主要有促进胰岛素分泌的磺脲类、格列奈、GLP-1 类似物，增加外周组织摄取和利用葡萄糖的双胍类，抑制小肠葡萄糖吸收的糖苷酶抑制剂，提高靶细胞对自身胰岛素的敏感性胰岛素增敏剂等。长期服用这些药物易产生耐药性、抗药性、肝肾损伤等副作用。而生物活性肽大部分来源于天然动植物，具有生物活性高、副作用少等优点，其不足为蛋白质及肽类容易被肠道内的胃蛋白酶、胰蛋白酶等降解而失去生物活性，因而难以实现口服长效。随着基因工程技术的发展，我们通过对生物活性肽的氨基酸序列及结构进行局部修饰，以延长其半衰期，降低免疫原性，抵抗蛋白酶的水解，增加肽类的应用性。

4. 肽在增强免疫类保健食品中的应用

免疫调节肽对先天性免疫和获得性免疫应答反应均具有免疫调节作用。免疫调节肽具有多种靶细胞，包括单核细胞、巨噬细胞、自然杀伤细胞、T 淋巴细胞和 B 淋巴细胞等。不同肽的免疫调节作用不一致，可能的免疫调节机制包括激活巨噬细胞及其吞噬功能，上调细胞因子、一氧化氮（NO）和免疫球蛋白等诱导免疫调节剂的分泌，增加白细胞数，刺激自然杀伤细胞以及脾细胞、CD8+ 细胞、CD4+ 细胞、CD116+ 细胞和 CD56+ 细胞，激活转录因子核因子 κB（nuclear factor κB，NF-κB）和有丝分裂原激活蛋白激酶（MAPK），从而提高机体对病原体的防御能力，诱导产生分泌型 IgA 细胞，增强肠道黏膜免疫以及抑制宿主细胞对细菌成分（如脂多糖）的促炎反应等途径。这些作用可能通过肽与免疫细胞表面受体的直接结合，从而激活细胞表面受体介导的相关信号通路。

增强免疫类食品是我国保健食品的主要组成部分，这些食品往往都是在功能性食品基础上，通过添加抗氧化、增强免疫力类物质生产而成的，或将本身具有增强免疫力的物质制作成食品。如目前食品市场上经常添加大豆活性肽，由于其具有增强人体细胞免疫的作用，且本身具有易吸收特点，所以被广泛应用到食品生产中；酪蛋白作为较为常见的一种乳蛋白，具有良好的生物活性，其经过微生物蛋白酶处理后将会形成乳源性酪蛋白免疫调节肽，在应用过程中，不仅可以提升产品种类，而且可以提高乳制品的生产水平，在免疫性保健食品的开发中具有重要作用；大米蛋白经过酶解后获得的大米生物活性肽已被国家批准为具有调节免疫力的功能食品。

具有免疫调节功能的活性肽包括肽以及一些蛋白酶水解的混合肽，这些免疫活性肽在动物或细胞实验中显示出显著的免疫调控效果。目前保健食品数据库中应用较多的免疫调节肽有白蛋白肽、酪蛋白钙肽、酪蛋白磷酸肽、云芝糖肽、大豆肽等，这些肽类原料在产品中主要起增强产品免疫调节功能的作用。相信未来免疫活性肽的研究将会更加广泛，越来越多的动植物及微生物源的免疫活性肽会被发掘。

（二）肽在特殊医学用途食品中的应用

特殊医学用途配方食品（foods for special medical purpose，FSMP；以下

简称"特医食品"），介于普通食品与药品之间，不具备针对某种疾病的治疗效果，但能改善患者们的营养状况，为有特殊生理和营养需求的患者提供专门的营养支持。据统计，在 21 世纪，全球超过 86% 以上的康复中心和社区的住院患者或老年人面临营养不良的风险或问题。2013 年颁布的《食品安全国家标准 特殊医学用途配方食品通则》（以下简称《通则》）中规定，一种或多种氨基酸、蛋白质水解物、肽类或优质的整蛋白均可作为蛋白质来源，这为生物活性肽的应用提供了大前提。

对处于疾病状态下的人们来说，日常膳食已经满足不了生理及疾病康复对营养的需求，因此需要特医食品作为一种营养补充途径，为特殊人群提供能量和营养支持。与普通膳食相比，特医食品具有更高的能量密度、更合理的营养配比、更全面均衡的营养素，能显著提高患者的整体健康水平，为疾病的治疗和健康恢复提供良好的基础。随着特医食品的出现，人们发现用 FSMP 对临床患者进行早期营养支持（术前和术后），可以显著提高临床治疗效果，促进患者健康恢复，因而特医食品受到越来越多的关注。

肽类可作为优质蛋白的来源，应用于全营养配方食品以及特定全营养配方食品中。其常被作为蛋白质来源添加到消化功能不佳、具有吞咽障碍等患者使用的特医食品中，主要开发为乳蛋白部分或深度水解婴儿配方粉、非全营养配方营养素组件中的蛋白质组件产品、特定疾病用特定全营养产品等。

肽类在特医食品中的应用具有以下优点：①比游离氨基酸和蛋白的消化、吸收更快，抗原性更低，对于胃肠功能差、有消化吸收障碍及蛋白质过敏的患者，不仅可缓解营养物质的丢失，而且还可降低过敏患者的超敏反应；②有更好的加工特性，如吸湿性、乳化性、稳定性、黏度、质构特性等，为特医食品在剂型及工艺选择上提供更大的灵活度；③具有包括抗血糖、抗氧化、抗癌等功能在内的多种活性，从而帮助患者更好地康复；④安全低毒，作为食物食用已有较长历史，符合 FSMP 相关法规要求，其监管严格程度仅次于药品，高于普通食品和功能食品；⑤来源广泛，动物和海洋生物工业化加工产生的富含蛋白质的残渣可能成为可持续蛋白质来源，可促进水产品加工副产物的高值化利用。

1. 肽在肿瘤特医食品中的应用

癌症患者由于肿瘤的消耗、阻碍进食及消化、治疗副作用等，常表现为以体重下降为主要特征的营养不良，并由此引发一系列并发症，所以对患者进行营养补充至关重要。2015 年 4 月发布的《特殊医学用途配方食品通则》（GB 29922-2013）中明确规定，该类产品配方除调整与机体免疫功能相关的营养素含量外，还应适当提高蛋白质含量。研究人员发现，用肽进行的临床、动物、细胞营养干预试验均可使患者体重、血清总蛋白（total protein，TP）水平、白蛋白（albumin，Alb）水平增加，对癌细胞增殖抑制的活性也增加。肽主要通过调节癌细胞的释放、氧化应激反应、癌症相关信号通路及其转录因子的表达，以及调控炎症因子释放及提高体内总蛋白水平等作用机制发挥作用，生物活性肽在癌症中的营养干预作用如表 5-2 所示。

表 5-2　生物活性肽在癌症中的营养干预作用

实验材料	制备方法	实验对象	实验类型	量效关系
高蛋白	营养补充剂	术前肿瘤患者	临床试验	每次 125mL(20% 蛋白)，每日 2 次，术前 15 天，并发症发生率、血清肿块、伤口裂开比例均降低
富含蛋白质和n-3PUFA 的口服营养液	补充剂	癌症治疗期间患者	临床试验	每天提供 32~33g 蛋白质和 2~2.2g 二十碳五烯酸 (EPA)，体重增加
海洋肽	蛋白酶制剂酶解	癌症治疗期间患者	临床试验	10g/ 次，每日 2 次，持续 21 天；患者体质指数、上臂围、上臂肌围、总蛋白、白蛋白、球蛋白、前白蛋白、转铁蛋白水平显著升高
海洋胶原肽	复合蛋白(MCP) 酶酶解	SD 大鼠	动物实验	中 (4.5%)、高 (9%) 剂量长期干预对雌雄 SD 大鼠的自发肿瘤的发生率具有一定的抑制作用
肠内营养制剂	双齿围沙蚕企业提供	DEN 诱发肝癌病变小鼠	动物实验	双齿围沙蚕蛋白 / 总蛋白 =60% 的营养制片，2 片 / 只 /d，小鼠体内炎症反应减轻、TP 和 Alb 等蛋白质合成增加、营养代谢状况改善
蛋白肽	羊奶乳清胃蛋白酶酶解	HCT116细胞	细胞实验	10μg/mL 乳清多肽组分对 HCT116 细胞的致死率最高
鱼短肽(YALPAH)	半鳍凤尾胃蛋白酶水解	前列腺癌PC-3 细胞	细胞实验	对癌细胞生长表现出浓度依赖性抑制作用，浓度为 4.47μmol/L 时可以诱发 PC-3 细胞凋亡
鹿茸提取物	超声波制备	人毛囊毛乳头细胞(HFDPC)	细胞实验	2000μg/mL 的 DAV 提取物可显著促进细胞增殖和聚集，显著提高头发伸长率和黑色素含量
大豆多肽	脱脂透析	SGC7901胃癌细胞	细胞实验	分子量在 5000~10000Da 范围的组分具有最高的抑癌活性，大豆抗癌肽的 IC50 为 0.47mg/mL

2. 肽在胃肠疾病特医食品中的应用

胃肠疾病患者由于不能将营养物质充分消化吸收，常伴随不同程度的营养不良。特别是患有复杂疾病的婴儿，他们对营养需求增加，但由于其自身消化吸收不良，所以严重阻碍其正常生长发育。研究表明，用生物活性肽营养制剂对临床患者进行肠内营养支持（术前和术后）能够促进患者的健康恢复，提高临床治疗效果。肽主要通过调节肠道菌群、炎症相关因子的表达及含量，以及调控饥饿因子等机制，促进吸收，从而发挥作用。同时，给予肠道疾病患者短肽型肠内营养制剂比整蛋白肠内营养制剂的营养支持效果更好。生物活性肽在胃肠疾病中的营养干预作用见表 5-3 所示。

表 5-3　物活性肽在胃肠疾病中的营养干预作用

实验材料	制备方法	实验对象	实验类型	量效关系	机制
土鳖虫生物活性肽	胃蛋白酶胰蛋白酶	SD 大鼠	动物实验	1.5g/kg、0.75g/kg、0.375g/kg 剂量组肝脂肪变性程度改善，大鼠 TG、TC、LDL 含量下降	通过调节肠道菌群来干预脂质代谢途径
小麦多肽	/	胃肠道术后患者	临床试验	胃痛、胃黏膜损伤、打嗝、腹胀、反酸、食欲不振明显减轻，进食量增加	肠道有益菌群增加，促进有机酸的产生与吸收
短肽制剂	市场购入	脊柱术后患者	临床试验	250mL/次，手术当天、次日；首次肛门排气时间缩短，腹胀、恶心发生率显著降低	促进肠蠕动，刺激生长因子的产生，调控肠道菌群，激活肠碱性磷酸酶的产生
二肽、三肽配方(PEF) 奶粉	/	重症监护病房患者	临床试验	至少 3 天输≥1000mL 肠内配方奶粉，至少干预 7 天，患者术后第 10 天的平均血清白蛋白水平、POD-5 和 POD-10 的前白蛋白水平均显著升高	调节引起饥饿的 PepT1 表达，促进吸收
小麦低聚肽	市场购入	老年小鼠	动物实验	25mg/(kg·d)、50mg/(kg·d)、100mg/(kg·d)、200mg/(kg·d)、400mg/(kg·d) 剂量组均能显著提高小鼠血清、胃组织及小肠组织中 SOD、GSH-Px、CAT 的活力	/
多肽肠内配方产品	/	胃肠功能受损的营养不良儿童	临床试验	胃肠吸收、耐受性、氮保持或平衡改善；腹泻与细菌感染减少，脂肪吸收增加	更大地刺激肠对营养物质以及钠和水的吸收
小麦低聚肽	市场购入	IEC-6 细胞	细胞试验	2000mg/L 可明显减轻超氧化物歧化酶和谷胱甘肽过氧化物酶活性的降低	小麦肽可显著降低吲哚美辛诱导的氧化应激反应中核转录因子(NF-κB) 的表达
海洋肽	蛋白酶	/	/	缓解炎症，免疫反应增强，肠道菌种丰度上升，益生菌增加	抑制前列腺素，阻断癌细胞蛋白通路；减弱 NO 和 PGE2 产生
特殊配方多肽产品	/	发育迟缓征象的婴幼儿	临床试验	不同疾病状态婴儿接受不同粉状多肽或氨基酸配方，婴幼儿平均体重身长、头围、能量摄入量均增加	/

3. 肽在糖尿病特医食品中的应用

糖尿病患者由于不健康饮食、内分泌功能紊乱等引发糖、蛋白质、脂肪等一系列的代谢紊乱，常表现为"三多一低"（即多饮、多食、多尿和体重下降）。临床研究发现，用肽对糖尿病临床患者进行营养干预可显示出对糖尿病及其相关并发症管理的良好效果，动物或细胞实验也表明生物活性肽可以通过抑制二肽基肽酶 4 抑制剂（DPP-IV）以及与碳水化合物代谢有关的关键酶（包括 α- 淀粉酶和 α- 葡萄糖苷酶）而显示出抗糖尿病作用。生物活性肽还可通过降低食欲、延迟胃排空而增加饱腹感，帮助因肥胖引起 2 型糖尿病的患者控制饮食和减肥。表 5-4 列举了生物活性肽在糖尿病中的营养干预作用。

表 5-4　生物活性肽在糖尿病中的营养干预作用

实验材料	制备方法	实验对象	实验类型	量效关系	机制
海参肽	胃蛋白酶	3T3-L1 小鼠前脂肪细胞和肝癌 HepG2 细胞	细胞实验	<3kDa 组分对二肽基肽酶 IV(DPP-IV) 的抑制作用最强 (IC50 分别为 0.51mg/mL、0.52mg/mL)	通过与靶酶 DPP-IV 内腔结合面抑制靶酶 DPP-IV
海洋胶原肽	/	2 型糖尿病患者	临床试验	每次 6.5g，每天 2 次；从入院第 1 天至出院，胰岛素敏感性与分泌功能、术后营养状况改善、免疫力提高，平均住院日缩短	改善胰岛素分泌功能与敏感性改善营养状况
华贵栉孔扇贝、马氏珠母贝肽	复合蛋白酶	/	化学实验	酶解液小肽含量为 21.64 mg/mL，马氏珠母贝对 α- 淀粉酶抑制率为 51.07%，对 α- 葡萄糖苷酶抑制率为 35.99%；华贵栉孔扇贝对 α- 葡萄糖苷酶抑制率为 31.53%	与 α- 葡萄糖苷酶 、α- 淀粉酶等相关调节酶的作用位点相互作用
蓝鳕肌肉 (BWMH)	蛋白酶水解物	超重女性	临床试验	每次 1 克，每天两次，4 周后吃甜食欲望降低，午餐后血糖水平降低	/
蓝鳕肌肉	蛋白酶水解物	Wistar 大鼠	动物实验	每天 2 次，连续 9 天，50mg/mL、100mg/mL 和 250mg/mL 剂量组均使小鼠短期摄食量降低，血浆 CCK 和 GP-1 水平升高	BWMH 能促进 STC-1 细胞分泌胆囊收缩素 (CCK) 和胰高血糖素样肽 (GLP-1)
垂体腺苷酸环化酶激活肽 (PACAP)	企业提供	Wistar 大鼠	动物实验	PACAP(0~1μg/ 只) 呈剂量依赖性诱导大鼠厌食和体重减轻	调节杏仁中央核 (CeA) 的局部黑素，皮质素和 TrkB 系统发挥厌食作用

续表

实验材料	制备方法	实验对象	实验类型	量效关系	机制
十七肽	人工合成	2 型糖尿病小鼠	动物实验	根据体重并按 0.1:1:3 比例每日腹腔注射 17 PA 肽 2 次,持续 6 周,血糖值明显降低	与胰高血糖素样肽 (GLP-1) 同源,促进胰岛 B 细胞分泌胰岛素,减少胰岛 A 细胞分泌胰高血糖素
人参低聚肽 (GOP)	市场购入	2 型糖尿病小鼠	动物实验	0.50g/(kg·bw),每天 1 次,至 70 周,小鼠体重、摄食量、饮水量、尿量和血糖水平降低,生存状态改善	GOP 富含精氨酸,精氨酸能有效改善胰岛素抵抗及血脂代谢紊乱

4. 肽在肌肉衰减综合征特医食品中的应用

肌肉衰减综合征是一种随年龄增加以骨骼肌质量、力量及功能下降为特征的综合性退行性病症。其常导致人体体重变轻、体型变小、行走困难、跌倒等,导致生活质量较差、死亡率较高。据统计,肌肉衰减综合征在 65 岁及以上的人群中患病率约为 20%;而在 80 多岁及以上的老年人中高达 50%~60%。维生素 D 摄入减少或合成能力不足、运动量不足等均会导致肌肉及其功能的丧失,蛋白质营养不良是最主要的因素之一,因此建议老年人增加蛋白质摄入量,特别是优质蛋白质的摄入。最近的研究表明,使用特殊医疗目的的肌肉靶向食品(富含必需氨基酸,特别是亮氨酸、维生素 D 和钙的乳清蛋白的混合物)可以改善肌肉质量和力量,肽主要通过提高肌肉蛋白质合成速率、增加氨基酸含量等发挥作用。表 5-5 中列举了生物活性肽在肌肉衰减综合征中的营养干预作用。

表 5-5　生物活性肽在肌肉衰减综合征中的营养干预作用

实验材料	制备方法	实验对象	实验类型	量效关系	机制
/	/	华中科技大学同济医学院肿瘤中心患者	临床试验	重度肌肉减少症癌症患者的癌症相关性疲劳 (CRF) 症状最严重	血清白蛋白胆碱等酯酶含量减少
富含亮氨酸、维生素 D 的特医食品	企业提供	康复机构肌肉衰减综合征患者	临床试验	每份 40 克,含 20g 乳清蛋白及其他,每天 2 次,持续至少 4~8 周,患者平均步态速度加快,肌肉力量和质量增加,康复时间缩短	提高必需氨基酸含量;亮氨酸独立刺激肌肉合成
乳清蛋白维生素 D 补充剂	企业提供	社区绝经期肌肉衰减综合征女性患者	临床试验	每日 30g 乳清蛋白,连续干预 6 个月,患者体内的白蛋白、血清肌酐、四肢骨骼肌量、步速、握力都有较为明显的提高	增强体内白蛋、白血清肌酐水平,增加肌肉蛋白质合成速率

续表

实验材料	制备方法	实验对象	实验类型	量效关系	机制
高蛋白摄入饮食	/	社区老年人	临床试验	蛋白质摄入量 >1.0g/（kg·d）可以使健康老年人体重下降	/
更多标准蛋白质摄入饮食	/	临床中心绝经女性	临床试验	身体功能、表现增强，身体功能下降率减慢	/
蛋白质补充剂	企业提供	老年虚弱男性、女性	临床试验	250mL 蛋白质补充饮料（含 15g 牛奶蛋白浓缩液及其他），每天服用 2 次持续 24 周后，体重显著增加，力量和体能均有显著改善	增加肌肉蛋白质合成率
明胶、水解胶原饮食补充剂	企业提供	积极从事体育活动的男性	临床试验	15g 明胶或 15g 水解胶原蛋白或明胶和水解胶原蛋白各 7.5g+ 其他 + 水，血清氨基酸水平都同样增加，明胶和水解胶原组中前胶原 N 端肽 (PINP) 水平增加	增加胶原合成前体物质含量，增加氨基酸含量

5. 肽在其他特医食品中的应用

生物活性肽可以通过清除自由基、减小细菌入侵与感染、减少炎症反应等促进伤口愈合，帮助创伤、感染、手术等应激状态患者修复损伤的皮肤。宋淑亮等研究发现，从刺参中分离的海参肽能促进 NIH/3T3 细胞增殖和胶原蛋白的表达。类似的，李林等发现海参胶原低聚肽能促进 db/db2 型糖尿病小鼠术后伤口的愈合。另外，在面对新型冠状病毒肺炎感染者严重的呼吸窘迫综合征时，目前尚无特异性药物，但补充营养应该会有所帮助。研究表明，可以通过营养干预预防或改变疾病进程，改善呼吸功能，从而降低发病率和死亡率。Luo 等发现小麦源 α/β- 醇溶蛋白、燕麦源燕麦蛋白和不同来源的二磷酸核酮糖羧化酶小链是形成病毒刺突蛋白受体结合结构域（RBD）有效结合物的良好蛋白源，鉴定出相应的肽序列可作为病毒抑制剂的先导化合物。BhDallar 等发现，多种生物活性肽可以减弱 S 蛋白与 ACE-2 受体结合的能力，中和病毒的活性，可能作为一种有帮助的佐剂用于新型冠状病毒肺炎的辅助治疗。

（三）肽在运动营养食品中的应用

我国体育事业现已步入新的发展阶段，正在为加快建设体育强国而努力。自 2016 年发布《"健康中国 2030"规划纲要》以来，又相继发布《国民营养计划 (2017—2030 年)》及《全民健身指南》等。随着人们健康理念的转变及对更高生活方式的追求，体育运动由最初的"专业竞技体育"向"大众体育""全民运动"转变。然而，在体育运动的过程中和后期，机体一般会出现明显的运动性疲劳，易处于营养"亏损"状态，长期下去则可能对机体造成不可逆转的损伤。消除运动性疲劳的一个有效途径是及时补充营养，让身体功能恢复正常。因此，以增强运动能力与提高体能为目标的各种运动营养学科与运动营养食品应运而生。我国于 2015 年发布的《GB24154—2015 食品安全国家标准运动营养食品通则》中对运动营养食品定义为"为满足运动人群（指每周参加体育锻炼3 次及以上、每次持续时间 30min 及以上、每次运动强度达到中等及以上的人群）的生理代谢状态、运动能力及对某些营养成分的特殊需求而专门加工的食品"。根据能量与蛋白质等不同需求，其可分为补充能量类、控制能量类、补充蛋白质类；针对不同运动项目特殊需求，其可分为速度力量类、耐力类、运动后恢复类。不同类运动营养食品所含的特征功效成分有所差异。

蛋白质是人体三大供能营养素之一，肽作为蛋白质的基础结构单元，已被广泛作为供能成分和补充蛋白质的基础成分运用在补充能量类和补充蛋白质类运动营养食品中。每种运动类型的运动所需要的功能构成是相互交织的，总体来说，肽具有的不同作用，如保护关节、改善骨骼、改善肌肉、抗疲劳、提高免疫功能、控制体重等，均是运动人群所需要的。

1. 保护关节

保护型运动营养食品的主要作用是维持关节健康与减少因过度运动而造成的关节损伤。关节软骨组织主要是由胶原蛋白构成，胶原蛋白负责构造软骨组织的框架并将其定型。因此，补充适量高质量的水解胶原肽可以帮助人体维持自身软骨组织的功能，从而保护关节免于受损。

胶原蛋白肽改善关节炎的研究非常多。Schauss 等进行了鸡胸软骨中提取的胶原蛋白肽改善骨关节炎的临床研究。实验结果显示，实验组的疼痛、僵直和进行日常生活活动困难程度都有明显改善；胶原蛋白肽能够明显改善人体运动灵活性，对骨关节炎患者有很好的康复效果。Clark 等研究了 147 名运动员口服胶原蛋白肽改善关节疼痛的效果。结果发现与对照组相比，实验组有 5 组参数疼痛感明显降低，分别是休息时、行走时、站立时、负重时和举重时关节疼痛感。实验结果表明，口服胶原蛋白肽有利于关节健康，能够降低运动员关节疼痛高风险人群的发病率。Zdzieblik 等也研究了胶原蛋白肽对运动员在运动中膝关节功能性疼痛的影响。研究结果发现，与安慰剂组相比，口服胶原蛋白肽可以降低 36% 因静息条件导致的疼痛强度，疼痛缓解率高达 88%。

更重要的是，在《GB 24154 食品安全国家标准运动营养食品通则》最新版征求意见稿中，已明确规定骨关节恢复类产品添加的肽应为胶原蛋白肽。因此，胶原肽原料在骨关节恢复类产品中的应用将会越来越广泛。

2. 改善骨骼

胶原蛋白肽可以促进人体成骨细胞增殖，抑制破骨细胞活性，提高成骨细胞分化和矿化骨基质形成，刺激 I 型胶原蛋白 mRNA 表达和蛋白质生成，增加碱性磷酸酶活性和骨钙素产生。目前，研究已经证明胶原蛋白肽有提高骨密度、促进骨骼生长、防止骨流失、增加骨力量、加快骨折愈合、显著提高骨中有机质含量、促进骨形成等作用，在不同的生理环境下（生长、骨丢失、愈合）能维持平衡骨转换的能力。因此，胶原蛋白肽可应用于骨骼的膳食补充剂中。

Song 等以老年鼠为研究对象，分析了胶原蛋白肽对骨流失的预防效果和改善骨微观结构情况。实验结果显示，摄入胶原蛋白肽后，骨的机械强度、骨密度和胶原含量均显著提高，且骨小梁网状微观结构也明显改善，这说明胶原蛋白在骨结构的维持和力的传递中起重要作用。更为重要的是，它决定了矿物沉积量。因此，口服胶原蛋白肽能够提高骨密度。

由此可见，胶原蛋白肽应用在运动营养食品中可提高骨密度，防止骨流失，为运动后骨损伤修复提供必要的营养素。

3. 改善肌肉

日本学者 Okiura 等研究了胶原蛋白肽对小鼠的胫骨前肌和股骨影响。研究结果表明，饲喂胶原蛋白肽 60 周后，胫骨前肌中肌纤维琥珀酸脱氢酶（SDH）染色强度和 SDH 活性，股骨头皮质密度、骨小梁密度及血清骨钙素水平均高于对照组。这说明胶原蛋白肽可抑制小鼠肌肉氧化能力和骨密度的下降，有降低年龄引起的肌肉骨骼系统退行性变化的可能。Opez 等研究了鸡软骨来源的胶原蛋白肽对健康人群肌肉和结缔组织的作用。实验结果证明，口服胶原蛋白肽后具有更强健的肌肉恢复性和适应性，对结缔组织具有很好的保护作用。

此外，大豆肽也有助于运动后肌肉恢复。运动后血液中氨基酸水平较运动前呈现下降趋势，其中 Met、Val、Leu、Ile、Tyr、Phe 等含量均下降 10% 左右，NakanishiY 等对运动后人群补充大豆肽进行研究，结果表明摄取大豆肽后血液中 BCAA、AAA（除 Trp）水平均有所提高，这是由于大豆肽分子量小，好吸收，能够快速进入血液中增加氨基酸含量，同时可以快速转运到肌纤维细胞中促进蛋白质合成，从而降低肌肉损伤、促进肌肉损伤修复。因此，肽类如大米肽、大豆肽、胶原肽等，对于运动营养食品的应用有重要意义。

4. 抗疲劳

运动性疲劳后产生的乳酸积累是运动能力下降的重要原因，也是评估运动性疲劳水平的一项重要指标。研究结果显示，长期给予不同剂量的高 F 值玉米肽能显著降低力竭运动大鼠体内的血乳酸含量，并且促进血乳酸代谢。昌友权等研究发现，玉米肽可以显著提高小鼠的游泳时间和爬杆时间。高 F 值玉米肽含有丰富的 BCAA，BCAA 可以直接改善骨骼肌线粒体功能，减轻疲劳。其在体内产生 ATP 的效率也高于其他氨基酸，并能降低运动过程中大脑 5- 羟色胺的积累，防止出现中枢性疲劳。进一步研究证实，服用玉米肽后小鼠血清尿素氮明显降低，肝糖原和肌糖原含量显著提高，这表明玉米肽具有延缓运动性疲劳的作用。

运动性疲劳与体内自由基增加有关，因此清除体内自由基对运动引起的疲劳和消除体内氧化应激损伤的程度非常重要。长期服用高 F 值玉米肽能够有效增加运动性疲劳产生时骨骼肌组织中超氧化物歧化酶（SOD）的活性，降低脂质过氧化物（MDA）的产生，并随剂量增加。研究还显示，随着高 F 值玉米肽补充剂量的增加，MDA 产物浓度越低，SOD 活性提高越快。

Zheng 等通过动物实验研究表明，高剂量运动组大鼠感到疲劳的时间大于运动对照组和低剂量运动组。同时，高剂量运动组和低剂量运动组大鼠骨骼肌中 SOD 和谷胱甘肽过氧化物酶（GSH-Px）的活性明显高于运动对照组。这些结果表明，补充小麦肽能够清除体内长时间运动产生的自由基，进而缓解运动性疲劳。此外，小麦肽通过降低肌肉损伤，有助于疲劳恢复。潘兴昌等研究不同剂量小麦肽对扬州大学 33 名运动员运动后肌肉损伤的作用。研究表明，6 周大负荷训练期间补充不同剂量的小麦肽（3g、6g、9g）都能明显减轻肌肉损伤，加快运动后疲劳的恢复，其中 6g 小麦肽的效果最佳。MasudaK 等研究了大豆肽对运动性疲劳恢复和肌肉损伤修复的影响，研究结果表明运动后立即摄取等量大豆肽和大豆蛋白，18h 后摄取大豆肽组血液中磷酸酶肌酸（CPK）的活性显著低于摄取大豆蛋白组和空白组，肌肉酸痛感显著降低，疲劳感快速恢复。同时大豆肽可延长运动时间，提高肌糖原和肝糖原的含量，减少血液中乳酸的含量，具有缓解疲劳的作用。表 5-6 中列举了食源性抗疲劳生物活性肽的研究。

表 5-6　食源性抗疲劳生物活性肽的研究

来源	名称	实验对象	作用机制	功能
动物	带鱼肽	小鼠	能延长小鼠负重游泳时间，血乳酸、血清尿素氮和丙二醛含量降低；糖原含量和抗氧化酶活性增加，可提高小鼠粪便中短链脂肪酸含量，疲劳指标与抗氧化水平和短链脂肪酸含量显著相关	通过缓解疲劳改善运动性能
	酪蛋白水解肽	小鼠	能延长小鼠负重游泳时间，血乳酸、血清尿素氮含量降低，肝糖原含量提高	延缓疲劳产生，显示出一定的抗疲劳作用
	牡蛎多肽	小鼠	显著延长小鼠力竭游泳时间，呈剂量依赖关系；血乳酸、血清尿素氮水平显著降低，超氧化物歧化酶、谷胱甘肽过氧化物酶活性以及肝糖原和肌糖原含量显著升高	可调节肠道菌群丰度，维持其平衡；预防运动性疲劳引起的肝脏损伤，具有抗疲劳作用
	牦牛血低聚肽	H9c2 心肌细胞及小鼠	细胞存活率增加且存在剂量依赖性；能延长小鼠负重游泳时间，提高运动后小鼠肝糖原含量，降低运动后小鼠血乳酸水平和血清尿素氮含量	对缺氧介导的心肌细胞损伤具有一定的保护作用，能提高小鼠的抗疲劳能力

来源	名称	实验对象	作用机制	功能
植物	豌豆肽	小鼠	显著增加负重游泳时间，明显降低血乳酸、血清尿素氮水平，显著提高肝糖原和肌糖原含量，提高胰岛素水平和乳酸脱氢酶活性，可提高小鼠吞噬细胞活性、刺激分泌型免疫球蛋白分泌和降低促炎细胞因子	抑制自由基诱导的体内氧化，提高机体的免疫功能，促进胰岛素分泌，具有较强的抗疲劳作用
	大豆肽	小鼠	能提高小鼠骨骼肌超氧化物歧化酶和谷胱甘肽过氧化物酶的活力，降低丙二醛含量，抑制琥珀酸脱氢酶活性，降低血清中肌酸激酶活性	阻止生物膜的脂质过氧化，减少骨骼肌的损伤，增强机体的抗氧化能力，达到抗疲劳效果
	花生肽	小鼠	显著延长小鼠负重游泳时间，提高乳酸脱氢酶活性，降低运动后小鼠血乳酸含量，提高肌糖原储备，提高心肌超氧化物歧化酶活力	一定程度上改善机体抗氧化活性，具有显著的抗疲劳效用
	紫苏种子肽	小鼠	小鼠肌肉系数和肌纤维厚度明显增加，血乳酸、血清尿素氮和肌酐水平降低，肝糖原和肌糖原含量提高	有效促进肌肉合成，改善肌肉力度，改善运动疲劳，提高运动耐力

在《GB 24154 食品安全国家标准运动营养食品通则》最新版征求意见稿中，已明确规定耐力类和体能恢复类产品添加的肽应为大豆肽等植物肽和（或）乳蛋白肽等动物肽。因此，肽类在耐力类和体能恢复类产品中将被广泛应用。

5. 提高免疫功能

过度运动可能会诱发机体氧化应激，致使机体免疫功能下降。我们常用的绝大部分肽均有免疫调节作用，以小麦肽为例，小麦肽中 Glu、谷氨酰胺（Gln）含量丰富，Leu 和 Tyr 含量较多，其中 Gln 是细胞快速分裂增殖的主要燃料，具有免疫调节作用。代卉等采用给小鼠灌胃小麦肽溶液后用环磷酰胺诱导小鼠发生免疫抑制。结果显示，小麦肽能够恢复绵羊红细胞溶血素（SRBC）抗体（溶血素 HC50）的水平以及巨噬细胞的吞噬能力，增加 SOD 活力、过氧化氢酶（CAT）活力及其总抗氧化能力（T-AOC），降低丙二醛（MDA）的含量，表明小麦肽能够显著调节应激状态引起的机体免疫功能降低。肠道免疫功能在人体的免疫系统中扮演着重要的角色，研究表明在强迫负荷游泳的 SD 大鼠中，长期补充小麦肽可抑制肠道上皮细胞凋亡，改善静息状态下肠道免疫球蛋白 A（IgA）抗体水平，并有效减轻肠道和血液中的炎症反应。此外，前文中也有介绍大米肽、清蛋白肽、大豆肽等作为免疫调节肽的功能作用，因此这些肽也具备在调节免疫的运动营养食品中的应用前景。

6. 控制体重

近几十年来的研究表明，无论是内源性还是外源性食源性肽，对肥胖的预防有重大意义，其作用机制主要是通过调节摄食行为，或脂肪代谢，或影响血脂等方面来控制体重。Jang 等研究黑大豆肽对饮食诱导肥胖小鼠的减肥作用，发现喂食黑大豆肽高脂肪小鼠比没有喂食的对照组体重增长缓慢。另外，有研究发现大豆蛋白 7S 水解物能够释放 CCKSTC-1 细胞受体，从而减少大鼠食欲。已经确定几种大豆生物活性肽具有减肥的特性，如从大豆 11S 球蛋白亚基缺失肽的 "Leu-Pro-Tyr-Pro Arc" 和 "Pro-Gly-Pro" 被发现有抑制食欲的作用。日本 Niiho 等报道，给予肥胖模型小鼠口服从大豆提取的小肽片段，可显著减少体重及子宫周围的脂肪水平。给大鼠喂食大豆肽的实验结果表明，血清中的胆固醇和三酰甘油明显下降。说明大豆肽可通过部分抑制脂肪酸的合成降低脂肪。

此外，胶原蛋白肽也有相关作用。研究证实，胶原蛋白肽具有促进血液循环和降低体重等作用。已有临床发现口服胶原蛋白肽可以提高血液中 NO 含量，有利于血液循环，提高动脉弹性。饲喂兔 56 天后，与空白组相比，胶原蛋白肽组可以显著增加胶原纤维直径，影响跟腱中糖蛋白组成，有提高跟腱功能的可能。Lee 等研究了胶原蛋白肽对高脂肪饲喂的模型鼠肥胖症中的脂肪细胞分化和体重增加的影响。结果显示，胶原蛋白肽能够通过控制降低脂肪细胞的 C/EBP-α 和 PPAR-γ 基因表达，抑制 3T3-L1 脂肪前细胞的分化和转化为脂肪细胞，从而降低体重，并提高血液中高密度脂蛋白（high density lipoprotein，HDL）含量，降低低密度脂蛋白（low density lipoprotein，LDL）含量，改变体内脂肪细胞的大小。

（四）肽在婴幼儿配方食品中的应用

婴幼儿配方食品是指以乳类及乳蛋白制品、大豆及大豆蛋白制品为主要原料，加入适量的维生素、矿物质或其他成分，仅用物理方法生产加工制成的液态或粉状，适用于正常婴儿（0~6 月龄）、较大婴儿（6~12 月龄）和幼儿（12~36 月龄）食用，其营养成分能满足婴儿的正常营养需要或较大婴儿和幼儿的部分营养需要的配方食品。目前，我国婴幼儿配方食品的主要类型是婴幼儿配方乳粉。

大量研究表明，母乳喂养能够促进婴幼儿的全身健康和生长发展，所以母乳的营养成分是生产婴幼儿配方奶粉的参考标准。人乳和以牛乳为原料的婴幼儿配方奶粉都是生物活性肽的潜在来源。牛奶水解产物除了可以用于生产标准配方奶粉外，还可以用于生产婴幼儿营养品。在食品加工过程中，体外水解牛奶蛋白产生的肽片段，可用于生产抗过敏的婴幼儿配方奶粉。并且有报道表明，通过添加功能性的牛奶衍生肽，可以改善婴幼儿配方奶粉的营养价值。

尽管已确定人乳和以牛奶为原料的婴幼儿配方奶粉中都含有生物活性肽，但它们的氨基酸组成和性质不同。经鉴定，肽具有抗高血压、抗氧化、抗血小板聚集以及调节免疫等作用，但仍需进一步研究人乳或牛奶的有益作用。对母乳来说，牛奶乳蛋白肽将成为很有价值的补充。

（杨晓、陈曦）

参考文献

1. 周贺霞, 马良, 张宇昊. 食品中降血压肽的研究现状及应用 [J]. 食品于发酵科技, 2012, 48(1):11-15.

2. 赵新淮, 孙辉. 类蛋白反应在食品蛋白质和活性肽研究中的应用 [J]. 东北农业大学学报, 2011,42(11):1-8.

3. 李莎. 天然食品防腐剂乳链菌肽的性质及其应用探讨 [J]. 中外食品工业月刊 2015,000(003):74.

4. 刘甲. 呈味肽的研究及其在调味品中的应用 [J]. 肉类研究, 2010,5:88-92.

5. Montesano, Alessia. Central regulation of food intake peptides during ageing in the teleost fish nothobbranchius furzeri[J]. Annals of Anatomy, 2016, 207:118-126.

6. Fortunato A, Mba M. Metal cation triggered peptide hydrogels and their application in food freshness monitoring and dye adsorption[J]. Gels,2021,7(3):85.

7. Fan W,Wang Z,Mu Z,et al. Characterizations of a food decapeptide chelating with Zn(II)[J]. eFood, 2020, 1(4).

8. Lyu Y,Yang C,Chen T,et al. Characterization of an antibacterial dodecapeptide from pig as a potential food preservative and its antibacterial mechanism[J]. Food & Function,2020,11(5).

9. Chai K F,Voo A Y H, Chen W N. Bioactive peptides from food fermentation: A comprehensive review of their sources, bioactivities,applications,and future development[J]. Comprehensive Reviews in Food Science and Food Safety,2020.

10. Silveira R F,Roque-Borda C A,Vicente E F.Antimicrobial peptides as a feed additive alternative to animal production, food safety and public health implications: An overview[J]. 动物营养：英文版, 2021(3):9.

第二节　肽在临床上的应用

肽是涉及生物体内各种细胞功能的生物活性物质。伴随分子生物学、生物化学技术的飞速发展，肽的研究已取得了惊人的、划时代的进展。人们发现存在于生物体的肽已有数万种，所有的细胞都能合成肽。目前，肽在临床上的应用主要集中在肽药物、肽药物载体及肽靶向诊断中。

一、药物

自 1921 年第一个肽类药物胰岛素发现以来，肽作为药物应用已有 100 年多年的历史。在过去的几十年里，全球获批的肽类药物稳步增加，已有百余种肽药物获批上市，但市场主要集中在北美和欧洲等发达国家。肽药物在国内降糖市场占有率约为 35%。进入 21 世纪以来，随着各项肽合成技术的日趋成熟以及设备和原辅材料的充足供应，国内医药企业开始具备大规模生产合成肽药物的能力，对肽药物的研发已由跟踪研究与创仿相结合的开发阶段，开始步入自主创新阶段。

（一）肽药物

1. 酪丝缬肽

酪丝缬肽（tyroservaltide）是由泰医药研究（深圳）有限公司和康哲医药研究（深圳）有限公司自主研发的小分子三肽化合物，序列为 Tyr-Ser-Val，于 2007 年获原国家食品药品监督管理局批准进入临床。临床前研究显示，该药能诱导人肝癌 BEL7402 细胞株凋亡，降低肿瘤组织中增殖细胞核抗原的表达；抑制小鼠黑色素瘤 B16F10 细胞株的生长及转移；抑制肝癌细胞 HCCLM3 细胞株的增殖，且在基因水平上抑制肝癌细胞血管生成相关因子的表达。酪丝缬肽于 2014 年 5 月进入临床 II 期试验，用于治疗晚期非小细胞肺癌安全性和有效性临床研究。

2. 西夫韦肽

西夫韦肽（sifuvirtide）由天津扶素生物技术公司自主研发，为我国首个获美国专利授权的抗艾滋病药物，其国际专利已进入欧洲、日本、俄罗斯等国家和地区。该药是依据艾滋病病毒膜融合蛋白 gp41 的空间结构而设计合成的新一代膜融合抑制剂，含有 36 个氨基酸，其通过与 HIV-1 的 gp41 蛋白特异性结合，阻断病毒包膜与宿主细胞膜的融合，进而阻止病毒 RNA 进入宿主细胞，在细胞外发挥抗病毒作用。该药的效价比 T-20（Fuzeon，2013 年 3 月获美国 FDA 批准的抗艾滋病药物）高 20 倍，并对 T-20 耐药病毒株具有显著抑制作用。2015 年 4 月，注射用西夫韦肽不同给药间隔的安全性及药效学开始进入临床 II 期试验。

3. 艾博卫泰

艾博卫泰（albuvirtide）是重庆前沿生物技术公司自主研制的长效抗艾滋病新药，采用固相合成和化学修饰方法制备。其以 HIV-1 膜蛋白 gp41 为靶点设计，为含 36 个氨基酸的 gp41 变体肽。该药的给药周期间隔较长，可降低患者耐药性的发生率；对艾滋病患者接受抗逆转录病毒治疗后容易出现的肝细胞损伤及中枢神经系统疾病等不良反应也有明显的缓解作用。该药是全球第 1 个长效 HIV 融合抑制剂，获得中国及美国专利授权，并在专利优先权期内注册了世界专利。2018 年 5 月，艾博卫泰获国家药品监督管理局（NMPA）批准上市，商品名为艾可宁®。

4. 安替安吉肽

安替安吉肽（Antiangelide）由中国药科大学与内蒙古奇特生物高科技（集团）有限公司合作开发，为抗肿瘤化学新药。该药含有 18 个氨基酸，具有靶向抗肿瘤作用。临床前研究发现，该药能有效结合于肿瘤高表达受体 $\alpha v\beta 3$，生物活性显著，可有效抑制人非小细胞肺癌、肝癌及胃癌细胞增殖，显著抑制黑色素瘤及乳腺癌的转移。该药安全性好，最大耐受剂量为有效剂量的 800 倍。

因其主要作用于内皮细胞，而内皮细胞不易发生突变，故不易致肿瘤产生耐药性。该药已申请多项国内及国际专利，有望成为我国第 1 个整合素阻断剂类抗肿瘤肽药物。

此外，国内外科研机构也在不断开展更好的抗肿瘤肽新药的研究与申报，期待肽类药物的应用可以更好地造福人类。

（二）肽疫苗

近年来，随着免疫学的不断发展，肿瘤的免疫疗法已成为当前研究的热点，而肽疫苗因其化学性质稳定、易于制备、无潜在致癌性等优点，更是受到广泛关注。研究发现，应用免疫佐剂、多抗原分支肽、全长或多表位叠加抗原肽、融合穿膜肽、增加 Th 表位及联合树突状细胞等方法，可提高免疫原性，增强抗肿瘤作用。肽疫苗用于临床治疗一些恶性肿瘤也已取得一定效果，但尚存在免疫原性欠佳，免疫应答、临床疗效不尽一致，受人类白细胞抗原（HLA）表型限制等问题，因此还有待进一步深入研究解决。

（三）细胞因子模拟肽

近年来，利用已知细胞因子的受体从肽库内筛选细胞因子模拟肽，已成为国内外研究的热点。国外已筛选到了人促红细胞生成素、人促血小板生成素、人生长激素、人神经生长因子及白细胞介素等多种生长因子的模拟肽。这些模拟肽的氨基酸序列与其相应的细胞因子的氨基酸序列不同，但具有细胞因子的活性，并且具有分子量小的优点。这些细胞因子模拟肽正处于临床前或临床研究阶段。

一方面模拟物表现出与天然因子类似的生物学活性，另一方面激动剂或拮抗剂模拟物可与受体胞外区形成复合体，成为细胞因子受体活化机制研究的工具。尽管已有的模拟物在活性、口服生物利用度方面尚未达到替代现有完整细胞因子的水平，但为深入探讨造血细胞内信号转导过程、进行理想高效的药物定向设计奠定了坚实的基础。

二、药物载体

肽是一种生物活性物质，毒性作用较小，具有良好的生物相容性，可制成各种载体材料控制药物释放。因此，近年来将肽作为药物载体、利用肽对药物载体进行修饰及将肽用于前体药物等领域逐渐引起人们的关注，具有良好的应用前景，也拓宽了肽在医药领域的应用范围。

（一）受体导向的肽靶向药物载的应用

小片段肽具有低毒性、靶向性、无免疫原性、良好的生物相容性等特点。研究已发现，肿瘤细胞表面会高表达肽类受体，因此一些短肽可作为导向物，

以配体 - 受体特异性结合的方式应用于靶向药物递送系统。短肽在各种受体介导的靶向药物递送系统中的作用受到越来越广泛的研究。

1. 蛙皮素复合物

Keller 等应用 RT-PCR 技术及放射配基结合实验对 3 种肾癌细胞株（A498、ACHN 及 786-0）进行了分析。结果表明这些细胞株的细胞膜上都有蛙皮素（bombesh，BN）/ 胃泌素释放肽（gastrin releasing peptide，GRP）受体的表达。将一种蛙皮素 Gln–Trp–Ala–Val–Gly–His–Leu–p(CH–NH)–Leu–NH$_2$(RC-3094) 作为配体，与吡咯啉阿霉素（2-pyrrolinodoxombicin.PDOX，AN201）制成蛙皮素复合物（AN215），研究发现 AN-215 与肾癌细胞膜上的 GRP 受体的亲和力较高；与游离的 AN-201 比较，AN–215 抑瘤效果更显著，其中 A498、ACHN 及 786-0 的肿瘤体积分别减少了 64.9%、74.9% 和 59.2%；重量分别减少了 60.7%、67.6% 和 65.4%；而游离的 AN-201 对肾癌细胞增殖基本没有抑制效果。

2. 生长抑素（SST）

结肠直肠癌的治疗通常面临抑癌基因 p53 的变异，严重阻碍了治疗的进展。Szepeshazi 等研究发现，结肠直肠癌细胞膜上高表达生长抑素（SST）受体。将 SST 类似物 RC-121 与 AN-201 连接，形成靶向 SST 复合物（AN-238），将药物 AN-201 定向转运到肿瘤细胞，使肿瘤细胞内药物的浓度得到显著提高。

3. 十肽 SynB3

近年来，Castex 等研究了许多小分子肽类载体及其应用，如十肽 SynB 可通过受体，介导药物（包括抗肿瘤药物）在脑部的吸收。将一种 SynB3 与 AN-201 通过丁二酸酐共价连接形成复合物 P-DOX-SynB3。该复合物能显著增加 AN-201 的脑部吸收，同时减少阿霉素（adriamycin，DOX）的心脏毒副作用。

4. 黄体酮释放激素

Buchholz 等把黄体酮释放激素（luteinizing homone relasing homone，LHRH）作为靶向配体，连接 DOX 或 AN-201 形成复合（AN207）。对乳腺癌细胞的体外实验结果表明，LHRH 可作为肽配体，将药物靶向转运到 LHRH 受体的肿瘤细胞，如乳腺癌细胞、卵巢癌细胞、子宫内膜癌细胞及前列腺癌细胞等，从而更好地发挥抗癌作用，显著抑制肿瘤细胞增殖。对 3 种卵巢癌细胞株 UCI-107、OV-106 和 ES-2 以不同方式给药的体内实验结果显示，靶向蛙皮素的复合物（AN–215）、靶向生长抑素的复合物（AN238）和靶向黄体酮释放激素的复合物（AN-207）单独给药均对卵巢癌细胞有显著抑制作用，且不会诱导耐药基因表达。

5. 其他肽介导的靶向药物递送系统

Pan 等证明包含 RGD（Arg-Gly-Asp）序列的寡肽（K）16GRGDSPC 是一种易合成的、高效无毒的载体，可把外源性基因靶向转入小鼠的骨髓基质细胞

（BMSCs）内。Szynol 等筛选出一个源于富组蛋白的含有 14 个氨基酸的小分子肽（dhvar5）。利用重组技术将合成的 dhvar5 与一种重链抗体 VHH 进行重组形成免疫交联物 VHH-dhvar5，可提高活性物质的释放。

（二）穿膜肽作为药物载体的应用

近年来一些具有生物膜穿透作用的肽，即穿膜肽（cell-penetrating peptides，CPPs）相继被发现。研究表明，这些肽具有水溶性和低裂解性，并可通过非吞噬作用进入细胞，甚至细胞核，可以将大于本身 100 倍的分子运入细胞内，而且对宿主细胞几乎没有毒性作用。

迄今为止，已发现穿膜肽可介导蛋白质、肽、寡聚核苷酸、DNA、质粒及脂质体等一系列生物大分子进入各种不同的组织和细胞，发挥各自的生物活性。天然穿膜肽的发现始于 1988 年，Green 和 Frankel 证实 HIV-1 反式激活蛋白 Tat 能跨膜进入细胞质和细胞核内；1997 年，Vives 等发现 HIV-Tat 中一个富含碱性氨基酸、带正电荷的肽片段与蛋白转导功能密切相关，称为蛋白转导域（protein transduction domain，PTD）。

四川大学研究发现人鼠同源的 CLOCK 蛋白的 DNA 结合序列也是一种穿膜肽，称为钟蛋白穿膜肽，已申请国家专利。另外，在人周期蛋白（humanperiod 1）、信号转导蛋白 Syn B1、纤维母细胞生长因子 FGF-4、HIV 融合蛋白 gp41、朊病毒、外毒素 A、γ 分泌酶等其他蛋白质中也已发现具有穿膜效应的肽序列，这表明穿膜肽可能广泛存在于自然界。

在对天然穿膜肽的研究中，人们逐渐发现了一些与穿膜活性有关的结构特点，从而利用这些特点设计合成了一些穿膜肽，进一步促进了穿膜肽的研究和发展。天然穿膜肽均为带正电荷的长短不等的肽片段，其中富含 Arg 和 Lys 等碱性氨基酸残基。利用这一特性，现已人工合成了多聚 Arg 和多聚 Lys，也具有穿膜能力；而且 9 个 Arg 和 9 个 Lys 残基构成的序列比 Tat 蛋白转导域（源自人类免疫缺陷病毒 Tat 蛋白的一段碱性氨基酸肽）的蛋白转导活性更强。圆二色谱分析发现，众多天然穿膜肽均具有 α- 螺旋结构。目前已在这一理论基础上设计出具有更加规则 α- 螺旋的穿膜肽，体内外试验证实，改良的穿膜肽穿透力更强、效率更高。

（三）聚肽共聚物自组装的药物载体的应用

由氨基酸及其衍生物聚合形成的聚肽，因其独特的结构和性能，近年来在分子链构象研究、蛋白质结构模拟和生物医学等领域受到了关注。其中两亲性聚肽共聚物的自组装行为的研究为开发具有生物安全性、可控释、可降解的新型药物载体创造了条件。有关两亲性聚肽共聚物，特别是接枝共聚物的自组装行为和载药性能的研究报道，目前尚不多，许多影响因素也未进行研究。

（四）肽在药物载体修饰剂方面的应用

除直接用作药物载体外，肽也可用于对其他常用药物载体，如脂质体、聚乙二醇（PEG）等进行修饰。Maria 等将包含三肽 Arg-Gly-Asp（RGD）序列的肽连接到脂质体的磷脂基团，同时对所制备的脂质体肽进行纯化与分析。制备的 RGD 脂质体具有良好的靶向性。Maeda 等分离出 Ala-Pro-Arg-Pro-Gly（APRPG）肽，能特异性结合于肿瘤新生血管。应用 APRPG 修饰的脂质体几乎可以主动靶向到所有的实体瘤。

（五）肽在前体药物方面的应用

阿霉素具有广泛的抗肿瘤作用，但是由于缺乏靶向性，其毒性比较大。制药公司研发的 DTS-201，将阿霉素与小肽结合制成前体药物。实验表明，该前体药物可被两种肿瘤特异性肽酶分解，在肿瘤部位释放出阿霉素，从而提高阿霉素的靶向性，降低其毒副作用，而该前体药物本身没有药理活性。临床前研究已证明其疗效优于阿霉素，I 期临床试验所用剂量达到阿霉素的 3.75 倍仍具有良好的耐受性。

三、靶向诊断

恶性肿瘤严重威胁着人类的健康与生命。随着精准医疗时代的到来，通过肿瘤分子标志物进行早期筛查和分子靶向治疗成为研究的关键。其中，以生物活性分子作为特异性识别元件进行肿瘤的高灵敏检测和精准定位极具潜力。肽探针具有选择性好、免疫原性低、生物相容性好、穿透性强、易排泄清除等特点。其在癌症诊断方面彰显很强的优越性，甚至具有替代传统抗体类诊疗试剂的趋势。国家纳米科学中心和斯坦福大学化学系的科研团队合作，利用肽分子探针实现了可快速代谢的肿瘤靶向分子诊断。

肽在诊断试剂中最主要的用途是用作抗原检测病毒、细胞、支原体、螺旋体等微生物和囊虫、锥虫等寄生虫的抗体。肽抗原比天然微生物或寄生虫蛋白抗原的特异性强，且易于制备，因此装配的检测试剂检测抗体的假阴性率和本底反应都很低，易于临床应用。用肽抗原装配的抗体检测试剂包括甲、乙、丙、庚型肝炎病毒，艾滋病病毒，人巨细胞病毒，单纯疱疹病毒，风疹病毒，梅毒螺旋体，囊虫，锥虫，莱姆病及类风湿等。使用的肽抗原大部分是从相应致病体的天然蛋白内分析筛选获得的，有些是从肽库内筛选的全新小肽。

大部分肽诊断作用于细胞外靶点，细胞外分子靶点主要是 G 蛋白耦联受体（G protein-coupled receptor，GPCR）。GPCR 家族是最大的受体家族，已经确定的家族成员有 800~1000 个。GPCR 在现代药物开发中占据极其重要的地位，现代药物约 50% 都是以 GPCR 为靶点。这些 GPCR 的共同特点是均具有 7 个跨膜结构域。GPCR 信号一般是通过细胞外的配体与这些 GPCR 相互作用，引起 GPCR 的构象变化，通过激活三联体 G 蛋白调控 GPCR 下游的各种信号路经。 GPCR 家族中的一些受体在特定组织细胞内异常表达，调控人体正常的或异常的生理功能，是药物开发的潜在对象。一些 GPCR 的配体是小分子肽，对这些肽的改造和修饰成为肽药物开发的最主要方向之一。在临床研究中有 39% 肽药物靶向 GPCR，GPCR 包括 GLP-1 受体、GLP-2 受体、趋化因子 4 受体、阿片类受体、生长素受体、黑素皮质素受体、催产素受体等，其他靶点还有细胞因子受体超家族和利钠肽受体家族。随着生物技术的发展，肽的作用靶点逐渐增加，如细胞表面黏附因子、通道分子、酶、缝隙连接蛋白等。针对这些不同靶点开发的肽药物在逐年增加。

（杨晓、陈曦）

参考文献

1. 刘淼，王军.抗菌肽的药物开发与临床应用 [J].中国中医药咨讯,2012,4(5):3-5.

2. 唐川，刘俊成，周兴智，等.蛋白多肽类药物载体应用研究进展 [J].沈阳药科大学学报, 2020,37(1):51-56.

3. 张廷新，李富强，张楠，等.降糖肽的制备，生物学效应及其构效关系研究进展 [J].食品工业科技,2022,43(8):434-443.

4. 观察.利拉鲁肽注射液治疗糖尿病的效果及对不良反应的影响观察 [J].中国现代药物应用,2020(8):183-185.

5. 葛畅，蒋玲.多肽类药物的应用现状分析 [J].临床医药文献电子杂志,2020，7(32):188.

6. 郑龙，田佳鑫，张泽鹏，等.多肽药物制备工艺研究进展 [J].化工学报,2021，72(7):3538-3550.

7. Krcisz P,Czarnecka K,L Królick,et al. Radiolabeled peptides and antibodies in medicine[J]. Bioconjugate Chemistry,2021,32(1):25v42.

8. Ali S,Dussouillez C,Padilla B,et al.Design of a new cell penetrating peptide for DNA,siRNA and mRNA delivery[J].The Journal of Gene Medicine,2021,24(3).

9. Solak H,Gormus Z I S,Koca R O,et al.Does sertraline affect hypothalamic food intake peptides in the rat experimental model of chronic mild stress-induced depression[J]. Neurochemical Research,2022,47(5):1299-1316.

10. Carvalho L,Vieira D P.Evaluation of genotoxic potential of peptides used in nuclear medicine (PSMA-617 and-11,and ubiquicidine 29-41) using a flow-cytometric,semi-automated analysis of micronuclei frequency in cell cultures-ScienceDirect[J].Toxicology Reports,2020,7:304-316.

11. Ciarmiello A.Peptide against CXCR4 for targeted diagnosis and therapy of human tumors[P].2004.

12. Adant S,Shah G M,Beauregard J M.Combination treatments to enhance peptide receptor radionuclide therapy of neuroendocrine tumours[J].European Journal of Nuclear Medicine and Molecular Imaging,2020,47(4):907-921.

13. Qin X,Yi W,Meng L,et al.Identification of a novel peptide ligand of human vascular endothelia growth factor receptor 3 for targeted tumour diagnosis and therapy[J].Journal of Biochemistry,2007,142(1):79-85.

14. Cristina C,Giulia C,Carlo L,et al.VGF peptides as novel biomarkers in Parkinson's disease[J].Cell and tissue research,2020,379(1):93-107.

15. Pramanik A,Gao Y,Patibandla S,et al. Bioconjugated nanomaterial for targeted diagnosis of SARS-CoV-2[J].Accounts of Materials Research,2022,3(2):15.

第三节　肽在日化用品中的应用

作为氨基酸到蛋白质的中间体，肽本身具有修复、调节代谢等诸多功能。因其分子量小，故透皮性很好、生物利用度高。与传统护肤由外向内的方式相比，肽能够真正进入皮肤，激活皮肤细胞自身的修复能力，从根本上改善皮肤问题。并且肽类刺激性低，不仅可发挥去污、起泡、乳化等功能，而且还可发挥寡肽杀菌、润肤和保湿作用，不产生污染。因此，肽在护肤品、口腔用品以及清洁类用品中的应用较为广泛。

一、肽在护肤方面的应用

近年来，全球化妆品市场的销售量每年都在大幅递增，而其中功能型化妆品以其独具的抗衰老、美白、防晒和保湿等多重作用受到消费者的欢迎，是21世纪化妆品行业重要的发展主题。传统的功能化妆品原料多为化学合成或植物提取的小分子物质，而近十多年来明显向生物多糖及肽类等较大分子类物质方向发展。在细胞的代谢循环过程中，起决定性作用的大多是肽类/蛋白质，包括一些特殊的酶和起调节作用的细胞因子肽。人们从天然物质中提取或以仿生的方法设计和合成出了一些活性物质（肽类或蛋白质），有纯植物来源的肽，如以稻米米渣为原料生产的具有极低过敏性的大米肽；有生物体内本身固有而逐渐被科学家发现或以衍生物形式开发的肽。这些肽类参与细胞的组成与代谢，调控细胞内的生理生化反应，为化妆品原料开发和成品设计提供了全新的方向和思路，在国内外各种化妆品中的应用也越来越普遍。

（一）肽的皮肤修复作用的应用

如果机体皮肤受到不同方式的损伤（如烧伤、溃疡、紫外线损等）时，生物活性肽可加快创面修复速度，提高愈合质量。生物活性肽加速受损皮肤基底细胞的增殖与分化，可以达到迅速封闭创面的目的。同时其还具有诱导毛细血管胚芽形成、促进肉芽组织生长、促进受损皮肤再生等作用。肽离体试验证实，生物活性肽能刺激人表皮角化细胞的分裂和增殖。另有试验证实，局部应用含有生物活性肽的乳液能够刺激表皮修复，对角质层增生的减少有很显著的意义。

另外，通过人体皮肤在体试验，证明了生物活性肽的美容护肤作用。使用质量分数为 0.5% 活性肽 3 周后，细胞迁移指数升高，皮肤压缩系数明显减小；同时皮肤增厚，糖皮质激素诱导的皮肤的受损也得以逆转。另外一项双盲试验也证实，局部应用质量分数为 0.1% 细胞因子的护肤面霜 7 天后，诱导成纤维细胞增生 29%，显示对皮肤有保护作用。用活性肽治疗面部磨削后表浅性瘢痕，可缩短愈合时间，并且愈合后的创面平整光滑；用活性肽治疗黄褐斑，可减少色素沉着，增强和维持祛斑效果。

生物活性肽作为生物修复的主要成分，大部分是细胞生长因子，它们可直接或间接影响多种类型细胞的生长、分裂、分化、增殖和迁移，对美容护肤、整形外科、烧伤溃疡以及各种皮肤病的伤口修复与愈合有重要作用。到目前为止，研究发现的生物活性肽有几十种，其中有不少已被添加到美容护肤品中。与美容护肤及皮肤软组织损伤修复关系密切的主要是成纤维细胞生长因子（FGF）。FGF 包括酸性（aFGF）和碱性（bFGF）两种，经临床试验证明，aFGF 对祛色斑、粉刺，增强皮肤弹性，修复受损皮肤等综合效果评价达 93% 以上。该产品具有在人体皮肤环境（pH 值为 5.8）下稳定性高、活性强，与人体皮肤 100% 的亲和性等特点，较 bFGF 更能高效、持久地发挥综合美容养颜效果。

（二）肽的抗皱、防衰老作用的应用

人体走向衰老的一个重要表象，就是皮肤逐步老化，失去光泽，而这通常都是由于内源性和外源性的原因共同作用产生的。外源性因素如工作压力、环境污染物刺激、紫外线照射等会导致人体内的氧自由基数量增加。这就造成皮肤中的纤维细胞发生脆化，出现皱褶、破裂等现象，还可导致皮肤表面松弛和黑色素出现的概率增加，皮肤老化也会越来越明显，严重的可能会出现萎缩、老年斑等。而生物活性肽在一定程度上可帮助清除体内自由基，提高人体超氧化物歧化酶、过氧化氢酶等一些抗氧化性酶物质的生物活性，减少脂质过氧化物中丙二醛的水平来达到抗氧化作用。

在一项人体临床研究中，受试对象为约 40 名女性志愿者，年龄 23~45 岁，随机分成两个组，受试者分别将受试的样品肽以及安慰剂涂于左右眼角，每天 2 次，使用 8 周。结果发现生物活性肽对人体细胞增殖和衰老表皮修复具有促进作用，并且对人体皮肤上的皱纹程度有明显改善。由此证明，生物肽可以作为人体皮肤抗衰老产品的功能性原料。其具体的作用表现为：①影响皮肤表皮活性，刺激细胞迁移，加速表皮修复愈合；②在真皮中刺激纤维细胞活性，强化细胞外基质收缩，促进皮肤伤口的再愈合和再生功能；③降低紫外线、污染物等对皮肤的损害，强化皮肤弹性，延缓皮肤衰老。

（三）肽在皮肤抗菌方面的应用

皮肤频繁与环境中的微生物接触而不被感染，是因为表皮抗菌肽起了重要作用。抗菌肽是在多种生物体中表达的具有抗菌活性的肽类物质总称。科研界早就已经从植物、鸟类、昆虫等生物体当中发现了上百种抗菌肽。抗菌肽含有10~50个氨基酸残基，成熟的抗菌肽来源于前体蛋白的水解。大多数抗菌肽由于富含碱性氨基酸而带净正电荷。抗菌肽作为抵御外界微生物的第一道防线，有强大而广泛的抗菌功能。抗菌肽的特性是可以溶解细菌，起到抑菌杀菌的作用。

抗菌肽的抗菌机制中最普遍被接受的是：带净正电荷的抗菌肽与带负电荷的微生物细胞膜相互作用，从而改变膜结构，导致细胞质外流，最终引起微生物死亡。在众多的抗菌肽与细胞膜作用的模型中，一个广为接受的模型是Shai-Mat-suzaki-Huang（SMH）。该模型认为，抗菌肽与微生物细胞膜相互作用，通过替换膜磷脂，从而改变微生物的膜结构，导致微生物死亡。

研究发现，两栖动物皮肤中富含天然抗菌肽，相对于其他生物组织而言，两栖动物皮肤贡献了数量和种类更多的抗菌肽。而研究者已从两栖动物皮肤中得到100多种抗菌肽。两栖动物皮肤光滑、裸露，没有鳞片、甲壳和毛发的保护，并分泌富含营养的皮肤液。它们一般生活在潮湿环境中，这样的环境无疑很适合微生物的繁殖。淋巴细胞极稀少的两栖动物能够生存在这样的环境中主要依赖于它们皮肤分泌物中的抗菌肽。抗菌肽具有抗菌效率高、抗菌谱广等优点，而且还不易引起微生物的耐药性。很多抗菌肽在很低的浓度水平就能发挥强大而广谱的抗菌活性。

抗菌肽对于皮肤中的痤疮有良好作用，可以用于治疗粉刺、暗疮、痤疮等。中国科学院通过构建细胞研究模型，从金环蛇中找到了一种抗菌肽，可以用于治疗痤疮。经过研究表明，这类抗菌肽对人体的痤疮有良好的治疗作用，可以抑制炎性因子的分泌，减少超氧阴离子的产生，从而抑制痤疮丙酸杆菌诱导而生的小鼠的肉芽肿性炎症。根据德国蒂宾根大学教授比吉特·席特克和卡尔斯鲁厄理工大学阿纳·乌尔里希领导的研究小组发现，人体汗腺也可以产生一种具有杀菌和抑菌作用的人源性肽（DCD），这种肽可以通过汗液分布在皮肤表面，维持皮肤表面的菌群稳定，也可在致病细菌的细胞膜上形成离子通道，破坏其膜电位，以防皮肤受到细菌感染。因此，DCD可在皮肤炎症、暗疮、痤疮、特应性皮炎以及皮肤瘙痒等美容护肤品中应用。

（四）肽在护肤品中的应用

近几年，国内活性肽在皮肤美容抗衰老化妆品中的应用发展很快，诞生了很多活性肽皮肤抗衰老制剂及美容护肤品。此外，肽在各种化妆水乳、香波、护肤膏、晚霜、面膜等也有应用。国内对于肽护肤品的研究越来越深入，越来越多的产品选择使用肽，肽护肤品也成了研究热点。生物活性肽在护肤品中的应用见表5-7。

表 5-7　生物活性肽在护肤品中应用

序号	肽名称	作用	功效
1	棕榈酰三肽 -1	是一种 matrikine 信号肽，作用于真皮层，能促进细胞外基质如胶原蛋白和糖胺聚糖的合成，加强真皮层，使皮肤变得更厚、更紧致，皱纹得到舒缓，对抗紫外线照射的能力更强	抗皱、舒缓、修复、抗炎、锁水、抗衰老
2	棕榈酰四肽 -7	帮助改善皮肤弹性，延缓和抑制过量细胞白介素的生成，从而抑制皮肤的炎症反应和糖基化损伤	抗衰老
3	棕榈酰三肽 -5	通过组织生长因子（TGF-β）刺激皮肤胶原蛋白合成，达到抚平皱纹和紧致肌肤的抗皱目的	抗皱
4	棕榈酰五肽 -4	穿透真皮增加胶原蛋白，通过从内至外的重建逆转皮肤老化过程；刺激胶原蛋白、弹力纤维和透明质酸增生，提高肌肤的汗水量和锁水度，增加皮肤厚度，减少细纹	抗皱、抗衰、修复、锁水
5	棕榈酰三肽 -8	含 3 个氨基酸的多肽，可有效修护和舒缓受损皮肤，帮助皮肤重获健康平衡状态	修护、舒缓、抗炎
6	棕榈酰六肽 -12	阻断神经肌肉间的传导功能，避免肌肉过度收缩，防止细纹形成；有效重新阻止胶原弹力，增加弹力蛋白的活性，抚平皱纹，改善松弛	抗皱
7	乙酰基四肽 -22	增强皮肤耐受性，为皮肤提供保护，对抗每天遇到的各种不良应激如氧自由基、时差、脱水、紫外照射等对皮肤的伤害，保持皮肤活力	修复、抗衰
8	乙酰基六肽 -8	局部阻断神经传递肌肉收缩信息，影响皮囊神经传导，使脸部肌肉放松，达到抚平动态及细纹；有效重新组织胶原弹力，增加弹力蛋白活性，使脸部线条放松，抚平皱纹，改善松弛	抗皱
9	乙酰基六肽 -1	通过与黑色素皮质素受体 (MC1-R) 结合促进黑色素生成，可作为一种自然的光保护因子和炎症调节剂；促进黑色素从黑素细胞转移到角质形成细胞，从而促进皮肤或毛发着色	黑发、抗衰、抗炎、舒缓、修复
10	乙酰基四肽 -5	消除水肿，提高皮肤弹性和光滑度；抑制糖化作用，达到减轻眼袋和抗皱功效	抗皱、祛黑眼圈、减轻眼袋
11	乙酰基四肽 -2	有效增强皮肤抵抗力，帮助表皮再生，抚平皱纹	抗皱
12	乙酰基四肽 -9	刺激人基膜聚糖的合成，作用于胶原蛋白1，促进真皮重塑，达到紧致和丰满皮肤的效果；有效提高皮肤含水量	补水、紧致
13	寡肽 -1	有效抑制细胞变性，增强免疫功能，减少胶原蛋白流失，从而改善松弛；帮助受损细胞修复，提升细胞新陈代谢，减少肌肤氧化，淡化皮肤皱纹；清除对人体有害的自由基，减少色素沉积等问题	抗皱、抗衰、修复、淡纹、美白

序号	肽名称	作用	功效
14	类蛇毒多肽	是一种类似蛇毒毒素结构的活性肽，在减少动态纹的功效方面是类肉毒素杆菌的5倍，其通过抑制肌肉收缩而减少皱纹产生	抗皱、抗衰
15	肌肽	具有潜在的抗氧化剂和抗糖基化活性，阻止乙醛诱导的非酶糖基化和蛋白质耦联，维持机体pH平衡	抗衰
16	铜肽	促使皮肤上皮组织再生，恢复肌肤年轻，减少粗细皱纹与疤痕，改善肌肤弹性，使角质细胞和纤维母细胞增生，使皮下组织增厚、肌肤不再脆弱敏感；让保养品在脸上能被最大化地被吸收利用	舒缓修护、生发、除疤、防脱发、抗皱
17	十肽-12	抑制酪氨酸酶合成，从而有效（40%）减少黑色素产生，最大化地淡化因色素过度沉积产生的黄褐斑、雀斑、老年斑、晒斑、肤色不均和光损伤；没有其他美白成分的毒副作用，如过敏、泛红和刺激等	美白祛斑
18	九肽-1	通过抑制促黑激素（MSH），减少黑色素生成，阻止黑色素过度产生	美白祛斑
19	六肽-9	由6个氨基酸组成，是一种非常稳定的胶原蛋白肽。由于其结构在人体胶原蛋白Ⅳ和ⅩⅦ（两种关键基膜胶原蛋白）的结构中同时存在，故表现出全面且显著的抗皱修复功效，并且对痘印有很好的修复效果；还有明显去除眼部皱纹和眼角鱼尾纹的效果	抗皱、修复、抗衰

不同的肽都有各自的护肤功效，如类蛇毒肽可以与乙酰胆碱受体结合，局部阻断神经传递肌肉收缩信息，使脸部肌肉放松，以达到抚纹祛皱的目的；蜂毒肽的主要功效是抗炎、抑菌、抗辐射、抗病毒、抗衰老；除了类蛇毒肽、蜂毒肽，很多肽都有修护皮肤肌底、抗皮肤老化、抑菌、紧致提拉皮肤等护肤功效。肽在护肤品中的应用越来越广，成为当前的研究热点，也是诸多皮肤美容、抗衰老护肤品中关注度较高的原料之一。

二、肽在口腔健康用品中的应用

肽在口腔健康用品中的应用包括牙膏、漱口水、口腔创面敷料等的应用。其在不同方面的应用体现了肽的不同功能属性，主要是其抗菌抑菌作用，其次是防止脱矿和成膜阻隔作用。

（一）抗菌肽在口腔中的应用

目前，抗菌肽在口腔中的应用研究还相对匮乏，但口腔中多种疾病如牙周炎、龋病、黏膜病等都与多种细菌、真菌密切相关，而抗菌肽对某些牙周致病菌的高效杀菌、抑菌作用为牙周疾病的药物治疗提供了新方法。

1. 牙周病防御

牙周病是指发生于牙龈、牙周膜等牙齿支持组织的慢性炎症性疾病。其发病主要是因为菌斑微生物黏附在牙齿表面后与宿主发生免疫反应，从而造成牙周组织病变。作为口腔中参与感染免疫的重要抗菌肽，β-防御素和LL-37凭借其抗感染和免疫调节作用，能及时有效地识别并杀灭牙周致病菌。

（1）β-防御素 β-防御素（hBD）是一类富含二硫键的阳离子型肽，广泛分布于真菌、植物与动物中，是生物免疫系统中的重要调节分子。此外，防御素具有直接的杀菌功能，是一类重要的抗菌肽。hBD对伴放线杆菌、具核梭杆菌、变形链球菌、白念珠菌、非白念珠菌等牙周病原菌有抑杀效果；β-防御素-2（hBD-2）和β-防御素-3（hBD-3）对人类免疫缺陷病毒（HIV）和单纯疱疹病毒（HSV）也有抑制作用。

hBD主要由口腔上皮细胞和唾液腺分泌，其表达调控主要在转录层次。Mathews等分析了口腔不同组织hBD的mRNA水平，在齿龈、腮腺、口腔黏膜和舌都检测到hBD-1mRNA，仅在齿龈黏膜检测到hBD-2mRNA，特别是在炎症组织中含量较高。To等将人齿龈组织移植到Nu/Nu裸鼠皮下组织，在牙龈卟啉单胞菌侵染2h内，测出牙龈上皮部位hBD-2mRNA增加，说明hBD-2在防御牙龈早期感染中起重要作用。

（2）LL-37 LL-37是cathelicidin羧基末端具有抗菌活性的α-螺旋肽段。其在口腔中心粒细胞以及上皮细胞均可表达，但齿龈中心粒细胞仅在炎症部位有较高表达。牙周疾病患者龈沟液LL-37浓度显著高于健康个体。LL-37可破坏病原菌的细胞膜，或与细胞壁脂多糖结合。白色念珠菌侵入黏膜的第一步是黏附宿主细胞，低浓度的LL-37不能杀死白色念珠菌，但可与白色念珠菌的细胞壁甘露聚糖等结合，抑制黏附和聚集，降低其侵染能力。LL-37还可与齿垢密螺旋体的MSP蛋白（major surface protein）快速结合。LL-37的抗菌活性可被口腔黏液素抑制，但唾液可保护LL-37免受病原物分泌的蛋白酶（如牙龈素或dentilisin）降解。Hosokawa等研究表明，在牙周炎患者的牙龈炎症组织中，中性粒细胞可表达LL-37，且相对于健康的牙龈，炎症组织中LL-37的表达水平明显升高，牙周损伤越严重，牙龈缝隙深度就越大，而牙龈组织匀浆中LL-37的水平与牙龈缝隙深度呈正相关。

2. 龋病

龋病（龋齿）是一种常见的口腔细菌性疾病，也是学龄前儿童牙齿缺损的常见原因。研究者发现唾液中抗菌肽含量与儿童龋齿具有相关性。Histatin是一类富含组氨酸的阳离子肽，可广谱抗细菌、真菌，除了破坏病原菌细胞膜，histatin-5可以结合白色念珠菌HSP70型细胞的表面蛋白，而后进入细胞导致其死亡。Histatin是人唾液中非常重要的伤口闭合刺激因子，可进入牙面的菌膜，抑制牙面细菌生长。

链球菌是与龋齿有关的主要病菌之一。离体试验表明，人或牛乳铁蛋白肽可杀死多种口腔链球菌。Fine 使用变性链球菌的亲和层析柱分离出唾液中的活性成分，经 MALDI-TOP 和 Western blot 检测吸附洗脱得到乳铁蛋白肽，该肽杀菌活性区域的 47 位产生了精氨酸向赖氨酸的突变，而从中度龋齿患者唾液中分离得到的野生型分子却不能杀死变性链球菌。因此，根据突变后的肽序列合成可以杀死变性链球菌及其他龋齿相关细菌的肽，应用在龋齿防治产品中，并减少牙蚀。目前市面上已有很多含有牛乳活性肽的漱口水和牙膏，用以抑制口腔细菌、清新口气。

3. 口腔环境保护

与以上所述的阳离子抗菌肽不同，calprotectin 是两个阴离子肽组成的二聚体，由中性粒细胞、单核细胞、巨噬细胞和上皮细胞表达，在紫外线辐射等胁迫下或受到补体因子和促炎症细胞因子的诱导而上调表达。其在龈沟液的浓度与牙周炎的严重程度呈正相关。在受到 Epstein-Barr 病毒或单纯疱疹病毒侵染的口腔角质细胞中，其表达量会增加。在体外实验中，表皮细胞表达 calprotectin 可预防牙龈卟啉单胞菌侵染。另外，calprotectin 对白色念珠菌、新型隐球菌也有抑菌效果，其作用机制可能与其对锌离子等微生物生长所需 2 价金属离子的螯合能力有关。

牙周疾病的特点是在牙齿和齿龈组织上形成混合牙菌斑或生物被膜（biofilm）。传统的机械清创处理配合药物治疗存在很大的局限性，主要表现在：①双氯苯双胍己烷、双辛氢啶等消毒剂会引起呕吐、腹泻等不良反应；②抗生素可能加剧牙周生物被膜启动的一系列炎症和免疫反应，破坏齿龈组织，导致齿槽骨和牙齿缺失；③针对生长缓慢的生物被膜菌群，抗生素的治疗效果较差。相比之下，抗菌肽杀菌谱较广，不易产生耐药菌株，作用迅速，对生长缓慢的细菌同样有杀菌效果，并能阻断细菌毒素的炎症反应，可用于牙科疾病的预防。

抗菌肽是生物体先天性免疫防御系统的重要组成部分，可有效抵御外界微生物的入侵并调节机体免疫功能。抗菌肽对多种口腔致病菌有高效的抑制、杀灭作用。因此，抗菌肽有望开发成为一类新型高效抗菌药物或复制治疗药物，为口腔多种疾病尤其牙周疾病的治疗提供新的可能。

（二）肽防止脱矿的应用

近年来，人们注重在细菌学基础上从生物化学角度观察和研究龋病的病因，把牙齿龋坏过程看作是唾液 pH 降低时牙釉质间歇性脱矿和 pH 上升时再矿化现象的长期交替进行过程。唾液中磷酸钙的饱和程度可影响牙齿结构的稳定性和再矿化作用。正常情况下，唾液中的钙、磷浓度足以使磷酸钙饱和，能阻止牙体硬组织脱矿或对已脱矿的早期釉质龋进行再矿化。当致龋因素使其 pH 下降，出现磷酸钙的未饱和状态时，矿物质便溶解于唾液中。生物矿化物质可以保护未感染的牙本质，最大限度地保存牙体组织，主要包括仿生多肽、酪蛋白磷酸肽等物质。

仿生多肽是从人体蛋白中筛选出有特定功能的多肽序列,再通过体外合成的方法得到具备相同序列及重要生理功能的多肽。它通过改变多肽序列,从而达到改变胶原或蛋白质的目的,影响离子转换和羟基磷灰石的沉积过程,进而改变脱矿和再矿化过程。张力等在研究中发现一种现代生物工程技术制备的磷酸肽物质,它的主要功能与唾液中的富酪蛋白(Sttaherin)相似,可保持唾液中较高浓度的钙磷,可显著抑制牙齿脱矿、促进牙釉质再矿化,从而保护和修复牙釉质。Bagheri 等发现富亮氨酸釉原蛋白多肽在体外能模拟釉原蛋白功效,促进脱矿釉质仿生再矿化,引导无定形磷酸钙转变为有序排列的磷灰石晶体,调控釉质再矿化。生物矿化物质具有优良的安全性、稳定性及生物相容性,是通过改变离子循环和牙齿中的胶原蛋白来改善龋病等口腔问题的,随着深入研究,有望开拓防龋药物新纪元。

(三)肽成膜阻隔的应用

口腔液体创面敷料由纯化水、聚乙烯醇、酒精、甘油、植物提取物和生物肽组成。该产品主要是由生物肽形成的多聚阳离子不定型敷料。由于生物肽带有较强的正电荷且具有两亲性的特征,所以将其用于口腔创面后可形成一层阳离子网状膜,该膜可以选择性地与带负电荷的致病菌通过静电作用相互结合,物理阻隔病原微生物,保护益生菌,维持口腔微生态平衡,从而全面实现保护创面作用。目前市面上已有将小分子活性肽添加到牙膏中用于口腔黏膜修护、提升口腔自我修护和抵抗细菌能力等的产品。

三、肽在清洁洗涤剂中的应用

清洁剂是一种液体状态的用来洗涤衣物、清洗用具或清洁家具等物品的清洁产品。它含有多种新型表面活性剂,具有去污力强、漂洗容易且对皮肤无刺激的作用。清洁洗涤剂范围广泛,包括与皮肤接触的洁面清洁剂、洗发露、沐浴露、洗手液等,以及品种繁多的非皮肤清洁剂,如专为居室用的硬表面清洗剂、厨房去油除污的专用洗涤剂、厕卫除垢除臭的专用清洁剂等。

目前暂未发现肽在非皮肤清洁剂中的应用,可能与其成本以及市场价值有关。然而,肽在皮肤类洗护产品中应用较多,如富含疏水和碱性氨基酸残基的肽具有抗菌性;表皮细胞生长因子(EGF)等能促进表皮细胞分裂,修复受损皮肤;胶原蛋白肽等具有很好的锁水效果。将这类肽应用在清洁类产品中能发挥修复、抗菌和保湿等作用。

肽作为清洁产品添加剂有以下 2 种方式:①直接将肽添加到洗护用品中,发挥肽的活性肽功能。如周小华等发明的接枝壳聚糖的水解胶原蛋白结合了胶原蛋白和壳聚糖的优点,不仅能有效锁水、保湿护肤,还能抑制细菌增长,尤其适合敏感性皮肤；将其添加到洗发产品中能有效抑制头皮屑的产生，保持头皮水油平衡；水解蚕丝蛋白得到的丝素肽相对分子质量在 1000~10000Da 时，可在皮肤和头发表面形成一层膜，能防止水分过多蒸发，调节表面小空间的湿润度，将丝素肽添加到洗发护发产品中，可增加头发的弹性和光泽，并能避免烫发剂和染发剂等化学物质对头发的直接损伤，达到美发护发的功效。②以肽或肽衍生物为原料生产氨基酸系表面活性剂，如将月桂酰谷氨酸钠、月桂酰肌氨酸钠添加于洁面洗发产品中作为主要清洁成分，是比较温和的起泡剂，可减少月桂酰氯对皮肤的刺激性。月桂酰赖氨酸则添加在高端化妆品中用于粉体的表面处理，赋予粉体很好的贴肤感、柔滑感及疏水性。但是由于制备氨基酸表面活性剂的原料主要是合成氨基酸，而其原料来源不稳定且价格较高，所以人们开始研究开发复合氨基酸表面活性剂。如孙建军等利用脱脂豆粕合成 N- 月桂酰基氨基酸表面活性剂；粟晖等用蚕蛹蛋白合成 N- 月桂酰基复合氨基酸表面活性剂。复合氨基酸表面活性剂是由直接降解得到的天然氨基酸或肽混合物与月桂酰氯反应得到的，可以兼顾多种氨基酸的优点，而且原料供应稳定性高、价格低廉。

肽作为清洁产品添加剂的具体应用案例包括丝蛋白肽、小麦蛋白肽、酵母蛋白肽起抗刺激剂、保湿剂、成膜剂的作用，在香波和皮肤清洁剂中的添加量一般在 0.2%~5%；水溶性胶原肽、脱酰胺胶原血清白蛋白肽等在皮肤中主要具有保湿、调理和保护作用，建议其在香波和皮肤清洁剂中的使用浓度为 0.01%~0.5%。将肽作为清洁产品的添加剂，不仅能有效发挥去污、起泡和乳化等功能，而且还有杀菌、润肤和保湿的效果，对头发和皮肤作用温和，对环境不造成污染，易于降解。

（杨晓、陈曦）

参考文献

1. Nelson A M, Ortiz A E. Effects of anhydrous gel with TriHex peptides on healing after hybrid laser resurfacing[J]. Journal of Cosmetic Dermatology, 2022, 19(4): 925-929.

2. Wang J V, Elizabeth S, Nazanin S, et al. Platelet-rich plasma, collagen peptides, and stem cells for cutaneous rejuvenation[J]. The Journal of clinical and aesthetic dermatology, 2020, 13(1): 44-49.

3. P Ledwoń, Errante F, Papini A M, et al. Cosmeceutical peptides in the framework of sustainable wellness economy[J]. Frontiers in Chemistry, 2020, 8: 1-8.

4. Hill R G, Chen H, Lysek D A, et al. An in vitro comparison of a novel Self-Assembling Peptide Matrix Gel and selected desensitizing toothpastes in reducing fluid flow by dentine tubular occlusion[J]. Journal of dental and maxillofacial research, 2020, 3(1).

5. 黄兰, 王琴, 葛颂. 自组装肽在牙体牙髓牙周病学领域的研究进展及应用热点[J]. 中国组织工程研究, 2022, 26 (10) : 1703-1709.

6. 谭易, 古丽莎. 抗菌十肽 KSL 的抗菌能力及其在口腔医学中的应用 [J]. 中华口腔医学研究杂志 (电子版), 2016, 10(4):293-295.

7. 单承莺, 马世宏, 张卫明. 新型天然肽类原料在化妆品中的应用和研究进展 [J]. 2015, 34(4):31-33.

第四节　肽在动物饲养中的应用

随着对生物活性肽研究的深入，肽的应用开发已经不仅仅在人类的食品上，还在不断向其他的领域探究，如在动物饲养中的应用，包括宠物食品、饲料、动物生产等。肽拥有特殊的营养生理作用，以肽形式供给动物蛋白质营养时，可提高动物对蛋白质的利用率，增强动物免疫力和防病抗病能力，改善动物产品的品质，更好地发挥动物的生产潜能。

一、肽在家畜生产中的应用

肽在动物营养代谢中占据重要地位，在动物饲料中添加肽制品，可提高氨基酸利用率，减少疾病发生，充分发挥其生产性能，提高经济效益。

（一）肽在单胃动物生产中的作用

胶原蛋白肽可作为动物饲料的原料，能显著促进毛发生长和生长发育，提高产奶量等。在哺乳母羊的饲料中加入一定量的胶原蛋白粉，可增加母羊饲料的摄入量，提高母羊的营养水平，进而提高产奶量、改善奶的品质。李二凤等发现在牧区的羊饲料中添加胶原蛋白肽，发现羊发生疾病的概率大大减小，而且羊毛顺滑细致。研究表明，在肥育猪日粮中添加胶原蛋白肽粉的比例在 6% 以下时，其育肥效果与鱼粉或豆粕相当；当添加量大于 8% 时，其生产性能及消化率降低，这是因为胶原蛋白本身消化率较低，且胶原蛋白进入肠胃之前或之后吸潮变黏，导致肠道食糜黏稠度增高，从而干扰养分的消化和吸收。

Sarah 等认为，优化蛋白质营养不能仅仅是对饲粮进行大致的氨基酸平衡。因为蛋白质能以肽的形式被较快吸收，这比单独提供氨基酸的吸收率更高。因此，蛋白质营养的未来是肽营养。高启平的实验表明，饲喂含蛋清蛋白饲粮的鸡胃肠道各段食糜总寡肽量、增重、整体及胸肌蛋白质生长率显著高于饲喂游离氨基酸饲粮组。Dean Zimmerman 用猪组织水解制品（DPS 富肽产品）取代仔猪饲粮中的乳清粉添加率分别为 6% 和 12%。结果表明，含 6% 的处理组在 2 周内具有较高的采食量和日增重。Parisini 等在猪的日粮中添加少量肽，发现可显著提高猪的日增重、蛋白质利用率和饲料转化率。汪梦萍等在仔猪饲粮中添加 0.3% 的富肽制剂，结果得出同上述类似的结论：增重差异极显著且饲料转化率提高 11.6%。萨仁娜等研究表明，1~6 周龄肉仔鸡那西肽组平均日增重比对照组提高 11.43%，且那西肽还能缓解因维生素缺乏而造成的体重下降。吴东等研究结果发现，在产蛋种鹅的日粮中添加小肽，种鹅的采食量、受精率、产蛋率、入孵蛋孵化率、健雏率和总蛋白、钙磷沉积量均有所增高。

（二）肽在反刍动物生产中的应用

Pocius 等研究表明，在奶牛日粮中添加小肽能够显著提高奶牛的产奶量，其原因可能是小肽与氨基酸相互独立的吸收机制，有助于减轻由于游离氨基酸之间相互竞争共同吸收位点而产生的吸收抑制，进而影响动物体内蛋白质代谢，提高产奶量。另有报道，黑白花奶牛吸收的谷胱甘肽在乳腺 GT-Pose 的作用下降解为 Gly-Gys，可作为原料促进乳蛋白合成。

瘤胃中存在相当数量的肽，平均浓度可达 1500mg/L，远远高于游离氨基酸的浓度 70mg/L。尽管大多数瘤胃微生物能利用氮和氨基酸作为氮源生长，但是肽合成微生物蛋白质的效率高于氨基酸的效率。因此，寡肽能刺激反刍动物瘤胃常驻菌群的生长繁殖，增加有益菌群合成菌体蛋白的数量，这表明外源性生物活性肽对瘤胃微生物具有一定的营养作用。还有研究表明，使用 1~100mg/L 的小肽 - 氨基酸混合物可增加牛瘤胃中有益菌合成菌体蛋白的数量，而 10mg/L 是小肽最理想的浓度。肽可以刺激瘤胃中细菌的生长，Cengiz Atasoglu 研究饲料中的肽浓度影响绵羊瘤胃内的发酵速率，发现只添加氨基酸时不能刺激瘤胃发酵和微生物生长。Wallace 研究绵羊小肠乙酰化肽对大鼠的营养价值，结果表明某种特定的肽乙酰化饲喂大鼠仍具有很高的营养价值，但存在乙酰化肽利用率不高的问题。乙酰化肽尽管能避免绵羊瘤胃的降解到达小肠并被吸收，但其利用率存在问题，因此如何利用肽类才能既确保其不被反刍动物瘤胃降解，又能有较高的利用率仍需进一步探讨。

（三）肽在水产养殖生产中的应用

鱼类对饲料蛋白质的需求比畜禽要高得多。畜禽日粮中的蛋白质含量一般在 20% 以下，而鱼类饲料的蛋白质水平一般都在 20% 以上，有的肉食性鱼类则高达 60%。因此，小肽作为蛋白质的主要消化产物，在水产中的应用显得尤为重要。其可显著提高水产动物的采食量，改善饲料转化系数，增强免疫力，减少水产养殖动物的发病率。Scheppach 等报道，给鱼口服小肽制品能提高鱼苗的生长和繁殖。这是因为小肽能有效刺激和诱导小肠绒毛膜刷状缘酶的活性上升，促进动物的营养性康复，从而增强水产动物的采食与消化吸收功能。甘晖研究发现，小肽制剂可提高建鲤的生长速度、饲料利用率，还可改善日粮适口性，其中最适添加量为 1%。Shim-eno 等在欧鳗日粮中添加 2% 和 4% 的小肽制品，结果发现欧鳗的特定生长率有明显提高，分析认为小肽制品能起诱食作用，增加欧鳗采食量，从而间接促进欧鳗的生长。

在水产动物日粮中添加适量小肽，可显著提高南美白对虾的相对增重率和体长增长率。不同水平的小肽制品添加量的作用效果可能与水产动物对小肽的最适需要量有关。小肽和氨基酸一样，存在平衡和最适添加量的问题，而且水产动物对小肽吸收耗能少，节约了小肽代谢吸收过程中的能量的消耗，从而促进水产动物的生长和增重。同样，在草鱼的日粮中添加一定比例的小肽可提高饲料表观消化率和蛋白质消化率；增加血液循环中生物活性肽的含量；减少肝、胰脏和肠系膜脂肪堆积；提高机体对日粮中氨基酸的利用率，从而增加体内氮沉积。Zambonino 等报道，用小肽代替部分海鲈鱼鱼苗日粮中的蛋白质原料后，鱼苗的生长速度和存活率提高，还能极大地减少骨骼的畸形现象。大量的试验结果表明，肽在水产养殖中可增强水产动物的免疫力，提高其养殖成活；提高水产动物消化酶活力，促进吸收；提高水产动物体内蛋白质的合成能力，促进水产动物的生长；增强水产动物的免疫力，提高其成活率；改善饲料风味，促进水产动物摄食；提高水产动物对各种矿物质元素的吸收利用率。

总之，肽营养作为蛋白质营养的一部分，在动物生产中具有其营养的必需性。在饲料生产中为了解决蛋白质资源匮乏，在畜禽饲料中常使用合成氨基酸，以降低饲料粗蛋白的含量，从而降低成本和减少氮对环境的影响，但当粗蛋白降得太低时，畜禽的生产性能也会明显下降。因此，为了既使畜禽能达到最大生长速度，又能节约蛋白资源的有效方法是在畜禽饲料中添加一定量的肽或肽制品，但动物对肽和肽制品的利用机制还需进一步探讨。

二、肽在宠物饲养中的应用

近年来，宠物行业在我国呈现生机勃勃的发展态势。其中，宠物食品的发展倍受关注。而宠物饲料与食用动物饲料不同，除了需要提供全面均衡的营养，以满足宠物肌肉、骨骼、血液、毛发及其他器官的生长发育外，还要考虑宠物的毛发、体型及不同生理时期的特殊需求。市场的相关数据显示，2017 年至 2020 年，我国宠物食品生产企业的增长率在稳步上升。2018 年 4 月 27 日农业农村部公布的《宠物饲料管理办法》及配套规范性文件，以及社会对宠物的关注，都带动了宠物食品研发、进出口贸易及上下游相关产业的蓬勃发展。而在宠物食品中加入肽也成了一个新的研究方向。肽易被消化吸收，并对生物体有降血压、降胆固醇、抗菌、抗病毒、抗肿瘤、抗氧化、提高机体免疫力等作用，在生产中能够改善粮食的适口性、提高动物生产性能，食用安全性较高。

传统的宠物干、湿粮基本是用不同的动物肉粉做成的粮食，宠物在幼年期或老年期时，若食用直接用肉粉做的粮食，则各方面的营养吸收都没有宠物肽粮食的营养吸收率高，因为酶解后肉粉的营养物质更容易被机体吸收。肽饲料近几年来一直都是研究热点，肽饲料是蛋白质的酶解产物，是机体氨基酸的供体，经胃肠黏膜可以被直接吸收，且不会与饲料中的氨基酸造成拮抗，也比混合饲料氨基酸的吸收率高，可以满足动物对氨基酸的更多需求。宠物肽食品相比传统的宠物粮优势作用如下。

（一）提高宠物生长性能

肽类制剂具有重要的营养作用，可以消除游离氨基酸的吸收竞争，提高蛋白质的合成。同时，某些具有特殊生理活性的小肽，能够直接被机体吸收，参与机体生理活动和代谢调节，从而提高生长性能。生物活性肽对宠物的消化功能、蛋白质代谢、脂类代谢、免疫功能等均有生理活性作用。饲粮中添加少量肽类可以显著提高生长性能和饲料利用率。

（二）提高机体免疫力

研究发现，某些生物活性肽既具有抗菌活性又具有抗病毒活性，并可以促进肠道内有益菌的生长，提高消化吸收功能和机体的免疫能力。前文已有相关概述，可参见"免疫调节肽"部分。研究表明，免疫活性肽能够增强机体免疫力，刺激淋巴细胞增殖，增强巨噬细胞的吞噬功能，提高机体抵御外界病原体感染的能力，降低发病率。

（三）提高宠物食品的风味及诱食作用

某些生物活性肽（BAP）可以改善饲料的风味，提高饲料的适口性。具有不同氨基酸序列的活性肽可以产生酸、甜、苦、咸等。甜味肽典型的代表是二肽甜味素（阿斯巴甜）和阿力甜素（阿粒甜），具有味质佳、安全性高、能量低等特点。根据Jin等利用现代仪器分析表明，酶解大米蛋白可以分离出具有代替谷氨酸钠（MSG）的风味肽，呈现鲜味。李明等研究表明，大米蛋白风味肽也可以作为宠物食品，可有效掩盖苦味，增强食品的黏度，改善其风味，并且其来源安全可靠、无毒副作用。此外，赖氨酸二肽被证明是二肽甜味素有效的替代品，因其不含酯类物质，故在食品加工和贮藏过程中更加稳定。李清等在喂养鲤鱼的日粮中添加活性肽，发现能促进鲤鱼机体蛋白质的合成，提高鲤鱼肌肉肌苷酸和几种呈味氨基酸含量，具有提高鲤鱼风味、改善鲤鱼肌肉品质的作用。

（四）提高矿物质元素的利用率，促进骨骼生长

一些肽能够提高矿物质的利用率，被称为矿物元素吸收促进肽，这类肽主要来源于酪蛋白。研究表明，大豆活性肽可促进钙吸收。大豆肽具有与钙及其他微量元素有效结合的活性基团，能形成有机钙肽络合物，从而大大促进钙吸收，将其添加到宠物食品中可达到补钙目的。此外，生物活性肽还能与铁、硒、锌等多种微量元素结合，形成有机金属络合肽，是吸收和输送微量元素很好的载体。日粮中添加小肽制品后，血浆中的铁离子和锌离子含量显著高于对照组。在断奶仔猪的日粮中加入肽，不仅可以大幅度提高仔猪体内铁、硒、铜

等微量元素的含量，提高日增重和猪群整齐度，而且可以有效抑制免疫抑制病的发生。

（五）替代抗生素

添加抗生素可以预防疾病和感染的发生，但随之而来的是环境污染、抗药性以及药物残留等问题。研究发现，一些环状肽、糖肽和脂肽具有抗生素和抗病毒样作用，可作为健康促进剂取代抗生素。

如抗菌肽易消化吸收，可作为新型绿色饲料添加剂取代或部分取代目前饲喂动物所用的抗生素，减少抗生素对动物体的危害及药物残留问题，并可对抗病原微生物的耐药性。另外，抗菌肽的热稳定性一般较高，这一特性使其成为动物饲料中理想的防腐剂替代品。因此，利用基因工程技术体外生产抗菌肽以替代传统的抗生素，或作为环保型饵料添加剂具有广阔的前景。

随着养宠物的人越来越多，宠物粮食市场越来越大，宠物粮食相对于食用动物饲料开设的课题也越来越多。由于肽能被机体更好地吸收，所以人们对肽粮的研究也越来越深入。市面上宠物食品的原料添加剂如肽肉粉类、肽肝浆类等层出不穷。由此可见，宠物肽粮食的发展前景越来越好。

（杨晓、陈曦）

参考文献

1.欧秀琼，钟正泽，黄健，等.水解胶原蛋白肽粉在生长肥育猪日粮钟的应用研究[J].四川畜牧兽医,2000,5,27(110):26-28.

2.郭金玲，尹清强，李小飞，等.脂蛋白替代鱼粉等优质蛋白对哺乳和断奶仔猪生产性能的影响[J].中国畜牧杂志,2010,46(17):51-54.

3.龙晶，李三强，王清喜，等.水解胶原蛋白粉饲喂蛋鸡试验报告[J].饲料工业,1993,14(8):1-2.

4.甘晖.小肽的营养对幼龄建鲤生长的影响[J].饲料工业,2005,26(22):30-32.

5.乐国伟.小肽与游离氨基酸对雏鸡血液循环中肽的影响[J].畜牧兽医学报,1997,28(6):481-488.

6.Bam ba T,Fuse T K,Ob at a H,et al.Eff ects of small peptides asintraluminal abastrat es on tran sport car riers f or amino acids and peptides[J].Journal of Clinical Biochemistry and Nutrition,1993,15:33-42.

7.FRANEK F, HOHENWARTER O, KATINGER H. Plant protein hydrolysates: preparation of defined peptide fractions promoting growth and production in animal cells cultures[J]. Biotechnology Progress,2000(6):688-692.

8.A Pé res C L, Cahu J L.Diet ary spermine s upplemen tati on induces int estinal maturation in sea bass (Dicentrarchus labrax) larvae[J].Fish Physiology and Biochemistry ,1997,16(6):479-485.

9.李焕友，甄辑铭，何叶如，等.绿色饲料添加剂小肽制品在肉猪饲料中的应用[J].饲料研究,2005(3):1-3.

第五节 肽在农业生产及其他领域的应用

随着对生物活性肽研究的深入开展，不同领域都在开发应用生物活性肽，肥料市场上也出现了一种新的肥料品种——含肽肥料。所谓含肽肥料，就是在原来基础的肥料中加入生物活性肽，从而提高肥料的品质。其中最早出现的肽肥饲料是肽尿素，被誉为"尿素第二代"，开创了肥料发展的新方向。随后，又有肽过磷酸钙、肽碳酸氢铵、肽复合肥料、肽叶面肥、肽生物肥等一系列的肽肥料问世。研究发现，添加不同生物性肽的肥料与传统的肥料相比有很多优点，具体如下。

一、提高肥料的利用率

根据现有的研究，如在肥料中添加聚天冬氨酸（PASP），能提高肥料的利用率。PASP 含有羧基，能迅速与养分离子结合，并与作物根系分泌的 H^+ 交换，完成养分离子被作物吸收的过程。天门冬氨酸单体本身具有成环性，可与 2 价离子形成螯合物，使微量元素 Mg^{2+}、Fe^{2+}、Zn^{2+} 等变成易吸收态，添加 PASP 的肥料可以从这两方面使养分富集、活化，从而提高了肥料利用率。在使用添加了 PASP 的肥料后，土壤中氮、磷、钾养分可在各个时期保持较高的有效性，即使在施肥量少于普通饲料的 20% 左右的情况下，也不易发生缺素症状。

二、提高土壤的营养质量

肽可以被土壤中的有益微生物吸收利用，促进土壤有益菌群的生长。在肥料中添加肽可以促使土壤中的有益微生物数量激增，改善土壤生态环境，提高土壤酶活力和土壤肥力，增强土壤的团粒化程度，提高保水保肥能力；还可以在营养、氧气与定植空间等多方面与病原微生物进行竞争，从而抑制土壤病原菌的生长，防治土壤病害的发生，并能在一定程度上缓解重茬效应。河南省科学院研究出的肽能氮作为一种环保型最新尿素的升级代替品，集高效、环保、杀菌为一体，可以对土壤的酸碱度进行调节，从而促进土壤中益生菌的繁殖，增加土壤的保水固肥能力，防止土壤板结。杜丽清等人在热带地区施用虾肽肥料，结果表明虾肽肥料与虾肽根宝混用可显著提高土壤 pH 值及有机质、全氮、碱解氮、全磷、有效磷和速效钾的含量，从而提高热带地区土壤的品质。

三、促进作物生长和提高作物产量

根据吴英的研究证明，在肥料中添加肽，在施用后对作物均有以下正面的作用：①制成的肽氨基酸叶面肥料，既保持了游离氨基酸和水解氨基酸总量的最大溶出值，又保证了2~4个肽链和7~13个肽链的小肽在叶面肥中的比例，明显提高了产品的活性，使产品对作物具有显著的使用效果；②利用"肽－氨基酸"溶液浸种，可以明显增加对种子的刺激作用，活化植物细胞，缩短种子的休眠期，从而加速种子萌发与出苗，使作物提前进入营养生长和生殖生长阶段，还可明显增加植株对氮磷钾的吸收速率，明显提高产品品质和作物的光合速率，为作物高产、稳产奠定了基础，并且能明显抑制土壤中土传病害的发生，有效降低作物的发病率与病情指数；③与其他种类叶面肥料相比，肽叶面肥料对蔬菜作物和水稻、玉米、大豆、小麦等大田作物具有明显的增产效果。

含肽肥料的生产与应用已形成热潮，最先出现的肽肥料是肽尿素。此后，出现了肽过磷酸钙肥料、肽含氮过磷酸钙肥料、肽复合肥、肽碳酸氢铵肥料以及肽叶面肥等肥料。这为肥料利用率的提高开辟了一个新途径，对降低农业成本，增产增收，实现我国肥料生产和使用上的"减量增效"，合理利用土壤资源，保护生态环境，实现农业可持续发展具有重要意义。

有人把21世纪称为"肽世纪"，肽是五大激素（乙烯利、脱落酸、生长素、细胞分裂素和赤霉素）以外的一类植物生长调节物质。当前，肽已成为农业领域的新热点。大量研究已证实，肽在促进作物生长、提高作物产量、改善果实品质、促进营养元素吸收、缩短作物采收期、缓解逆境胁迫、提高肥料利用率等方面凸显出重要的调控作用。随着我国农业产业的发展，肽在农业领域的应用将被得到更加广泛和深入的研究。

（杨晓、陈曦）

参考文献

1. 陶亮，杜中军，饶宝蓉，等.多肽对香蕉幼苗生长及根系活力影响[J].热带农业科学，2010,30(4):5-7.

2. 郑文忠，崔廷宏，张军，等.植物多肽细胞信息传导素在茶园上的喷施试验研究[J].农业与技术，2021,41(14):4.

3. 郭鲁宏，张文华.多肽α-氨基酸微量元素水溶肥在柑橘上的应用研究[J].四川农业科技，2020(6):3.

4. 王东升，谢晓艾，王蓓，等.蚓酶多肽抑菌营养液在设施蔬菜上的应用效果[J].北方园艺，2020(18):6.

5. 王长江，唐志鹏，李明富，等.多肽对青花梨品质和耐贮性的影响[J].安徽农业科学，2010,38(17):9195-9196.

6. 周兆禧，杜中军，陈业渊，等.多肽在农作物生长发育中的作用研究进展[J].广东农业科学，2008,11:145-147.

7. Osusky M, Zhou G, Osuska L, et al. Transgenic plants expressing cationic peptide chimeras exhibit broad -spectrum resistance to phytopathogens[J].Nat Biotech,2000,18(11):1162-1166.

8. Vitaly S Skosy, Evgeny A Kulesskiy,Alexander V Yakhnin,et al .Expression of the recombinant antibacterial peptide sarcotoxin IA in Escherichia coli cells[J].Protein Expression and purification,2003,(28):350-356.

9. 潘凌子,那杰,邢卓,等.蜂毒肽对农作物病原菌的抑杀作用[J].科学通报,2007,52(3):291-296.

10. 李乃坚,袁四清,蒲汉丽,等.抗菌肽B基因转化烟草及转基因植株抗青枯病的鉴定[J].农业生物技术学报,1998,6(2):178-184.

第六章 肽的安全、标准及监管

第一节 肽的安全及监管要求

自 20 世纪 20 年代初首次分离和商业化胰岛素（含 51 个氨基酸的肽）以来，有关生物活性肽或蛋白质水解物的研究，如抗高血压、抗氧化、抗炎、抗菌、骨保护、免疫调节等活性肽，方兴未艾。迄今，已有一些生物活性肽作为功能食品（functional food）、功效营养品（nutraceuticals）及药品获准开发，并进入了市场。然而，生物活性肽的安全性研究却很有限。虽然生物活性肽一般是在温和条件下通过酶水解或发酵制备的，但是其毒性和过敏性肽仍然可由母体蛋白形成。肽制备过程中发生的氨基酸外消旋化（amino acid racemization）、肽修饰 / 衍生化（peptide modification/derivatization）、美拉德反应（maillard reaction）等可能导致了许多潜在危险化合物的形成。另外，"从食品级酶制备的生物活性肽是安全的"这一观点尚没有得到科学的证实。这些肽中的许多产品是使用消化酶制备的（即使使用胃肠酶，也不是在与体内相同的条件下进行），或使用消化酶以外的酶制备的，或使用新的培养底物及使用新的工艺制备的。对人类而言，尽管这些肽来源于食物蛋白质，但它们没有安全使用的历史，因此在考虑用于食品生产和治疗目的"商业化"的生物活性肽产品之前，或供消费使用之前，须考虑其安全性，进行安全性评估，以确保其不会对人体健康造成不良影响。

一、肽的安全

（一）肽的安全性考虑

1. 蛋白质的安全

蛋白质是肽的重要来源。人类的饮食含有动物、植物和微生物蛋白质。在人类发展的历史上，有不同的蛋白质消费模式，蛋白质摄入量的差异较大，若摄入量达到优质蛋白质的平均最低需求水平（即正常健康成年人每天约 0.6 g/kg 体重），可维持良好的健康状况。世界卫生组织（WHO）规定，预防饮食相关慢性病的营养素摄入目标为：每日蛋白质摄入量为膳食能量的 10%~15%。若蛋白质摄入过多（>200 g/d），则可能是有毒或有害的；当蛋白质的摄入超过膳食能量的 20%~30%，则可能会引起尿钙流失，导致骨质疏松；若蛋白质的摄入超过膳食热量的 40%，则会导致恶心和腹泻，甚至在几周内死亡，这种情况称为"蛋白质中毒（protein poisoning）"，亦称"兔肉性饥饿（rabbit starvation）"。

蛋白质中毒，是一种危险的健康状况，由蛋白质的过度消费以及脂肪、碳水化合物和微量营养素的缺乏引起。蛋白质中毒最初是由于只吃兔肉引起的，因此被称为"兔肉性饥饿"。兔肉很瘦，其脂肪含量约为 8.3%，而牛肉和猪肉的脂肪含量为 32%，羊肉的脂肪含量为 28%。一般而言，由于肉类膳食中含有足够的脂肪，蛋白质摄入量可保持在膳食热量的 40% 以下，因而不会发生蛋白质中毒。有研究报道，蛋白质中毒的原因可能与血浆氨基酸和氨水平的快速升高有关。一般而言，普通食品的消费没有摄入量的限制。但功能性食品和功效营养品（functional foods and nutraceuticals，FFN）旨在发挥其在改善人体健康方面的潜在作用，促进人类健康和预防人类疾病。因此，摄入量对 FFN 的效果尤其重要，应确定其不会造成不良后果。

膳食蛋白质有时还会引起过敏和乳糜泻（celiac disease）或麸质不耐症（gluten intolerance）等不良反应。食物过敏可能发生在不到 2% 的成人和 3%~7% 的儿童，麸质不耐受症患病率约为 1%。典型的过敏蛋白质存在于鸡蛋、牛奶、贝类、坚果、花生、大豆中。乳糜泻是一种自身免疫介导的肠病，由遗传易感个体的膳食谷蛋白（小麦、大麦和黑麦的蛋白）引发，与肠绒毛萎缩有关，导致营养物质吸收不良和免疫系统不良反应。对于人类没有安全使用历史的蛋白质，即新型食品蛋白质上市之前，应在安全评估中注意其潜在的过敏性。尽管生物活性肽是蛋白质水解的产物，将蛋白质分解为低分子量的肽可减少水解过程中的过敏性，但是仍不可忽视肽的过敏性问题。许多国家的食品立法中都包含了针对过敏患者的风险管理措施。产品标签上有关过敏的信息可使过敏患者做出适当的选择。

2. 氨基酸的安全

在膳食补充剂和食品强化中越来越多地使用游离氨基酸（free amino acids），这引起了对其安全性的关注。在美国，有人使用 L- 色氨酸补充剂（L-tryptophan supplements）后，曾出现嗜酸性粒细胞增多性肌痛综合征（the eosinophilia myalgia syndrome）。随后，美国和荷兰对游离氨基酸的安全性进行了评估。美国实验生物学协会联合会认为，没有足够的数据判断食品补充剂中（单一游离）氨基酸的安全性；对于 22 种氨基酸中的任何一种，都无法确定其安全上限。荷兰专家委员会也得出了这一结论，但推荐了食品补充剂（food supplements）和食品强化（food enrichment）中游离氨基酸的最高可接受水平（见表 6-1）。对于甲硫氨酸，荷兰专家委员会认为其不应以游离形式摄入，因为可能会导致血浆同型半胱氨酸水平出现不必要的升高。但是当甲硫氨酸含量未超过完整蛋白质的正常水平时，也没有理由禁止在肽和蛋白质组分中存在甲硫氨酸。

表 6-1 通过补充剂或食品强化摄入额外氨基酸的推荐最大量（g/d）

必需氨基酸	最大量	非必需氨基酸	最大量
组氨酸	1.2	丙氨酸	2.1
异亮氨酸	2.9	精氨酸	2.3
亮氨酸	5	天冬酰胺 + 天冬氨酸	4.4
赖氨酸	3.7	半胱氨酸	0.5
甲硫氨酸	不允许	谷氨酰胺	5.5
苯丙氨酸	2.6	谷氨酸	5.1
苏氨酸	.2.3	甘氨酸	2
色氨酸	0.6	脯氨酸	4.5
缬氨酸	3.1	丝氨酸	3.3
		酪氨酸	2.5

游离氨基酸不同于完整膳食蛋白质（intact dietary proteins）中的氨基酸，其进入循环的速度快。蛋白质水解物中的氨基酸进入循环的速度可能比游离氨基酸更快，因为肽在刷状缘膜上（the brush border membrane）的转运能力比氨基酸转运者更大。游离氨基酸本身不能储存在体内，因此进餐后机体蛋白质合成增加而降解减少，处于暂时的正氮平衡（positive N-balance）。如果餐后阶段的净蛋白质合成不足以消耗游离氨基酸的增加量，则会刺激氨基酸氧化途径，使血浆氨基酸水平保持在可接受的安全范围内。因此，氨基酸利用的最佳效率要求餐后氨基酸出现率不超过人体蛋白质净合成能力。另外，在蛋白质合成时限内需要获得足够数量的所有必需氨基酸（essential amino acids，EAA），如餐中 1 种或多种必需氨基酸的含量不足，或者氨基酸吸收率存在时间差异，会降低餐后合成能力，从而造成不平衡，甚至可能出现有毒的餐后血浆氨基酸模式。因此，应当遵守表 6-1 所推荐的补充游离氨基酸的最大量值，以避免出现这种不平衡。

有研究报道，甲硫氨酸是唯一被认为有毒性的必需氨基酸（methionine is the only EAA that can be considered toxic）。一餐中含有 2.7% 的甲硫氨酸会抑制动物生长和食物摄入。持续摄入 2.7% 甲硫氨酸达 20 天，可导致红细胞充血、含铁血黄素积聚、生长抑制和肝损伤。人体代谢所需的半胱氨酸和（或）胱氨酸须由甲硫氨酸合成，在这一过程中会产生代谢中间体同型半胱氨酸（homocysteine，Hcys）。高同型半胱氨酸血症可导致动脉粥样硬化发生的危险性增加。

3. 蛋白质水解物的安全

蛋白质水解物（protein hydrolysates）可由纯化的蛋白质通过各种工艺制备，包括化学水解工艺（chemical hydrolysis process）、蛋白水解酶水解（enzymatic hydrolysis by proteolytic enzymes）或伴有蛋白水解细菌参与的微生物发酵（microbial fermentation with proteolytic bacteria）及其他方法。

(1) **化学水解工艺** 化学水解是通过用酸或碱溶液裂解肽键实现的。目前化学水解存在以下缺点：①强酸或强碱的使用不具有可接受性；②化学水解产生的产品营养质量和生物活性降低；③由于化学试剂对肽键的切割不是特异性的，所以通过此法获得的蛋白质水解物的生物活性不能被复制。这些缺点极大地限制了蛋白质水解物的高价值应用。

(2) **蛋白水解酶水解** 使用适当的外源蛋白水解酶在体外水解蛋白质底物，是生产蛋白质水解物和肽的广泛使用工艺，具有理想的生物学特性。酶水解的优点：①在温和的工艺条件（pH 值 6.0~8.0，温度 40~60℃）下，能更好地控制酶水解；②酶促蛋白质水解产物的整体氨基酸组成几乎与蛋白质底物的氨基酸组成相似，仅基于所用酶的不同而略有变化；③酶消化不涉及有机溶剂或有毒化学品，因此适合食品和制药行业；④基于特定适当蛋白酶的酶促过程可被控制，以获得可重复的生物活性蛋白质水解物；⑤酶促蛋白水解可以产生具有不同肽谱的不同蛋白水解产物。研究表明，来自动植物可食用部分的酶不会造成健康问题，用于传统食品发酵的各种微生物的蛋白水解活性物未被发现有任何健康风险，没有消费者因摄入酶处理食品而引起过敏反应的案例。酶水解的优质蛋白质（如牛奶、大豆和鸡蛋）具有长期的安全使用历史，到目前为止，没有报道此消费行为有不可接受的副作用，也没有摄入蛋白质水解物后发生重大不良影响的报告。

(3) **微生物发酵** 用于食品发酵的许多已知微生物具有高度的蛋白水解作用，因此，在发酵过程中可以产生生物活性肽。例如，乳酸菌皮革发酵的水解液具有高抗氧化和抗菌活性。微生物发酵的优点是，酶水解是由微生物的蛋白酶进行的，故生物活性肽无须进一步水解即可纯化。市场上已经存在的长期使用的传统发酵产品不属于新型食品（novel foods），被视为"一般认为安全（Generally Recognized As Safe，GRAS）"的产品。

(4) **其他方法** 随着科学技术的应用，已经可以通过合成方法生产肽：①化学合成，是最广泛用于肽合成的方法，已有 40 多种治疗肽（therapeutic peptides）获准进入市场，更多的治疗肽处于不同的批准阶段；②酶合成，通常限于相对较短的肽，酶法合成的小肽（通常为二肽或三肽，dipeptides or tripetides）已成功用于人类和动物营养，也作为药物和农用化学品；③重组 DNA 技术，主要用于相对中等或高分子量的肽，如合成肽疫苗（Synthetic peptide vaccines）。

4. 蛋白质水解物组分与生物活性肽的安全

用特异性蛋白水解酶水解蛋白质，随后的分馏可能分离出具有特定营养特征的组分（the isolation of fractions with particular nutritional characteristics），即特定氨基酸和氨基酸含量相对较高的蛋白质组分、具有特定氨基酸序列的生物活性肽。

(1) **特定氨基酸和氨基酸含量相对较高的蛋白质组分** 如谷氨酰胺肽，

来源于小麦及乳清蛋白的半胱氨酸或甘氨酸和色氨酸肽。这些肽可用于临床营养、运动营养和体重管理。由于氨基酸的安全上限尚未得到评估，因此应注意高水平摄入，以游离形式和水解物组分形式的摄入都要给予关注。有些研究涉及游离谷氨酰胺的安全性，在短期实验（short-term experiments）中高达 40g/d 的剂量似乎不会引起副作用，但长期安全性尚不确定。为安全起见，如果预期的游离氨基酸或蛋白质水解物组分的氨基酸摄入量超过了在均衡和多样化饮食的正常消费条件下合理预计的氨基酸摄入量，则应考虑安全问题。表 6-1 的推荐量可作为水解物组分中氨基酸摄入量的可接受上限，用以考虑氨基酸摄入的安全问题。当甲硫氨酸在水解物部分或肽中的含量不超过 2.9% 时，额外摄入甲硫氨酸是可以接受的。

（2）**生物活性肽**　这些肽（大部分为疏水性）通常含有 3~20 个氨基酸。C 或 N 末端片段对它们的活性至关重要。大多数关于生物活性肽的研究都集中于其功效而非安全性，功效研究主要基于体外数据和动物模型研究。就这些研究所包括的安全性参数而言，尚未报告可能与这些生物活性肽相关的不良反应。有研究对含有三肽 IPP（Ile-Pro-Pro）的牛奶蛋白水解物的安全性进行了评估，该水解物被设计为功能性食品成分或膳食补充剂，用于控制血压，3 次体外遗传毒性试验和大鼠重复剂量 90 天口服毒性试验结果显示该产品不致突变，大鼠研究中未观察到的不良反应水平（the no observed adverse effect level，NOAEL）为饮食中的 4%，相当于 40 mg/（kg·bw）的 IPP 摄入量，是人类预期摄入量的 100 多倍。对于是否有必要对由食物蛋白质制成的生物活性肽进行毒性试验，人们是有争论的。然而进行一系列有限的毒性测试更有助于安全性评估。对于特定氨基酸含量相对较高的蛋白质组分，当其生物活性肽的氨基酸预期摄入量远远超过了在平衡饮食的正常条件下合理预期摄入水平的情况下，应由独立专家委员会进行安全性评估，并在商业化进入市场前，申请审查批准。

（二）肽的安全性评价

1. 肽安全性评价的必要性及依据

传统上，植物性食品的新品种在上市前未进行系统地化学、毒理学或营养评估。对于玉米、大豆、土豆和其他常见食用植物的新品种，育种人员会进行农艺学和表型特征评估，但对这些新植物品种衍生的食品不做严格的食品安全检测。基于长期经验，以传统方式制备和使用的食品被认为是安全的。然而，食物的安全性不是绝对的，与食品的食用方法有关，如发芽的土豆中含有天然的有毒物质龙葵碱毒素（solanin），在这种情况下，对于发芽的马铃薯，只要不吃"发芽"的绿色部分，认为产品是安全的。

20 世纪 70 年代以来，随着食品科技的发展与应用，新食品（novel food）层出不穷。特别是为了应对粮食不足，如动物性蛋白的短缺，从新植物和微生物来源生产蛋白质食品的方法已经被开发，并将植物组织蛋白质（textured

plant proteins）用作为仿生肉及填充物（meat analogues and extenders）。与此同时，因慢性疾病预防与治疗的需求，食品补充剂（food supplements）、功能食品（functional food）、功效营养品（nutraceuticals）迅速发展。随着这些新膳食成分（novel food Ingredient，NDI）及新食品（novel food）的发展，系统性的食品安全评价规范也逐步建立了起来。例如，1994 年美国 FDA 制定了《新膳食成分知会》（New Dietary Ingredient Notifications，NDI）程序，1996 年又出台了《新膳食成分工业指南》（A New Dietary Ingredient Guidance For Industry）。1997 年，欧洲共同体颁布了《新食品条例》（The Novel Foods Regulation，EC No 258/97）。1990 年，中国制定了《新资源食品卫生管理办法》，2013 年修订为《新食品原料安全性审查管理办法》。这些规范性文件建立了食品安全评价的法律地位，要求新食品（novel food）在上市前须进行严格的安全评价（arigorous pre-market safety assessment）。

肽可用于食品、药品、化妆品的生产。在获准商业性投放市场之前，肽属于新食品（novel food），或新食品成分（a novel food ingredient），或新药肽（novel drug peptide），或新化妆品成分，须进行安全性评价。理由如下：①新肽（novel peptide）没有安全使用史；②肽毒性与某些疾病有关，如乳糜泻、细胞毒性等；③肽制备过程中发生的氨基酸外消旋化、肽修饰/衍生化、美拉德反应等可能导致了潜在危险化合物的形成；④生物活性肽的安全性会受到给药剂量、频率及使用时间的影响；⑤肽可能会保留其部分母体蛋白的致敏特性。

对新肽的安全性评价，既是安全考虑，也是法律法规的要求。新肽作为食品时，对其安全性评价须符合各国食品安全法律法规的规定，新药肽的安全性评价须通过非临床安全性评估（nonclinical safety assessment）及临床前安全性评估（preclinical safety assessment）。

2. 虾肽浓缩物的安全性评价

（1）背景 2016 年 12 月 22 日，Medfiles Ltd 公司依据欧盟第 258/971 号新食品法规的规定向芬兰主管部门提交了一份申请，请求将虾肽浓缩物（shrimp peptide concentrate）作为新食品投放市场。2017 年 3 月 8 日，芬兰主管向欧盟委员会提交了初步安全评估报告，认为虾肽浓缩物符合第 258/971 号法规（EU）的规定。2017 年 3 月 13 日，欧盟委员会将初步安全评估报告转发给其他成员国（the other member states，MSs）。一些 MSs 对"消费者（低血压、正常血压和高血压的人群）中所推定的抗高血压作用（a putative antihypertensive effect）的安全"提出了关注，如血压降低（blood pressure reduction）的问题，以及与推定的作用模式相关的潜在副作用。9 月 21 日，根据欧盟第 178/20022 号法规，欧盟委员会要求欧洲食品安全局（The European Food Safety Authority，EFSA）对虾肽浓缩物作为新食品（novel food，NF）进行补充或追加评估（the additional assessment）。

(2) 数据和方法

①资料: 本新食品 (NF) 的安全评估基于原始申请中提供的数据, 即芬兰主管的初步评估、其他 MSs 提出的具有科学性的关注和反对意见、申请人根据 MSs 的意见提交的反馈信息、EFSA 要求提供补充信息和专家组确定的附加数据, 以及申请人声称专有数据的保护资料 (the protection of proprietary data)。

②方法: 遵循 EFSA 新食品 (NF) 应用指南中规定的方法和 EFSA 科学委员会相关现有指导文件中描述的原则。评估的法律规定见条例 (EU) 2015/2283 第 11 条和委员会实施条例 (EU) 2017/2469 第 7 条之规定。

(3) 评估

①目的: 该评估涉及一种酶水解虾肽浓缩物, 拟用作食品补充剂的成分 (ingredient in food supplements), 用于想要控制血压的成年人消费。该评估仅涉及在拟定使用条件下可能与 NF 消费相关的风险, 不评估虾肽浓缩物的功效 (efficacy)。

②NF 的身份: 申请人命名的"精制虾肽浓缩物"新食品 (shrimp peptide concentrate novel food, SPCNF) 是通过对虾壳和虾头的酶水解所获得的肽混合物。

③生产过程: 虾壳和虾头从北斑虾 (pandalus borealis) 中提取, 是制作熟虾和去皮虾的副产品。原材料储存在 4℃ 以下, 在剥离后 24 小时内使用。所用蛋白酶来自非致病性和非毒性地衣芽孢杆菌和 (或) 淀粉液化芽孢杆菌, 并符合 FAO/WHO 食品添加剂联合专家委员会 (JECFA, 2006) 和食品化学品法典 (FCC, 2017) 给出的食品酶建议纯度规范。申请人表示, 该酶是丹麦和法国批准的食品酶, 可在其他没有具体酶法规的欧盟国家用作加工助剂。

在 SPCNF 生产开始时, 将虾壳和虾头、自来水和食品级蛋白酶以固定比例混合在指定用于水解的槽中。水解过程结束, 将温度升高至至少 90℃ 超过 10 分钟, 使酶 (蛋白水解) 活性失活。水解后用含有肽、脂肪和矿物质的水解液处理, 以去除脂肪、脂肪结合成分和较大分子。然后进行膜过滤 (分子量截止值为 1 kDa 的超滤), 以确保产品中仅存在分子量为 <2 kDa 的肽。而后通过反渗透和蒸发去除水, 再对水解物进行电渗析 (electrodialysis, ED) 以去除 NaCl。脱盐水解液喷雾干燥成纤维粉, 以备包装在带有外纤维筒的密封塑料袋中。除 ED 之外, 所有工艺步骤将水解液的温度保持在 72℃ 以上, 以消除病原菌的生长。专家小组指出, 酶失活并不意味着酶被去除。然而, 由于该产物经历了 1 kDa 的聚膜截留, 所以设想仅存在小肽。还值得注意的是, SPCNF 中 99.9% 的肽分子量 <2 kDa。关于制造过程的质量控制, 申请人在过程的不同步骤建立了两个关键控制点 (CCP), 作为其危害分析和关键控制点 (HACCP) 计划的一部分。小组认为, 对生产过程的描述充分, 没有引起安全问题。

④成分数据 (compositional data): SPCNF 含有超过 87% 的 2~24 个氨基酸范围内的肽, 脂肪和碳水化合物的含量不到 1%。虾壳和头部材料的典型矿物质为钠 (<35mg/g)、钙 (≤ 20mg/g) 和钾 (≤ 1.5mg/g)。SPCNF 的总干物质

含量在 95% 以上。申请人提供 7 批 SPCNF 的生产结果，其中含有肽分子量 <2 kDa。通过液相色谱（LC）分离的肽用 Q- 萃取质谱仪进行分析。

根据获得的结果，申请人得出结论，SPCNF 含有 2~24 个氨基酸范围内的 25000 多个肽，670 个肽被确定为所有批次的常见肽。所使用的分析方法未经认证，但得到了科学界的认可。申请人还提供了 SPCNF 的氨基酸含量，并说明其在制造过程中没有改变。测量通过酸水解获得了总氨基酸（TAA）量，然后通过高效液相色谱（HPLC）分析了 5 批 SPCNF 的氨基酸含量。因色氨酸、半胱氨酸和甲硫氨酸容易氧化，所以分别进行了分析（碱性水解）。最丰富的氨基酸是谷氨酸（>10g/100g），其次是天冬氨酸和赖氨酸。为了获得更多关于 SPCNF 氨基酸含量的详细信息，申请人对 4 个不同批次的游离氨基酸（FAA）进行了额外分析。这些分析表明，SPCNF 中同时存在必需和非必需的 FAA，其中亮氨酸最为丰富。申请人提供了 5 批 SPCNF 的化学和微生物分析，结果见表 6-2。

表 6-2　SPCNF 的批检分析

参数（单位）	SPCNF 的产品分析				
	批号				
	710-2011-22370001	710-2011-22370002	710-2012-01684001	710-2013-22258001	710-2016-17982001
鉴别					
总干物质 (%)	99.7	98.2	99.2	98.1	95.0
肽 (%)	91.5	91.5	95.9	91.8	87.1
灰分 (%)	12.3	10	8	8.6	8.5
脂肪 (g/100 g)	< 0.1	< 0.1	0.1	< 0.1	0.27
碳水化合物 (g/100 g)	0	0	0	< 0.2	< 0.2
钙 (mg/kg)	14,000	12,000	3,100	13,000	16,000
钾 (mg/kg)	1,100	300	460	450	430
钠 (mg/kg)	32,000	25,000	24,000	17,000	18,900(a),(b)
化学纯度					
砷（无机）(mg/kg)	0.16	0.12	0.14	0.10	< 0.10
砷（有机）(mg/kg)	42(c)	51	30(c)	46	27
镉 (mg/kg)	0.01(d)	0.01	0.02(d)	0.07	0.02
铅 (mg/kg)	0.18(c)	0.01	0.16	< 0.05	< 0.05
总汞 (mg/kg)	0.028	0.024	0.009	< 0.005	0.008
微生物纯度					
细菌总数 (CFU/g)	13,400(e),(f)	10,900(e),(f)	1 4,000	< 10,000	110(g)
沙门氏菌 (/25 g)	ND(e)	ND(e)	ND	ND	ND(g)
李斯特菌属 (/25 g)	ND(e)	ND(e)	ND	ND	ND

续表

参数（单位）	SPCNF 的产品分析				
	批号				
	710-2011-22370001	710-2011-22370002	710-2012-01684001	710-2013-22258001	710-2016-17982001
微生物纯度					
大肠埃希菌（CFU/g）	10(e)	< 10(e)	< 10	< 10	< 10
金黄色葡萄球菌（CFU/g）	< 100(e)w	< 100(e)	< 100	< 100	< 10
铜绿假单胞菌（/25 g）	ND	ND	ND	ND	< 10(h)
酵母（和霉菌）（CFU/g）	< 10	< 10	< 10	10	< 10(i)
霉菌 Moulds（CFU/g）	< 10	< 10	< 10	10	< 10(i)

（a）：基于两个样本的平均值。
（b）：使用 ICP-SFM（电感耦合等离子体超临界流体色谱法）进行分析。
（c）：使用 ISO 11885，mod.，ICP-OES（电感耦合等离子体光发射光谱）。
（d）：使用 §64 LFGB L00.00-19/3、AAS Gr（石墨炉原子吸收光谱法）进行分析。
（e）：由 Tos 实验室分析。
（f）：使用 ISO 4833-1 进行分析。
（g）：使用 ISO 6579-1 进行分析。
（h）：使用 ISO 13720 进行分析。
（i）：使用 §64 LFGB L01.00-37 进行分析。

芬兰食品安全局（Evira）作为初步评估员，要求提供有关该产品虾青素含量的进一步信息。申请人提供了 3 批产品的分析结果，其中游离虾青素和虾青素酯分别 <1 g/100 g 和 <3 mg/kg，并且所有 3 批产品的虾青素含量均低于所用方法的检测限值。由于虾青素是脂溶性的，鉴于表 6-2 中报告的批次间分析中的脂肪含量限值（<1%），所以评估小组认为 SPCNF 中虾青素的潜在含量较低，不值得关注。

SPCNF（表 6-2）中的重金属（铅、汞和镉）含量低于第 1881/20065 号欧盟委员会法规（EU）中规定的食品补充剂中的最高含量。关于砷（有机和无机），没有为食品补充剂设定最高含量，仅适用于第 2015/10066 号欧盟委员会法规（EU）中规定的大米和大米产品中的无机砷。SPCNF 中无机砷的分析值低于大米的最高水平（0.20～0.30 mg/kg），接近婴幼儿大米的最高水平（0.10mg/kg）。MSs 要求对 SPCNF 中的有机汞（甲基汞）进行额外分析。申请人提供了 4 个新批次的附加分析结果，分别为 0.027 mg/kg、0.020 mg/kg、<0.010 mg/kg 和 <0.010 mg/kg。关于环境污染物的水平，申请人提供了二噁英和多氯联苯（PCBs）的分析结果。目前，欧盟立法中没有为虾壳和虾头或食品补充剂设定这些污染物的最高水平，因此申请人将分析结果与第 1881/2006 号委员会法规中给出的五花鱼和五花鱼产品及其产品的肌肉最高含量进行了比较，并注意到其含量远低于此水平。评估小组认为，提供的关于 SPCNF 成分的信息是充分的，不会引

起安全问题。

申请人通过在室温（20℃）和高温（40℃）干燥条件下测量 24 个月内的 ACE 抑制活性来检测 SPCNF（粉末形式）的稳定性。使用 Vermeirssen 等人建议的方法，每 1、3、6、12、18 和 24 个月分析一批 ACE 抑制。申请人得出结论：无论温度如何，SPCNF 在整个储存期间的 ACE 抑制作用没有显著差异。SPCNF 的稳定性也通过 3 批长达 8 年的产品进行干物质含量、水活性、颜色和气味的评估。这些参数的 SPCNF 分析结果表明，该成分稳定长达 8 年，微生物生长风险小。此外，在室温（高达 25℃）储存期间，对含有 SPCNF 的食品补充剂（即为第一次中试临床试验制造的片剂）中是否存在微生物进行了测试，并对其进行了防潮保护。提供的数据表明，从微生物学角度来看，含有 SPCNF 的片剂在长达 6 年的贮存期内是稳定的。考虑到 SPCNF 的成分和预期用途水平，如果 SPCNF 得到适当包装和储存，专家组认为 SPCNF 的稳定性没有安全顾虑。

⑤规格：申请人提供的详细产品规格见表 6-3。

表 6-3　申请人提出的 SPCNF 肽的规格

参数	规格	方法
鉴别及特性		
总干物质	> 95 (%)	Gravimetry
肽	> 87 (%)	Titrimetry (N 9 6.25) Kjeldahl
肽分子量 < 2 kDa	> 99.9 (%)	LC–MS/MS (MALDI TOF and Q-TOF)
脂肪	< 1.0 (g/100 g)	Gravimetry (Weibull)
碳水化合物	< 1.0 (g/100 g)	Calculated (balance method)
灰分	< 15 (%)	Gravimetry
钙 (Ca)	≤ 20,000 (mg/kg)	ICP-OES
钾 (K)	1,500 (mg/kg)	ICP-OES
钠 (Na)	< 35,000 (mg/kg)	ICP-OES
化学纯度		
砷 (As)		
无机砷	< 0.22 (mg/kg)	§ 64 LFGB 25.06,HG–AAS
有机砷	< 51 (mg/kg)	EN 15763:2009,ICP–MS
镉 (Cd)	< 0.09 (mg/kg)	EN 15763:2009,ICP–MS
铅 (Pb)	0.18 (mg/kg)	EN 15763:2009,ICP–MS
总汞 (Hg)	0.03 (mg/kg)	§ 64 LFGB L00.00-19/4,CV-AAS
微生物纯度		
细菌总数	≤ 20,000 (CFU/g)	§ 64 LFGB L00.00-88
沙门氏菌	ND (/25 g)	§ 64 LFGB L00.00-20(a)
单增李斯特菌	ND (/25 g)	ISO 11290-1(a)

续表

参数	规格	方法
微生物纯度		
大肠埃希菌	< 20 (CFU/g)	ISO 16649-2(a)
凝固酶阳性金黄色葡萄球菌	< 200 (CFU/g)	ISO 6888-1(a)
铜绿假单胞菌	ND (/25 g)	Ph.Eur.2.6.13
酵母与霉菌	20 (CFU/g)	Ph.Eur.2.6.12

CV-AAS: 冷蒸汽/原子吸收光谱法; CFU: 菌落形成单位; 氢化物发生-原子吸收光谱法; ICP-MS: 电感耦合等离子体质谱; ICP-OES: 电感耦合等离子体-光发射光谱法; MALDI TOF: 基质辅助解吸电离飞行时间; Q-TOF: 四极飞行时间质谱; LFGB: 德国食品和饲料代码; 欧洲药典; ND: 未检测到。 (a): 水平法。

评估小组注意到，表 6-2 中报告的一些分析方法与表 6-3 中所列的方法不同。在小组评估要求做出解释时，申请人答复为"由于所涉时间很长，一些分析是在不同的实验室使用不同方法进行的"。使用基质辅助解吸电离飞行时间 (matrix-assisted desorption ionisation-time of flight, MALDI TOF) 和四极飞行时间质谱仪 (quadrupole-time of flight mass spectrometry mass spectrometers, Q-TOF) 对另外 5 批肽的分子量进行分析，结果符合该参数的规定 (>99.9% 的肽分子量 <2 kDa)。申请人通过分析 5 个不同批次的细菌、沙门氏菌、李斯特菌、β-葡萄糖醛酸酶阳性大肠埃希菌、凝固酶阳性金黄色葡萄球菌、铜绿假单胞菌、酵母和霉菌的总活菌数，证明了 SPCNF 的微生物质量。根据分析结果，SPCNF 的微生物质量符合规定。专家组认为，提供的关于 SPCNF 规格和批次间可变性的信息充分，不会引起安全问题。

⑥ SPCNF 和（或）其来源的使用历史：a. 虾源的使用历史：SPCNF 是由北方虾的壳和头制成的。北方虾在欧盟出售，可以是带壳和头的整体冷冻虾，也可以是去皮虾。传统上，它们被用于欧洲饮食，大多在食用前去皮。欧洲饮食中没有关于虾壳或虾头作为食物摄入的信息。b.SPCNF 的使用历史：申请人提供的信息表明，2017 年 4 月 13 日，加拿大卫生部在加拿大批准了 SPCNF，其拟议用途与提交给 EFSA 的申请相同。然而，申请人没有提供关于 SPCNF 实际消费量的数据。

⑦ 提议的用途、使用水平和预期摄入量：a. 目标人群：申请人的意图是向想要控制血压的消费者推销 SPCNF。在本次评估中，欧洲食品安全局认为目标人群是普通成年人群。b. 建议用途及使用水平：申请人拟仅将 SPCNF 用作食品补充剂 (an ingredient of food supplement) 的成分，如片剂、胶囊、粉末等，而不是其他食品的成分。申请人建议的最大日剂量为 1200 mg SPCNF [相当于成人每天 17 mg/ (kg · bw)]，如每天 2 片，每片含有 600 mg SPCNF。c. 注意事项和使用限制：申请人表示，SPCNF 不供儿童食用，也不作为降压药物的替代品或与降压药物一起用于治疗高血压受试者。

⑧吸收、分布、代谢和排泄：考虑到 SPCNF 的来源和性质，可以假设大部分肽在吸收前会水解为单个组成氨基酸，只有一小部分可用于全身吸收。在全身吸收后，肽会在血液或其他器官组织（包括肝脏和肾脏）中水解。尚未提供有关游离氨基酸（free amino acids，FAA）、二肽和三肽吸收的信息。

⑨营养信息：为了比较 SPCNF 与虾肉的氨基酸含量，申请人提供了 SPCNF（5 个不同批次的平均值）和虾肉的氨基酸含量分析结果。SPCNF 和虾肉的氨基酸组成相似。申请人建议的 SPCNF 最大日剂量（即食品补充剂中的 1200 mg）下，肽的摄入量约为 1g，SPCNF 中的脂肪和碳水化合物含量均低于 1%。评估小组认为，SPCNF 的消费不会有营养方面的不利。

⑩毒理学信息：评估小组注意到，毒理学的研究是使用制造工艺的中间产品作为试验材料而不是 SPCNF。申请人声明，中间产品是在生产过程中实施超滤步骤之前获得的，它与 SPCNF 的主要区别在于肽的大小。也就是说，SPCNF 主要含有分子量 <2 kDa 的肽，而中间产物也含有少量较大的肽。表 6-4 显示了中间产物和 SPCNF 中不同大小肽的数量。

表 6-4　中间产品和 SPCNF 的特征

参数	中间产品	新食品
肽	89.5%	> 87%
肽分子量 <2kDa	95.8%	> 99.9%
肽的分子量 2~4 kDa	3.5%	< 0.1%
肽的分子量 4~6 kDa	0.5%	0%
肽的分子量 6~8 kDa	0.1%	0%
肽的分子量 >8 kDa	~0.1%	0%

a. 遗传毒性：申请人提供了使用中间产品作为受试物的细菌反向突变试验。该研究根据经合组织良好实验室实践原则（GLP）和经合组织第 471 号测试指南进行。结果表明，中间产物不致突变。申请人还提供了使用中间产物作为受试物的小鼠哺乳动物骨髓染色体畸变试验。该研究根据 OECD GLP 原则和 OECD 第 475 号测试指南进行。评估专家小组得出结论，在连续 2 天以每天 2000mg/（kg·bw）的剂量给瑞士白化小鼠服用后，中间产物不会造成染色体危害（clastogenic）。尽管未进行 EFSA《遗传毒性试验策略科学意见》中建议的体外微核试验，但专家组认为，鉴于 SPCNF 的性质和所提交的研究结果，不存在与遗传毒性有关的安全问题。

b. 急性和亚慢性毒性：申请人提供了一项急性口服毒性研究，使用制造过程的中间产品作为受试物。该研究根据经合组织 GLP 原则和经合组织第 423 号测试指南进行。雌性 Wistar 大鼠一次性给予 2000mg/（kg·bw）、5000mg/（kg·bw）的受试物，未观察到任何不良反应。大鼠 90 天口服毒性研究按照经合组织的 GLP 原则进行，并根据经合组织第 408 号测试指南。雄性和雌性

Wistar 大鼠分为 4 组，受试物剂量为 0（空白对照：0.9% 生理盐水）、100mg/（kg·bw）、500mg/（kg·bw）或 2000mg/（kg·bw）每天，连续灌胃给予 90 天。期间未观察到动物死亡，每日观察以及每周详细的动物观察均未发现可归因于受试物的相关体征。专家组对实验结束时血液及尿液分析结果等进行综合评估后得出结论，口服给予中间产物 90 天不会对 Wistar 大鼠产生毒性。因此，未观察到的不良反应水平（NOAEL）为 2000mg/（kg·bw）每天，是测试的最高剂量。

c. 慢性毒性和致癌性：申请人未提供关于慢性毒性和致癌性的研究。

d. 生殖和发育毒性：申请人未提供关于生殖和发育毒性的研究。

e. 人群研究数据：申请人提供了两项临床试验的研究报告，评估 SPCNF 对轻度或中度高血压受试者血压的影响，同时评估了安全相关终点（safety-related end points），如临床生化和尿液指标分析以及不良反应（adverse events，AEs）记录。在一项随机、双盲、安慰剂对照试验（placebo-controlled trial，RCT）中，68 名 30~75 岁轻度或中度高血压但总体健康的成年受试者接受了剂量水平为 0（对照组）或 1200 mg/d 的 SPCNF 治疗 8 周。结果显示治疗组和对照组之间的安全性参数没有显著差异。第二项研究是一项多中心随机对照试验，144 名 30~75 岁的成年人（其中 138 人完成了研究，126 例纳入分析），有轻度至中度高血压，但总体健康，接受 1200mg/d 的 SPCNF 或安慰剂治疗 8 周。在评估的安全性参数方面，各组之间未发现统计上的显著差异。评估小组认为，在这两项临床试验中观察到的血压变化对轻度或中度高血压受试者不构成安全问题。考虑到 SPCNF 的性质和人在日常饮食中接触到的大量蛋白质和肽，以及在肠道中会进一步水解，评估小组认为 SPCNF 在正常或低血压受试者中不太可能产生安全相关的影响。因此，专家小组得出结论，现有的人群研究数据显示 SPCNF 不会引起安全问题。

⑪过敏性：SPCNF 来源于甲壳类动物的虾，这是一种众所周知的过敏性食物。

（4）讨论　SPCNF 是一种通过酶水解从虾壳和虾头中获得的肽混合物。建议的 SPCNF 每日最大摄入量为 17 mg/（kg·bw）。申请人所提供的有关 SPCNF 成分、规格、生产工艺和稳定性的信息不会引起安全问题。

遗传毒性实验结果阴性，大鼠 90 天口服毒性研究，NOAEL 为 2000 mg/（kg·bw）每天，为最高试验剂量。此外，两项针对轻度或中度高血压受试者的临床研究未显示临床生物化学、生物特征和尿液分析参数的变化，也未显示每天服用 1200 mg SPCNF（为期 8 周）的不良反应。综合考虑，小组认为由此产生的暴露边际（margin of exposure），即 NOAEL 与建议的最大每日摄入量之间的比率（117）是足够的。

（5）结论　评估小组的结论是：SPCNF 浓缩虾肽作为食品补充剂，按每天 1200 mg 的最大剂量使用，是安全的。目标人群是成年人。专家组认为，

SPCNF 虾肽浓缩物安全性的结论基于 90 天口服毒性研究报告和两项人体研究报告中的数据。

3. 化妆品用大豆肽的安全性评价

（1）**简介**　大豆蛋白和肽成分在个人护理中主要用作皮肤和头发调理剂产品。本报告评估了以下 6 种大豆成分的安全性：大豆多肽 [Glycine Max（Soybean）Polypeptide]、大豆肽 [Glycine Soja（Soybean）Peptide]、大豆蛋白 [Glycine Soja（Soybean）Protein]、水解大豆蛋白（Hydrolyzed Soy Protein）、水解大豆蛋白提取物（Hydrolyzed Soy Protein Extract）、水解豆浆蛋白（Hydrolyzed Soymilk Protein）。

大豆蛋白和肽被用作食物，美国 FDA 确定，蛋白胨（peptones）被用作食品物质（food substances）是"一般认为安全的（GRAS）"的物质。大豆蛋白也是 GRAS 的间接食品添加剂，可从纸和纸板产品迁移到食品中。由于每天从食品中接触会导致比在化妆品中使用更大的全身性接触，因此，本报告未进一步讨论通过口服接触大豆肽成分的全身毒作用（the systemic toxicity potential）。本安全性评估是基于局部暴露的安全性审查。

（2）**化学**

①定义：本报告中大豆肽成分的定义见表 6-5。大豆蛋白和肽衍生物形成从大豆中提取并部分水解以产生化妆品成分的一大类材料。大豆蛋白和肽也可以根据分子大小进行分离。通过在较低温度下去除油脂，可获得大豆分离蛋白，并广泛用于食品工业。美国 FDA 将蛋白质定义为具有特定序列的任何 α- 氨基酸聚合物，大于 40 个氨基酸；将肽定义为由 40 个或更少的氨基酸组成的任何聚合物。然而，这些蛋白质和肽的定义在化妆品成分的命名中并不一定遵守。

表 6-5　本安全评估中成分的定义和功能

成分和 CAS 号	定义	功能
大豆多肽	大豆多肽是从大豆蛋白中分离得到的多肽组分	皮肤调理剂
大豆肽	大豆肽是通过超滤膜从大豆蛋白中分离得到的二 / 三肽组分	膜形成物，头发调理剂，皮肤调理剂
大豆蛋白	大豆蛋白是从大豆中提取的一种蛋白质	头发调理剂，皮肤调理剂，表面活性剂 - 乳化剂
水解大豆蛋白	水解大豆蛋白是通过酸、酶或其他水解方法得到的大豆蛋白水解产物	头发调理剂，皮肤调理剂
水解大豆蛋白提取物	水解大豆蛋白提取物是水解大豆蛋白的提取物	皮肤调理剂
水解豆浆蛋白	水解豆浆蛋白质是从豆浆中通过酸、酶或其他水解方法获得的蛋白质的水解产物	皮肤调理剂及其他

②化学和物理性质：有关大豆蛋白质和大豆肽成分的化学和物理性质的可用信息，包括其分子量，如表 6-6 所示。大豆肽：富含二肽或三肽的大豆肽的平均分子量约为 500 Da。水解大豆蛋白：约 35% 的分子量分布在 490~1030 Da 之间。有一个水解大豆蛋白来源表明，其平均分子量为 300 Da；然而，其他来源报告其水解大豆蛋白产品的分子量为 1000~2000Da。水解豆浆蛋白：一供应商报告，其水解豆浆蛋白产品的分子量为 1000~2000 Da。

表 6-6 化学和物理性质

特性	价值
大豆蛋白	
分子量	80% 以上 < 5000
大豆肽	
分子量 (Da)	平均 500
水解大豆蛋白	
物理形态	清澈至微朦胧、黄色或浅棕色至琥珀色液体
气味	特有的
分子量 (Da)	300~5000
比重	1.05
沸点 (℃)	100
冰点 (℃)	0
非挥发性物质 (1g-2h-105℃)	20.0%~34.0%
pH	4.0~7.0
灰分 (800℃)	1.5% max
溶解度	溶于水
水解豆浆蛋白	
物理形态	略带朦胧的无色至琥珀色液体，随时间可能变暗
气味	特有的
分子量 (Da)	1000~2000
比重	1.20
沸点 (℃)	100
冰点 (℃)	0
非挥发性物质（1g-2h-105℃）	18.0%~25.0%
pH (25℃)	5.5~7.0
溶解度	溶于水

(3) 制造方法

①大豆蛋白：以脱脂低热豆粕（defatted low-heat soybean meal）为原料

制备大豆蛋白。通过添加最终蛋白质浓度为 3.1%（w/w）的蒸馏水（1 : 15，w/v）制备大豆粉分散体。然后用 NaOH 将分散液 pH 值调节至 8.5，室温下搅拌 1h，离心（10000×g，20min）。用 HCl 将上清液 pH 值调节至 4.5 并离心（10000×g，20 min）。用蒸馏水（1 : 5，v/v）重新悬浮沉淀物，并用 NaOH 调节 pH 值至 7.0，用去离子水进行透析并冷冻干燥，80% 以上的蛋白质产物的分子量小于 5000 Da。

②水解大豆蛋白：用 1mol/L HCl 将大豆蛋白分散液（4%w/v）pH 值调节至 2.0，37℃培养 30min 后，将酶（如胃蛋白酶）以 0.3%（w/w）的酶底物比例添加进行酶水解反应。37℃（10~900min）孵育，用 2mol/L NaOH 将 pH 值调节至 7.0 使酶失活。在 8.5% 的水解大豆蛋白产品中，供应商声明酶水解物质 87% 的蛋白质分子量小于 2000 Da，11% 的蛋白质分子量在 2000~5000 Da 之间，分子量大于 5000 Da 的蛋白质占 2%。虽然在已发表的文献中未发现水解豆浆蛋白质的制造方法，也没有工业界提供的信息，但据报道，豆浆（soymilk）是通过水提取全大豆制成的。

（4）成分和杂质

①大豆蛋白：大豆蛋白质产品（80% 以上的分子量 < 5000 Da）由 0.4% 的蛋白质、30% 的丁二醇和 69.6% 的水组成。

②大豆肽：分析发现，大豆肽富含天冬氨酸（12.6%）和谷氨酸（22.1%）。

③水解大豆蛋白：一家供应商表示，水解大豆蛋白（MW=300 Da）重金属、砷和铁的含量分别低于 10 ppm、1 ppm 和 10 ppm。另一家供应商表示，水解大豆蛋白（87% 的分子量 <2000 Da）没有检测到生物碱、杀虫剂、黄曲霉毒素、砷和汞。据报告，其他金属含量分别为镉（2 ppb）、铬（57 ppb）、钴（15 ppb）、镍（0.7 ppm）、铅（60 ppb）和铁（低于 10 ppm）。含有 25% 和 35% 水解大豆蛋白的产品成分分解分别包括 74.6% 或 64.6% 的水，以及 0.2% 对羟基苯甲酸甲酯和 0.2% 季铵盐 -15。

④水解豆浆蛋白：21.5% 水解豆浆蛋白的产品含有 76.6% 水、1.2% 苯氧基乙醇和 0.7% 乙内酰脲。

（5）用途

①化妆品：本安全评估中所包含化妆品成分的安全性是基于预期用于的化妆品。该评估小组利用了从美国 FDA 和化妆品行业获得的数据。据 2015 年自愿化妆品注册程序（Voluntary Cosmetic Registration Program，VCRP）数据，水解大豆蛋白在化妆品中的用途最多。本安全评估中列出的成分共 862 种，约一半的用途是不着色的头发产品，大豆蛋白的总使用量位居第二，共有 313 种。其中 1/3 用于留妆护肤品，另外 1/3 用于染发剂。2014 年使用浓度调查结果表明，水解大豆蛋白报告的最大使用浓度（the highest reported maximum concentrations of use）最多，睫毛膏中使用的最大浓度为 3.5%。大豆蛋白在眼药水中的含量高达 0.9%。

如前所述，其中一些成分可用于眼部附近的产品。此外，一些成分可偶然与黏膜接触，如水解大豆蛋白在浴皂和洗涤剂中的含量高达 1.5%。还有一些成分被用于发用喷雾剂、身体和手用喷雾剂，可能会被吸入。据报道，甘氨酸大豆蛋白在人体和手部喷雾剂中的最大浓度为 0.07%。实际上，95%~99% 的化妆品喷雾释放的液滴/颗粒具有大于 10μm 的空气动力学等效直径。因此，从化妆品喷雾剂中意外吸入的大多数液滴/颗粒会沉积在鼻咽和支气管区域，吸入的量不明显。

②非化妆品：美国 FDA 确定，蛋白胨（peptones）用作直接加入食品的物质（direct food substances）是"一般被认为安全（GRAS）的。这些 GRAS 蛋白胨被定义为"由大豆分离蛋白水解产生的多肽、寡肽和氨基酸的可变混合物"。此外，大豆蛋白是"一般被认为安全（GRAS）"的，可从食品包装纸和纸板产品迁移到食品中的物质。当食品中含有主要过敏原时，美国 FDA 要求贴上过敏原标签，包括大豆。

美国 FDA 还审查了大豆蛋白用作非处方药（over-the-counter drugs）的活性成分。根据现有证据，没有足够的数据来确定体重控制药物产品中该成分的安全性和有效性。大豆蛋白还用于黏合剂和塑料工业。

(6) 毒理学研究 大豆蛋白作为本安全评估中涉及的成分，出现在每天食用的食品中。通过局部接触吸收大豆成分可能产生的全身效应（除致敏作用外）远小于通过口服接触吸收的全身效应。这是因为与消化道的相应速率相比，这些成分在皮肤中的吸收和代谢速率可以忽略不计。因此，除致敏作用外，本报告未详细讨论全身效应的可能性。

①遗传毒性（geneotoxicity）：大豆蛋白，一种商品名混合物，含有 0.4% 的大豆蛋白（80% 以上的分子量 <5000 Da）。在反向突变试验（a reverse mutation assay）和染色体畸变研究（chromosomal aberration study）中，大豆蛋白未产生遗传毒性。

水解大豆蛋白产品时，当 54% 的分子量分布低于 5000 Da 时，鼠伤寒沙门氏菌 TA 1535/pSK1002（含和不含 S9 代谢活化）试验，受试物浓度为 625μg/ml、1250μg/ml、2500μg/ml 和 5000μg/ml。结果表明，无论是否使用 S9，水解大豆蛋白均无致突变作用。

②刺激性（irritation）：体外研究显示，水解大豆蛋白（25% 和 35%）和水解豆浆蛋白（21.5%）无皮肤刺激性。大豆蛋白（0.4%）对家兔和豚鼠无刺激性。水解大豆蛋白含量高达 25% 时，兔子和人体研究显示均不是皮肤刺激物。

在体外试验中，水解豆浆蛋白（21.5%）无眼部刺激性。水解大豆蛋白（高达 35%）不会引起眼部的轻微刺激。在兔子的研究中，大豆蛋白（0.4%）几乎没有眼部刺激性。水解大豆蛋白（纯测试，浓度范围为 8.5%~25%）没有眼部刺激性或有轻微的眼部刺激性。

③敏感性（sensitization）：在豚鼠体内进行大豆蛋白高达 0.4% 的试验，显

示其不是皮肤增敏剂。在非人类和人类测试中，水解大豆蛋白高达 25% 时不是皮肤增敏剂。

④光毒性与光敏化（phototoxicity and photosensitization）：对 5 只豚鼠进行光毒性研究，含有 0.4% 大豆蛋白（80% 以上的分子量 <5000 Da）的未稀释商品用混合物未产生光刺激。20 只豚鼠暴露于含有 0.4% 大豆蛋白的未稀释商品用混合物（80% 以上的分子量 <5000 Da）下，未观察到光敏作用。

（7）**讨论**　评估专家小组注意到，大豆蛋白是已知的食物过敏原，当被致敏个体摄入时，可引起 I 型超敏反应。然而，专家小组并不担心皮肤接触会诱发此类反应，因为这些成分是水溶性的，不会穿透皮肤，并且其分子量远低于导致 IgE 交联的分子量。专家组审查的研究表明，动物没有相关的眼部刺激性，动物和人类受试者没有皮肤刺激性或致敏性。

评估小组讨论了头发、身体和手用喷雾剂偶然吸入的问题。通过审议相关数据，表明偶然吸入此类化妆品中的大豆成分不会对健康造成不利影响。化妆品气溶胶中产生的 95%~99% 的液滴 / 颗粒不会被吸入任何可觉察的量（any appreciable amount）。

评估专家小组还讨论了植物源性成分中可能存在的农药残留和重金属问题。评估专家小组强调，化妆品行业应继续使用必要的程序，在混合到化妆品配方中之前限制这些杂质。

（8）**结论**　评估专家小组得出结论，以下大豆成分在美国化妆品中是安全的：大豆多肽 [Glycine Max （Soybean） Polypeptide]、大豆肽 [Glycine Soja （Soybean） Peptide]、大豆蛋白 [Glycine Soja （Soybean） Protein]、水解大豆蛋白 （Hydrolyzed Soy Protein） 水解大豆蛋白提取物 （Hydrolyzed Soy Protein Extract） 水解豆乳蛋白 （Hydrolyzed Soymilk Protein） 。

二、肽的监管要求

（一）肽监管的法律制度

生物活性肽是一类短序列的食物蛋白质，主要由 2~20 个氨基酸残基组成，对人体健康具有积极的生理作用。生物活性肽可通过体外酶水解、发酵和胃肠道消化，从各种食物来源中产生。食品蛋白质的体外酶解通常使用胃蛋白酶、胰蛋白酶、木瓜蛋白酶、碱性蛋白酶、胰酶、糜蛋白酶及蛋白酶等蛋白水解酶进行。发酵通常使用不同的"一般认为安全（GRAS）"的微生物菌株进行，如乳酸菌，从各种食物蛋白质中释放生物活性肽。迄今，已经从各种食物来源包括牛奶、乳清、鸡蛋、鱼类、大米、大豆、海洋物种、花生、玉米和藻类中鉴定并分离出数百种具有不同生物活性的肽。这些从食品蛋白质中提取的生物活性肽，具有抗氧化、免疫调节、抗高血压、抗癌、抗炎、抗菌、降胆固醇、肠道调节、抗糖尿病、金属螯合等活性，作为保健食品（health food）、功能食品（functional food）、功效营养品（nutraceutical）的市场在潜力巨大，全球生物活性肽市场在稳步增长。肽的生物活性主要取决于肽的氨基酸组成、序列、长度和电荷。生物活性肽不仅以食品和饮料的形式存在，还以片剂、胶囊、粉末的形式提供消费者食用。

然而，生物活性肽在功能性食品、保健食品、功效营养品等方面的应用还存在诸多障碍，限制了生物活性肽的市场发展。这些障碍包括：①缺乏人体研究显示食物来源的生物活性肽的有益作用；②缺乏与生物活性肽的健康益处相关的科学证据的汇总分析（meta analysis）；③缺乏有关食用量超过推荐量的生物活性肽相关风险的科学数据；④难以生产具有生物活性和消费者可接受口味的肽；⑤缺乏生物活性肽对人体健康的长期影响研究；⑥缺乏关于生物活性肽与人体内药物和功能性食品制剂中其他成分相互作用的科学数据；⑦关于生物活性肽作用机制和剂量-反应关系的体内科学证据不足；⑧缺乏与生物活性肽的吸收、分布、代谢和排泄相关的科学数据；⑨难以在工业水平上生产质量和一致性高的生物活性肽；⑩在生产过程和储存过程中缺乏生物活性肽的稳定性数据。

科学证实，生物活性肽的安全性和有效性是关键性因素，对监管机构批准生物活性肽的健康声称（health claims）具有重要影响。对于监管机构的批准，仅从体外和动物研究中获得的数据不足以证明生物活性肽的健康益处。生物活性肽的健康声称必须有来自人体研究的大量证据支持。为了保护消费者免受可能的健康风险，不同国家已经建立了监管体系，对具有健康益处的食品或食品成分的"贸易""标签"和"安全"进行管理。生物活性肽监管的主要目标是保护消费者免受可能的健康风险，并提供有关健康益处的事实，不提供误导性信息。

1. 美国

目前，美国还没有针对功能性食品的具体监管框架。然而，功能性食品，不论作为膳食补充剂、常规食品、特殊膳食用途食品、医疗食品，还是基于产品用途、性质及声称的药品，必须符合《联邦食品、药品和化妆品法》的规定。基于肽产品的预期用途和标签声称，生物活性肽/蛋白质水解物/水解蛋白质可被视为膳食补充剂或药物。在美国，食品衍生肽或蛋白质水解物的生物活性声称可分为两类，即结构/功能声称（structure/function claims）和健康声称（health claims）。

结构/功能声称涉及肽对人体正常结构或功能的有益作用，如"乳肽维持健康的免疫系统""抗氧化肽维持细胞完整性"。生物活性肽的结构/功能声称不需要美国FDA的上市前批准，但前提是不存在虚假或误导性。制造商必须在膳食补充剂（生物活性肽）投放市场后30天内，向美国FDA提交一份附有声称文本的通知。此外，肽产品应具有"免责声明"，说明美国FDA未评估该声明，"该产品不用于诊断、治疗、治愈或预防任何疾病"。对于包含结构/功能声称的产品，产品标签不应使用诸如"治愈""治疗""纠正""预防"或其他表示疾病预防或治疗以及疾病名称或名称的可识别部分的词语。美国 FDA 遵循证实标准 (a substantiation standard)，即"有力和可靠的科学证据" (competent and reliable scientific evidence)，就申请人"提出声称的含义、证据与声称的关系、证据的质量和全部证据"进行评估。

另一方面，生物活性肽的健康声称描述了肽与降低疾病或健康相关疾病（如高血压）风险之间的关系。生物活性肽的健康声称应得到美国 FDA 类药物的预先批准。美国 FDA 使用申请程序审查所有健康声称，并根据公开科学证据的强度和质量批准肽的健康声称。一旦美国 FDA 批准健康声称，特定声称语言将适用于该产品。

生物活性肽的健康声称应符合美国 FDA 关于有资质专家 (qualified experts) 之间"明确科学共识 (significant scientific agreement, SSA) "的标准。健康声称应得到强有力的科学证据的支持，并由经过科学培训和有经验的合格专家进行评估。健康声称包括授权健康声称 (authorized health claims, AHCs) 和有限度健康声称 (qualified health claims, QHCs)。如申请 FDA 批准为"授权健康声称"，须满足两个条件：①所有公开获得的证据必须支持其所声称的饮食 - 疾病关系；②有资质专家之间必须达成"明确科学共识 (SSA) "。"有限度健康声称"，指有科学证据支持，但不符合授权健康声明所需的更严格的 SSA 标准。为确保"有限度健康声称"不具有误导性，它们必须附有免责声明或其他限定性语言，以便向消费者准确传达支持该声称的科学证据水平。例如，一项研究没有表明喝绿茶可以降低前列腺癌的风险，但另一项研究表明喝绿茶可以降低前列腺癌的风险。根据这些研究，美国 FDA 得出结论，绿茶不太可能降低前列腺癌的风险。

生物活性肽的健康声称应该像药物一样得到美国 FDA 的预先批准。美国 FDA 遵循循证审查制度 (evidence based review system)，该制度是评估批准肽与疾病关系的健康声称的证据的科学强度。美国 FDA 首先要考虑一些因素，如研究类型、研究样本量、方法学质量、支持和反对声称的数据量、研究结果的可重复性和一致性，以及对美国人口评估健康声称的重要性，然后决定是否支持授权健康声称或有限度健康声称。FDA 主要关注肽与疾病关系相关的人体干预和观察研究的结果。美国 FDA 从研究设计、数据收集和数据分析等方面对个体人体研究进行评估，以得出有关肽 / 疾病关系的科学结论。肽必须是安全的，在可接受的水平上表现出声称的健康影响，并且不应该造成严重或威胁生命的疾病。用于生产肽的蛋白质原料、蛋白水解酶或微生物应为"一般认为安全 (GRAS) "的。根据美国的相关法规，肽生产中使用的所有材料必须是食品级材料。人体生理学不同于动物生理学，体外研究不能模拟人体的消化、吸收、分布和代谢等生理过程。然而，动物和体外研究可作为背景资料来解释肽的作用机制。除了临床前和临床研究外，FDA 还要求提供其他有关预期用途、饮食接触、肽的特性、物理和化学特性、成分、过敏性、免疫和微生物特性、制造工艺、质量控制、产品说明、批间分析等信息，并对肽的稳定性进行评估。进入市场的肽必须具有充分的特征描述，其制造商须持有美国 FDA 就其肽声称 GRAS 通知所出具的"无异议（no objection）"信函。例如，在美国，一种来源于猪气管软骨（porcine trachea cartilage）的水解产品（Peptan Ⅱ）被 FDA 准予用于多种食品，如"活性营养和营养完整棒""格兰诺拉麦片棒""强化水饮料""运动营养凝胶""强化风味牛奶饮料""强化或强化果味饮料和软糖"等。peptan Ⅱ 在各种食品中的预期用途达到 5.0% 的水平。

当肽类药物产品申请提交给美国 FDA 时，申请人须提供证据，证明所申请肽产品是安全、有效和高质量的。美国 FDA 负责组织开展新肽药（new drug peptide）的风险分析，评价新肽类药物的质量及其对安全性和有效性的影响。这种方法包括：①了解肽的复杂性及其临床应用；②评价可能影响拟用肽产品安全性和有效性的工艺和产品相关因素；③确定是否需要额外的研究（体外或体内）来解决与肽产品安全性相关的任何剩余不确定性。评价不是"一刀切（one size fits all）"，而是根据每个不同肽的特征因素进行个案分析。与任何其他药物一样，肽类药物的开发和批准过程通常遵循的步骤为：①临床前研究；②临床研究；③批准后营销监督；④生命周期管理。迄今，超过 70 种肽类药物已获准上市，超过 150 种肽类分子已进入临床试验，用于代谢、心血管、肿瘤和中枢神经系统疾病等多种治疗适应证。大多数商业性上市的肽药都是在代谢疾病和肿瘤学领域，包括胰岛素类似物 NovoLogs（天门冬氨酸胰岛素）、Humalogs（lispro 胰岛素）、Victozas（利拉鲁肽）、Byettas（艾塞那肽）、Luprons（亮丙瑞林）、Sandostatins（奥曲肽）和 Forteos（特立帕肽）。近年来，细胞内蛋白酶的拟肽抑制剂如 Kyproliss（硼替佐米）和 Ninlaros（ixazomib）也被批准商业性进入市场。肽治疗已成为创新药物开发的关键策略。

2. 欧盟

在欧盟，肽的监督管理可适用于欧洲议会和理事会关于新型食品和新型食品成分的法规（EC 258/97）以及关于食品营养和健康声称的法规（EC 1924/2006）。

1997 年，欧盟第一部关于新型食品和新型食品成分（novel foods and novel food ingredients）的第 258/97 号法规生效，适用于 1997 年 5 月 15 日之前未在欧洲共同体内大量用于人类消费的食品和食品成分。该法规澄清了新型食品的定义，更新了新型食品的类别和欧盟授权上市的新型食品清单，简化并考虑了欧盟法律和技术进步的最新变化，明确定义和建立了与新型食品相关的安全风险评估标准。食源性肽作为新食品或新食品成分，上市前须按照欧洲食品安全局（EFSA）新的具体提交规则和指南要求，提交申请材料。例如，2016 年 12 月 22 日，Medfiles Ltd 公司依据欧盟第 258/97 号新食品法规的规定向芬兰主管提交了一份申请，请求将虾肽浓缩物（shrimp peptide concentrate）作为新食品投放市场。2017 年 3 月 8 日，芬兰主管向欧盟委员会提交了初步安全评估报告，认为虾肽浓缩物符合第 258/97 号法规的规定。2017 年 3 月 13 日，欧盟委员会将初步安全评估报告转发给其他成员国。一些成员国（MSs）对"消费者（低血压、正常血压和高血压）中所推定的抗高血压作用的安全"提出了异议，如血压降低以及潜在副作用的问题。9 月 21 日，根据欧盟第 178/20022 号法规，欧盟委员会要求欧洲食品安全局（EFSA）对虾肽浓缩物作为新食品进行补充 / 追加评估。通过评估，评估小组得出结论，虾肽浓缩物作为食品补充剂，按每天 1200 mg 的最大剂量使用，是安全的。目标人群是成年人。

2006 年，欧盟（EU）颁布了一项关于食品营养和健康声称（on nutrition and health claims made on foods）的法规（EC 1924/2006），明确了"声称""营养""其他物质""营养声称""健康声称"和"降低疾病风险声称"的定义及其管理规定。欧盟委员会（EC）将功能食品定义为除了具有基本营养作用外，还具有对人体健康有益功能的食品，应作为正常食品的一部分食用。在欧盟，食品在标签上有两类声称，即营养声称和健康声称。营养声称与有益的营养特性有关，如"低脂"和"高纤维"。健康声称被定义为食品类别、食品或食品成分与健康之间的联系。生物活性肽的健康声称可分为 3 类，即"一般功能声称"（如"牛奶肽有助于支持免疫系统的正常功能"）、"疾病风险降低声明"（如"鸡蛋肽已显示可降低胆固醇水平"）和"与儿童发育或健康有关的声称"（如"鱼肽有助于儿童的认知发展"）。

肽产品的制造商应通过欧盟成员国的主管部门向 EFSA 提交申请。EFSA 的饮食产品、营养和过敏专家组（Dietetic products, Nutrition and Allergies panel, NDA 专家组）负责评估生物活性肽健康声称的科学证据，并基于科学证据和普通消费者理解声称益处的能力批准健康声称。EFSA 需在 6 个月内处理健康声称申请。但是，如果需要，它可以要求申请人提供额外的文件 / 信息，并且需要另外 2 个月才能对健康声称做出最终决定。制造商必须向 NDA 专家组提供证据，证明肽的消费量与生物功能（声称的效果）之间的关联。NDA 小组通过审查所有在人体、动物和体外进行的研究，从"强度""一致性""剂量 - 反应关系""特异性"和"相关性的生物学合理性"等方面，评价肽和声称的效果之间关系的科学证据。然而，批准健康声称的生物活性肽，人体干预研究和观察调查是必需的。例如，bonita 蛋白衍生肽（Leu-Lys-Pro-Asn-Me）的健康声称"自然血压支持（natural blood pressure support）"曾被 NDA 专家组拒绝，原因是尽管制造商提交了动物和体外研究的结果，但缺乏人体研究的充分科学证据。

除了科学证明外，EFSA 还要求详细说明肽的分子量分布、肽数量、氨基酸组成、序列和肽长度、理化性质、制造工艺、产品标准化等方面的特征，以及生物活性肽健康声称的使用条件和稳定性。此外，EFSA 还审核健康声称的计划措辞，以使健康声称对普通消费者有意义及清晰度。生物活性肽的健康声称不应针对患病人群，其目标必须是一般健康人群或其特定亚组。在欧盟，除了健康声称外，食品标签还应包括一份声明，说明多样化和均衡饮食与健康生活方式的重要性，获得声称的健康益处所需的食物量，以及必须避免的事宜，如果过量食用会对健康造成危害的警告等，从而确定符合（EC）第 1924/2006 号法规的规定。例如，在欧盟，EFSA 批准了一种具有血管紧张素转换酶（ACE）抑制活性的沙丁鱼衍生肽产品 Valtyron®，作为一种新型功能性食品配料。该产品是用碱性蛋白酶水解沙丁鱼肌肉制备的多肽混合物，主要活性成分是具有 ACE 抑制活性的二肽戊基酪氨酸（ValTyr）。其经 EFSA 批准用于"酸奶、酸奶饮料、发酵乳、奶粉、汤、炖肉和汤粉、饮料（调味水和饮料，包括蔬菜饮料）和早餐谷物"，最大摄入量为 0.6 g/ 份。

3. 加拿大

加拿大没有关于生物活性肽 / 蛋白质水解物的专门法律法规。然而，生物活性肽可以被视为功能食品或天然保健食品（natural health products，NHPs），并进行管理。

1996 年，为应对全球功能食品迅速发展，加拿大启动了功能食品行动（functional food initiatives）：①在加拿大范围内采用美国的通用健康声称；② 制定科学的证据标准和指导文件，以支持产品特定声称的有效性；③ 制定功能食品的总体监管框架。加拿大卫生部卫生保护食品局（the Food Directorate of the Health Protection Branch of Health Canada）（简称"加拿大卫生部"）负责食品健康声称有关的政策、法规和标准的实施。根据加拿大卫生部的规定，功能食品被定义为"在外观上类似于或可能是传统食品，作为日常饮食的一部分食用，并被证明具有生理益处和 / 或在基本营养功能之外降低慢性病的风险"的食品。生物活性肽对人类健康的有益作用可以被称为疾病风险降低声称或功能声称。生物活性肽的疾病风险降低的声称是基于降低患饮食相关疾病或疾病风险的能力。功能声称可以定义为生物活性肽对人体正常功能或生物活性的特定有益作用，但不应直接或间接与治疗、缓解或预防疾病、紊乱或不正常的身体状态或疾病症状等用语联系在一起。此外，功能声称必须是特定的，如食用 1g 蛋源性肽有助于减少体内细胞中的自由基和脂质氧化。声称的生物活性肽的健康益处不应误导消费者，在向加拿大卫生部提交文档资料之前，制造商应拥有健康声称的实质性证据。

食物健康声称应该得到来自人体研究的大量证据支持。据加拿大卫生部的要求，对健康声称的评估是基于干预和 / 或前瞻性观察研究的结果。必须进行与健康声称的人体研究相关的综合文献检索，包括支持健康声称的结果和不支持健康声称的结果，并将其包含在提交文件中。健康声称应该由高质量的人体调查（quality human investigations）来证明。良好的人体研究设计是避免对健康声称的证据做出偏颇解释的一个重要方面。非人体研究（如动物和体外研究）的数据不足以说明生物活性肽的健康益处，因为非人体数据外推到人类时存在变异。然而，非人体研究的数据可以用来支持人体研究的结果。

生物活性肽应在目标人群中表现出声称的健康效应（health effects），且所声称效应的生物标记物必须是健康结果（health outcome）的基本途径的一部分。健康效应的重要性以及健康声称中使用的所有生物标记物的方法学和生物学有效性必须详细予以说明。申请书应详细说明目标人群为获得有益效果而需要摄入的肽的用量、肽的有益效果、肽与健康效果之间的关系、肽的摄入量与健康效果之间的关系，健康声称的措辞应准确。例如，降胆固醇肽的健康声称应该被称为"产品降低心脏病的风险"，而不是"产品降低糖尿病的风险"。

除上述详细信息外，所提交的档案资料还应包含肽的拟定每日摄入量、肽的最大允许水平、目标人群和拟定声称的理由、可能的不良影响和使用限制以及可能的风险管理计划。批准生物活性肽健康声称的其他重要监管要求包括肽的物理、化学和微生物特性概述，生物活性肽的生产方法概述（如良好生产规范），建议储存条件下肽的稳定性数据，以及批次间可变性的结果。

2004 年，《加拿大天然保健食品条例》（Canadian Regulation of Natural Health Products）施行。该条例的主要组成部分包括天然保健食品（NHPs）的定义、产品许可证、不良反应报告、现场许可证、良好制造规范、安全和健康声称、标签和包装的证据标准。在加拿大，生物活性胶原蛋白肽（bioactive collagen peptides）作为促进皮肤健康的 NHPs，在市场上销售。根据《加拿大天然保健食品条例》，来自牛、猪、鸡、鱼和鲨鱼的水解胶原蛋白被视为 NHPs。天然和非处方保健食品管理局（Natural and Non-Prescription Health Products Directorate，NNHPD）负责监管 NHPs。制造商应向 NNHPD 提交申请，以获得在加拿大销售 NHPs 的许可证。申请必须包含与 NHPs 的安全性、有效性和质量相关的信息。

4. 日本

日本是第一个对声称健康的食品（功能食品）实行监管制度的国家。在日本，健康声称分为特殊膳食用途食品（foods for special dietary uses，FOSDU）、营养功能声称食品（foods with nutrient function claims，FNFC）、特定健康用途食品（foods for specified health uses，FOSHU）和功能声称食品（foods with function claims，FFC）。

特殊膳食用途食品被认为是合适支持患有疾病（特殊用途指示）的人、婴儿成长，并维持或恢复健康怀孕或哺乳期妇女的健康，以及伴有吞咽困难的人的食品。特殊膳食用途食品标签必须经监管部门批准。营养功能声称食品可用于补充日常饮食，以确保满足营养需求，13 种维生素、6 种矿物质（钙、镁、铁、锌、铜、钾）和 n-3 脂肪酸属于这一类。由于这些产品往往含有众所周知的功能性营养素，因此可以根据标准规定对其进行营养功能声明，而无需向政府提交通知。

特定健康用途食品是指含有经证实对人体有生理影响成分的食品，可用于维护和促进健康，或供希望控制健康状况的人食用。特定健康用途的食品须通过对其效果和安全性的评估，其标签上应使用批准的健康声明。截至 2020 年 1

月，日本已有 1806 个项目被批准为特定健康用途的食品，其健康声称的内容涉及 10 类，包括胃肠道状况、体脂、血压水平、胆固醇水平、血糖水平、矿物质吸收、血液三酰甘油水平、牙齿健康、骨骼健康和皮肤水分。然而，健康声称不能包括与医疗相关的词语，如"预防""治疗"和"诊断"。

功能声称食品于 2015 年在日本推出。功能声称食品是一种标签要求，适用于具有基于科学证据的结构 / 功能声称的食品。产品上市前，其功效和安全性的声称及支持证据需提交给监管部门，并在官网上公布。FFC 与 FOSHU 名称不同，符合 FFC 资格的产品无须监管部门单独预先批准。

为了批准特定健康用途的生物活性肽，制造商必须提交有关功效的科学证据，包括人体研究、人体食用肽的安全性以及肽活性成分的分析。一旦生物活性肽的健康声称获得日本厚生劳动省（MHLW）的批准，制造商就可以在其产品包装上使用生理声称（physiological claims）以及 FOSHU 标签。例如，博尼塔和沙丁鱼衍生肽（bonita and sardine derived peptides）在日本获得 FOSHU 批准，具有抑制血管紧张素转换酶的活性，并已作为天然和安全的产品上市。

5. 中国

中国的生物活性肽产业发展迅速，得益于中国对肽产业发展的重视。与此同时，中国建立了适合肽产业发展的食品安全监督管理法律制度。

（1）实施标准化管理 中国已制定 10 多项有关肽的食品安全标准、质量标准、行业标准。如《食品安全国家标准 胶原蛋白肽 GB 31645—2018》《食品安全国家标准食品营养强化剂酪蛋白磷酸肽 GB 31617—2014》《大豆肽粉 GB/T 22492—2008》《海洋鱼低聚肽粉 QB/T 2879—2007》《淡水鱼胶原蛋白肽粉 SB/T 10634—2011》等。肽生产企业可依据这些肽产品的标准组织生产。

（2）建立新食品原料管理制度 研发 / 开发新的肽产品，可依据国家《新食品原料安全性审查管理办法（2013）》的规定，按新食品原料申报并通过安全性审查后，方可用于食品生产经营。拟从事新肽食品原料生产、使用的单位或者个人，应提出申请并提交以下材料：①申请表；②新食品原料研制报告；③安全性评估报告；④生产工艺；⑤执行的相关标准（包括安全要求、质量规格、检验方法等）；⑥标签及说明书；⑦国内外研究利用情况和相关安全性评估资料；⑧有助于评审的其他资料。国家卫生行政管理部门负责新资源食品的安全性审查，对符合食品安全要求的，准予许可并予以公告；对不符合食品安全要求的，不予许可并书面说明理由。例如，2012 年，原卫生部发布了关于批准小麦低聚肽作为新资源食品等的公告（卫生部公告 2012 年第 16 号）。但在 2013 年，原国家卫生和计划生育委员会发布的第 7 号公告中规定，以可食用的动物或植物蛋白为原料，经《食品添加剂使用标准》（GB2760-2011）规定允许使用的食品用酶制剂酶解成的物质作为普通食品管理。

（3）完善保健食品管理制度 保健食品指声称并具有特定保健功能或者以补充维生素、矿物质为目的的食品，即适用于特定人群食用，具有调节机体功能，不以治疗疾病为目的，并且对人体不产生任何急性、亚急性或慢性危害的食品。中国对保健食品实行"注册与备案"管理制度，对"保健食品原料目录以外原料"的声称保健功能的食品实行注册管理；对"使用的原料已经列入保健食品原料目录的保健食品"予以备案管理。保健食品注册，是指市场监督管理部门根据注册申请人申请，依照法定程序、条件和要求，对申请注册的保健食品的安全性、保健功能和质量可控性等相关申请材料进行系统评价和审评，并决定是否准予其注册的审批过程。保健食品备案，是指保健食品生产企业依照法定程序、条件和要求，将表明产品安全性、保健功能和质量可控性的材料提交市场监督管理部门进行存档、公开、备查的过程。

对于新研发的肽产品，拟声称特定保健功能的，应申请"保健食品注册"，并提交下列材料：①保健食品注册申请表，以及申请人对申请材料真实性负责的法律责任承诺书；②注册申请人主体登记证明文件复印件；③产品研发报告，包括研发人、研发时间、研制过程、中试规模以上的验证数据，目录外原料及产品安全性、保健功能、质量可控性的论证报告和相关科学依据，以及根据研发结果综合确定的产品技术要求等；④产品配方材料，包括原料和辅料的名称及用量、生产工艺、质量标准，必要时还应当按照规定提供原料使用依据、使用部位的说明、检验合格证明、品种鉴定报告等；⑤产品生产工艺材料，包括生产工艺流程简图及说明、关键工艺控制点及说明；⑥安全性和保健功能评价材料，包括目录外原料及产品的安全性、保健功能试验评价材料、人群食用评价材料，功效成分或者标志性成分、卫生学、稳定性、菌种鉴定、菌种毒力等试验报告，以及涉及兴奋剂、违禁药物成分等检测报告；⑦直接接触保健食品的包装材料种类、名称、相关标准等；⑧产品标签、说明书样稿，产品名称中的通用名与注册的药品名称不重名的检索材料；⑨3个最小销售包装样品；⑩其他与产品注册审评相关的材料。国家市场监督管理总局负责保健食品注册管理，对符合注册规定的，做出准予注册的决定，并制发保健食品注册证书；对不符合注册规定的，做出不予注册决定。

（二）肽生产的监管要求

1. 肽酶的监管

酶在食品生产加工中发挥着重要的作用。根据文献，使用适当的外源蛋白水解酶在体外水解蛋白质底物，是生产蛋白质水解物和肽广泛使用的工艺，具有理想的生物学特性。在蛋白质酶解生产肽的工艺中，肽酶（peptidase）、蛋白酶（proteinases）、蛋白质水解酶（protein hydrolase）起着关键性作用，直接影响蛋白质水解物或肽的安全性。使用食品级酶的水解物被降解时，不会导致营养价值和代谢效应的不良变化，可以接受其安全性。

据国际酶产品制造商和配方制定者协会（Association of Manufacturers and Formulators of Enzyme Products，AMFEP）的报道，全球已有160多种专门用

于食品工业的食品级酶（food-grade enzymes）。世界各国十分重视酶监督管理，通常将酶归类为食品添加剂（food additives）或食品加工助剂（food-processing aids）进行监督管理。作为食品添加剂，酶在最终食品本身中发挥技术功能，可能会留在食品中；而作为食品加工助剂，主要与加工过程有关，不会以活性实体（active entities）出现在最终食品中。一般而言，若酶归为食品添加剂，上市前须进行安全性评价，这属于强制性的要求；如酶归为食品加工助剂，则无须在上市前进行强制性的安全性评价。

在欧盟，大多数食品酶被认为是食品加工助剂，到目前为止，只有两种酶，即溶菌酶和转化酶，归为食品添加剂管理；欧盟成员国之间对酶用作食品加工助剂的管理，也存在很大差异。在法国、丹麦、波兰和匈牙利，这些"作为加工助剂"酶必须经过授权程序；英国则实行自愿批准制度；而其他的欧盟成员国尚没有建立酶的国家管理法律法规。2003 年以来，欧盟食品安全局（EFSA）正在对所有食品用酶进行评估，拟统一欧盟关于食品用酶的管理规则，实行清单管理。被列入欧盟清单的食品级酶，须具备 3 个条件：①不会对消费者的健康造成影响；②是一种食品加工工艺技术的需要；③不会误导消费者。

美国 FDA 将所有酶视为食品添加剂予以管理。食品级酶指："一般认为安全的（GRAS）"物质，定义为食品添加剂的非 GRAS 物质，美国 FDA 或农业部于 1958 年 9 月 6 日前批准用于食品中的物质。根据美国《联邦食品药品化妆品法》的规定，食品添加剂在上市前须获得批准。相反，GRAS 物质在上市前无须获得 FDA 的批准或通知，可能基于 GRAS 状态的历史记录以确定。GRAS 状态可由 FDA 确认或由有资质专家独立确定。迄今，美国大约有 50 种酶已经获得批准作为食品添加剂或经 FDA 确认为 GRAS 物质。

为了指导各国对食品用酶的监督管理，2020 年 WHO 修订发布了《环境健康标准》。其将酶分为两大类，第一类为从安全食用来源获得的酶，通常不需要进行毒理学评估，有 3 种情形：①从植物可食用部分或从通常用作食用动物的组织中所获得的酶。这些酶被视为食物，若可以建立令人满意的化学和微生物标准（如木瓜蛋白酶、凝乳酶）以及使用范围和用量，其安全性被认为是可以接受的。②由传统上被认为是食品成分或通常用于食品制备的微生物所产生的酶。这些酶被视为食物，若可以建立化学和微生物标准或规格（如酵母菌属）以及使用范围和用量，其安全性被认为是可接受的。③由安全食品酶生产菌株或假定的安全子代菌株所生产的酶。安全食品酶生产菌株（safe food enzyme production strain）是一种非致病性、无毒微生物菌株，在食品酶生产中具有安全使用的历史。支持这种安全使用历史的证据包括分类学知识、遗传背景、毒理学测试、与菌株安全相关的其他方面以及商业食品使用。假定安全子代菌株（presumed safe progeny strain）是从安全食品酶生产菌株或该安全食品酶生产菌株的父代发展而来的。子代菌株是通过对其基因组进行特定的、具有良好特征的修改而形成的。其"修改"必须彻底记录，不得对任何有害物质进行编码，不得导致不良影响。这一概念也适用于多代后代。支持其安全性的证据包括分类学知识、遗传背景和毒理学检验（查阅毒理学研究文献）。第二类酶为来源于不被认为或推定为安全食用的酶，须进行安全性评价。对于来自微生物的酶，尽管可能随后被视为第一类的第三种情形，如之前未经 FAO/WHO 食品添加剂联合专家委员会（JECFA）审查的，需要提交相关的微生物学、毒理学和化学数据，将对每种酶进行评估，并建立每日容许摄入量（ADI）。对于之前未经 JECFA 评估的微生物菌株产生的酶，需要提供有关该菌株安全性的分类、遗传背景和其他方面的信息，以及在食品中的商业用途（如有）。这些微生物生产的酶制剂既不应含有干扰抗生素治疗的抗生素失活蛋白，也不应含有可能导致抗生素耐药性传播的可转化 DNA。

肽酶是食品酶的一个大类，具有重要的实用价值。肽酶（peptidase）、蛋白酶（protease）、蛋白水解酶（proteolytic enzyme），这些术语时常互换使用。肽酶是国际生物化学和分子生物学联合会推荐的所有蛋白水解酶的术语，代表了一大类在医学和生物技术中具有特殊重要性的蛋白质。"肽酶"是"肽键水解酶"的清晰缩略语，并为包括内肽酶（endopeptidase）、外肽酶（exopeptidase）、氨肽酶（aminopeptidase）和羧肽酶（carboxypeptidase）在内的所有术语提供了词根。肽酶也是一种"蛋白水解酶"，但两者不是同义词。因为有些蛋白水解酶不是水解酶，而是利用天冬酰胺或谷氨酰胺环化形成丁二酰胺从而导致肽键断裂的自处理蛋白质。

肽酶催化蛋白质氨基酸残基之间肽键水解，释放出具有生物活性的肽。根据反应的亲核性质，肽酶可分为 6 种催化剂类型，即丝氨酸（serine）、半胱氨酸（cysteine peptidase）、天冬氨酸（asparti peptidasec）、金属肽酶（metallo-peptidases）、苏氨酸肽酶（threonine peptidase）及谷氨酸肽酶（glutamic peptidase）。肽酶或蛋白酶广泛存在于植物、动物和微生物中。木瓜蛋白酶、菠萝蛋白酶、角蛋白酶和无花果蛋白酶代表了一些著名的植物蛋白酶。胰蛋白酶、糜蛋白酶、胃蛋白酶是动物源性最重要的蛋白酶。微生物蛋白酶，由芽孢杆菌属和梭状芽孢杆菌属微生物产生。这些酶均须符合各国政府或 WHO/FAO 有关食品级酶的管理规定，才可应用于食源性肽的生产。

对于药肽的生产，包括化学合成肽，应依从药品法律法规的规定。

2. 肽生产过程的监管

对食品肽的生产，应符合良好生产规范（GMP）和危害分析关键控制点（HACCP）等食品安全管理的要求，防止微生物及化学污染，保证食品安全。首先，应建立完善食品安全制度。肽生产企业应当就下列事项制定并实施控制要求，保证所生产的肽产品符合食品安全标准：①肽生产原料的采购、原料验收、投料等原料控制；②肽生产工序、设备、贮存、包装等生产关键环节控制；③肽原料检验、半成品检验、成品出厂检验等检验控制；④ 肽原料及产品运输和交付控制。其次，应严格肽生产原料的管理。获得安全的活性肽，其生产原料至关重要。不论肽的来源如何，肽的生产应当符合食品安全法律法规的要求，不得采购或使用腐败变质、油脂酸败、霉变生虫、污秽不洁的原料，不得采购或使用农药残留、兽药残留、生物毒素、重金属等污染物质以及其他危害人体健康的物质含量超过食品安全标准限量的原料，不得使用病死、毒死或死因不明的动物性原料。最后，应定期对肽生产状况进行检查评价，确保 GMP 和 HACCP 的安全管理行之有效。

3. 肽产品的监管

肽产品是食品还是药品，由国家监管食品药品法律法规对于食品与药品的分类而决定。一种肽产品既可以作为食品，也可以作为药品。辨别两者的一般原则，可关注其预期用途。如果一种肽产品被视为食物，则应将其视为食物，按食品安全法律法规的要求进行监督管理；如果肽产品的主要用途是治疗疾病，则它就是一种药物，应依从药品法律法规的要求进行监督管理。

（1）**传统食品肽的监管**　生物活性肽的概念相对较新，然而，人类食用这类产品的历史悠久。人们食用酸奶、奶酪（乳蛋白衍生肽）、泡菜（发酵水果或蔬菜蛋白的肽）和发酵豆制品（豆豉、豆腐和纳豆）等食品，这些食品富含食物肽，其中还有许多具有众所周知的生物活性。这些产品因其烹饪用途而广为人知，并且被认为是食用安全的，因此，其监管要求最低，可按"普通"的要求进行管理。对于已有食品安全标准的肽，如《食品安全国家标准 胶原蛋白肽（GB 31645—2018）》，可依据食品安全标准从事生产经营活动。

（2）**新食品源活性肽的监管**　新的生物活性肽和水解物可能涉及不寻常的蛋白质来源，也可能涉及使用"新"酶、细菌（用于发酵）以及显著改变其营养或安全方面的新加工方法。因为缺乏安全使用的历史，所以将肽作为新食品（novel food）进行监管。在欧盟，新食品被定义为在当前新食品法规生效之前（1997 年）欧盟未大量消费的食品及食品原料。肽作为新食品，须申报并通过欧洲食品安全局（EFSA）的新食品风险评估（the risk assessment of novel foods）。在美国，可纳入"一般认为安全"（GRAS）范畴进行管理。在中国，适用于《新食品原料安全性审查管理办法（2013）》。

（3）**肽功能食品的监管**　肽功能食品，即拟作为功能食品（functional food）或功效营养品（nutraceutical）开发或生产的肽或肽产品。功能食品可以定义为除营养价值外，对个人健康、身体表现或精神状态有积极影响的任何食品。功能性食品来源于天然成分，作为饮食的一部分食用。它具有增强免疫系统，预防疾病，帮助从特定疾病状态中恢复，控制身体和精神障碍及抗衰老等作用。功能食品与功效营养品的术语通常可以互换。功效营养品的主要组成包括营养素、膳食补充剂及草药，具有对抗癌症、糖尿病、冠心病、心脏病、炎症、高血压、痉挛性疾病等作用。肽作为功能食品或功效食品，在欧美，须按结构／功能声称或健康声称的规定予以监管；在中国，应按保健食品管理法规所规定的功能类别予以管理；在日本，可按 特定健康用途食品（FOSHU）的监管类别进行管理。

肽作为药品，依从各国药品法律法规的规定，保留着最严格的监管要求。迄今，全球市场上已有100多种肽类药物。

（杨明亮）

参考文献

1. Lee C L,Harris J L,Khanna K K,et al.A Comprehensive Review on Current Advances in Peptide Drug Development and Design[J]. International Journal of Molecular Sciences,2019,20(10):1–21.

2. Sharma S,Singh R,Rana S.Bioactive Peptides: A Review[J].International Journal Bioautomotion, 2011,15(4):223–250.

3. Ling L,Sla B,Jza B,et al.Safety considerations on food protein-derived bioactive peptides – ScienceDirect[J].Trends in Food Science & Technology,2020,96:199–207.

4. Korhonen H,Pihlanto A.Food-derived bioactive peptides-opportunities for designing future foods[J].Current Pharmaceutical Design,2003,9(16):-1297–1308.

5. Msm A,Dm B,Bh C,et al. Development of peptide therapeutics:A nonclinical safety assessment perspective-ScienceDirect[J].Regulatory Toxicology and Pharmacology,2020,117,104766.

6. Torre B,Albericio F.Peptide therapeutics 2.0[J].Molecules,2020,25(10):2293.

7. Sarmadi B H,Ismail A.Antioxidative peptides from food proteins:A review[J].Peptides,2010,31(10):1949–1956.

8. Bhandari D,Rafiq S,Gat Y,et al.A review on bioactive peptides: physiological functions, bioavailability and safety[J].International Journal of Peptide Research and Therapeutics,2019.

9. Schaafsma, G. Safety of protein hydrolysates,fractions thereof and bioactive peptides in human nutrition.[J].European Journal of Clinical Nutrition,2009,63(10):1161–1168.

10. Organization W H.Diet,nutrition and the prevention of chronic diseases. Report of a joint WHO/FAO expert consultation,January 28–February 1, 2002[J].http://www.fao.org/DOCREP/005/AC911E/AC911E00.HTM,2003.

11. Garlick, Peter J . Assessment of the safety of glutamine and other amino acids[J]. The Journal of Nutrition, 2001, 131(9):2556S–2561S.

12. Noli D,Avery G.Protein poisoning and coastal subsistence[J].Journal of Archaeological Science,1988,15(4):395–401.

13. Troncone R,Jabri B.Celiac disease and gluten sensitivity[J].Journal of Internal Medicine,2011,269(6):582–590.

14. Dioguardi F S,Dioguardi F S,Dioguardi F S. DOI 10. 1007/s13539-011-0032-8 REVIEW Clinical use of amino acids as dietary supplement:. 2011.

15. Garlick,Peter J. The nature of human hazards associated with excessive intake of amino acids[C]// Amino Acid Assessment Workshop. 2004:1633S-1639S.

16. Chen X,Sun A,Mansoor A,et al. Plasma PLTP activity is inversely associated with HDL-C levels[J]. Nutrition & Metabolism,2009,6(1):49.

17. Nasri M. Protein hydrolysates and biopeptides:production,biological activities, and applications in foods and health benefits. a review[J]. Advances in food and nutrition research,2016,81:109-159.

18. Manninen A H. Protein hydrolysates in sports and exercise:a brief review. [J]. Journal of Sports Science & Medicine,2004,3(2):60-3.

19. Hettiarachchy N,Sato K,Marshall M,et al. Food proteins and peptides (chemi stry,functionality,interactions and commercialization) || Bioavailability and Safety of Food Peptides[J]. 2012,10. 1201/b11768:297-330.

20. Kim Y M,Farrah S R,Baney R H. Membrane damage of bacteria by silanols treatment[J]. Pontificia Universidad Católica de Valparaíso, 2007(2),252-259.

21. Arnon R,Shapira M, Jacob C O. Synthetic peptide vaccines[J]. 1985, 61(3):261-273.

22. Codex A. Guideline for the conduct of food safety assessment of foods derived from recombinant-DNA plants[J]. http://www. mhlw. go. jp/ topics/ idenshi/ codex /pdf /045e. pdf, 2003.

23. Lahteenmakiuutela A. European novel food legislation as a restriction to trade[C]//106th Seminar,October 25-27,2007, Montpellier, France. European Association of Agricultural Economists, 2007.

24. Ghosh S, Pahari S, Roy T. An updated overview on food supplement[J]. Asian Journal of Research in Chemistry, 2018,11(3):690-697.

25. Vedant S,Arpita R,Navneeta B. Current prospects of nutraceuticals:a review[J]. Current Pharmaceutical Biotechnology,2020,21, 884-896.

26. Xu T, Sun Y. The regulation of dietary supplement in the U. S. and major change in the guidance for new dietary ingredient notifications[J]. 2017(1).

27. Conseil U E. Council of the European Union[J]. Brussels European Council, 2010, 42(3):898-900.

28. 卫生部. 新资源食品管理办法 [J]. 首都公共卫生,2007,1(5).

29. Khan F,Niaz K,Abdollahi M. Toxicity of biologically active peptides and future safety aspects: an update[J]. Current Drug Discovery Technologies, 2018, 15(3):236-242.

30. Udenigwe C C,Aluko R E. Food protein-derived bioactive peptides: production, processing,and potential health benefits. [J]. Journal of Food Science,2012,77(1-3):R11-R24.

31. Msm A, Dm B, Bh C,et al. Development of peptide therapeutics:A nonclinical

safety assessment perspective-sciencedirect[J].Regulatory Toxicology and Pharmacology, 2020, 117.

32. Hojelse F. Preclinical safety assessment: in vitro -- in vivo testing.[J]. Pharmacology & Toxicology,2000,86 Suppl 1(s1):6-7.

33. Turck D,Bresson J,Burlingame B,et al. Safety of shrimp peptide concentrate as a novel food pursuant to Regulation (EU) 2015/2283[J]. EFSA Journal, 2018, 16(5).

34. Fiume M M,Heldreth B A,Bergfeld W F,et al.Safety assessment of ethanolamides as used in cosmetics[J].International Journal of Toxicology, 2013, 32(3 Suppl):36S-58S.

35. Chalamaiah M, Hong H. Regulatory requirements of bioactive peptides (protein hydrolysates) from food proteins[J].Journal of Functional Foods, 2019,58:123-129.

36. Borchers A T, Keen C L, Gershwin M E.The basis of structure/function claims of nutraceuticals[J].Clinical Reviews in Allergy & Immunology, 2016, 51(3):370-382.

37. Schneeman B. FDA's review of scientific evidence for health claims.[J]. Journal of Nutrition, 2007, 137(2):493-4.

38. Bass S, Marden E. The new dietary ingredient safety provision of DSHEA: a return to congressional intent[J]. American Journal of Law & Medicine, 2005, 31(2-3):285-304.

39. LD Díaz,V Fernández-Ruiz,M Cámara. An international regulatory review of food health-related claims in functional food products labeling[J]. Journal of Functional Foods, 2020, 68:103896.

40. Nada K, Slavka G, Marina P, et al. Novel food legislation and consumer acceptance-Importance for the food industry[J], Emirates Journal of Food and Agriculture. 2021,33(2):93-100 .

41. Reuterswrd A L.The new EC Regulation on nutrition and health claims on foods[J].Scandinavian Journal of Food & Nutrition,2007,51(3):100.

42. Fitzpatrick K C.Regulatory issues related to functional foods and natural health products in Canada:possible implications for manufacturers of conjugated linoleic acid[J]. American Journal of Clinical Nutrition,2004(6):1217S.

43. Laeeque H,Boon H,Kachan N,et al.The Canadian Natural Health Products (NHP) Regulations:industry compliance motivations[J].Evidence-Based Complementary and Alternative Medicine,2007,4(2):257.

44. Yokotani K . Overview of the regulation of health claims in Japan.2017.

45. Adany A,Kanya H,Martirosyan D M.Japan's health food industry:An analysis of the efficacy of the FOSHU system[J].Bioactive Compounds in Health and Disease, 2021,4(4):63-78.

46. Kamioka H,Tsutani K,Origasa H,et al.Quality of systematic reviews of the food with function claims (FFC,Kinosei-Hyoji-Shokuhin) registered at CAA website in Japan:prospective systematic review starting April 2015[J].

47. Barrett A J,Rawlings N D.'Species'of peptidases[J].Biological Chemistry, 2007, 388(11).

48. A Sánchez,A Vázquez.Bioactive peptides:a review[J].食品品质与安全研究（英文版），2017,1(1):18.

49. Patil S M ,Chandana K,Pp S,et al. Bioactive peptides:its production and Potential Role on health. 2020.

50. Ermolaos V,Reinhard A,Azzollini D,et al. Novel foods in the European Union:scientific requirements and challenges of the risk assessment process by the European Food Safety Authority[J].Food Research International,2020:109515.

51. Banerjee P,Ray D P. International journal of bioresource science functional food: a brief overview. 2020.

52. Torabally N B,Rahmanpoor H A.Nutraceuticals: nutritionally functional foods €" an Overview[J].Biomedical Journal of Scientific & Technical Research,2019,15.

第二节　肽的相关标准

食品标准影响着每一个人。随着经济社会的发展，人们对食品安全标准经历了认识、制定、完善的过程。第二次世界大战后，世界各国开始注重农业和粮食生产，促进了国际粮食贸易的增长。为了便利食品国际贸易，国际社会认识到有必要制定粮食的等级和标准。鉴于此，1945 年成立了联合国粮食及农业组织（FAO），其职责涵盖营养和制定相关国际食品标准。1948 年成立了世界卫生组织（WHO），其职责涵盖人类健康和制定食品标准授权。为了制定协调一致的国际食品标准，1962 年 FAO、WHO 联合成立了食品法典委员会（Codex Alimentarius Commission, CAC)，负责执行 FAO/WHO 食品标准项目，创建《食品法典》。

1976 年，FAO/WHO 将食品标准（food standard）定义为界定某些标准（certain criteria）的一系列规则或立法，如成分、外观、新鲜度、来源、纯度、卫生、最大细菌数量及添加剂使用的最大浓度等。20 世纪 90 年代，全球食品贸易快速发展，食品法典委员会强化了食品质量及安全标准（food quality and safety standard）的制定，以保护消费者健康，确保食品贸易的公平。所谓食品质量及安全标准涉及以下问题：①消费者防范危害和欺诈（consumer protection against hazards and fraud）；②质量保证（quality assurance）；③食品卫生；④添加剂和香料；⑤污染物；⑥标签；⑦放射物；⑧生态食品；⑨转基因产品；⑩ 新食品。进入 21 世纪后，重大的食品安全事故／事件时有发生，食品贸易全球化所带来的健康风险受到广泛关注。这促使世界贸易组织（WTO）成员国进一步认识到《WTO卫生与植物检疫措施实施协定（SPS）》的必要性和重要性。根据SPS协定，WTO成员国可基于风险评估的科学方法，制定食品安全标准（food safety standard），建立适当的食品安全保护水平。

近些年来，食品安全标准得到了较为广泛的接受。2009年，中国建立完善了食品安全标准法律制度。基于文献，全球食品安全标准主要有3种形式：①目标标准（Target standards），规定预先指定的有害后果（pre-specified harmful consequences），及其食品提供商所应承担刑事责任；②性能标准（Performance standards），要求在提供食品产品时达到一定的安全水平，如病原体减少的水平和致病菌生长的限制性要求；③规格标准（specification standards），适用于产品（product standards）和制造这些产品的过程（process standards），要求产品含有特定成分或使用特定生产方法，或禁止使用特定成分或生产方法。凡违反食品安全标准的，属于违法行为。从广义上讲，食品安全标准包括涉及食品安全监督管理的强制性或非强制性的产品标准、行为规范、指南等；从狭义上看，食品安全标准指由法律定义的标准。例如，中国《食品安全法》规定，国务院卫生行政部门会同国务院食品安全监督管理部门制定并公布食品安全国家标准。食品安全标准是强制执行的标准，除食品安全标准外，不得制定其他食品强制性标准。又如，在澳大利亚，食品安全标准是指《澳大利亚-新西兰食品标准法则》第3章中包含的标准，如术语的解释及应用、食品安全规范及总体要求、食品经营场所和设备。

迄今，在国际食品安全标准的产品标准中，很少有肽食品或肽原料的标准。然而，在国际食品安全标准中，有关食品标签、食品卫生通则、食品添加剂的使用、农药残留及污染物限量等标准，都可适用于肽及肽食品。在国家层面上，中国已制定多项肽食品标准。如《食品安全国家标准 食品营养强化剂 酪蛋白磷酸肽（GB31617-2014）》，适用于以牛乳或酪蛋白制品为原料，用酶解法生产制得的食品营养强化剂酪蛋白磷酸肽。在企业层面上，公司或企业开发或生产肽时，都需制定其产品规格标准，并须符合国际或国家食品安全标准的要求。

另外，全球已有100多个肽药获准商业性上市。肽药保留着最严格的标准，本节不作具体讨论。

一、国际食品安全标准

1.CAC标准

CAC是负责执行FAO/WHO食品标准联合方案/项目的所有事宜的机构。1962年，FAO和WHO在世界卫生大会上决定，设立FAO/WHO食品法典委员会的秘书处。CAC是一个国际委员会，其成员是政府，并参与代表其国家利益的法典委员会活动。设立 CAC 的目的是：①保护消费者健康，确保食品贸易公平；②促进协调国际政府和非政府组织（NGO）开展的所有食品标准工作；③确定优先顺序、发起和准备标准草案，最终确定这些标准，必要时修订标准，并发布最终推荐的国际标准。

CAC 的成员已从 1962 年的约 45 个国家增加到目前的 188 个成员国和 1 个成员组织（欧盟）以及 237 名观察员（其中 58 名为政府间组织，163 名为非政府组织各组织和 16 个联合国机构）。在开展法典工作的过程中，CAC 成立了若干委员会（committees），就法典工作的一般和具体方面开展工作。这些委员会在成立时通常被称为"垂直"委员会（vertical committees）和"横向"委员会（horizontal committees）。"垂直"委员会负责商品标准，如牛奶和奶制品、加工水果和蔬菜、谷物、豆类和豆类等；"横向"委员会负责食品标签、食品卫生、农药残留、食品添加剂和污染物、行为规范等事宜。还有食品法典委员会区域协调委员会，负责讨论区域食品标准问题。

《食品法典》是 CAC 通过的标准、指南和规范的总称。在国际贸易中，世界贸易组织《SPS 协定》承认《食品法典》是食品安全标准的主要来源。

（1）**食品法典委员会标准**　食品法典委员会标准（codex standards）及文本在本质上是自愿的，需要将其转化为国家立法或法律，以使其具有可执行性。食品法典委员会标准可以是通用标准（codex general standards），也可以是商品标准（codex commodity standards）。"通用标准"，亦称"横向标准"，主要涉及食品安全、消费者信息和贸易要求，包括卫生规范、标签、添加剂、检验和认证、兽药和农药的营养和残留等，它适用所有的食品，包括食品肽，如食品法典委员会制定的食品卫生通用则（the Codex General Principles of Food Hygiene）。"商品标准"，亦称"纵向标准"，适用一种特定产品或者一类食品的标准，如果汁和饮料的标准。目前，尚未查到食品法典委员会有关肽的商品标准。

食品法典委员会的分析和取样方法（codex methods of analysis and sampling），包括食品中农药和兽药的污染物和残留的分析和取样方法，也被视为食品法典委员会标准。

（2）**法典委员会指南**　法典委员会指南（codex guidelines）分为两类：①在某些关键领域制定政策的原则；②解释这些原则或解释《通用标准》条款的指南。例如，关于在食用动物中使用兽药的国家监管食品安全保证计划的设计和实施指南（CAC/GL 71-2009）。在食品添加剂、污染物、食品卫生和肉类卫生方面，规范这些事项的基本原则已纳入其相关标准和规范。

（3）**食品法典委员会从业行为规范**　食品法典委员会从业行为规范（codex codes of practice）包括卫生规范（codes of hygienic practice），即定义单个食品或一组食品的生产、加工、制造、运输和储存的行为规范，它对确保食品消费的安全性和适宜性至关重要。例如，在《食品法典委员会食品卫生通则》中介绍了"危害分析关键控制点（HACCP）食品安全管理体系"的使用。

截至 2019 年 7 月，CAC 已颁布：① 79 项指南；② 54 种行为规范；③ 225 项标准，其中有 11 项通用标准和 214 项商品标准；④ 113 种食品中污染物的最高水平（MLs），覆盖 18 种污染物；⑤ 4596 个最高水平（MLs），覆盖 376 种食品添加剂或食品添加剂组；⑥覆盖 231 种农药的农药残留的 5663 个最大残留限量（maximum residue limits，MRL）和 63 个再残留限量（extraneous maximum residue limits，EMRL）；⑦ 632 种食品中兽药残留的最大残留限量（MRL），覆盖 79 种兽药和 13 种兽药的风险管理建议（RMR）。CAC 标准是重要的国际食品安全标准之一。

2. 国际标准化组织标准

国际标准化组织（ISO）是在 1946 年伦敦土木工程师学会（the institute of civil engineers）会议上决定创建的，旨在促进工业标准的国际协调和统一。ISO 由当时的国家标准化协会国际联合会（ISA）和联合国标准协调委员会（UNSC）合并而成。ISO 的主要目标是促进全球标准化的发展，从而促进国际货物交换。与 CAC 不同，ISO 是一个非政府组织，成员达 162 个，仅来自各自的国家或地区标准机构。每个成员仅限于一个机构（私人或公共），以最能代表该国或地区标准化实践的为准。ISO 有 3 种成员，即正式成员机构（full member bodies）、通讯成员（correspondent members）和订户成员（subscriber members）。这些成员类别在 ISO 体系中享有不同程度的访问权和影响力。成员类型取决于其总收入和贸易数字，这些因素也决定了其需要支付的费用。

ISO 成员每年召开一次大会，处理 ISO 理事会的提案，理事会每年召开两次会议。ISO 理事会的成员每年轮换一次，以确保所有 ISO 成员的代表性均衡。ISO 在大会期间根据其成员的提案制定新标准。提案通过后，由来自工业、商业和技术部门的专家组成并由 ISO 成员提出的相关技术委员会（technical committees）制定所需标准。WTO《TBT 协定》直接承认 ISO 是相关的国际标准制定组织。

ISO 标准（ISO standards）在本质上是完全自愿的。然而，由于国家法律制度的高执行水平，ISO 标准被赋予了事实上的强制性，从而增强了它们与市场准入的相关性。在 ISO 标准系列中，有两种一般类型，即要求性标准（requirements standards）和建议或指导性标准。可以根据要求性标准进行认证。ISO 负责开发、维护和发布标准，但它本身并不证明是否符合这些标准。认证由活跃在世界各地的认证机构独立于 ISO 进行，由负责认证的国家机构控制。在食品贸易方面，ISO 22000 食品安全管理体系标准尤为重要。这些标准规定了正确实施供应链上所有食品安全管理系统的必要要求，遵守这些标准表明了一个组织控制食品安全危害的能力。这些标准由 3 个 ISO 技术规范（technical specifications）予以补充，即 ISO 技术规范 22004，旨在为 ISO 22000:2005 提供实施指导；ISO 技术规范 22003:2013，定义了适用于食品管理体系审核和认证的规则；ISO 技术规范 22002-1/4:2013，其中规定了建立、实施和维护先决方案的要求，以协助控制食品安全危害。另外，ISO 标准 22005:2007，针对关于饲料和食物链的可追溯性，建立了系统设计和实施的原则和基本要求。ISO 标准只有在各国实施后才有效。

ISO 有 250 多个技术委员会（technical committees），其中专门针对食品、食品安全、微生物学和相关行业的 ISO 技术委员会有：① ISO/TC 34，负责食品产品标准的制定，如牛奶和奶制品、婴儿配方奶粉和成人营养品及谷物和豆类的标准；② ISO/TC 34/SC 17，负责食品安全管理标准的制定，如 ISO 22000，食品安全管理体系；③ ISO/TC 34/SC 9，负责微生物学相关标准的制定，如沙门氏菌检测、计数和血清分型的水平方法 - 第 1 部分：沙门氏菌属的检测；④ ISO/TC 93，负责淀粉及其副产物标准的制定，包括术语、分析方法、取样和检验方法；⑤ ISO/TC 54，负责精油（essential oils）标准的制定，已建立超过 130 种精油标准，用于食品、香水、化妆品、植物疗法和芳香疗法；⑥ ISO/TC 234，负责渔业和水产养殖相关标准的制定，如 ISO 12875，鳍鱼产品的可追溯性——捕获的鳍鱼分销链中记录的信息规范。

目前，ISO 尚未制定颁布食品肽的产品标准。然而，随着肽国际贸易的快速发展，肽生产企业或公司申请 ISO 食品安全标准体系认证，有利于食品肽的国际市场的拓展，乘势而上。

3. 全球食品安全倡议标准

全球食品安全倡议（The Global Food Safety Initiative，GFSI）成立于 2000 年，是由消费品论坛（The Consumer Goods Forum，CGF）管理的一个独立的非营利性基金会（an independent non-profit Foundation）。消费品论坛是一个全球性论坛，基于平价的行业网络，由其成员推动，鼓励全球采用规范和标准服务于全球消费品行业。它汇集了 70 个国家约 400 家零售商、制造商、服务提供商和其他利益相关者的首席执行官和高级管理人员，反映了该行业在地理位置、规模、产品类别和形式上的多样性。该论坛由董事会管理，董事会由 50 多名制造商和零售商首席执行官组成。

GFSI 的使命是"持续改进食品安全管理体系，确保向全球消费者提供安全食品的信心"，其主要目标是：①降低食品安全风险；②通过消除冗余（eliminating redundancy）和提高运营效率来管理全球食品系统的成本；③发展食品安全方面的能力和能力建设，以建立一致和有效的全球食品体系；④为合作、知识交流和互联网提供独特的国际利益相关者平台。GFSI 通过一定的程序，认定"国际上公认且广泛接受食品安全方案（food safety schemes）为 GFSI 的基准食品安全标准（GFSI benchmarked food safety standards）及其认证的模式，以实现其使命"。GFSI 开发了一个基准模型（a bench marking model），确定国际上现有食品安全方案之间的等效性，"一经认证，全球都接受"。同时，在市场上留有一定的灵活性和选择性，以消除重复食品安全审核认证（food safety auditing and certification）所耗费的时间成本。该基准模型以 GFSI 指导文件为基础，该文件规定了食品安全方案获得 GFSI 认可的流程，并对这些方案提供了指导，有助于申请认证。

GFSI 本身不开展任何认证活动。食品企业可通过第三方审核认证机构，根据 GFSI 认可的方案进行认证。目前，许多零售商和食品制造公司要求供应商获得 GFSI 认可标准的认证。尽管它们都有确保食品安全的相同目的，但每个标准都有自己管理和评估不同认证规则的方法或理念。GFSI 的协作机制可使各利益相关者能够共同努力，实现以下好处：①提高效率，扩大市场准入；②显示各国和各大洲之间的标准及认证流程等效性，从而实现贸易；③减少重复审核认证；④具有法律辩护的框架；⑤在食品安全管理体系内工作，该体系的结构将不断改进，以达到国际公认的标准；⑥有效的共享风险管理工具，用于品牌保护；⑦提高产品的完整性；⑧改善市场联系，简化购买手续。近些年来，肽食品产业的发展迅猛，国际市场不断扩大，积极筹备肽食品的 GFSI 认证，具有重要的现实意义。

目前，GFSI 已经认可的符合 GFSI 指导文件标准的食品安全管理方案有以下 3 种。

(1) 英国零售联盟全球食品安全标准 英国零售联盟（the Britsh Retail Consortium，BRC）全球食品安全标准是一个安全质量认证方案（简称"BRC标准"）。它为食品制造商提供了一个框架，帮助他们生产安全食品，并管理产品质量以满足客户的要求。BRC 标准规定了食品生产组织在遵守法律和保护消费者方面必须满足的食品安全、质量和操作标准要求。BRC 标准由 BRC 于 1998 年制定，旨在帮助零售商履行法定的食品安全义务，并确保最高水平的消费者保护。尽管 BRC 标准始于英国，但现在已被公认为 GFSI 全球食品安全倡议的基准食品安全方案。该标准规定了从食品生产到销售再到最终消费者必须满足的一系列食品安全要求：①危害分析关键控制点（HACCP）食品安全计划，通过遵循食品法典委员会相关指南，实现食品安全风险管理；②一种质量管理体系，详细说明为实现标准提供框架所需的组织和管理政策；③一系列先决条件计划，涉及生产安全食品所需的基本环境和操作条件，并控制良好生产和良好卫生规范所涵盖的一般危害。

(2) 加拿大 GAP 加拿大 GAP 项目由加拿大园艺委员会（CHC）开发，该委员会是一个自愿、非营利的全国性协会，代表水果和蔬菜生产者和包装商。加拿大 GAP 是新鲜水果和蔬菜生产经营的食品安全标准，涵盖 70 多种新鲜商品的生产、包装和储存的食品安全要求。其是一个认证项目，但其本身不执行审核，审核由第三方认证机构执行。认证机构须按照国际标准（ISO/IEC 17065）中规定的认证规则运作，由属于国际认证认可论坛（the International Accreditation Forum）的国家认证机构（如加拿大标准委员会、国家认证认可委员会）进行认证和监督。2010 年，GFSI 认可加拿大 GAP 为 GFSI 的基准食品安全标准，并拟于 2021 年完成对加拿大 GAP 的重新基准测试。2017 年，加拿大 GAP 获得了加拿大政府的充分认可（full government recognition）。这表明其符合加拿大政府对有效实施食品安全计划的所有要求，成为满足加拿大联邦监管要求的"示范系统（model system）"。

（3）FSSC 22000 食品　FSSC 22000 是一个食品安全体系认证（Food Safety System Certification）方案，已于 2010 年被 GFSI 确认为 GFSI 基准食品安全标准。FSSC 22000 标准由欧洲食品和饮料协会、美国烘焙协会支持。FSSC 22000 是为了满足食品行业公司的要求而精心设计 / 开发的，它以 ISO 22000 为基础，并辅以涵盖先决条件的 ISO 技术标准，即 ISO/TS 22002-1（食品制造）、ISO/TS 22002-2（餐饮）、ISO/TS 22002-3（农业）和 ISO/TS 22002-4（食品包装制造）。FSSC 22000 的独特之处是将 ISO 22000 与 15 个先决条件项目（prerequisite programmes，PRP's）相结合，以提升食品安全标准的控制效率。这既补充了 ISO 22000，又为食品和食品包装制造商提供了一套通用的 15 个 PRP's：①建筑物的建造和布局；②场所和工作空间的布局；③公用设施—空气、水、能源；④废物处理；⑤设备适用性、清洁和维护；⑥采购材料的管理；⑦防止交叉污染的措施；⑧清洁和消毒；⑨害虫防治；⑩人员卫生和员工设施；⑪返工（rework）；⑫产品召回程序；⑬仓储；⑭产品信息 / 消费者意识；⑮食品防御、生物警惕和生物恐怖主义。

FSSC 认证计划适用于以下食品工业：① 易腐动物产品的制造，如牛奶和乳制品、冷冻肉、肉制品、冷冻鱼、鱼制品；② 易腐蔬菜产品的制造，如包装水果和蔬菜、新鲜果汁、水果和（或）蔬菜；③ 在室温环境下保存或储存的条件下，生产保质期高的食品，如糖、矿泉水、酒精和软饮料、面粉、面食、罐装水果、蔬菜、肉类、鱼类调味品，兴奋剂；④ 制造食品成分，如维生素、添加剂和生物培养物（不包括技术和技术辅助）；⑤ 食品包装材料的制造。

食品制造企业需要 FSSC 22000 认证，是因为它可提供：①强大的管理体系框架，完全融入公司的整体管理体系，并与 ISO 9001 和 ISO 14001 等其他标准保持一致；②基于 HACCP 原则和提高食品安全有效性和效率的能力的稳健危害分析和风险管理方法；③按照 ISO 22000 §7.2 的要求，使用有关先决条件计划的技术规范 ISO/TS 22002—1，并满足零售商尽职调查和相关问题的需要；④标签和认证标志有助于消费者轻松识别值得信赖的食品；⑤ FSSC 22000 认证和徽标是重要的营销工具；⑥ FSSC 22000 认证有助于获得相对较好的价格。

此外，GFSI 确认的 GFSI 基准食品安全标准还有全球水产养殖联盟海鲜加工标准认证（Global Aquaculture Alliance Seafood Processing Standard）、全球良好农业规范认证（GLOBAL G.A.P. Certification）、全球红肉标准认证（Global Red Meat Standard，GRMS）、国际特色食品标准（International Featured Standard，IFS）认证、安全优质食品（SQF）认证（Safe Quality Food Certification）等。

二、国家食品安全标准

（一）美国食品安全标准

了解美国食品安全标准，有必要先了解美国的法律体系。美国的法律体系包括：①法律（law），亦称成文法（Statute），指由立法机构颁布的法律。美国的单行法常以法（act）形式发布，如《食品、药品和化妆品法》（Food，Drug，and Cosmetic Act）。②法规（regulation），由履行其法定职责的行政机关制定。联邦法规首先在《联邦公报》（Federal Register）中公布。该公报每天公布，并按日期和页码组织，随后这些法规被编入了《联邦法规法典》（Code of Federal Regulations，CFR）。美国《联邦法规法典》设有 1~50 标题，标题 21 为食品药品；③行政规章（administrative rule），由行政机关颁布，一些行政命令、决议和正式意见也属"行政规章"。④指南（guideline），指建议性的要求，不具约束性。⑤法令（ordinance），由地方政府部门执行的命令。

在美国，食品安全标准常采用法律法规的程序及形式制定发布。

1. 国会法案规定的食品标准

1923 年，美国国会颁布的黄油法（Butter Law），是美国所有食品法中最短的法律。1958 年，为了回应消费者对食品添加剂安全性担忧的问题，美国对 1938 年《食品、药品和化妆品法》进行了修订，即《食品添加剂修正案》。该修正案规定，任何故意添加到食品中的物质都是食品添加剂，必须经过 FDA 的上市前批准，除非使用该物质被"一般认为安全（GRAS）"的。在这项法令颁布后不久，美国 FDA 发布了一份非排他性的 GRAS 物质清单，公司可以使用该清单的物质而无须上市前批准。20 世纪 70 年代，FDA 制定程序，允许该机构通过监管确认物质为 GRAS。1997 年，FDA 发布关于自愿通知程序（the voluntary notification process），公司只需向 FDA 提交一份通知，说明其结论，即所涉及的物质是其预期用途的 GRAS。其 GRAS 的结论必须主要基于公开的安全性和暴露的可用数据。收到 GRAS 通知后，FDA 须在收到通知后 30 天内以书面方式确认收到通知的日期，90 天内须以书面形式回复通知人"评估"的结果：①待定；②无异议（no objection）；③在通知人的要求下，FDA 停止评估；④没有提供确定 GRAS 的依据。如果公司（通知人）收到 FDA"没有异议"的回复，可按 GRAS 使用所通知的物质。

2. 联邦监管部门制定的食品标准

在美国，美国卫生与人类服务部（the Department of Health & Human Services，HHS）和美国农业部（United States Department of Agriculture，USDA）是食品安全的主要监管部门。

HHS 所属的 FDA、公共卫生服务局（PHS 或 USPHS）具有食品标准的制定之责。FDA 对食品、药品、化妆品和牲畜饲料负有多种责任。它的一项非常重要的职责是为食品制定定义和标识标准并强制执行。FDA 对食品特性的定义和标准在联邦法典标题 21 CFR 第 10~53 部分中公布。PHS 基于《公共卫生服务法》，为了通过检疫和监测程序限制传染病，在其标准中仅定义了少数几种食品，如饮用水标准、牛奶法令及规范、食品微生物标准等。USDA 制定、管理和执行许多食品标准，以确保良好、卫生、安全、健康，以及贴有诚实标签的产品。USDA 制定的标准在《联邦法规法典》标题 9 CFR 和标题 7 CFR 下公布。

另外，美国联邦政府的相关部门也可以依据各自的职责制定食品标准。这些标准包括美国内政部制定的食品标准，美国商业渔业局制定的食品标准，美国国防部制定或使用的食品标准，美国财政部制定的葡萄酒、啤酒和威士忌标准，美国商务部制定的食品标准，美国联邦贸易委员会制定的食品标准，美国退伍军人管理局公布或使用的食品标准，美国总务管理局制定的食品标准等。

目前，美国对食品肽按"一般认为安全（GRAS）"和"健康声称"的法规要求进行管理。对符合"SSA 标准"的，准许"授权健康声称（authorized health claims）"；对未达到 SSA 要求，但有证据科学支持的，准予"有限度健康声称（qualified health claims）"。

（二）欧盟食品安全标准

欧洲联盟（The European Union，EU）是一个主要位于欧洲的 26 个成员国组成的政治和经济联盟。欧盟的独特之处在于，尽管这些国家都是主权独立的国家，但它们汇集了一些"主权"，以获得实力和规模效益。在实践中，共同主权意味着成员国将其部分决策权委托给它们所建立的共同机构，以便就共同关心的具体问题做出决定，包括欧盟食品法（EU food law）的立法等。

1. 欧盟食品法的架构

欧盟食品法的架构由法规（regulation）、指令（directive）、决定（decision）及建议和意见（recommendations and opinions）组成。法规，是一种适用于且直接对所有成员国具有约束力的法律。在欧盟，食品安全管理规范及限制标准一般也以法规颁布，包括微生物标准、农药和兽药的最大残留限量、污染物限值等。指令，是约束成员国或一组成员国实现特定目标的法律。通常，指令必须转化为国家法律才能生效。一项指令规定了要达到的结果，但如何做到这一点，由成员国自己决定。例如，2000 年 3 月 20 日欧洲议会和理事会通过的食品标签、展示和广告的指令（Directive 2000/13/EC）。决定，可以向成员国、群体甚至个人做出决定。它具有整体约束力。例如，理事会 2020 年12 月 4 日第 2020/2026 号决定（EU）关于在世界贸易组织总理事会内代表欧洲联盟采取的立场，即通过一项决定，豁免某些食品采购的出口禁令或限制。建议和意见，没有约束力。例如，欧洲食品安全局（EFSA）关于转基因玉米授权申请 EFSA-GMO-BE-2013-118 的科学意见。

2. 欧盟食品安全标准体系

在欧盟食品法的架构之下，欧盟食品安全标准体系主要由以下部分组成。

(1) 食品产品 包括：①产品标准，如食用农产品质量标准、"垂直"食品标准；②许可要求，包括食品补充剂、食品添加剂、转基因生物（GMOs）、新食品的许可要求；③食品安全限值，包括微生物标准、农药和兽药的最大残留限量、污染物限值等。

(2) 食品加工过程 包括生产场所的标准、生产加工过程的卫生规范、食品追溯及召回的要求。

(3) 食品展示与宣传 包括标签、公众信息及风险交流的要求。

(4) 其他 如食品接触材料的要求。

3. 欧盟市场标准

为了建立和维护"单一市场（the single market）"，欧盟制定了"欧盟市场标准（EU marketing standards）"，市场标准涉及产品的外部质量（如水果和蔬菜）以及特定生产过程中产生的不可见品质（如禽肉中的水分含量或橄榄油中油酸的百分比）。欧盟营销标准是在共同农业政策（CAP）的早期制定的，并以现有的国家和国际标准为基础，这意味着它们是在不同时期和不同条件下针对特定产品或整个行业制定的。在欧盟层面制定了市场标准，以促进内部市场的顺利运作，使质量不合格的食品远离市场，并为消费者提供清晰的信息，为生产者、贸易商和零售商提供公平的竞争环境。然而，在总体目标下，并考虑到对不同利益相关者的预期影响，市场标准常在以下立法文件中制定。

(1) 法规 如欧盟委员会第 589/2008 号条例（EC）规定了执行理事会第 1234/2007 号条例（EC）有关鸡蛋市场标准的详细规则，规定了根据蛋鸡的饲养方式，将蛋和包装标记为"自由放养蛋（free range eggs）""畜棚蛋（barn eggs）""笼养鸡蛋（eggs from caged hens）"或"有机蛋（organic eggs）"的强制性规则。

(2) 早餐指令 如咖啡提取物和菊苣提取物的标准（Directive 1999/4/EC），食用的可可和巧克力产品有关的标准（Directive 2000/36/EC），水果果酱、果冻、柑橘酱和甜栗子酱的理事会指令（Council Directive 2001/113/EC），蜂蜜的标准（Council Directive 2001/110/CE）等。

欧盟市场标准具有强制性，适用于进入欧盟"单一"市场的产品。另外，欧洲标准化委员会是欧盟和欧洲自由贸易协会（EFTA）正式承认的欧洲标准化组织之一，负责制定和定义欧洲层面的自愿性标准，包括食品相关的标准，如 CEN/TC 275 食品分析、CEN/TC 302 牛奶和奶制品 – 取样和分析方法、CEN/TC 194 与食品接触的器具等。

目前，欧盟对食品肽按"新食品"和"健康声称"法规要求进行监督管理。例如，欧盟已批准食品肽及相关产品为新食品的有撒丁岛 sagax 鱼肽、发酵大豆提取物（fermented soybean extract）、猪肾蛋白提取物（protein extract from pig kidneys）等。获批准的新食品在投放市场时，还须符合欧盟食品安全标准，包括微生物标准、农药和兽药的最大残留限量、污染物限值以及标签、公众信息及风险交流等横向标准。

（三）中国食品安全标准

2009 年，中国颁布了《食品安全法》，建立起全国统一的食品安全标准法律制度。《食品安全法》规定：食品安全国家标准由国务院卫生行政部门会同国务院食品安全监督管理部门制定、公布，国务院标准化行政部门提供国家标准编号。食品中农药残留、兽药残留的限量规定及其检验方法与规程由国务院卫生行政部门、国务院农业行政部门会同国务院食品安全监督管理部门制定。食品安全标准是强制执行的标准。除食品安全标准外，不得制定其他食品强制性标准。

1. 中国食品安全标准的内容

根据《食品安全法》的规定，食品安全标准应包括下列内容：①食品、食品添加剂、食品相关产品中的致病性微生物，农药残留、兽药残留、生物毒素、重金属等污染物质以及其他危害人体健康物质的限量规定；②食品添加剂的品种、使用范围、用量；③专供婴幼儿和其他特定人群的主辅食品的营养成分要求；④对与卫生、营养等食品安全要求有关的标签、标志、说明书的要求；⑤食品生产经营过程的卫生要求；⑥与食品安全有关的质量要求；⑦与食品安全有关的食品检验方法与规程；⑧其他需要制定为食品安全标准的内容。

2. 中国食品安全标准的体系

中国已建立具有本国特点的食品安全标准的体系，主要包括以下构成要件：①制定标准的原则；②食品的分类系统及术语；③基础标准（横向标准），包括食品污染物、致病性微生物、农药残留、兽药残留、生物毒素等物质的限量规定，食品强化剂、食品添加剂的使用要求，以及食品标签标识的规定等；④产品标准（纵向标准），包括食品产品、食品添加剂、特殊用膳食品、奶及奶制品、蛋及蛋制品、婴幼儿配方食品、食品相关产品等；⑤生产经营规范，包括食品生产通用卫生规范、良好卫生操作规范、良好生产规范等；⑥食品检验检测方法及程序，包括化学、微生物学、毒理学检验检测的方法及程序。在效力层级体系上，食品安全标准体系由食品安全国家标准、食品安全地方标准及企业标准构成。食品安全国家标准适用于中华人民共和国境内的所有食品生产经营活动的监督管理，食品安全地方标准适用当地的食品安全监督，企业标准适用于本企业的食品生产经营管理。

3. 中国食品安全标准的文本规范

中国食品安全标准以专属的文本规范及编号发布，冠以"食品安全国家标准"或"食品安全地方标准"，以明确表示其具有的强制性。

目前，中国已颁布的有关食品肽的标准有两类：①强制性标准，如《食品安全国家标准 食品营养强化剂 酪蛋白磷酸肽（GB31617-2014）》《食品安全国家标准胶原蛋白肽（GB31645-2018）》等；②推荐性标准，如《大豆肽粉（GB/T 22492-2008）》《海洋鱼低聚肽粉（GB/T 22729-2008）》等。标准中除对感官、常规理化指标及农残或重金属做出规定之外，还针对肽的相对分子质量做出规定，如胶原蛋白肽设定了相对分子质量小于10000的胶原蛋白肽所占比例及羟脯氨酸的含量作为强制执行指标；而大豆肽粉通过粗蛋白质含量、肽含量以及80%肽段的相对分子质量将大豆肽粉分成了3级。

三、企业标准

（一）质量规格

肽作为食品或者食品原料，属于新的一类产品。目前，在国际上尚未有食品肽的产品标准，在国家层面上只有少数几个产品的标准。为了适应肽产业的快速发展，制定肽的企业标准十分必要。肽的企业标准既可适用于肽产品质量控制，又可满足政府监督管理的要求。肽的企业标准包括肽中间产品或终末产品的质量规格，如"精制虾肽浓缩物"中间产品的肽分子量（见表6-4）和终末产品的质量规格（见表6-3）。

（二）生产过程的管理要求

肽的质量控制重在生产过程管理，因而，肽生产企业应当基于国际或国家"食品生产通用卫生规范"或"食品加工行业的良好生产规范"的要求，制定适用于本企业的生产过程管理要求，保证所生产肽食品的安全。

1. 食品生产通用卫生规范

2013年，中国颁布了《食品安全国家标准：食品生产通用卫生规范》，它是适用于食品生产活动的良好卫生规范。该规范规定了食品生产过程中原料采购、加工、包装、贮存和运输等环节的场所、设施、人员的基本要求和管理准则，其内容包括：①选址及厂区环境的卫生要求；②厂房和车间的卫生要求；③设施与设备的卫生要求；④卫生管理准则；⑤食品原料、食品添加剂和食品相关产品的管理准则；⑥生产过程的食品安全控制的管理准则；⑦检验管理准则；⑧食品的贮存和运输的管理准则；⑨产品召回管理准则；⑩培训管理准则；⑪制度和人员管理准则；⑫记录和文件管理准则。

2. 良好生产规范

良好生产规范（good manufacturing practice，GMP）是企业对食品生产过程中的产品品质及食品安全实行自主性管理的一种制度，旨在对企业及管理人员实行有效控制，使其长期保持和执行标准操作程序和行为准则。通常，GMP

实行认证管理。良好生产规范的基本要求是：①食品生产企业应当具备合法资质，合格的生产食品相适应的技术人员，能承担食品生产和质量管理；②食品加工人员或操作者应经过培训，能正确地执行操作规程；③能按照规范化工艺规程组织生产；④确保生产厂房、环境、生产设备符合卫生要求，并保持良好的生产状态；⑤符合规定的物料、包装容器和标签；⑥具备合适的储存、运输等设备条件；⑦整个生产过程严密，并有效实施质检和管理；⑧具有合格的质量检验人员、设备和实验室；⑨具有对生产加工的关键步骤和加工发生的重要变化进行验证的能力；⑩坚持人工记录或仪器记录，以证明所有生产步骤是按确定的规程和指令要求进行的，产品达到预期的数量和质量要求，出现的任何偏差都应记录并做好检查；⑪保存生产记录及销售记录，以便根据这些记录追溯各批产品的全部历史；⑫能将产品储存和销售中影响质量的危险性降至最低限度；⑬建立起销售和供应渠道，能召回任何一批产品的有效系统；⑭掌握市售产品的用户意见，及时调查出现质量问题的原因，提出处理意见。

（三）检验方法

食品肽（food peptides）是食物蛋白的水解产物，可以使用食用动物来源的蛋白质、源于植物的蛋白质和海洋来源的蛋白质。在制造过程中，首先用酶消化来自不同来源的食物蛋白质，然后进行一系列活性的纯化和鉴定，以找到最有效的序列，以评估整个水解产物的生物活性。在肽的生产过程中，由于选用不同的蛋白质来源及酶解方法，所生产的肽分子量、肽的氨基酸组成及序列不尽相同，直接影响肽产品的纯度及生物活性。肽的特性、纯化、鉴定、安全及应用需要适当的分析或检验方法。肽生产企业应建立以安全质量控制为导向的检验方法，并以企业标准的文本格式规范印发执行。

肽生产企业可基于本企业的检验技术能力及水平，采用不同的路径，建立适用于本企业安全质量控制的企业标准方法：①引用国家标准方法，对于已有的国家标准方法，可以直接引用，如食品化学污染物、食品微生物的食品安全国家标准检验方法；②采用"通用"分析方法，如氨基酸分析方法，包括比色法（colorimetric method）、高效液相色谱法 [high-performance liquid chromatography （HPLC） method]、微生物法（microbiological methods）、重量法（gravimetric method），用于鉴定和检测牛奶和乳制品中生物活性肽的技术，包括电泳方法（electrophoretic methods）、质谱分析（mass spectrometry）、聚合酶链反应（polymerase chain reaction，PCR），还有测定肽分布的一致性的方法，包括尺寸排除色谱法（size exclusion chromatography，SEC）、反相 UPLC 系统耦合的质谱法（mass spectrometry coupled to a reversed phase UPLC system，MS-RP-UPLC）、整形脉冲离共振水预饱和质子核磁共振光谱法（shaped-pulse off-resonance water-presaturation proton nuclear magnetic resonance spectrometry）及创建新方法。利用本企业或科研院所合作，研究建立新的检验方法，以满足肽产业发展的需要。

（杨明亮）

参考文献

1. Li,Xiaoyu. Food safety & standards[J]. China Standardization,2005（5）:9-13.

2. WH Organization.Understanding the codex alimentarius[J].Understanding The Codex Alimentarius, 1999, 52(4):531-536.

3. R Lásztity,M Petró-Turza, T Földesi.History of food quality standards [J]. Turza, 2004.

4. Brigit,Ramsingh.The emergence of international food safety standards and guidelines:understanding the current landscape through a historical approach. [J].Perspectives in Public Health, 2014.

5. Henson S J,Caswell J A.Food safety regulation: an overview of contemporary Issues[J].Food Policy,1999,24(6):589-603.

6. Msm A,Dm B,Bh C,et al.Developmentof peptide therapeutics:A nonclinical safety assessment perspective-science direct[J].Regulatory Toxicology and Pharmacology, 2020, 117.

7. Lupien J R.The codex alimentarius commission: international science-based standards,guidelines and recommendations[J]. AgBioForum,2000,3(4):192-196.

8. Constandache, M, Stanciu, et al. Particularities of FSSC 22000-food safety managemnet system[J]. Journal of Environmental Protection & Ecology, 2015.

9. Burdock G A , Carabin I G . Generally recognized as safe (GRAS): history and description. [J]. Toxicology Letters, 2004, 150(1):3-18.

10. Schneeman B . FDA's review of scientific evidence for health claims.[J]. Journal of Nutrition, 2007, 137(2):493-4.

11. Union E.How the European Union works : your guide to the EU institutions[M]. Office for Official Publications of the European Communities, 2005.

12. Bernd V . The structure of European Food Law[J].Laws,2013,2(2):69-98.

13. Rensberger R A,Van d Z R,Delaney H.Standards Setting In The European Union---. 1997.

14. Becker W.Towards a CEN Standard on food data[J]. European Journal of Clinical Nutrition.

15. Leclercq A, Lombard B, Hardouin G.Scientifc and regulatory outcomes of the CEN Mandate in the microbiology of the food chain. 2020.

16. Commission E U.Commission Implementing Regulation (EU) No. 793/2012. 2012.

17. Zhang, Godefroy, Samuel B , et al. Transformation of China's food safety standard setting system - Review of 50 years of change, opportunities and

challenges ahead. Food Control, 93, 106-111.

18. Tetens I . Efsa nda panel (efsa panel on dietetic products, nutrition and allergies), 2015. Scientific opinion on the safety of caffeine[J]. EFSA Journal, 2015, 13(5).

19. 孙长颢 刘金峰，现代食品卫生学（第2版）[M]. 人民卫生出版社，2018.

20. Meghwal M . Good manufacturing practices for food processing industries: purposes, principles and practical applications[M]. 2016.

21. Aluko, R. E . Food protein-derived peptides: Production, isolation, and purification[M]. 2018.

22. Subroto E ,Lembong E , Filianty F , et al. The analysis techniques of amino acid and protein in food and agricultural products[J]. International Journal of Scientific & Technology Research, 2020, 9(10):29-36.

23. Punia H , Tokas J , Malik A , et al. Identification and detection of bioactive peptides in milk and dairy products: remarks about agro-foods[J]. Molecules, 2020, 25(15):3328.

24. A Sánchez, A Vázquez. Bioactive peptides: a review[J]. 食品品质与安全研究（英文版），2017, 1(1):18.

25. CA López-Morales, S Vázquez-Leyva, L Vallejo-Castillo, et al. Determination of peptide profile consistency and safety of collagen hydrolysates as quality attributes[J]. Wiley-Blackwell Online Open, 2019, 84(3).

第三节　肽的检验及评价

　　传统的终末产品检验不能确保食品安全，然而食品检验是食品安全质量控制系统的重要组成部分。保证食品安全，需对从农田到餐桌的整个食物链实行全程控制，其中所有食品都需要在从原料接收到生产的各个阶段或环节进行检验或分析，经检验合格的方可进入市场。政府机构、食品行业和研究人员对食品进行检验或分析，其目的是保证食品安全，生产出高质量的产品。进入21世纪后，全球发生了数起重大的食品安全事件，如乳制品中的三聚氰胺、受多氯联苯（多氯联苯）污染的鱼、受汞污染的奶粉等，使食品安全检验受到更多人的关注。在食品生产经营过程中存在4种不同类型的危害：①生物危害，如李斯特菌、沙门氏菌等；②化学危害，如杀虫剂、除草剂等；③物理危害，如玻璃、木屑、金属、昆虫物质等；④过敏性危害。这些"危害"会导致食品不安全，损害食品品质。为了及时有效地发现或识别食品中的"危害"，食品企业需要在整个食品供应链中开展食品检验或分析。进货时，需对原料进行检验；生产加工中，需对重点控点（control point）的效果进行检验；出厂前，需对终末产品进行检验，合格后方可出厂。食品检验或分析在食品安全质量控制过程中起重要作用。

　　近 20 年来，食源性肽（food-derived peptides）的开发显著增加，在 BIOPEP-UMW 数据库中报告了 3000 多个不同的生物活性肽（bioactive peptides，BPs）。生物活性肽可用于保健食品（health foods）、功能食品（function foods）、功效营养品（nutraceuticals）以及肽药的开发，100 多个肽药已获批入市。一般而言，肽是由肽键连接的氨基酸短链，它由蛋白质经酶消化或酶水解而成。这些肽的大小为 2~20 个氨基酸，分子量小于 6000 Da。氨基酸的组成和序列可影响肽的生物活性。根据其结构特性和氨基酸组成及序列，这些肽可发挥多种作用，如免疫调节、抗菌、抗氧化、抗血栓、降胆固醇和抗高血压等功能，故称为生物活性肽。肽作为新食品，从原料的选择到研发的各个阶段，以及准予上市的审批和日常生产经营活动的监督管理都需要检验，本节基于食品安全质量管理的要求，对肽的检验及其评价进行讨论。

　　新药肽的审批遵循药品标准，应遵从其法律及标准规定，本节不做讨论。

一、肽的质量安全检验

（一）肽的质量分析

　　氨基酸组成和序列决定了肽从前体蛋白中释放出来后的生物活性。肽的生物活性与其氨基酸的构成及序列之间存在统计上的显著性见表 6-7。

表 6-7　脂肪族、芳香族、极性非带电、带正电荷和带负电荷氨基酸在具有不同生物活性的肽中的分布和频率

生物活性	肽氨基酸的类型				
	脂肪族	芳香族	极性非带电	带正电荷	带负电荷
抗高血压	49.93	14.49	17.58	12.85	5.14
抗菌	46.78	11.76	25.04	21.68	5.71
抗氧化	43.94	13.80	17.70	14.01	10.54
抗血栓	46.78	3.51	20.46	18.72	10.52
降血脂	60.00	4.00	8.00	14.00	14.00
免疫调节类阿片	46.92	28.85	17.84	4.41	1.99
卡方检验显著性（***P < 0.001）	***	***	***	***	***

　　因此，对氨基酸组成和序列的鉴别分析是肽质量控制的基础。随着越来越多的复合肽制备技术的进步，其纯化和分析方法也得到了改进和补充。基于文献，目前用于肽的分析方法有以下几种。

1. 凝胶过滤色谱法

凝胶过滤色谱法（gel-filtration chromatography）是一种根据肽的大小分离肽的方法。色谱基质由多孔珠组成，珠孔的大小决定了可分馏的肽分子的大小。这种方法也称为凝胶渗透、分子筛、凝胶排斥和尺寸排斥色谱法。

2. 离子交换色谱法

离子交换色谱法（ion-exchange chromatography）利用肽的净电荷分离肽。这些大分子也可以通过离子交换在柱上或作为分批程序进行浓缩。吸附到离子交换基质的关键决定因素是肽的电荷。

3. 反相高效液相色谱法

在肽化学中，高效液相色谱（high performance liquid chromatography，HPLC）因其灵敏、快速和高分辨率而成为一种重要的分析工具。除了离子交换色谱法和尺寸排除色谱法等不同的高效液相色谱法外，反相高效液相色谱法（reversed-phase HPLC）占主导地位，已成为肽分离的首选方法。

此外，肽的检验方法还有毛细管区带电泳肽分析法（peptide analysis with capillary zone electrophoresis）、强阳离子交换（SCX）-HPLC 合成肽分析法、肽的快原子轰击质谱特性法（fast atom bombardment mass spectrometric characterization of peptides）分析法、固相合成肽树脂的序列分析法（sequence analysis of peptide resins from bocL benzyl solid-phase synthesis）、肽和蛋白质的核磁共振波谱法（NMR spectroscopy of peptides and proteins）、傅里叶变换离子回旋共振质谱仪法（fourier transform ion cyclotron resonance mass spectrometry）等。

（二）肽的污染物检验

作为食品或新食品，对于肽的安全监管有以下两点基本考虑。

1. 肽的污染物限量

为了防控食品污染，保证食品安全，国际食品法典委员会制定了食品污染物限量的"横向"标准。中国颁布了食品安全国家标准：①食品中污染物限量；②预包装食品中致病菌限量；③散装即食食品中致病菌限量；④食品中农药最大残留限量；⑤食品中真菌毒素限量。这些国际或国家食品污染物的限量标准属于"横向"标准，适用于其所规定的食品种类及食品产品。作为新食品，在肽产品规格中应当包含污染物的限量要求。这些限量指标可以引用国家标准，或者基于风险评估的结果，制定严于国家标准的企业标准。例如，欧洲某公司申报的"精制虾肽浓缩物"终末产品质量规格中的参数有肽的鉴别及特性、化学纯度（chemical purity）、微生物（microbial purity）等项目指标（见表6-3），其中化学污染物的限量和微生物的限值须符合欧盟食品安全标准的要求。

2. 肽的污染物检验方法

一般情况下，在国际或国家标准中，食品污染物限量标准都有相对应的适用于污染物检验的方法。这些检验方法是国际或国家标准的组成部分。如国际食品贸易中取样和检测的使用原则（CAC/GL 83—2013）等；又如，中国食品安全国家标准中食品理化检验总则、食品微生物学检验总则以及单一污染物的检验方法。这些标准适用于所有食品的污染物检验或分析，包括肽食品及肽食品原料的污染物检验。企业生产肽并制定污染物限量时，可引用相应的污染物检验的标准方法。

二、肽功能食品的评价

（一）质量控制

每个食品企业都应制定、建立和实施质量管理体系（quality management system，QMS），以实现目标并实施 GMP/HACCP 管理。质量管理包括质量保证（quality assurance，QA）和质量控制（quality control，QC）。首先，尽管质量保证和质量控制经常交替使用，但是两者之间存在不同。质量保证包括旨在生产适当质量的产品和服务的所有活动，即为使产品或服务满足特定需求提供足够信心所需的所有计划或系统性行动，关注整个质量体系，包括产品或服务的供应商和最终消费者。对于含有健康声称的食品，质量保证涉及识别、测量和保持产品中生物活性物质的一致水平的能力，以确保在不危及产品安全的情况下发挥功效。而质量控制的重点比质量保证要窄，它是用于检验产品在制造完成后是否符合产品标准或规格的验证程序，包括良好实验室规范（GLPs）及文档管理等。其次，质量保证是主动的，其目的是通过工艺设计在缺陷出现之前预防缺陷；质量控制是反应性的，存在于缺陷发生后识别或纠正缺陷。最后，质量保证是以过程为导向的，关注于预防质量问题；质量控制是以产品为导向的，关注于识别产品中存在的质量问题。食品企业通过实施质量保证措施，给出实施 GMP/HACCP 和质量管理的组织结构、职能、职责、程序、说明、过程和资源，以确保产品开发和生产过程符合一系列标准和规范的要求；通过质量控制包括产品检验、纠正不当行为等，以确定终末产品符合规格或标准的要求。

不同于普通食品，肽具有抗高血压、抗菌、抗氧化、抗血栓、降血脂、免疫调节等多种生物活性，因而肽的生产应实行 GMP/HACCP 管理，并通过认证，确保肽的质量稳定和安全。在实行肽的 GMP/HACCP 管理中，其质量控制必须确定准确的方法和步骤用于检验评估每批肽的规格。目前，检验肽的"身份（identity）"鉴别分析，可使用核磁共振波谱法，但此方法昂贵、耗时且需要复杂的数据解释。正因如此，肽"身份"的检验常使用多种技术的组合，包括质谱、氨基酸分析和 HPLC。一般情况下，肽在申请上市审批时，需提供 3~5个批次检验报告，以评估其质量的稳定性和安全性，如欧洲某公司提交审批的"精制虾肽浓缩物"新食品的批次检验报告（见表6-2）。

（二）功能试验

1. 肽生物活性的测试

生物活性肽是功能食品的重要原料。它可能表现单一活性，如乳源生物活性肽的抗菌活性（antimicrobial activity），也可能具有多功能生物活性，如从具有特定植物乳杆菌菌株的发酵乳中获得的粗提取物和肽组分（peptide fractions<3 和 3~10 kDa）的抗炎、抗溶血、抗氧化、抗突变和抗菌活性。肽的生物活性评价是寻找新的生物活性序列的最重要挑战之一，通常不能用单一的方法来完成。为了对大量序列或组分进行初步筛选，需要快速简便的体外方法。对于肽的活性评价，已建立了相应的测试方法，如抗溶血活性试验（antihemolytic activity assay）、抗突变活性测定（antimutagenic activity assay）、抗炎活性试验（anti – inflammatory activity test）、体外抗氧化活性评价（in vitro antioxidant activity assessment）、抗菌活性（antimicrobial activity）等。尽管这些标准尚非国际或国家标准，但是对研究或评价肽的活性提供了帮助，也为研制相关标准奠定了科学基础。2020 年 4 月 28 日，国家标准《生物活性肽功效评价—第 1 部分：总则（GB/T 38790.1–2020）》国家市场监督管理总局、国家标准化管理委员会发布。

肽的活性还可以通过计算机电子分析方法（in silico analysis/methods）进行建模预测。20 世纪 70 年代末以来，有许多不同的电子方法用于预测药物的定量构效关系（quantitative structure – activity relationship，QSAR）。在过去的 20 多年，治疗性肽或活性肽的研究出现了前所未有的复兴。这促使利用机器学习技术支持向量机（the machine-learning technique support vector machine，SVM），建立了硅模（in silico models），用于区分有毒肽和无毒肽，或者活性肽的研究。2003 年，波兰奥尔什丁的温莎大学和马祖里大学开发了蛋白质和生物活性肽的生物抗体数据库（BIOPEP database of proteins and bioactive peptides）。BIOPEP 是一种工具，用于作为生物活性肽来源的蛋白质的综合分析。数据库不断扩展和更新升级，其中一个主要的升级涉及一个应用程序，即用于计算机辅助模拟内肽酶内置数据库中列出的酶水解蛋白质的过程。BIOPEP 包含 24 种蛋白水解酶的数据。每个列出的酶都有以下数据：①识别号 –ID；②分类号 –EC；③识别序列 – 特定酶识别的氨基酸序列；④切割序列 – 特定酶的氨基酸残基特征，形成被该酶水解的键；⑤C 末端 /N 末端活性 – 末端指示酶是水解氨基酸的 C 末端还是 N 末端上的键。该应用程序支持搜索生物活性肽，并有助于将释放片段的序列与数据库中列出的序列进行比较，以确定其潜在的生物活性。最近，BIOPEP /BIOPEP–UWM 生物活性肽数据库已成为研究生物活性肽的热门工具，尤其是研究从食物中提取的生物活性肽，以及作为预防慢性病发展的饮食成分。在生物活性肽 BIOPEP–UWM 数据库的帮助下，已发表 350 多篇与肽关联的验证、解读的文章。BIOPEP–UWM 数据库网站免费访问，无须注册。

2. 功效评价

生物活性肽被认为是重要的功能食品成分，具有改善人类健康和预防疾病的可能性。利用生物活性肽开发新功能食品，其产品在投放市场之前须按规定进行评价。各国对功能食品评价的规定不尽相同。如在欧盟，功能食品或健康声称的食品在投放市场之前，须对以下内容进行评价：①须识别活性食品或成分；②须进行临床研究和荟萃分析（meta - analysis）；③须直接或通过有效的生物标志物测定健康端点（health endpoints）；④健康功效须具有统计意义。在加拿大，评价健康声称的食品需要3方面的证据，即产品安全、声称有效性（claim validity）及质量保证（quality assurance）。在日本，功能食品必须满足3个营养要求，即临床研究的有效性、临床和非临床研究的安全性、活性/有效成分的测定。在美国，对功能食品实行"科学评估健康声明的循证审查制度"。为了核实健康声称，美国FDA特别关注涉及对动物和人类给食品化合物的特定剂量的研究。然后，根据"明确的科学共识（significant scientific agreement，SSA）标准"批准健康声称。

对于利用生物活性肽开发的新功能食品，其产品的安全性评价及质量保证在本章前面的章节中已有介绍，在此不再赘述。下面主要基于欧盟及加拿大的相关规定，简要介绍有关肽功能食品的功效评价要求。

（1）功效评价的目的　通过功效评价，须回答两方面的问题，即该产品能否产生所声称的功效？该产品能否产生所声称的实效？基于医疗研究和社会项目评估的观点，对功效和实效需要进行功效试验和实效试验研究。功效试验提供了干预措施在理想条件下所能达到的效果，是干预措施的最大期望效果。实效性试验提供了在实际条件下干预措施所能达到的实际效果。通常功效可能高估于其实际效果，如作为功能食品，某一宏量营养素替代品的能量值可能会降低（较低），但是，这并不一定意味着饮食中的总能量摄入会减少。尤其当宏量营养素替代品也有不利的营养或健康影响时，这种不利的实际效果在平衡"受益与风险"的评估上变得至关重要。考虑到饮食中的多种成分和相互作用，可能很难评估功能食品的实效。根据产品的性质和使用历史，有关产品长期健康影响的现有数据的可用性可能会有所不同。对于传统食品或使用历史悠久的食品成分，可从观察流行病学研究中获得有关该产品的数据。对于新产品，模拟典型食用条件的非受控试验可能适用于评估功能食品的实效。

（2）功效评价之前需提供的资料　在对新的功能性食品进行功效试验之前，需要以下材料：①关于功能性食品的来源和性质的信息；②功能成分的内容；③加工方法；④安全性和功效性的科学证据；⑤终末食品产品的规格和分析数据；⑥功能性食品成分分析的验证结果；⑦关于食品稳定性和纯度的数据；⑧食用量和食用时间的基本原理。

（3）功效试验及其证据的权重　在以下研究设计类别中，试验按其证据权重降序排列。人体实验性研究（experimental studies in humans）：①随机、双盲、安慰剂对照试验；②随机试验，但未实现盲法；③非随机试验，但对混杂变量进行良好控制；④随机试验，但在执行或分析方面存在缺陷；⑤执行或分析中存在缺陷的非随机试验。动物试验研究可被视为提供支持数据。在某些情况下，如在人类数据有限的情况下，一个被广泛接受或验证的动物模型可能会被赋予适当的证据权重。然而，在任何情况下，动物实验本身都不足以支持功能食品的功效与人类有益健康结果之间的相关因果关系。人体观察性研究（observational studies in humans）如前瞻性队列研究或病例对照研究：①资料分析之前有明确的假设、良好的数据、考虑的混杂因素；②良好的数据、考虑的混杂因素，但资料分析之前缺乏明确的假设；③数据或分析中存在问题。前瞻性队列通常被认为是比病例对照更能支持因果关系的设计。历史（回顾性）队列、横断面研究通常不足以确定功效与健康结果之间的时间关系。缺乏适当对照的病例报告也不足以作为支持健康主张的证据。

（4）**评估功能食品与健康结果之间的基本因果关系标准** ①一致性：单一研究很少是确定性的。在不同人群和不同研究者中重复的研究结果比没有重复的研究结果更重要。如果研究结果不一致，则必须解释不一致之处。②效应的大小（在实验研究中）或关联的强度（在观察研究中）：效应的大小反映在相对于对照组的效应变化（效应的大小）以及干预组和对照组之间差异的统计学和生理学意义上。关联的强度通常通过相对风险或优势比的程度来衡量。在预防性干预的情况下，相对风险或优势比低于1且置信区间不重叠（或统计显著性较高）将表明有意义的关联强度。弱关联容易引起混淆，可能反映出暴露或结果的不良测量。③概率：应证明具有统计学意义的关系。④时间关系：可以认为功效因子对身体功能或结构有因果影响，或降低疾病或异常的风险，前提是在观察对身体功能或结构的影响之前，或在疾病或异常发生之前使用该功能食品。⑤应该有同样强度的相反意见。

进口的功能食品须符合中国食品安全法律法规及食品安全标准的规定，并依据食品安全监管部门或口岸监督管理机关的规定申请注册。

3. 保健食品

（1）**保健食品含义** 依据《食品安全国家标准 保健食品（GB16740-2014）》，保健食品指声称并具有特定保健功能或者以补充维生素、矿物质为目的的食品，即适用于特定人群食用，具有调节机体功能，不以治疗疾病为目的，并且对人体不产生任何急性、亚急性或慢性危害的食品。在国际学术或贸易交流中，保健食品的英文译文有多种表达，如"health care food""health food""Chinese functional foods"等。尽管保健食品的英文表述不同，但是鉴于保健食品"声称并具有特定保健功能"，可将其归类为国际上常称的"功能食品（functional food）"。当然，功能食品在国际上尚没有公认的定义。

功能食品一词最早出现在日本。1984年，日本政府拨款用于研究功能食品或特殊健康用途食品（foods for specific health uses，FOSHU）。在日本，"功能食品"已被正式列入立法食品类别，称为 FOSHU。当功能食品科学迁移到欧美时，研究人员使用以下语句定义了"功能食品"："食品只有与基本营养影响一起对人体的一项或多项功能产生有益影响，从而改善一般和身体状况或（和）降低疾病发生的风险，才能被视为功能性食品"。美国国家科学院食品和营养委员会认为"功能食品"是"任何可能提供超出其所含传统营养素的健康益处的改良食品或食品成分"。但直到今天，功能食品仍然没有统一的定义。自从功能食品概念提出以来，出现了如功效食品（nutraceuticals）、特制食品（designer foods）、医用食品（medifoods）、维生素食品（vitafoods）、膳食补充剂（dietary supplements）、强化食品（fortified foods）等术语，令其变得难懂，使消费者感到困惑。这说明功能食品已经发展了 30 多年，并迅速成为国际市场的基本食物，需要一个功能食品的标准定义，以促进食品专家与非专家、科学家、政府官员和公众之间的沟通，便于各国之间能够更自由地交换功能食品。

2014 年，位于美国德克萨斯州达拉斯的功能食品中心与美国农业部和美国农业研究院联合举办国际会议，会上提出了功能食品的定义，并于 2017 年修订为"功能食品系指含有生物活性化合物的天然或加工食品，它利用特定的生物标记物预防、管理或治疗慢性病或其症状，其含量确定、有效且无毒，且提供有临床证明和记录的健康益处"。该定义首先提出功能食品可以是天然的或加工过的；其次，功能食品含有生物活性化合物；第三，含有生物活性化合物的功能食品必须以一定有效无毒量食用；第四，功能食品必须提供临床证明和记录的健康益处。该功能食品定义强调了功能食品中"生物活性化合物"的重要性。生物活性化合物被认为是功能食品功效的支柱。由于更先进的化学和生物技术，食品科学家现在可以将食品物质分离成精细的化学成分，并测试食品提取物的生物活性。因此，研究人员可以得出特定生物活性化合物与健康结果之间的因果关系。生物活性肽被认为是重要的功能食品成分。

保健食品或中国功能食品的特点是含有中草药（Chinese herbs），它与中医有着密切的关系。以中药为原料的保健食品占全国保健食品销售总量的 50% 以上。为了规范保健食品的研发，卫生部颁布了《保健食品检验与评价技术规范》（2003 年版），允许保健食品声称 27 种保健功能。2020 年及 2022 年，国家市场监督管理总局公开征求《允许保健食品声称的保健功能目录 非营养素补充剂（征求意见稿）》及《关于发布〈允许保健食品声称的保健功能目录 非营养素补充剂（2022 年版）〉及配套文件的公告（征求意见稿）》，将允许保健食品声称的保健功能目录调整为 24 种。

（2）保健食品可声称的功能及释义 主要包括以下 24 个方面。

①有助于增强免疫力：免疫力是机体对外防御和对内环境维持稳定的反应能力，受多种因素影响。营养不良、疲劳、生活不规律等导致的免疫力降低，应注意调整和纠正这些因素。有科学研究提示，补充适宜的物质有助于改善免

疫力。

②有助于抗氧化：氧化是人体利用氧过程中的一个环节，抗氧化是人体控制由于氧化过度而产生不利健康影响的过程，氧化和抗氧化保持平衡有助于维持正常生命活动。外源性抗氧化物质主要来源于食物。有科学研究显示，补充适宜的抗氧化物质，有助于人体维持氧化与抗氧化过程的平衡。

③辅助改善记忆：非病理性记忆减退是健康状态下，大脑对过往经验和事物的识记、保持和再现能力变弱的感觉。人的记忆主要决定于先天禀赋和后天教育训练，并受年龄、精神、营养、社会环境等因素影响。补充有关物质，不能使人"过目不忘"，也不能改善病理性的记忆减退。有科学研究表明，在改善睡眠、压力和不良生活习惯的基础上，补充适宜的物质有助于改善非病理性记忆减退。

④缓解视觉疲劳：视觉疲劳是眼睛长时间调节屈光所致，表现为视物模糊、眼部酸胀、干涩、流泪等眼部不适感。视觉疲劳与用眼距离、时间、照明、眼镜屈光度不当和户外活动少等有关。有科学研究表明，补充适宜的物质有助于缓解视觉疲劳。

⑤清咽润喉：饮水不足、用嗓过度、刺激性食物、吸烟等因素可以引起咽喉不适感。有科学研究表明，补充适宜的物质有助于滋润咽喉或产生清爽的感觉。

⑥有助于改善睡眠：睡眠是人体恢复体力和脑力的必要过程。时差、倒班、睡眠不规律、精神压力、劳累、用脑过度、情绪变化等因素可以引起睡眠状况不佳，从而影响健康。有科学研究表明，补充适宜的物质有助于改善睡眠。

⑦缓解体力疲劳：体力疲劳是体力劳动和（或）运动引起体力下降的感觉，不同于疾病、脑力劳动和心理压力伴随的"疲劳感"。"体力疲劳"与身体承受的体力负荷大小直接相关。有科学研究表明，补充适宜的物质有助于缓解体力疲劳。

⑧耐缺氧：缺氧指在氧气含量和大气压力较低的环境中人体的反应，其原因和应对措施与疾病引起的体内缺氧不同。改善机体对低氧环境的适应和耐受能力，应注意调整饮食、运动和其他生活方式等因素。有科学研究表明，补充适宜的物质有助于人体耐受和适应低氧环境。

⑨有助于控制体内脂肪：脂肪是身体组成的必要成分，但在体内过量蓄积不利于健康。控制饮食和增加运动是控制体内脂肪必不可少的措施。有科学研究表明，补充适宜的物质有助于控制体内脂肪或改善控制饮食期间的营养供给。

⑩有助于改善骨密度：骨密度是反映骨健康的常用指标之一，内分泌、年龄、运动、饮食、体重等是影响该指标的重要因素。中年以后，随着年龄增长，骨密度逐渐降低。有科学研究表明，补充适宜的物质有助于减缓骨密度的降低速度。

⑪改善缺铁性贫血：缺铁性贫血是人体对铁元素的需求与供给失衡的一种表现，膳食摄入的铁不足是发生缺铁性贫血的风险因素之一。改善缺铁性贫血需注意保持均衡合理的饮食。有科学研究表明，补充适宜的物质有助于改善缺铁性贫血。

⑫有助于改善痤疮：痤疮是一种毛囊皮脂腺异常的表现，多见于青年人面部，俗称"青春痘"。遗传、皮肤油脂多、毛囊角质化、细菌繁殖、精神压力、免疫、刺激性食物等因素都影响痤疮的发生、发展。有科学研究表明，补充适宜的物质有助于改善痤疮状况。

⑬有助于改善黄褐斑：黄褐斑为面部的黄褐色色素沉着，其发生和发展与妊娠、口服避孕药、内分泌失调、月经紊乱等因素有关。改善黄褐斑，应注意紫外线防护、内分泌异常及饮食失衡等。有科学研究表明，补充适宜的物质有助于改善黄褐斑状况。

⑭有助于改善皮肤水分状况：皮肤水分含量直接影响皮肤的表观状态。皮肤水分受日照、年龄、饮水、饮食等多种因素影响。有科学研究表明，补充适宜的物质有助于改善皮肤的含水量。

⑮有助于调节肠道菌群：肠道菌群是肠道内生存的各种细菌群落，包括有益菌、有害菌和中性菌，它们之间的平衡与人体健康有关。肠道菌群受年龄、营养、卫生、成长环境等多种因素影响。有科学研究表明，补充适宜的物质有助于调节肠道菌群的平衡和有益菌群的生长。

⑯有助于消化：消化是指人体将摄入的食物转变为可以被吸收利用的小分子物质的过程。消化功能受饮食、气候、情绪和运动等多种因素影响。有科学研究提表明，补充适宜的物质有助于改善消化功能。

⑰有助于润肠通便：排便功能受饮食、运动和饮水等多种因素影响。有科学研究表明，补充适宜的物质有助于改善肠道的排便功能。

⑱辅助保护胃黏膜：胃从黏膜是胃内壁的表层结构，可影响胃的正常功能。胃黏膜健康受饮食（如进食量、饮酒、刺激性食物）和生活方式（如胃部受凉、气候、心理压力）等多种因素影响。有科学研究表明，补充适宜的物质有助于保护胃黏膜。

⑲有助于维持血脂（胆固醇／三酰甘油）健康水平：a. 有助于维持血脂健康水平：三酰甘油、胆固醇是血脂的重要组成成分，与健康相关。血胆固醇的健康水平应低于 5.2mmol/L，血三酰甘油的健康水平应低于 1.7mmol/L。血胆固醇在 5.2~6.2mmol/L 或血三酰甘油在 1.7~2.3mmol/L 之间为边缘升高，是心血管等疾病的主要风险因素之一。血胆固醇和三酰甘油受多种因素影响。有科学研究表明，在健康饮食的基础上，补充适宜的物质有助于血脂趋于健康水平。b. 有助于维持血胆固醇健康水平：血胆固醇的健康水平应低于 5.2mmol/L。若其在 5.2~6.2mmol/L 之间为边缘升高，是心血管疾病的风险因素。血胆固醇受体重和饮食等多种因素影响。有科学研究表明，在健康饮食的基础上，补充

适宜的物质有助于血胆固醇趋于健康水平。c.有助于维持血三酰甘油健康水平：血三酰甘油的健康水平应低于1.7mmol/L。若其在1.7~2.3mmol/L之间为边缘升高，是一些疾病的风险因素。血三酰甘油受体重、饮食、运动等多种因素影响。有科学研究表明，在健康饮食的基础上，补充适宜的物质有助于血三酰甘油趋于健康水平。

⑳有助于维持血糖健康水平：空腹血糖的健康水平不宜高于6.1mmol/L，餐后血糖的健康水平不宜高于7.8mmol/L。若空腹血糖在6.1~7.0mmol/L之间或餐后血糖在7.8~11.1mmol/L之间，则表明血糖代谢存在异常，是2型糖尿病的主要风险因素。血糖代谢受体重、饮食、运动等多种因素影响。有科学研究表明，在健康饮食的基础上，补充适宜的物质有助于血糖趋于健康水平。

㉑有助于维持血压健康水平：健康成人的收缩压不高于120 mmHg、舒张压不高于80 mmHg。若收缩压在120~139 mmHg之间、舒张压在80~89 mmHg之间为血压正常高值，是一些疾病的潜在风险因素。血压受体重、饮食、运动、压力、年龄等多种因素影响。有科学研究提示，在健康饮食的基础上，补充适宜的物质有助于血压趋于健康水平。

㉒对化学性肝损伤有辅助保护功能：该功能不涉及与饮酒相关的增加酒量和解酒等作用。化学性肝损伤是指具有肝毒性的化学物质造成的肝损伤，包括内源性和外源性化学物质引起的肝功能异常。保护肝脏应避免劳累和运动过度，减少接触化学物质。有科学研究表明，补充适宜的物质有助于改善肝脏处理化学物质的能力，起到辅助保护肝功能的作用。

㉓对电离辐射危害有辅助保护功能：电离辐射指可以使物质发生电离现象的辐射，如X线、γ射线。日常接触较多的紫外线、微波等是非电离辐射。降低电离辐射危害，应采取有效的物理防护措施、减少和避免不必要的电离辐射暴露。有科学研究表明，补充适宜的物质有助于降低电离辐射引起的健康危害。

㉔有助于排铅：铅是一种对人体健康有严重危害的重金属元素。铅普遍存在于日常环境中，一些特殊职业和地区人群可以接触到过量的铅。有科学研究表明，补充适宜的物质有助于机体排出随食物和饮水摄入的铅。

(3) 保健食品的功能测试　在中国，保健食品上市前须通过食品安全监管机关组织的审评，包括功能测试（实验室研究和临床研究）、安全性评估毒理学测试和产品质量控制。除功能食品申请人所完成的研究外，上述保健食品的一系列验证性试验必须由国家食品安全监管机关正式指定的合格机构进行，该机构将向国家食品安全监管机关提交所有试验报告供其评估。

在过去的10年中，为了探索新的生物活性肽资源，中药（the traditional Chinese medicine，TCM）和传统食品（traditional Chinese food，TCF）成为新

的研究热点。关于具有多种生物活性的食物源性肽和蛋白质水解物的文献不断涌现，它们都是生物活性肽的宝贵资源。对具有多种生物活性的食物源性肽和蛋白质水解物的研究重新定义了食物蛋白质的营养价值。TCF，尤其是传统发酵食品，自古以来就作为营养食品在人们的饮食中发挥着重要作用。发酵是生产生物活性肽的有效方法。发酵 TCF 包括发酵大豆、肉类和奶制品，由于其含有生物活性肽而对健康有益。发酵大豆产品如纳豆、豆豉、味噌、腐乳和豆豉等，表现出明显高于非发酵大豆基质的抗氧化活性。有人认为，短链肽的存在是这些发酵大豆产品抗氧化活性增强的原因。TCF 还含有许多食物来源的纤溶酶。发酵肉制品和葡萄酒也是生物活性肽的来源。这些来自 TCF 的活性肽已经或正在成为重要的功能食品原料，包括抗氧化活性的肽、抗菌和抗真菌活性的肽、抗癌和抗肿瘤活性的肽、ACE 抑制活性的肽、抗炎和免疫调节活性的肽及造血活性的肽等。

三、肽食品产品的抽检

（一）监督抽检

监督抽检是国际上通常使用的食品安全监督管理手段或方法。中国已建立食品安全监督抽检法律制度。食品安全法规授权的食品安全监管部门或机关对食物链上各个环节的食品及食品原料进行定期或不定期的抽样，并采用食品安全标准规定的检验项目和检验方法进行检验检测。对没有食品安全标准的，采用依照法律法规制定的临时限量值、临时检验方法或补充检验方法进行检验。监督抽检旨在检查食品生产经营依照或遵守食品安全标准从事生产经营活动的情况，保障食品安全。肽食品或肽保健食品投放市场后，其生产经营者应当接受或配合食品安全监管部门依法开展食品安全监督抽检工作。肽食品生产经营企业应严格执行日常食品安全质量管理制度，对未经检验或检验不合格的产品，不得出厂；对投放市场后发现不合格的产品，应及时予以召回，确保所生产经营的肽食品或肽保健食品符合安全质量的要求。

（二）风险监测

风险监测是实施食品安全风险管理的基础工作，风险管理是现代食品安全监督管理体系的基本要件。我国《食品安全法》规定，国家建立食品安全风险监测制度。食品安全风险监测旨在通过系统持续收集分析食源性疾病、食品污染以及食品中有害因素的监测数据及相关信息，为食品安全风险评估、食品安全标准制定修订、食品安全风险预警和交流、食品安全监督管理等提供科学支持。对食品安全风险监测结果表明可能存在食品安全隐患的，食品安全风险检测机关或机构依法通报同级食品安全监督管理等部门，由食品安全监督管理部门组织开展进一步调查，以确认是否违反食品安全法律法规及食品安全标准的要求。食品安全风险监测工作不局限食品安全标准所规定的检验项目和检验方法，凡食品中可能存在的危害公众身体健康的污染物及有害因素都属于食品安全风险监测的范围。对保健食品，国家按特殊食品实行严格监督管理。一般情况下，保健食品不在食品安全风险监测的重点之列，然而，一旦有信息显示保健食品存在系统性或区域性风险，将会纳入食品安全风险监测的重点内容，包括其导致或引起的不良健康影响及有害因子。

（杨明亮）

参考文献

1. Giovannucci D,Satin M.Food quality issues:understanding HACCP and other quality management techniques[J].Social Science Electronic Publishing.

2. Kazantzis G.Food contaminants[J].Postgraduate Medical Journal, 1974, 50(588):625-8.

3. Manning L,Luning P A,Wallace C A.The evolution and cultural framing of food safety management systems—where from and where next?[J]. Comprehensive Reviews in Food Science and Food Safety, 2019(10).

4. Barati M,Javanmardi F,Jazayeri S,et al.Techniques,perspectives and challenges of bioactive peptide generation: a comprehensive systematic review[J].Comprehensive Reviews in Food Science and Food Safety,2020.

5. Hartmann R,Meisel H.Food-derived peptides with biological activity:from research to food applications[J].Current Opinion in Biotechnology,2007.

6. Msm A,Dm B,Bh C,et al.Development of peptide therapeutics:A nonclinical safety assessment perspective-ScienceDirect[J].Regulatory Toxicology and Pharmacology,2020, 117.

7. Daliri B M,Lee B H,Oh D H.Current trends and perspectives of bioactive peptides[J].Critical Reviews in Food Science & Nutrition,2017:00-00.

8. A Sánchez,A Vázquez.Bioactive peptides:a review[J].食品品质与安全研究（英文版），2017, 1(1):18.

9. Sarmadi B H,Ismail A .Antioxidative peptides from food proteins:a review[J].Peptides,2010,31(10):1949-1956.

10. Maestri E,Pavlievi M,Montorosi M,et al.Meta-analysis for correlating structure of bioactive peptides in foods of animal origin with regard to effect and stability[J].Comprehensive Reviews in Food Science and Food Safety,2019, 18(1):3-30.

11. Dunn B M ,Pennington M W.Peptide analysis protocols volume 36 ‖ Chemical synthesis of the aspartic proteinase from human immunodeficiency virus

(HIV)[J].1994,10.1385/0896032744:287-304.

12. Mant C T,Chen Y, Yan Z,et al.HPLC analysis and purification of peptides. [J]. Methods in Molecular Biology,2007,386:3-55.

13. Turck D,Bresson J,Burlingame B,et al. Safety of shrimp peptide concentrate as a novel food pursuant to Regulation (EU) 2015/2283[J].EFSA Journal, 2018,16(5).

14. Vasconcellos J A,Argaizjamet A,Tamboreroarnal J F.Quality assurance for the food industry[J].crc press,2004.

15. Raghothama S. NMR of peptides[J]. Journal of the Indian Institute of Science, 2010, 90(1).

16. Aguilar-Toala J E, Santiago-Lopez L, Peres C M, et al. Assessment of multifunctional activity of bioactive peptides derived from fermented milk by specific Lactobacillus plantarum strains[J]. Journal of Dairy Science, 2017, 100(1):65-75.

17. Dziuba M,Dziuba B.In silico analysis of bioactive peptides[M].John Wiley & Sons, Ltd, 2010.

18. Kose A.In silico bioactive peptide prediction from the enzymatic hydrolysates of edible seaweed rubisco large chain[J].Turkish Journal of Fisheries and Aquatic Sciences,2021, 21(12):615-625.

19. Minkiewicz P,Iwaniak A, Darewicz M.BIOPEP-UWM database of bioactive peptides:current opportunities[J].International Journal of Molecular Sciences,2019, 20(23):5978.

20. Peighambardoust S H, Karami Z,Pateiro M,et al. A review on health-promoting,biological and functional aspects of bioactive peptides in food applications[J].Biomolecules,2021,11(5):631.

21. Bersi G,Barberis S E,Origone A L,et al.Bioactive peptides as functional food ingredients[J].Role of Materials Science in Food Bioengineering, 2018:147-186.

22. Palou A,Serra F,Pico C.General aspects on the assessment of functional foods in the European Union.[J]. uropean Journal of Clinical Nutrition, 2003, 57 Suppl 1:S12.

23. Granato D,Barba F J,Kovaevi D B,et al.Functional foods:product development,technological trends,efficacy testing and safety[J].Annual Review of Food Science and Technology,2020,11(3):1-26.

24. Flay B R.Efficacy and effectiveness trials (and other phases of research) in the development of health promotion programs[J].Preventive Medicine, 1986,15(5):451-474.

25. Ghosh D, Bagchi D,Konishi T.Clinical aspects of functional foods and Nutraceuticals[J].Crc Press, 2014,10.1201/b17349:303-324.

26. Ahrens E H. The evidence relating six dietary factors to the Nation's health. Introduction. [J]. American Journal of Clinical Nutrition, 1979(12):2627-31.

27. Hou H,Li S, Ye Z.Health food and traditional chinese medicine in China[J].

Annex Publishers, 2016(3).

28. Yao C,Hao R,Pan S,et al.Functional foods based on traditional Chinese medicine[M].InTech, 2012.

29. Liu M, Wang Y, Liu Y, et al.Bioactive peptides derived from traditional Chinese medicine and traditional Chinese food:a review[J].Food Research International,2016,89(pt.1):63-73.